Analogrechner auf deutschen U-Booten des Zweiten Weltkrieges

Thomas Müller

Torpedo-Rechenschieber, Maßstab und Kursdreieck
von U 534, U-Boat Story, Liverpool

Liverpool Naval Memorial für die Gefallenen der Merchant Navy
(Quelle: http://www.royalnavy.mod.uk)

Analogrechner auf deutschen U-Booten des Zweiten Weltkrieges

Technikgeschichte und mathematische Grundlagen

Dissertation
zur Erlangung des Doktorgrades
der Fakultät für Mathematik, Informatik
und Naturwissenschaften
der Universität Hamburg

vorgelegt
im Fachbereich Mathematik

von
Thomas Müller
aus Rahden/Westf.

Hamburg
2015

Verlag: tredition GmbH, Hamburg

ISBN 978-3-7323-5033-9

Printed in Germany

Als Dissertation angenommen vom Fachbereich
Mathematik der Universität Hamburg

Auf Grund der Gutachten von	Prof. Dr. Gudrun Wolfschmidt
und	Prof. Dr. Werner H. Schmidt
und	PD Dr. Ulf Hashagen

Hamburg, den 08.12.2014

Prof. Dr. Michael Hinze
Leiter des Fachbereichs Mathematik

Inhaltsverzeichnis

1 Einleitung

Die Rolle der deutschen U-Boote im Zweiten Weltkrieg ist heute in weiten Bereichen historisch aufgearbeitet. Es existiert eine Fülle an Fach- und Populärliteratur zu einer großen Bandbreite von Themen. Individuelle Kriegsschauplätze wie der Nordatlantik mit seinen Geleitzugschlachten finden dabei ebenso Berücksichtigung wie das Schicksal einzelner U-Boote oder Schiffe und ihrer Besatzungen.

Angesichts der bemerkenswerten Detailtiefe bei der Behandlung einzelner Aspekte dieses Themas verwundert es, dass den rechentechnischen Hilfsmitteln auf deutschen U-Booten bislang kaum Beachtung geschenkt worden ist - zumal im Kontrast dazu eine schier unüberschaubare Zahl von Veröffentlichungen zur legendären deutschen Chiffriermaschine Enigma und ihrer Entschlüsselung existiert. So erwähnt der ehemalige Befehlshaber der Unterseeboote, Großadmiral Karl Dönitz (1891-1980), Rechenhilfsmittel - gleich welcher Art - in seinen Memoiren[1] mit keiner Silbe, obwohl er andererseits auf zahlreiche technische Details der U-Boote eingeht und sich ausführlich mit den technischen Ursachen der sogenannten Torpedokrise[2] beschäftigt. Dabei schrieb der ehemalige U-Boot-Kommandant Heinz Schäffer (1921-1979) dem zur Lösung des Torpedoschussproblems entwickelten Analogrechner eine bedeutende Rolle bei den Geleitzugschlachten zu:

> „Sie [die Hauptrechenanlage, d. Vf.] war während des Krieges einzigartig auf der Welt und mag bei der Kapitulation berechtigterweise viel bestaunt worden sein. [...] Sie ist direkt mit dem Sehrohr gekoppelt. Dadurch wird das Schießen auf fünf verschiedene Ziele eines Geleitzuges in wenigen Sekunden ermöglicht [...] Nicht zuletzt sind die großen Erfolge in den Schlachten auf dem Atlantik darauf zurückzuführen[3]."

Selbst Eberhard Rössler, dem in besonderem Maße die Erforschung der Technikgeschichte deutscher U-Boote und ihrer Bewaffnung zu verdanken ist, befasst sich mit der von Lothar-Günther Buchheim (1918-2007) als „Wunderwerk"[4] und „Stolz der U-Waffe"[5] bezeichneten Rechenanlage nur am Rande[6].

Mit der vorliegenden Arbeit möchte der Verfasser eine Wissenslücke schließen und marinegeschichtlich oder technikhistorisch Interessierten die Möglichkeit bieten, sich umfassend über die analogen Rechenhilfsmittel auf deutschen U-Booten des Zweiten Weltkrieges zu informieren.

---

[1] Dönitz, Zehn Jahre und zwanzig Tage, Seite 75-97.

[2] Als Torpedokrise wird die hohe Anzahl von Fehlschüssen während des Norwegenfeldzuges im Jahre 1940 bezeichnet, die auf mangelhafte Magnetzünder und eine fehlerhafte Tiefensteuerung der Torpedos zurückzuführen waren. Für eine ausgezeichnete Darstellung der Torpedokrise siehe Krauss, Rüstung und Rüstungserprobung in der deutschen Marinegeschichte, Seite 190-220.

[3] Schäffer, U 997, Seite 72.

[4] Buchheim, Die Festung, Seite 1016.

[5] Ebd.

[6] Rössler, Torpedos, Seite 79-82.

Dem Verfasser erscheint es bei einer Arbeit über Kriegsgerät unangebracht, eine reine Instrumentengeschichtsschreibung ohne jede soziale Dimension zu betreiben. Daher wird im Sinne einer allgemeinen Technikgeschichte ein gelegentlicher, kulturhistorisch motivierter Blick über den mathematisch-technischen Tellerrand gewagt. Vor diesem Hintergrund sind die in Kapitel 2 und Kapitel 3 am Beispiel der Torpedoforschung gemachten Ausführungen über Forscher, Künstler und Unternehmen im Spannungsfeld von Wissenschaft und Krieg zu sehen.

Die Arbeit ist wie folgt gegliedert: In Kapitel 1 wird der Forschungsgegenstand umrissen und die Quellenlage geschildert. Kapitel 2 hat einführenden Charakter und vermittelt das notwendige Basiswissen über Torpedos und Torpedoangriffsverfahren. In Kapitel 3 werden Analogrechner nach mechano-optischem Funktionsprinzip untersucht. Kapitel 4 widmet sich den technischen Grundlagen elektromechanischer Analogrechner und in Kapitel 5 werden Feuerleitanlagen[7] für U-Boote behandelt. Die beiden Kapitel 4 und 5 legen das Fundament zum Verständnis der in Kapitel 6 untersuchten Torpedovorhaltrechner der Firma Siemens. In Kapitel 7 werden die Ergebnisse der vorliegenden Arbeit schließlich zusammengefasst.

1.1 Thematische Zielsetzung und Relevanz

Das Ziel der vorliegenden Arbeit ist die Erforschung der Analogrechner[8] auf deutschen U-Booten des Zweiten Weltkrieges. Im Vordergrund der Untersuchung steht zunächst die objektzentrierte technische Analyse und Beschreibung der bei den Recherchen gefundenen Sachquellen, und zwar nicht nur im Sinne einer reinen Bestandsaufnahme. Es entspricht vielmehr einer Grundüberzeugung des Technikhistorikers Hartmut Petzold, dass „Artefakte und deren fachgerechte Entschlüsselung Kern der Technikgeschichte sein sollen"[9]. Von ebensolcher Relevanz ist es für Petzold, nach den politisch-sozialen Implikationen und Folgen dieser Artefakte sowie nach den militärischen Einflüssen auf die Technikentwicklung zu fragen[10]. Daher wird in dieser Arbeit nicht nur die Entwicklungsgeschichte sowie die technik- und militärhistorische Bedeutung der Artefakte untersucht, sondern auch der Frage nachgegangen, ob und wie weit sich der U-Boot-Krieg und die analoge Rechentechnik wechselseitig beeinflusst haben.

---

[7] Der Begriff der Feuerleitanlage „umfaßt alle Geräte und Einrichtungen zur Ermittlung des Zieles und der daraus folgenden Schußdaten wie auch zur Leitung der Feuerwirkung einer größeren Anzahl von Geschützen von einer Stelle aus" (Blattmann, SAM, Seite 17).

[8] Unter dem Begriff Analogrechner sollen hier mechano-optische, elektromechanische und fotoelektrische Rechengeräte verstanden werden, bei denen die Variablen eines gegebenen Problems durch leichter messbare physikalische Größen dargestellt und durch eine entsprechende Kombination von Rechenelementen in mathematische Beziehungen zueinander gesetzt werden, die denen des Originalproblems so weit wie möglich analog sind. Vgl. Korn, G. A., Korn Th. M., Elektronische Analogierechenmaschinen, Seite 15.

[9] Siehe: Hellige, Die Aktualität von Hartmut Petzolds Sozialgeschichte des Computing, in: Hashagen, Ulf; Hellige, Hans Dieter (Hrsg.), Rechnende Maschinen im Wandel: Mathematik, Technik, Gesellschaft, Festschrift für Hartmut Petzold zum 65. Geburtstag. Deutsches Museum, München 2011, Seite 201.

[10] Vgl. ebd.

Das Hauptaugenmerk der technischen Analyse und Beschreibung gilt den in der Literatur bislang nur unzureichend berücksichtigten analogen Rechenhilfsmitteln zur Bestimmung der beim Torpedoschuss einzustellenden Steuergrößen, wobei der Schwerpunkt auf dem Torpedovorhaltrechner S3 (TVh-Re/S3) der Firma Siemens Apparate und Maschinen GmbH (SAM) liegt, der in der Fachliteratur bislang nur beiläufig erwähnt wurde. Ein aus dem Turm von U 995[11] ausgebautes Exemplar dieses Rechners (siehe Abbildung 1.1) wurde bis vor wenigen Jahren in der Historischen Halle des Marine-Ehrenmals in Laboe ausgestellt und gab den Anstoß zu dieser Arbeit.

Abbildung 1.1: Der Torpedovorhaltrechner von U 995 in Laboe (geöffnet)

Um ein vollständiges Bild der auf U-Booten verwendeten Rechentechnik zu vermitteln, werden daneben Analogrechner zur Lösung von taktischen und astronavigatorischen Aufgaben behandelt. Letzteren kommt insofern eine besondere Bedeutung zu, als deutsche U-Boote im Zweiten Weltkrieg im wahrsten Sinne des Wortes alle Sieben Meere befuhren und die äußerst rechenintensive astronomische Navigation auf hoher See die einzige Möglichkeit der Ortsbestimmung darstellte.

Zu Beginn der Arbeit werden die auf deutschen U-Booten eingesetzten mechano-optischen Analogrechner untersucht. Dazu zählen in erster Linie Rechenschieber und -scheiben. Der wichtigste Hersteller dieses Typs von Analogrechnern war die Firma Dennert & Pape ARISTO aus Hamburg-Altona, deren Instrumente für die U-Boote der Kriegsmarine mit Ausnahme der Navigationsrechenschieber bislang nicht erforscht wurden und daher einen besonders breiten Raum einnehmen.

[11] U 995 wurde am 16.09.1943 bei Blohm & Voss in Hamburg in Dienst gestellt. Das U-Boot vom Typ VII C wurde nach Kriegsende von der Königlich Norwegischen Marine übernommen und am 13.03.1972 nach Laboe überführt. Dort wird es heute vom Deutschen Marinebund e.V. als historisch-technisches Museum betrieben.

Die mechano-optischen Analogrechner werden nach ihrem Verwendungszweck und ihrer Funktionsweise klassifiziert und dabei auch solche Instrumente berücksichtigt, deren Einsatz auf U-Booten anhand des vorhandenen Quellenmaterials weder nachgewiesen noch mit letzter Gewissheit ausgeschlossen werden kann.

Um zu dokumentieren, dass der Einsatz mechano-optischer Analogrechner auf deutschen U-Booten keineswegs mit dem Zweiten Weltkrieg oder der zunehmenden Verbreitung elektronischer Digitalrechner endete, werden zwei Rechenschieber untersucht, die in der Tradition der historischen Instrumente stehen und bis zum heutigen Tag bei der Deutschen Marine verwendet werden. Standardrechenschieber wie der an Bord von U 534[12] gefundene ARISTO Rietz werden hingegen nicht behandelt, da sie in der Literatur bereits hinreichend dokumentiert sind.

Danach werden die mathematischen und technischen Grundlagen des TVh-Re/S3 sowie im Anschluss daran seine Aufgabe als zentraler Bestandteil der Feuerleitanlage sowie seine Funktionsweise untersucht. Hierbei liegt der Fokus auf den rechentechnischen Gesichtspunkten. Aus diesem Grund werden Rechengetriebe und Bauteile zur Nachbildung von mathematischen Funktionen ausführlicher als die eher technischen Komponenten des Rechners und der Feuerleitanlage behandelt.

Um die Entwicklungsgeschichte des TVh-Re/S3 zu veranschaulichen, werden weitere auf U-Booten der Kriegsmarine verwendete Torpedovorhaltrechner von Siemens analysiert und die rechentechnisch bedeutsamen Unterschiede zum TVh-Re/S3 herausgearbeitet.

Neben den tatsächlich im Krieg verwendeten Rechnern werden ferner zwei Prototypen untersucht, die in der Literatur bislang keine Erwähnung gefunden haben. Bei dem ersten Gerät handelt es sich um einen elektrischen Torpedo-Vorhaltrechner, der sich durch die Implementierung eines besonders ausgeklügelten mathematischen Ansatzes zur Lösung des Torpedo-Schussproblems auszeichnet. Mit dem zweiten Prototypen, einem fotoelektrischen Rechner zur Berechnung mathematischer Funktionen, hoffte Siemens, versuchsweise gewisse technische Beschränkungen elektromechanischer Rechner zu überwinden.

Schließlich soll der Versuch unternommen werden, die Frage nach der Wechselbeziehung zwischen dem Verlauf des U-Boot-Krieges und der Entwicklung von analogen Rechenhilfsmitteln für U-Boote sowie die Frage nach der technik- und militärhistorischen Relevanz der deutschen U-Boot-Rechner zu beantworten. Zu diesem Zweck werden die Analogrechner auf zwei unterschiedlichen Analyseebenen betrachtet. So wird auf der „objektiven" Ebene etwa nach den Auswirkungen der alliierten Abwehrmaßnahmen oder der mit zunehmendem Verlauf des Krieges knapper werdenden Ressourcen auf die Entwicklung neuer Rechnertypen sowie nach dem Einfluss des Torpedovorhaltrechners auf die Versenkungszahlen gefragt.

[12] U 534 ist ein U-Boot vom Typ IX C/40 und wurde am 23.12.1942 in Dienst gestellt. Das Boot ist wenige Tage vor Kriegsende bei einem Luftangriff britischer Bomber im Kattegat gesunken. Es wurde 1993 gehoben und dient heute, in mehrere Teile zerlegt, als Museumsboot in Liverpool. Auf die unterschiedlichen U-Boot-Typen wird im Rahmen dieser Arbeit nicht weiter eingegangen. Ausführliche Informationen finden sich in Eberhard Rösslers zweibändiger Geschichte des deutschen U-Bootbaus.

Darüber hinaus wird für die objektive Bewertung der technik- und militärhistorischen Bedeutung der deutschen U-Boot-Rechner im weiteren Verlauf dieser Arbeit gelegentlich ein vergleichender Blick auf ausgewählte damalige Entwicklungen des Auslandes geworfen. In dem Zusammenhang ließe sich auch die Einschätzung einiger amerikanischer Autoren hinterfragen, der zufolge der Torpedo Data Computer (TDC) der US-Navy der fortschrittlichste Torpedovorhaltrechner auf U-Booten des Zweiten Weltkrieges gewesen sei. Die Frage nach dem fortschrittlichsten oder (nach welchen Kriterien auch immer) besten Torpedovorhaltrechner des Zweiten Weltkrieges ist jedoch ausdrücklich nicht Gegenstand dieser Arbeit. Sie ist wegen der verschiedenen Voraussetzungen und der unterschiedlichen Anforderungen an die Rechner wenig sinnvoll und verspricht für die Zielsetzung dieser Arbeit - die Erforschung der analogen Rechenhilfsmittel auf deutschen U-Booten des Zweiten Weltkrieges - allenfalls einen geringen Erkenntnisgewinn.

Eine objektive Beurteilung der damaligen Analogrechner ist nicht unproblematisch, da der heutige Betrachter Kriterien heranziehen könnte, die für die Anwender zur Zeit des Zweiten Weltkrieges kaum oder gar nicht von Belang waren. Aus diesem Grund erscheint es sinnvoll, auf einer zweiten, „subjektiven" Analyseebene wann immer möglich zeitgenössische Quellen oder Berichte von U-Bootfahrern einzubeziehen, die mit den jeweiligen analogen Rechenhilfsmitteln tatsächlich gearbeitet haben. Für den Historiker GUNTRAM SCHULZE-WEGENER ist die „erzählende Geschichte", zu der auch die Memoiren ehemaliger U-Bootfahrer zu rechnen sind, in diesem Zusammenhang von nicht zu unterschätzender Bedeutung, da die Sicht aus dem Mannschaftsdeck oft in letzter Instanz zeigte, „ob das Kriegsgerät taugte, ob es hielt, was es versprach"[13].

Angesichts der dürftigen Quellenlage müssen die wenigen vorhandenen Zeitzeugenberichte umfassend berücksichtigt werden. Sie sind aber in Anbetracht des historischen Hintergrundes besonders skeptisch zu bewerten. In technischer Hinsicht sind die Erinnerungen ehemaliger U-Bootfahrer wie die in Kapitel 2 wiedergegebene Schilderung eines Torpedoangriffs zumeist detailliert und zuverlässig. In fast allen Berichten fehlt jedoch eine kritische Reflexion des eigenen Handelns oder gar ein Wort des Bedauerns. In der Erinnerungsliteratur zum U-Boot-Krieg im Zweiten Weltkrieg wird oft ausgeblendet, dass ein Torpedoangriff in aller Regel den Tod von Menschen zur Folge hatte und dass der U-Boot-Krieg Teil des verbrecherischen nationalsozialistischen Angriffs- und Vernichtungskrieges war[14]. Daher müssen auch Beurteilungen des Torpedovorhaltrechners wie die des U-Boot-Kommandanten SCHÄFFER[15] äußerst kritisch reflektiert werden. Aus heutiger Sicht ist vor allem das von SCHÄFFER verwendete Wort „Erfolge" unangebracht. Der Technikhistoriker HELMUT MAIER hat im Rahmen seiner Untersuchung der Rüstungsforschung im NS-System ganz zu Recht darauf hingewiesen, dass das Wort „Erfolg" in Anführungszeichen zu setzen ist, um den Konnex von Wissenschaft - oder hier eben Technik - und Vernichtung im Blick zu behalten[16].

---

[13] Siehe: SCHULZE-WEGENER, Kriegsmarine-Rüstung, Seite 10.

[14] Von HITLER ist überliefert, dass er den Atlantik ausdrücklich als sein „westliches Vorfeld" ansah. Siehe: SCHULZE-WEGENER, a. a. O., Seite 121.

[15] Siehe Fußnote 3.

[16] Siehe: MAIER, Forschung als Waffe, Seite 1103.

Der Historiker KURT MÖSER schrieb in seinem Aufsatz „Militärgeschichte und -technik im Technikmuseum" aus dem Jahre 1987, dass für viele Menschen „allein schon die Beschäftigung mit dem Thema Krieg und Militär Tabucharakter oder gar schon einen obszönen touch bekommen [hat, d. Vf.]" und dass aufgrund der Tatsache, dass „die Erhaltung des Friedens und die Vermeidung des atomaren overkills mehr oder weniger dominierende Werte in unserer Gesellschaft darstellen, [...] ein universelles Verdikt über allem zu lagern [scheint, d. Vf.], was mit militärhistorischen und technischen Fragestellungen zu tun hat"[17]. Das trifft nach Ansicht des Verfassers auch in der weniger friedensbewegten Gegenwart noch zu.

Warum dann aber eine Beschäftigung mit Analogrechnern auf U-Booten aus der NS-Zeit, also letztlich mit Instrumenten der nationalsozialistischen Kriegsführung? Auf die Gefahr hin, dass der Verfasser bei einer positiven Wertung der Qualität deutscher Waffentechnologie, die bei einer ergebnisoffenen Untersuchung nicht von vornherein ausgeschlossen werden kann, womöglich „in die Nähe neo-nazistischer Revisionisten und Waffennarren" gerückt wird[18]? Und wo darüber hinaus U-Boote nicht nur für die Kulturhistorikerin LINDA M. KOLDAU grundsätzlich ein heikles Thema sind, da sie in der Vergangenheit mit allzu viel Kriegspropaganda, Täuschung, Leid und Tod verbunden waren[19]? Der Kurator der militärgeschichtlichen Sammlung des Smithsonian National Museum of American History, BARTON C. HACKER, hat die Frage nach dem Sinn der Beschäftigung mit Militärtechnologie in seinem einflussreichen Aufsatz „Military Institutions, Weapons, and Social Change: Toward a New History of Military Technology“ wie folgt beantwortet:

> „Intrinsic interest aside, illuminating interactions between military and other social institutions may offer the best reason for studying military technology. It can provide the visible links between enduring (though not immutable) institutions and the more superficial history of events[20].“

Abgesehen von einem rein akademischen Interesse ist die genaue Kenntnis der Wechselbeziehungen zwischen dem Militär und anderen gesellschaftlichen Institutionen wie der Wirtschaft oder der Politik vor allem deshalb erforderlich, weil sie (in einer Demokratie) eventuell notwendige oder erwünschte Veränderungen überhaupt erst ermöglicht. Zu den Aufgaben der Bürger eines rüstungsexportierenden Landes wie der Bundesrepublik Deutschland gehört es nach Ansicht des Verfassers auch, sich als wachsame Demokraten mit dem Beziehungsgeflecht des militärisch-industriell-politischen Komplexes sowie mit Militärtechnologie zu beschäftigen. Schließlich ist ein fundiertes Wissen auf dem Gebiet der Militärtechnologie eine notwendige Voraussetzung für die Kontrolle von Rüstungsexporten oder die Beurteilung von Rüstungsprogrammen und -haushalten.

[17] Siehe: MÖSER, Militärgeschichte und -technik im Technikmuseum, in: Kritische Berichte 15, Heft 3/4, 1987, Seite 66.

[18] Vgl. MAIER, Forschung als Waffe, Seite 39.

[19] Siehe: KOLDAU, Mythos U-Boot, Seite 14.

[20] HACKER, Military Institutions, Weapons, and Social Change: Toward a New History of Military Technology, in: Technology and Culture, Nr. 35, 1994, Seite 833.

Für den Verfasser kommen neben einem durchaus nicht zu leugnenden „intrinsic interest“ an historischen Rechengeräten und dem lokalgeschichtlichen Interesse an der Hamburger Firma Dennert & Pape indes zwei weitere Beweggründe hinzu, sich mit dem gewählten, sehr speziellen militär*historischen* Kapitel aus der Zeit des Nationalsozialismus zu befassen.

Zum einen existiert in Deutschland seit dem Ersten Weltkrieg ein nach wie vor höchst lebendiger U-Boot-Mythos. Davon zeugen neben der anhaltenden Popularität der BUCHHEIM-Verfilmung „Das Boot“ zahlreiche U-Boot-Seiten im Internet sowie die jährlich rund 350.000 Besucher von U 995 in Laboe[21]. Hier kann eine nüchterne und sachliche Analyse der auf U-Booten eingesetzten analogen Rechenhilfsmittel dazu beitragen, einer Mythologisierung entgegenzuwirken, indem sie die im Zusammenhang mit U-Booten der NS-Zeit immer noch anzutreffende Illusion von den sogenannten „Wunderwaffen“ gezielt hinterfragt.

Zum anderen wird der Torpedovorhaltrechner von U 995 und damit der Hauptforschungsgegenstand der vorliegenden Arbeit seit der Neugestaltung der Ausstellung in der Historischen Halle in Laboe im Jahre 2010 nicht mehr gezeigt, da er offenbar nicht länger in das Ausstellungskonzept des Deutschen Marinebundes passt. Das ist bedauerlich, da vor dem Hintergrund der Frage nach der Mitverantwortung deutscher Wissenschaftler und Ingenieure an der nationalsozialistischen Kriegsführung nicht in Vergessenheit geraten darf, welch ungeheuer großer konstruktiver und fertigungstechnischer Aufwand in der NS-Zeit in analoge Rechenhilfsmittel für den Seekrieg investiert wurde - in Rechenhilfsmittel also, die ausschließlich dazu dienten, Schiffe zu zerstören und gegnerische Seeleute zu töten.

Zwar möchte der Deutsche Marinebund mit dem als historisch-technischem Museum betriebenen U-Boot „keineswegs nur andächtiges Staunen über die Leistung der Männer wecken, die einst unter qualvoller Enge in seinem Inneren die Schrecken des Krieges erleiden mußten“, sondern „vielmehr gerade das Grauen und die Leiden des II. Weltkriegs der heutigen Generation mahnend und abschreckend vor Augen führen“[22], doch sieht er sich dabei auch mit kritischen Vorwürfen wie denen des Historikers MICHAEL SALEWSKI konfrontiert, wonach durch die Art der Präsentation von U 995 der atlantische U-Boot-Krieg „in der subjektiv-punktuellen Form eines technischen Denkmals und einiger Prospektbemerkungen” gewissermaßen „vereinnahmt” wird[23].

KURT MÖSER hat in seinem bereits erwähnten Aufsatz treffend bemerkt, dass es eben nicht ausreicht, wenn sich die Haltung eines Technikmuseums zu historischem Kriegsgerät darin erschöpft, es scheinbar neutral und wohlversehen mit technischen Daten zu präsentieren, die für sich selbst sprechen sollen, da militärische Exponate diese an sich schon problematische Fähigkeit noch weniger als andere Museumsgegenstände besitzen[24].

---

[21] Siehe: http://www.deutscher-marinebund.de/u995_geschichte.htm (10.08.2013).

[22] Beide Zitate ebd.

[23] Siehe: SALEWSKI, Von der Wirklichkeit des Krieges, Seite 9.

[24] Siehe: MÖSER, Militärgeschichte und -technik im Technikmuseum, in: Kritische Berichte 15, Heft 3/4, 1987, Seite 66.

Dabei könnte die von U 995 und der komplexen Mechanik des Torpedovorhaltrechners ausgehende technische Faszination als Chance begriffen werden, beim Betrachter ein tiefgründiges und nachhaltiges Interesse am U-Boot-Krieg zu wecken. Sollen Boot und Rechner nicht nur als Touristenattraktion dienen, sondern die Schrecken des Zweiten Weltkriegs visualisieren, wäre es MÖSER zufolge allerdings notwendig, ihnen die Geschichte der Opfer des U-Boot-Krieges entgegenzustellen[25]. Dadurch möglicherweise entstehende Konflikte wären dann sogar ein Gewinn, denn nur wenn ein Technikmuseum nicht auf das geringstmögliche, sondern auf ein möglichst großes Konfliktpotential zusteuert, vermeidet es laut MÖSER seine eigene Redundanz, eine Wiederholung des schon längst Gewussten, und schafft sich seine eigene spezifische Relevanz[26].

1.2 Forschungsstand und Quellenlage

Es existiert eine Reihe von Standardwerken, die die Geschichte des U-Boot-Krieges im Zweiten Weltkrieg wissenschaftlich fundiert wiedergeben. Hier sind vor allem die Beiträge der Militärhistoriker BERND STEGEMANN und WERNER RAHN zu der vom Militärgeschichtlichen Forschungsamt herausgegebenen Buchreihe „Das Deutsche Reich und der Zweite Weltkrieg" zu nennen[27]. WERNER RAHN hat darüber hinaus den U-Boot-Krieg im Ersten und Zweiten Weltkrieg in zwei äußerst lesenswerten Kurzdarstellungen zusammengefasst[28]. Aus der Feder von JÜRGEN ROHWER stammen neben der mit GERHARD HÜMMELCHEN verfassten und auch online verfügbaren „Chronik des Seekrieges 1939-1945"[29] ausführliche Untersuchungen der Geleitzugschlachten sowie eine Bilanz des U-Boot-Krieges aus deutscher Sicht[30]. ROHWER war ferner einer der ersten Historiker, die in den siebziger Jahren nach Offenlegung der Geheimakten aus den britischen Archiven die Bedeutung der Enigma und ihrer Entschlüsselung für den Verlauf des U-Boot-Krieges untersucht haben[31].

---

[25] Siehe: MÖSER, Militärgeschichte und -technik im Technikmuseum, in: Kritische Berichte 15, Heft 3/4, 1987, Seite 71.

[26] Siehe ebd., Seite 75.

[27] Siehe: STEGEMANN, Der U-Boot-Krieg, in: Das Deutsche Reich und der Zweite Weltkrieg, Band 2, Seite 182-185 und 345-348 sowie RAHN, Der Seekrieg im Atlantik und Nordmeer, in: Das Deutsche Reich und der Zweite Weltkrieg, Band 6, Seite 275-425 und RAHN, Die deutsche Seekriegsführung 1943 bis 1945, in: Das Deutsche Reich und der Zweite Weltkrieg, Band 10/1, Seite 3-273.

[28] Siehe: RAHN, Die Bedeutung der Flotte für die deutsche Gesamtstrategie des Ersten Weltkrieges und der Handelskrieg mit U-Booten 1915-1918, in: Technikmuseum U-Boot „Wilhelm Bauer". Kleine Geschichte und Technik der deutschen U-Boote, Seite 41-52 sowie RAHN, Grundzüge des deutschen U-Boot-Krieges 1939-1945, in: Ebd., Seite 57-69.

[29] Siehe: ROHWER, HÜMMELCHEN, Chronik des Seekrieges 1939 - 1945 sowie http://www.wlb-stuttgart.de/seekrieg/chronik.htm (10.08.2013).

[30] Siehe: ROHWER, Geleitzugschlachten im März 1943. Siehe ferner: ROHWER, Die U-Boot-Erfolge der Achsenmächte 1939-1945.

[31] Siehe: ROHWER, JÄCKEL (Hrsg.), Die Funkaufklärung und ihre Rolle im 2. Weltkrieg. Siehe darüber hinaus: ROHWER, Der Einfluss der alliierten Funkaufklärung auf den Verlauf des Zweiten Weltkrieges.

Wer sich ernsthaft mit der Geschichte der Kriegsmarine beschäftigen möchte, kommt um das dreibändige Werk „Die deutsche Seekriegsleitung 1935-1945" von MICHAEL SALEWSKI nicht herum. Bei allen Fragen zur speziellen Technikgeschichte der deutschen U-Boote und Torpedos greifen auch Fachhistoriker wie RAHN und SALEWSKI auf RÖSSLER als „single point of knowledge" zurück und verzichten dabei zum Teil sogar auf Einzelnachweise, um ihren „Anmerkungsapparat zu entlasten"[32]. Neben der erwähnten deutschen Standardliteratur sei abschließend auf STEPHEN W. ROSKILLS Zusammenfassung der von ihm erstellten vierbändigen offiziellen britischen Seekriegsgeschichte hingewiesen[33]. Es wirkt einerseits befremdlich und spricht andererseits für die Ausgewogenheit der nur fünfzehn Jahre nach Ende des Zweiten Weltkrieges erschienenen Darstellung, wenn ROSKILL den „Deutschen" für die „sorgfältige Planung" und „Kühnheit" bei der Durchführung der Versenkung des Schlachtschiffes ROYAL OAK durch U 47 unter GÜNTHER PRIEN (1908-1941) im britischen Stützpunkt Scapa Flow, bei der immerhin 833 britische Seeleute ihr Leben verloren, „höchstes Lob" zollt[34].

Der ehemalige Siemens-Ingenieur ALBERT BLATTMANN hat im Jahre 1976 mit seiner Chronik „Zur Entwicklung der Siemens-Apparate und Maschinen GmbH (SAM) und ihrer Vorgeschichte 1894-1945" den wichtigsten Beitrag zur Geschichte der Siemens-Tochter SAM geliefert. In seinem 1985 erschienenen Buch „Rechnende Maschinen: Eine historische Untersuchung ihrer Herstellung und Anwendung vom Kaiserreich bis zur Bundesrepublik" hat HARTMUT PETZOLD diese Quelle intensiv ausgewertet und die Ergebnisse BLATTMANNS in einen umfangreichen rechentechnikgeschichtlichen Kontext eingebunden[35].

Neuere Arbeiten reflektieren das gestiegene wissenschaftliche Interesse am Beziehungsgeflecht zwischen Gesellschaft, Politik, Kriegsmarine, Wirtschaft und Wissenschaft. GUNTRAM SCHULZE-WEGENER und OLIVER KRAUSS haben 1996 bzw. 2006 in ihren Dissertationen bei SALEWSKI spezielle Aspekte der deutschen Kriegsmarine-Rüstung und hier insbesondere die Entwicklung und den Bau von U-Booten bzw. das Torpedowesen und die Torpedoversuchsanstalt (TVA) in Eckernförde untersucht. Ihre Arbeiten verstehen sich ausdrücklich nicht als Beiträge zur speziellen Technikgeschichte, sondern zur politisch-militärischen Geschichte der Kriegsmarine-Rüstung unter Beachtung technischer Aspekte[36]. BERND ULMANN geht in seinem im Jahre 2010 erschienenen Buch über die Grundlagen, Geschichte und Anwendung der Analogrechner auch auf amerikanische Torpedovorhaltrechner für U-Boote ein und verweist in einer Fußnote auf die Erwähnung des Siemens-Rechners bei RÖSSLER[37]. Die vorliegende Arbeit greift das Thema der Fußnote auf und knüpft damit an die Untersuchungen von RÖSSLER und ULMANN an.

---

[32] Siehe: SALEWSKI, Die deutsche Seekriegsleitung 1935-1945, Band II: 1942-195, Seite 496.

[33] Siehe: ROSKILL, Royal Navy Britische Seekriegsgeschichte 1939-1945.

[34] Siehe ebd., Seite 44.

[35] Siehe: PETZOLD, Rechnende Maschinen, Seite 54-58 und Seite 60-64.

[36] Siehe: SCHULZE-WEGENER, Kriegsmarine-Rüstung, Seite 8 bzw. KRAUSS, Rüstung und Rüstungserprobung in der deutschen Marinegeschichte, Seite 9.

[37] Siehe: ULMANN, Analogrechner, Seite 41-46 bzw. Seite 42.

Eine der bedeutendsten Quellen für die Erforschung der Analogrechner auf deutschen U-Booten des Zweiten Weltkrieges ist der TVh-Re/S3 von U 995 in Laboe. Die ebenfalls von Siemens hergestellten Torpedovorhaltrechner von U 505[38] im Museum of Science and Industry in Chicago (siehe Abbildung 1.2) und von U 534 in Liverpool sind aus versicherungstechnischen Gründen bedauerlicherweise nur Museumsangestellten zugänglich.

Abbildung 1.2: Der TVh-Re/S3 von U 505 in Chicago (Foto: Museum of Science and Industry, Chicago)

Erste Versuche des Verfassers, mehr über den Verwendungszweck und die Funktionsweise des TVh-Re/S3 in Erfahrung zu bringen, verliefen entmutigend. ALEXANDRA KINTER von den Siemens Corporate Archives beantwortete eine Anfrage zu Informationen über den Torpedovorhaltrechner abschlägig:

> „Wir haben nur sehr wenige Informationen über die Siemens Apparate und Maschinen GmbH (SAM) bzw. deren Entwicklungen im Archiv vorliegen. Der Grund hierfür ist, dass technische Beschreibungen, Zeichnungen und Pläne militärischer Anlagen während der Zeit des Zweiten Weltkriegs und auch danach - sofern diese dann noch existierten - in der Regel nicht an historische Archive der Herstellerfirmen abgegeben worden sind[39]."

[38] U 505 ist ein deutsches U-Boot vom Typ IX C. Es wurde am 26.08.1941 in Dienst gestellt und am 04.06.1944 von der US-Navy gekapert. Das Boot kann seit dem Jahr 1954 im Museum of Science and Industry in Chicago besichtigt werden.

[39] AV, KINTER, Email an den Verfasser vom 23.01.2008.

Eine weitere Erklärung für die schlechte Quellenlage im Archiv der Firma Siemens findet sich bei dem Chronisten der SAM, Albert Blattmann:

> „Im Jahre 1945 wurde die Liquidation der im Jahre 1933 gegründeten SAM eingeleitet. Leider stehen heute, insbesondere die Technik der Erzeugnisse betreffend, nur noch spärliche und zum Teil bruchstückhafte Unterlagen zur Verfügung. Auch die SAM war betroffen von der Ausräumung der Rüstungsbetriebe durch die Besatzungsarmee, die nur noch Trümmer hinterlassen hat. Manches von dem da und dort noch Vorhandenen ging verloren infolge weitverbreiteter Interessenlosigkeit, ja z.T. durch bewußte Aversion gegen den ungeliebten Rüstungsbetrieb SAM[40]."

Auch Horst Bredow, Stifter und geschäftsführender Vorstand des Deutschen U-Boot-Museums und als solcher für viele Historiker und Autoren erste Anlaufstelle zum Thema U-Boote, äußerte sein Bedauern:

> „Es ist sehr selten, daß wir eine Anfrage nicht beantworten können,- und ich hoffe, daß es unseren guten Ruf nicht allzu sehr schädigt: Leider aber kann ich Ihnen bei Ihrem Anliegen nicht helfen, ich bin selbst gerade an solchen Unterlagen interessiert. Ich habe zwar als Wachoffizier mit dem T-Vorhaltrechner gearbeitet,- entsinne mich auch, daß es außer unserer praktischen Schulung auch eine Bedienungsvorschrift gab,- aber solange ich nun diese Archivarbeit mache,- also seit mehr als 60 Jahren, ist mir eine solche nicht 'über den Weg gelaufen'[41]."

Die Quellensituation ist jedoch nicht ganz so desolat, wie die obigen Zitate vermuten lassen. Neben den Geräten selbst stellen heute die in der Abteilung Militärarchiv des Bundesarchivs in Freiburg im Breisgau (weiterhin zitiert als BA-MA) zugänglichen Amtsdrucksachen die wichtigsten Quellen für die Erforschung der analogen Rechenhilfsmittel auf deutschen U-Booten dar. In einer Vorbemerkung zum Findbuch für den Bestand Amtsdrucksachen Reich Marine (RMD) im BA-MA heißt es über die Bedeutung der Amtsdrucksachen für die historische Forschung:

> „Amtsdrucksachen (ADS) - von amtlichen Stellen veröffentlichte oder für den internen Gebrauch hergestellte Druckschriften - haben ihre Bedeutung als eigenständige Quellen.
>
> Ihr Wert als Ersatzüberlieferung hat durch die großen Aktenverluste, die der Zweite Weltkrieg dem deutschen militärischen Schriftgut zugefügt hat, eine besondere Dimension erhalten. Im waffentechnischen Bereich und auf Spezialgebieten ersetzen sie nicht selten Schrift-, Bild- und Zeichnungsgut fast vollständig[42]."

[40] Blattmann, SAM, Seite 3.

[41] Brief an den Verfasser vom 28.04.2009.

[42] BA-MA, RMD, Findbuch für die Bestände RMD 1-6 Amtsdrucksachen Reich Marine, Bd 1.

Darüber hinaus haben sich in ausländischen Archiven wie dem Britischen Nationalarchiv in Kew (in dieser Arbeit zitiert als TNA) englische Übersetzungen konfiszierter deutscher Unterlagen über U-Boote und Torpedos erhalten[43]. Wichtige Quellen sind ferner die über die Online-Patentrecherche[44] des Deutschen Patent- und Markenamtes zugänglichen Patente der SAM und der Gelap (Gesellschaft für Elektrische-Apparate) sowie die einschlägige Erinnerungsliteratur zum U-Boot-Krieg. Ein Großteil der Quellen zu den mechano-optischen Rechenhilfsmitteln stammt aus dem Firmenarchiv von Dennert & Pape im Deutschen Museum in München und im Museum der Arbeit in Hamburg. Einige der untersuchten Instrumente wurden an Bord von U 534 gefunden und werden heute in einem vom Liverpooler Verkehrsverbund Merseytravel betriebenen Museum in der Nähe des Woodside Ferry Terminals in Liverpool-Birkenhead aufbewahrt. Weitere Quellen stammen aus privatem Sammlerbesitz.

1.3 Historischer Hintergrund

Hier ist zwar nicht der Ort, die Geschichte des U-Boot-Krieges im Zweiten Weltkrieg ein weiteres Mal nachzuzeichnen, doch erfordert die Beurteilung der Frage, inwieweit sich insbesondere die Schlacht im Atlantik und die Entwicklung der analogen Rechenhilfsmittel auf deutschen U-Booten wechselseitig beeinflusst haben, die Kenntnis einiger historischer Eckdaten und Fakten[45].

Vor dem Ersten Weltkrieg spielte das U-Boot in den seestrategischen Überlegungen und Rüstungsprogrammen der Kaiserlichen Marine nur eine untergeordnete Rolle. Zu Kriegsbeginn hoffte die Marineleitung, mithilfe der U-Boote das Kräfteverhältnis zwischen der deutschen und der weit überlegenen britischen Hochseeflotte ausgleichen zu können. Einige als spektakulär empfundene Versenkungen trugen dazu bei, dass das militärische Potenzial der U-Boote nicht nur von der Marineleitung, sondern auch von der politischen Führung und der Bevölkerung weit überschätzt wurde. Beispielhaft ist hier der später zum Kriegshelden hochstilisierte U-Boot-Kommandant Otto Weddigen[46] (1882-1915) zu nennen, der am 22. September 1914 kurz hintereinander drei ältere britische Panzerkreuzer versenkte und dabei annähernd 1500 Besatzungsmitglieder tötete. U-Boote wurden aber nicht nur gegen Kriegs-, sondern auch gegen Handelsschiffe und die teilweise als Hilfskreuzer oder Truppentransporter verwendeten Passagierdampfer eingesetzt, um die Logistik des Gegners zu (zer-)stören. Das war in militärischer Hinsicht neu und nicht unumstritten, da natürlich auch U-Boote an die völkerrechtlichen Grundsätze der Seekriegsführung und damit an das Prisenrecht gebunden waren.

---

[43] Siehe vor allem die Bestände TNA, ADM 213 Admiralty Centre for Scientific Information and Liaison: Reports und TNA, ADM 292 Admiralty Underwater Weapons Department: Reports and German Torpedo Documents.

[44] Siehe: http://www.depatisnet.de (10.08.2013).

[45] Dieser Abschnitt gründet sich im Wesentlichen auf die bereits erwähnten Arbeiten der Marinehistoriker Werner Rahn und Jürgen Rohwer.

[46] Siehe auch Fußnote 276.

Das Prisenrecht sah vor, dass Handelsschiffe zwar gestoppt und durchsucht aber nur dann versenkt werden durften, wenn sie für den Gegner bestimmte Ladung, sogenannte Konterbande, an Bord hatten und die Sicherheit ihrer Besatzungen garantiert werden konnte. Die deutsche Marineführung war sich der Tatsache bewusst, dass U-Boote diese Forderung nur schwer oder gar nicht erfüllen konnten und verzichtete daher auf eindeutige Befehle, die Prisenordnung einzuhalten - wohl auch in der Hoffnung, dass vorwarnungslose Torpedierungen neutrale Reeder abschrecken würden, Fracht für den Kriegsgegner zu transportieren.

Der Historiker JOACHIM SCHRÖDER berichtet, dass die Kommandanten der U-Boote den Torpedo jedoch für eine Hilfswaffe hielten und zu Beginn des Krieges eine eigene Taktik entwickelten, die weitestgehend der Prisenordnung angeglichen war[47]. Sie sahen von vorwarnungslosen Angriffen ab, um irrtümliche Versenkungen zu vermeiden und weil sie festgestellt hatten, dass der Gebrauch des Deckgeschützes wesentlich effektiver als der Einsatz von Torpedos war:

> „[Die Torpedos, d. Vf.] waren zwar technisch hoch entwickelt, jedoch lag einerseits die Trefferquote in der Anfangszeit des U-Boot-Krieges lediglich bei 40 Prozent, andererseits führte jedes U-Boot nur 6-10 Torpedos mit sich. Waren die Kommandanten so zunächst gezwungen, nach Verbrauch ihrer Torpedos das Geschütz zu verwenden, so setzten sie dieses bald bevorzugt ein, da sie erkannt hatten, daß sie mit dem Geschütz, für das ein U-Boot 200-300 Granaten mitführen konnte, über eine ungemein wirksame Waffe verfügten. Dies galt im besonderen bei der Versenkung kleinerer Dampfer und von sehr kleinen Fischereifahrzeugen, für die ein Torpedo sich nicht gerechnet hätte[48]."

Nach dem für die deutsche Seite unbefriedigenden Ausgang der Seeschlacht vom Skagerrak (31. Mai - 1. Juni 1916) war die Marineführung zu der Ansicht gelangt, dass die Hochseeflotte aufgrund der nachteiligen militärgeographischen Lage Deutschlands keine entscheidende Wende im Seekrieg gegen Großbritannien herbeiführen könne. Die strategische Alternative sah sie trotz erkennbar guter Aussichten nicht etwa in einem Handelskrieg der U-Boote nach Prisenrecht, sondern im uneingeschränkten U-Boot-Krieg, d. h. in der vorwarnungslosen Versenkung von Schiffen in einem Sperrgebiet rund um die Britischen Inseln. Die politische Führung hatte sich dieser immer wieder geäußerten Forderung jahrelang widersetzt. Sie folgte letztlich dem Vorschlag des Militärs auf Druck der öffentlichen Meinung und SCHRÖDER zufolge vor allem deshalb, weil ihr neben der militärischen Lage an den Landfronten nach dem Scheitern des Friedensangebotes der Mittelmächte vom 12. Dezember 1916 auch die politische Situation aussichtslos erschien[49].

---

[47] Siehe: SCHRÖDER, Die U-Boote des Kaisers, Seite 146 und Seite 154.

[48] Ebd., Seite 146-147.

[49] Siehe ebd., Seite 405. Der Konflikt um den U-Boot-Krieg im Ersten Weltkrieg gehört JOACHIM SCHRÖDER zufolge „zu den kompliziertesten, langwierigsten und härtesten Auseinandersetzungen, die jemals zwischen Politik und Militär ausgetragen wurden" (SCHRÖDER, a. a. O., Seite 401) und kann hier nicht einmal ansatzweise dargestellt werden. Der interessierte Leser sei auf SCHRÖDERS Buch verwiesen.

Für die vorwarnungslose Versenkung von Schiffen waren Torpedos aus naheliegenden Gründen besser geeignet als die Deckgeschütze der U-Boote. Infolgedessen gewannen analoge Rechenhilfsmittel zur Berechnung des Torpedoschusswinkels wie der in Abbildung 3.6 gezeigte mechano-optische Vorhaltrechner an Bedeutung. Im Archiv der Firma Siemens finden sich Konstruktionszeichnungen eines Torpedovorhaltrechners aus dem Jahre 1917 (siehe Abbildung 6.1) und zeugen von frühen Bestrebungen, das Torpedoschussproblem auf U-Booten mit elektromechanischen Analogrechnern zu lösen.

Im Sommer des Jahres 1917 zeichnete sich allen vorangegangenen Erfolgsversprechen der Marineführung zum Trotz ab, dass ihre seestrategischen Ziele selbst durch einen uneingeschränkten U-Boot-Krieg nicht mehr zu erreichen waren, da die Alliierten inzwischen durch die Einführung des Geleitzugsystems ihre Schiffe besser schützen und dadurch die Versenkungszahlen entscheidend reduzieren konnten[50]. Durch die Einführung des uneingeschränkten U-Boot-Krieges hatte das Deutsche Reich nicht nur nichts erreicht, sondern ganz im Gegenteil den Kriegseintritt der USA begünstigt und damit seine unabwendbare Niederlage herbeigeführt.

Insgesamt versenkte die Kaiserliche Marine im Ersten Weltkrieg mit 369 U-Booten 6384 zivile Schiffe mit 11.948.702 BRT sowie 100 Kriegsschiffe mit 366.242 BRT. Von den ca. 12.500 Besatzungsmitgliedern der U-Boote kamen 5249 ums Leben; 178 U-Boote gingen verloren[51].

Nach dem Ersten Weltkrieg war Deutschland der Besitz und Bau von U-Booten aufgrund der Bestimmungen des Versailler Vertrages zunächst verboten. Auf Betreiben der Marine, die insgeheim den Wiederaufbau der U-Boot-Flotte plante, wurden unter Umgehung des Versailler Vertrages unter deutscher Leitung in den benachbarten Niederlanden U-Boote für Finnland, die Türkei und Spanien gebaut. Auch die Firma Siemens setzte die im Krieg begonnene Entwicklung elektromechanischer Analogrechner für die Marine zunächst in den Niederlanden und später dann in Deutschland fort. Daher war die Rüstungsindustrie nicht unvorbereitet, als im Jahre 1935 die Bestimmungen des Versailler Vertrages durch das deutsch-britische Flottenabkommen gelockert wurden, das der Marine offiziell den Besitz von 45 % der britischen U-Boote und damit eine Höchstzahl von 72 Booten gestattete. Die ersten U-Boote wurden noch im selben Jahr in Dienst gestellt und bereits ein Jahr später im Spanischen Bürgerkrieg eingesetzt.

---

[50] Das Geleitzugsystem war für die Alliierten auch mit einigen Nachteilen verbunden: „Neben dem Aufbau und der ständiger [sic!, d. Vf.] Unterhaltung eines riesigen Organisationsapparates brachte besonders die Abwicklung der einzelnen Geleitzüge Probleme mit sich. Allein das Sammeln der Schiffe zu größeren Gruppen und das damit verbundene Warten kostete eine Menge Zeit. Während der Fahrt war nicht nur der befohlene Zickzackkurs, sondern primär die Minderung der Geschwindigkeit auf die des langsamsten Schiffes zwangsläufig mit einem immensen Zeitverlust verbunden. Waren die Schiffe dann endlich in den Häfen angekommen, ergaben sich erneut lange Wartezeiten, da schließlich nicht die Ladungen aller Schiffe zugleich gelöscht werden konnten. Der damit verbundene Rückgang der Tonnage dürfte nach Schätzungen von Experten bei 15-20 Prozent gelegen haben." (Schröder, Die U-Boote des Kaisers, Seite 373).

[51] Siehe: Walle, Die Entwicklung des U-Bootes bis Ende des Ersten Weltkrieges, in: Technikmuseum U-Boot „Wilhelm Bauer", Seite 40.

Auch im Zweiten Weltkrieg führte Deutschland den Seekrieg in erster Linie als Handelskrieg gegen Großbritannien. Die Schlacht im Atlantik begann bereits am 3. September 1939. Sie sollte sich zur längsten Schlacht des Zweiten Weltkrieges entwickeln und endete erst mit der bedingungslosen Kapitulation des Deutschen Reiches, die am 7. Mai 1945 unterzeichnet wurde.

Zu Beginn der Auseinandersetzungen verfügte die Kriegsmarine lediglich über 26 U-Boote, die für einen sofortigen Einsatz im Atlantik bereit waren. Der Befehlshaber der U-Boote, DÖNITZ, forderte daher, dass die von ihm für eine wirkungsvolle Seeblockade Großbritanniens errechnete Anzahl von 300 atlantiktauglichen U-Booten umgehend erreicht werden müsse. HITLER ignorierte diese Forderung jedoch, da er am Anfang des Krieges noch auf ein Einlenken Großbritanniens hoffte und weitere Provokationen durch eine kaum zu verheimlichende Steigerung der U-Boot-Produktion vermeiden wollte.

DÖNITZ wurde in seiner Forderung vom damaligen Oberbefehlshaber der Kriegsmarine, Großadmiral ERICH RAEDER (1876-1960), unterstützt, der jedoch hinsichtlich der besten Strategie zur Störung der britischen Seeverbindungen eine andere Auffassung vertrat. RAEDER setzte vor allem auf die großen Überwassereinheiten und bezog auch die Luftwaffe in seine Überlegungen ein, während sich der ehemalige U-Boot-Kommandant DÖNITZ dafür aussprach, den Schwerpunkt auf den U-Boot-Einsatz im Nordatlantik zu legen. DÖNITZ sah das Ziel des U-Boot-Krieges vor allem darin, mehr Schiffsraum zu versenken, als der Gegner produzieren konnte, um dadurch die von Importen abhängige britische Wirtschaft zum Erliegen zu bringen. Er prägte den Begriff des „ökonomischen U-Boot-Einsatzes“, wonach die U-Boote stets dorthin zu entsenden waren, wo bei möglichst geringen eigenen Verlusten mit den besten Versenkungsergebnissen gerechnet werden konnte.

RAEDERS militärisches Scheitern und sein Verharren in überkommenen seestrategischen Denkweisen sollte letztlich zu seinem Sturz führen und dem aufstrebenden Nationalsozialisten DÖNITZ an die Macht und damit den U-Booten zu noch größerer Bedeutung verhelfen:

> „Die Ablösung des Großadmirals und Oberbefehlshabers der Kriegsmarine durch Dönitz am 30. Januar 1943 war ein Reflex auf das Zerwürfnis zwischen Hitler und Raeder in der Frage der Großkampfschiffe[52].“

DÖNITZ ging bei seinen strategischen Überlegungen von den Erfahrungen des Ersten Weltkrieges aus, die gezeigt hatten, dass zu Geleitzügen zusammengefasste und durch Eskorten geschützte Handelsschiffe mit einzelnen U-Booten nicht wirksam bekämpft werden konnten. Die U-Boote hatten aufgrund ihrer geringen Ausguckhöhe und der unzureichenden Ortungsmittel überdies Schwierigkeiten, ihre Ziele in den Weiten des Atlantiks aufzuspüren. Die Aufklärung wurde noch dadurch erschwert, dass sich die Frequenz des gegnerischen Schiffsverkehrs durch die Einführung des Geleitzugsystems verringert hatte und entsprechende Fernmeldemittel zur Kommunikation der U-Boote untereinander oder mit einer Führungsstelle an Land im Unterschied zum Zweiten Weltkrieg noch nicht zur Verfügung standen.

[52] SCHULZE-WEGENER, Kriegsmarine-Rüstung, Seite 93-94.

Auf Basis dieser Erkenntnisse konzipierte DÖNITZ die sogenannte „Rudeltaktik”, die der Zusammenfassung der Handelsschiffe zu Geleitzügen eine entsprechende Konzentration von U-Booten entgegensetzte. Das Aufspüren des Gegners sollte durch Aufklärungslinien aus U-Booten erleichtert werden, die quer zu den vermuteten Kursrichtungen der Geleitzüge verliefen. Entdeckte ein U-Boot einen Konvoi, durfte es ihn nicht sofort angreifen, sondern musste ihm als sogenannter Fühlungshalter folgen, damit weitere Boote an das Ziel herangeführt werden konnten. Voraussetzung für die „Rudeltaktik” war ein umfangreicher wechselseitiger Funkverkehr zwischen den U-Booten und der Führungsstelle an Land.

DÖNITZ nahm bewusst in Kauf, dass die U-Boote beim Absetzen von Fühlungshaltermeldungen womöglich ihre Positionen verrieten, denn auch ihm war natürlich bekannt, dass die Funksprüche vom Gegner eingepeilt werden konnten. An der Sicherheit der zur Verschlüsselung der Funksprüche verwendeten Rotor-Schlüsselmaschine Enigma hegte die Marineleitung anfänglich nicht den geringsten Zweifel.

Im Ersten Weltkrieg war deutlich geworden, dass die bisherigen Rechenhilfsmittel wie Tabellen oder Rechenschieber für Angriffe auf Geleitzüge nicht ausreichten. Es wurden daher in der Zeit zwischen den Weltkriegen mechano-optische und elektromechanische Analogrechner sowie Feuerleitanlagen entwickelt, die es den U-Booten ermöglichten, mehrere Schiffe eines Geleitzuges innerhalb kürzester Zeit zu torpedieren und sich durch „Schießen im Abdrehen“ der gegnerischen Geleitzugsicherung schnell zu entziehen.

Hohe Versenkungszahlen schienen zu Beginn des Zweiten Weltkrieges darauf hinzudeuten, das DÖNITZ’ Strategie aufging. Bis zum Frühjahr des Jahres 1941 erlitten die Briten große Verluste, da noch nicht alle Schiffe zu Geleitzügen zusammengefasst wurden und die Konvois aus Mangel an Geleitschiffen zunächst nur schwach gesichert werden konnten und daher gegen die Angriffe der U-Boot-„Rudel” kaum zu verteidigen waren. Ab April des Jahres 1941 wurden die U-Boote jedoch durch die stärker werdende U-Boot-Jagd und die verbesserte Luftüberwachung der Alliierten zunehmend nach Westen in den Nordatlantik abgedrängt.

Im Juni des Jahres 1941 gelang den Briten erstmals der Einbruch in den deutschen Marineschlüssel. Dadurch konnten die Geleitzüge um die Aufklärungslinien der U-Boote dirigiert und die U-Boote gezielt bekämpft werden. Zur Entschlüsselung der mit der Enigma kodierten deutschen Funksprüche setzten die Briten elektromechanische Maschinen ein, die nach ihren Entwicklern ALAN TURING (1912-1954) und GORDON WELCHMAN (1906-1985) als TURING-WELCHMAN-Bomben bezeichnet werden[53].

[53] Es ist eine wenig bekannte Tatsache, dass auch der als B-Dienst (oder xB-Dienst; der Buchstabe „B” steht für „Beobachtung”) bezeichnete deutsche Marinegeheimdienst elektromechanische Maschinen zur Entschlüsselung des gegnerischen Funkverkehrs verwendete. So konnte der B-Dienst den wichtigsten Konvoi-Funkverkehr der Alliierten durch den Einsatz von Hollerithmaschinen noch bis weit in das Jahr 1943 fast verzugslos mitlesen. Die US-Navy schätzte nach dem Krieg, dass im Zeitraum vom 01.12.1942 bis zum 31.05.1943 etwa 70 Prozent aller von deutscher Seite entdeckten Konvois auf die Arbeit des B-Dienstes zurückgehen. Siehe: RAHN, Die deutsche Seekriegsführung 1943 bis 1945, in: Das Deutsche Reich und der Zweite Weltkrieg, Band 10/1, Seite 103-104.

Berechnungen haben ergeben, dass die Alliierten durch die erfolgreiche Umleitung von Konvois, die durch die Funkentzifferung ermöglicht wurde, im 2. Halbjahr 1941 rund 60% weniger Handelsschiffe verloren haben, als normalerweise von der Anzahl der eingesetzten U-Boote her gesehen zu erwarten gewesen wäre[54]."

Die Geschichte der Entschlüsselung der Enigma zeigt, wie schwierig es zuweilen sein kann, den Zusammenhang zwischen technischen Entwicklungen und dem Verlauf des U-Boot-Krieges korrekt zu bewerten: Als die Kriegsmarine im Februar des Jahres 1942 durch eine technische Änderung die Sicherheit der Enigma deutlich erhöhte, konnten die Briten die Funksprüche der U-Boote 11 Monate lang nicht mitlesen. RAHN zufolge korrespondiert die „Blindheit" der britischen Aufklärung im Jahre 1942 mit den höchsten deutschen Versenkungszahlen[55]. Laut ROHWER darf daraus aber keineswegs der naheliegende Schluss gezogen werden, dass „die grossen Erfolge der deutschen U-Boote im ersten Halbjahr 1942"[56] ausschließlich auf den Ausfall von „Ultra"[57] zurückzuführen waren. ROHWER zufolge hatte der „black out" für die Briten zunächst nur begrenzte negative Konsequenzen. Die hohen Versenkungszahlen des Jahres 1942 erklären sich dadurch, dass DÖNITZ nach der deutschen Kriegserklärung an die USA vom 11. Dezember 1941 seine U-Boote in die amerikanischen Küstengewässer und in die Karibik verlegt hatte, wo sie ungesicherte Einzelfahrer angriffen und daher kaum auf Funkverkehr angewiesen waren. Laut ROHWER besteht jedoch kein Zweifel daran, dass die Entschlüsselung der Enigma die Schlacht im Atlantik wenn auch nicht allein entschieden, so doch zumindest erheblich verkürzt habe:

> „Ohne 'Ultra' wäre der Weg zum endlichen alliierten Sieg über Hitler-Deutschland und Japan sehr viel länger geworden und hätte in vielen Bereichen wohl einen ganz anderen Verlauf genommen, mit verhängnisvollen und verheerenden Wirkungen und Folgen für Sieger und Besiegte[58]."

Neben „Ultra" trugen eine Reihe technischer Entwicklungen wie bspw. Radargeräte oder äußerst leistungsfähige Suchscheinwerfer („Leigh Light") für Flugzeuge dazu bei, dass die U-Boote zunehmend und insbesondere auch nachts unter Wasser gedrückt wurden und somit keine Gelegenheit mehr hatten, mithilfe der Dieselmotoren ihre Batterien aufzuladen, aus denen vor allem die Elektromotoren für die Unterwasserfahrt gespeist wurden. Die Deutschen versuchten letztlich vergeblich, der lückenlosen Luftüberwachung und dem Radar mit verstärkter Flak-Armierung, Radardetektoren und dem Einbau von Schnorcheln zu begegnen.

---

[54] RAHN, Grundzüge des deutschen U-Boot-Krieges 1939-1945, Seite 62.

[55] Siehe ebd.

[56] ROHWER, Die Funkaufklärung und ihre Rolle im 2. Weltkrieg, Seite 20.

[57] Im Jahre 1974 veröffentlichte FREDERICK W. WINTERBOTHAM sein Buch „The Ultra Secret" über die Entschlüsselung der Enigma in Bletchley Park. Mit dem Wort „Ultra" wurden ursprünglich die auf dem entzifferten deutschen Material beruhenden Meldungen an die operativen Führungsstellen klassifiziert. Durch WINTERBOTHAMS Buch wurde „Ultra" zum Synonym für Entzifferungen schlechthin.

[58] ROHWER, Die Funkaufklärung und ihre Rolle im 2. Weltkrieg, Seite 24.

RAHN zufolge war „die bisherige Konzeption des Waffensystems U-Boot, d. h. eines über Wasser operierenden und unter Wasser weitgehend stationären Tauchbootes [...] angesichts der enormen Leistungssteigerung der U-Boot-Abwehr bei Ortungs- und Waffenwirkung zum Scheitern verurteilt"[59]. Um aus den Tauchbooten wirkliche Unterseeboote zu machen, wurden verbesserte Antriebe und Sensoren sowie Torpedos für einen Waffeneinsatz ohne Sehrrohrundblick entwickelt. Der von 1944 bis 1945 in fortschrittlicher Sektionsbauweise gefertigte Typ XXI gilt als das erste echte U-Boot und beeinflusste zahlreiche Nachkriegsentwürfe. Er blieb jedoch ohne Einfluss auf den Ausgang des U-Boot-Krieges, da das erste Boot dieses Typs erst wenige Tage vor Kriegsende auslief.

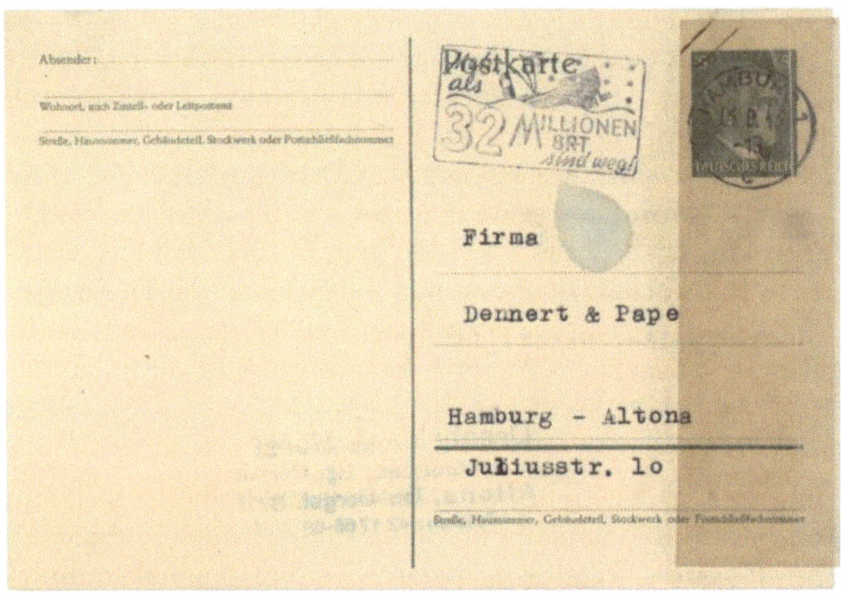

Abbildung 1.3: Propagandastempel auf einer Postkarte an die Firma Dennert & Pape: „Mehr als 32 Mio BRT sind weg!" (Foto: Deutsches Museum)

Zum Abschluss dieser Einleitung soll der hier untersuchte Forschungsgegenstand anhand eines eindrucksvollen Zeitdokumentes aus dem Deutschen Museum in eine historische Perspektive gerückt werden. Dort wird im Firmenarchiv von Dennert & Pape (fortan zitiert als DM FA D&P) eine Postkarte aus dem Jahre 1943 aufbewahrt, die auf anschauliche Weise eine Verbindung zwischen dem Hauptlieferanten analoger Rechenhilfsmittel für die Kriegsmarine und dem von den U-Booten geführten Tonnagekrieg herstellt (siehe Abbildung 1.3). Der Propagandastempel vom 14. August 1943 zeigt ein sinkendes britisches Schiff und zeichnet mit dem Hinweis auf mehr als 32 Millionen BRT versenkter alliierter Schiffstonnage ein optimistisches Bild vom U-Boot-Krieg. Doch die Wirklichkeit sah anders aus. Das Jahr 1943 markierte die Wende im U-Boot-Krieg, denn die alliierte Lufthoheit über dem Nordatlantik und eine verbesserte Sicherung der Geleitzüge hatten zu hohen deutschen U-Boot-Verlusten geführt und DÖNITZ veranlasst, die Angriffe auf Konvois ab Mai 1943 vorübergehend einzustellen.

[59] Siehe: RAHN, Grundzüge des Deutschen U-Boot-Krieges 1939-1945, in: Kleine Geschichte und Technik der deutschen U-Boote, Seite 66.

Selbst wenn später wieder U-Boote in den Atlantik entsandt wurden, um dort gegnerische Kräfte zu binden, war der Tonnagekrieg im Jahre 1943 bereits verloren. Die in der Stempelinschrift genannte Versenkungszahl wurde nicht einmal annähernd erreicht: Rahn beziffert die während des gesamten Krieges von deutschen U-Booten versenkte Tonnage auf 14.333.082 BRT[60]. Insgesamt wurden 2882 Handelsschiffe zerstört und rund 45.000 alliierte Seeleute getötet. Auf deutscher Seite fanden mehr als 28.700 U-Bootfahrer den Tod. Von den 1171 deutschen U-Booten gingen 783 im Einsatz oder durch Unfälle im Heimatgebiet sowie durch Bombenangriffe verloren.

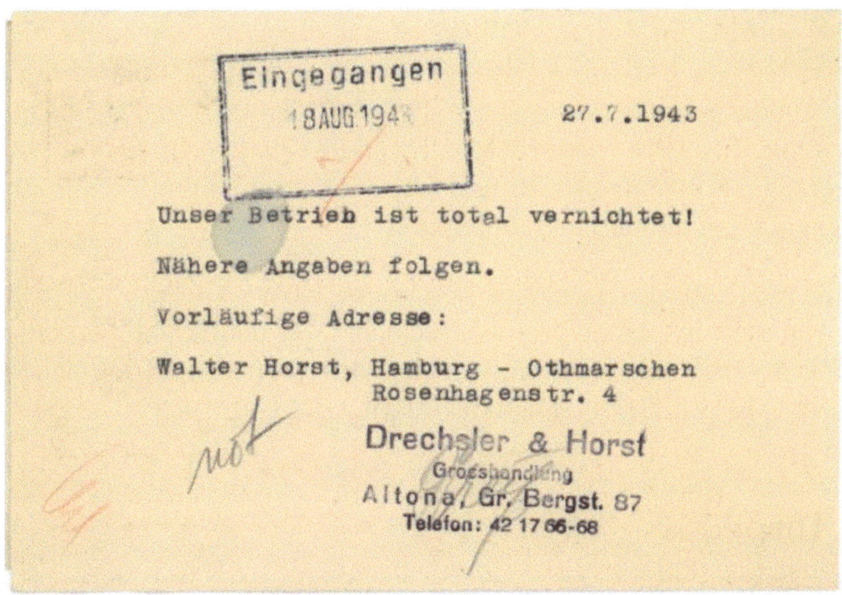

Eingegangen
18 AUG 194

27.7.1943

Unser Betrieb ist total vernichtet!

Nähere Angaben folgen.

Vorläufige Adresse:

Walter Horst, Hamburg - Othmarschen
Rosenhagenstr. 4

Drechsler & Horst
Grosshandlung
Altona, Gr. Bergst. 87
Telefon: 42 17 66-68

Abbildung 1.4: Bei der Operation Gomorrha wurde auch ein Großhändler der Firma Dennert & Pape ausgebombt (Foto: Deutsches Museum)

Hamburg war als Rüstungsstandort und U-Bootstützpunkt ein bevorzugtes Ziel britischer und amerikanischer Bombenangriffe. Die Postkarte wurde keine zwei Wochen nach der als „Operation Gomorrha" bezeichneten Serie von Luftangriffen abgestempelt, die vom 24. Juli bis zum 3. August 1943 weite Teile der Stadt in Schutt und Asche legten und dafür sorgten, dass der U-Boot-Bau bei Blohm & Voss für Wochen zum Erliegen kam[61]. Dabei wurde auch ein Großhändler jener Firma ausgebombt, die mit ihren Rüstungsprodukten einen Anteil an der vom Poststempel propagierten Tonnageversenkung hatte (siehe Abbildung 1.4). Wenig mehr als ein Jahr später war die militärische Lage des Reiches so katastrophal, dass Dönitz die Erhaltung der deutschen Städte nicht mehr als das primäre Ziel ansah, da er ihre Zerstörung zwar für schmerzlich aber nicht für kriegsentscheidend hielt[62].

60 Siehe: Rahn, Grundzüge des Deutschen U-Boot-Krieges 1939-1945, in: Kleine Geschichte und Technik der deutschen U-Boote, Seite 69.

61 Siehe: Rahn, Die deutsche Seekriegsführung 1943 bis 1945, in: Das Deutsche Reich und der Zweite Weltkrieg, Band 10/1, Seite 80.

62 Siehe ebd., Seite 46.

2 Torpedos und Torpedoangriffsverfahren

Die Geschichte und Technik des Torpedos sowie die unterschiedlichen Torpedoangriffsverfahren werden in diesem Kapitel nur insoweit dargestellt, wie es für das Verständnis der nachfolgend behandelten Analogrechner und ihrer Anwendungszwecke unbedingt erforderlich ist.

Dabei stehen die Torpedos und Torpedoangriffsverfahren der Kriegsmarine im Vordergrund, da Analogrechner auf deutschen U-Booten des Zweiten Weltkrieges den Hauptforschungsgegenstand dieser Arbeit bilden.

Torpedos wurden im Zweiten Weltkrieg aus der Luft, von Land und von See aus eingesetzt. Neben U-Booten wurden vor allem Torpedoboote und Zerstörer und darüber hinaus Schwere Kreuzer wie die PRINZ EUGEN und Schlachtschiffe wie die TIRPITZ mit Torpedos ausgerüstet. Torpedovorhaltrechner und Feuerleitanlagen für Flugzeuge, Küstenbatterien und Überwassereinheiten werden in dieser Arbeit mit einigen Ausnahmen nicht behandelt.

Die Frühgeschichte des Torpedos beschreibt EDWYN GRAY[63]. EBERHARD RÖSSLER[64] behandelt insbesondere die Geschichte der deutschen Torpedos. Eine umfassende Darstellung der Technikgeschichte des Torpedos findet sich bei MANFRED SCHIFFNER/KARL-HEINZ DOHMEN/ROLAND FRIEDRICH[65].

2.1 Torpedos

Ein Torpedo ist nach SCHIFFNER/DOHMEN/FRIEDRICH „ein Unterwassergeschoss mit Eigenantrieb und Steuerung in zwei Ebenen"[66]. Namensgeber des Torpedos war der Torpedorochen, der seine Beutefische durch elektrische Entladungen lähmen kann und dessen elektrisches Organ ALESSANDRO VOLTA (1745-1827) im Jahre 1800 mit der von ihm entwickelten VOLTASCHEN Säule verglich, die als Vorläuferin der heutigen Batterie angesehen wird.

Als Erfinder des Torpedos im Sinne der obigen Definition gilt der englische Ingenieur ROBERT WHITEHEAD (1823-1905), der am 26. Dezember des Jahres 1866 ein von ihm entwickeltes Exemplar der österreichischen Marine vorführte.

Eine große Schwäche der ersten Torpedos bestand neben der geringen Reichweite in der großen Seitenstreuung. Trefferchancen bestanden nur, wenn die Geschwindigkeit und der Kurs des Gegners genau bekannt waren und der Winkel zwischen der Torpedobahn und dem Gegnerkurs insbesondere bei großer Gegnergeschwindigkeit nicht allzu weit von 90° abwich[67].

---

[63] GRAY, Die teuflische Waffe.

[64] RÖSSLER, Torpedos.

[65] SCHIFFNER/DOHMEN/FRIEDRICH, Torpedobewaffnung.

[66] Ebd., Seite 10.

[67] Siehe: RÖSSLER, Torpedos, Seite 32.

Ein zuverlässiger Geradeauslauf wurde erst 1895 mit dem von LUDWIG OBRY (1852-1942) entwickelten, kreiselgesteuerten Geradlauf-Apparat (GA) möglich. Die Firma Whitehead erkannte umgehend die Bedeutung des Gerätes und sicherte sich die Patente. Bereits ein Jahr später lieferte Whitehead den USA Torpedos, die mit einem GA mit Winkelgetriebe ausgestattet waren. Durch Veränderung der Kreiselstellung zur Torpedoachse sollte sogar ein Winkelschuss bis ±90° gegenüber der Ausstoßrichtung möglich sein[68].

Beginnend mit dem im Jahre 1906 entwickelten Torpedo vom Typ C/06 wurden deutsche Torpedos mit einer Winkelschusseinrichtung versehen, bei der zunächst nur ein fester Winkel von ±45° und später auch von ±90° eingestellt werden konnte[69]. Dadurch entfiel für Torpedoboote und U-Boote die Notwendigkeit, in jedem Fall mit dem Torpedorohr bzw. dem ganzen Boot zu zielen.

Der Winkelschuss hatte gegenüber dem reinen Bugangriff diverse Vorteile. Erstens machte er das U-Boot flexibler bei der Angriffsführung, da es nicht mehr senkrecht auf den Gegner zulaufen musste. Dadurch reduzierte sich für das U-Boot die Gefahr entdeckt zu werden, da es sich bei einem senkrechten Anlauf auf den Gegner in aller Regel quer zu den Kurven der feindlichen Sicherungsfahrzeuge zu bewegen hatte[70].

Zweitens bot der Winkelschuss dem U-Boot bei breiter Formation des feindlichen Verbandes die Möglichkeit, in den Verband einzudringen und anschließend auf mehrere Ziele nach beiden Seiten zu schießen.

Drittens ermöglichte der Winkelschuss „ein unmittelbares Auseinanderlegen von mehreren Torpedos aus einer Rohrgruppe zu einem Fächer oder Mehrfachschuß"[71] und damit die Möglichkeit, Fehler bei der Ermittlung des Torpedokurses oder Torpedoversager zu kompensieren.

Zwischen den Weltkriegen wurde in Deutschland und den USA das Problem gelöst, den Schusswinkel selbst bei einem bereits im Ausstoßrohr befindlichen Torpedo einzustellen. Erst dadurch wurde es möglich, den Schusswinkel im laufenden Gefecht ständig nachzuführen. Britische U-Boote verfügten im Zweiten Weltkrieg über diesen taktischen Vorzug noch nicht und mussten daher nach der Berechnung des Vorhaltwinkels (engl.: director angle) entsprechend manövrieren:

> „British torpedos could not be continually angled before firing so it was necessary to point the submarine's bows (or stern if stern tubes were being used) ahead of the target and wait for the DA (Director Angle) to come on. Rapid mental arithmetic and nice timing were needed if the submarine was to achieve an ideal firing range of about 1200 yards on the target's beam and still catch the DA[72]."

---

[68] Siehe: RÖSSLER, Torpedos, Seite 32 f.

[69] Ebd., Seite 36 f.

[70] Vgl. M. Dv. Nr. 906, Handbuch für U-Bootskommandanten, Seite 24.

[71] Siehe: M. Dv. Nr. 304, Heft 1, 1938, Seite 32.

[72] COMPTON-HALL, The Underwater War 1939-1945, Seite 57.

Änderte der Gegner während des Wendemanövers den Kurs, mussten die Berechnungen von vorn begonnen und das Manöver wiederholt werden. RÖSSLER weist darauf hin, dass das Winkelschussverfahren mit den Standardtorpedos der Kriegsmarine zwar taktische Vorzüge hatte, aber auch einer Beschränkung unterlag:

> „Beim G 7a und G 7e konnte im GA ein Torpedolaufwinkel gegenüber der Ausstoßrichtung von bis ±90° eingestellt werden. Dadurch war es möglich, mit dem Boot nach dem Schuß schnell aus der Angriffsposition abzulaufen. Jedoch war es zweckmäßig, den Torpedolaufwinkel so klein wie möglich zu halten, da dann die Streuung in der Einsteuerbogenversetzung[73] (±35 m bei 90°) und die Auswirkung einer ungenauen Entfernungsbestimmung geringer waren[74]."

Technikgeschichtlich ist im Zusammenhang mit dem Geradlauf-Apparat anzumerken, dass auf Grundlage der Torpedosteuerung der Kreiselkompass entwickelt wurde[75], der wiederum erfolgreich auf U-Booten zum Einsatz kam:

> „1912 wurde der Anschütz-Kompaß von der Reichsmarine übernommen. Der Anschütz-Kompaß galt als einer der Hauptgründe für den Erfolg der deutschen U-Boote im Ersten Weltkrieg[76]."

Ab 1943 bzw. 1944 standen der Kriegsmarine der Federapparat-Torpedo (auch: Flächenabsuch-Torpedo) FAT und der Lageunabhängige Torpedo LUT zur Verfügung. Für diese Torpedos konnten mittels einer speziellen Steuereinheit Schleifenkurse zur wirkungsvollen Bekämpfung von Geleitzügen programmiert werden. Ausgangspunkt dieser Entwicklungen war die Überlegung, die beträchtliche Restlaufstrecke eines fehlgegangenen Torpedos möglichst effektiv zu nutzen. Der LUT stellte eine Weiterentwicklung des FAT dar. Er musste nicht mehr im rechten Winkel zur späteren Suchschleife abgeschossen werden, sondern konnte einen zuvor festgelegten Kurs selbst ansteuern und ließ daher den U-Booten größere Freiheit bei der Angriffsführung. Für den LUT wurden zwei Einstellgeräte und ein spezieller Torpedovorhaltrechner entwickelt, der in Abschnitt 6.4 behandelt wird. Erste zielsuchende Torpedos mit Akustiklenkung standen auf deutscher und alliierter Seite nahezu zeitgleich ab März 1943 zur Verfügung. Sie sind in Hinblick auf den Untersuchungsgegenstand dieser Arbeit ebenso wie ferngelenkte Torpedos, die sich gegen Kriegsende noch in der Entwicklung befanden, nicht von Bedeutung[77]. Als ein Beispiel für die in dieser Arbeit nicht weiter betrachteten umfangreichen theoretischen Torpedoforschungen werden nachfolgend die mathematischen Untersuchungen über Hundekurven kurz angesprochen.

[73] Der Name Einsteuerbogen rührt daher, dass der Torpedo beim Winkelschuss auf einem Kreisbogen auf seinen endgültigen Kurs einsteuerte.

[74] RÖSSLER, Torpedos, Seite 80.

[75] MAIER, Forschung als Waffe, Seite 119.

[76] Ebd., Seite 121.

[77] Für ausführliche Informationen über den FAT, den LUT sowie Fern- und Eigenlenktorpedos siehe: RÖSSLER, Torpedos, Seite 113-173.

Von besonderem mathematikhistorischen Interesse sind die Untersuchungen über Hundekurven mit konstantem Schielwinkel, die R. HOSEMANN[78] und WALTER WUNDERLICH[79] (1910-1998) im Auftrag der Kriegsmarine durchgeführt haben.

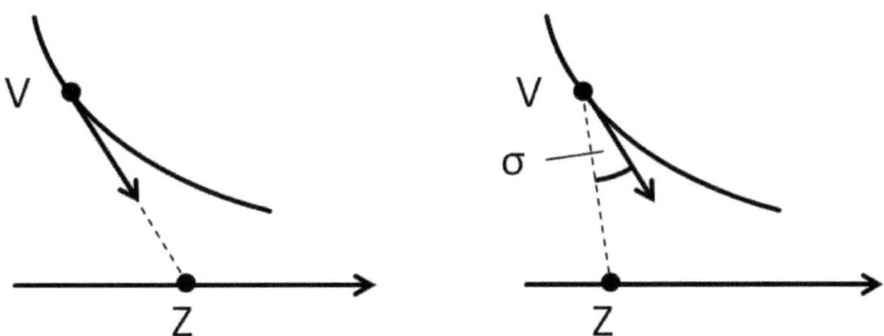

Abbildung 2.1: Hundekurven

Als Hundekurve wird in der Mathematik die Bahn eines Verfolgers V bezeichnet, der einem geradlinig-gleichförmig flüchtenden Ziel Z mit konstanter Geschwindigkeit folgt und dabei seine Bewegungsrichtung ständig auf den jeweiligen Standort des Zieles ausrichtet (siehe Abbildung 2.1 links). Die Untersuchung von Hundekurven gehört zum Teilgebiet der Verfolgungsprobleme und geht auf den französischen Naturforscher PIERRE BOUGUER (1698-1758) zurück, der im Jahre 1732 die Kurve eines virtuellen Piratenschiffes bestimmte, das ein anderes Schiff verfolgt. Für die mathematische Formulierung des Problems ist es freilich belanglos, ob es sich bei dem Verfolger um ein Piratenschiff oder um einen zielsuchenden Torpedo handelt.

Die Gestalt der Hundekurve hängt vom Verhältnis der Geschwindigkeiten des Verfolgers und des Verfolgten ab. Die Ermittlung der Lösung führt auf eine gewöhnliche Differentialgleichung 2. Ordnung, die sich elementar integrieren lässt. Das Interesse der Kriegsmarine an Hundekurven mit konstantem Schielwinkel rührte daher, dass ein zielsuchender Torpedo auf einer gewöhnlichen Hundekurve sein Ziel - wenn überhaupt - dann irgendwann von hinten erreicht. Ein Torpedo kann seine volle Wirkung aber nur dann entfalten, wenn er mitten unter dem Schiff detoniert. Er muss daher seinem Ziel so folgen, dass seine Bewegungsrichtung von der Peilrichtung zum Ziel ständig um einen vorgegebenen und festen Schielwinkel σ abweicht (siehe Abbildung 2.1 rechts)[80]. Von praktischem Interesse war neben der Gestalt der Zielkurve vor allem die Frage, bei welchem Geschwindigkeitsverhältnis ein Torpedo sein Ziel bei gegebenem Schielwinkel erreichen kann.

[78] Siehe: HOSEMANN, Verfolgungskurven. Bei dem in der Quelle vornamentlich nicht genannten R. HOSEMANN handelt es sich um den Physiker und späteren Mitarbeiter der Max-Planck-Gesellschaft ROLF HOSEMANN (1912-1994). Siehe: Kürschners Deutscher Gelehrten-Kalender 1950, Seite 870.

[79] Siehe: WUNDERLICH, Über die Hundekurven mit konstantem Schielwinkel. WALTER WUNDERLICH war ein äußerst produktiver und origineller Wiener Mathematiker, der sich insbesondere mit Geometrie und Kinematik beschäftigt hat.

[80] Für $\sigma = 0$ ergeben sich natürlich die gewöhnlichen Hundekurven. Es sei erwähnt, dass HOSEMANN a. a. O. stichwortartig auch Verfolgungskurven bei manövrierendem Ziel sowie allgemeine Verfolgungskurven bei veränderlichem Zielwinkel und Fragen der Trefferwahrscheinlichkeit anspricht.

Die analytische Behandlung des Problems ist sehr unübersichtlich. WUNDERLICH fand im Jahre 1944 eine einfachere geometrische Lösung des Problems, indem er es mit der Zeit als dritter Koordinate in einen dreidimensionalen Punktraum abbildete und anstelle der ebenen Kurven räumliche Weg-Zeit-Diagramme untersuchte. Beide Lösungsansätze können im Rahmen dieser Arbeit nicht dargestellt werden. Es soll aber anhand einer ebenfalls von WUNDERLICH gelösten sogenannten Kreuzeraufgabe demonstriert werden, wie sein geometrischer Ansatz die Behandlung derartiger Probleme vereinfacht hat.

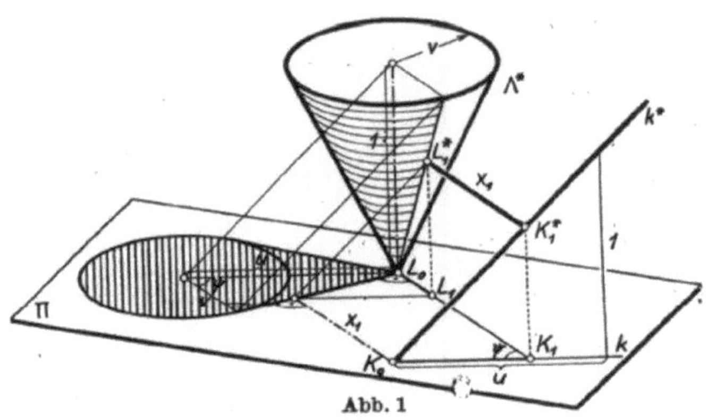

Abbildung 2.2: Kreuzeraufgabe: Aufdampfen auf geringsten Abstand

In Abbildung 2.2 sichtet ein Linienschiff L, dessen Höchstgeschwindigkeit v beträgt, im Abstand x_0 einen Kreuzer K mit bekannter Höchstgeschwindigkeit $u > v$. Gesucht wird der kleinste Abstand x_1, den L zum schnelleren Kreuzer K erreichen kann, wenn K seinen Kurs beibehält. In der geometrischen Formulierung reduziert sich das Problem darauf, zwischen dem Raum-Zeit-Kegel $\Lambda^\star$ von L und der „Schicksalslinie" $k^\star$ von K die kürzeste waagerechte Strecke einzuspannen[81]. Mit Hilfe des angedeuteten Ansatzes gelangte WUNDERLICH zu einer übersichtlichen Klassifikation der verallgemeinerten Hundekurven sowie zu einer angemessenen Parameterdarstellung. Daneben bestimmte er die praktisch bedeutsamen Bahnkrümmungen der Kurven. Da reale Torpedos nur ein beschränktes Wendevermögen besaßen, konnten ihre Bahnen mit den berechneten Kurven nur insoweit übereinstimmen, wie deren Krümmungsradius einen gewissen Minimalwert nicht unterschritt[82].

HOSEMANN erwähnt, dass zur Überprüfung der theoretisch gefundenen Ergebnisse eine Reihe aufwändiger experimenteller Untersuchungen unternommen wurden. So wurden Torpedos mit einer starken Lichtquelle ausgestattet und ihre Bahnen bei Nacht mit einer Leica-Kamera vom Zielschiff aus fotografiert. Des Weiteren wurden Akustiktorpedos mit speziellen Registriereinrichtungen versehen, um die Zeit vom ersten Ansprechen des Zieles bis zum Treffpunkt zu ermitteln und mit dem Resultat der entsprechenden Formel zu vergleichen[83].

[81] Siehe: WUNDERLICH, Über fünf Aufgaben der Seetaktik, Seite 98.

[82] Siehe: WUNDERLICH, Über die Hundekurven mit konstantem Schielwinkel, Seite 304.

[83] Siehe: HOSEMANN, Verfolgungskurven, Seite 306.

Torpedos stellen heute wie zur Zeit des Zweiten Weltkrieges die primäre Bewaffnung der U-Boote dar. Ihr einstiger Stellenwert wird nicht zuletzt dadurch ersichtlich, dass eine Reihe bedeutender Physiker und Mathematiker zur Entwicklung des Torpedos und der Feuerleittechnik beigetragen haben - wenn auch mit zum Teil recht unterschiedlichem Erfolg:

In den 1870er Jahren wurden mit einem von HEINRICH HERTZ (1857-1894) konstruierten Torpedo in Anwesenheit des Chefs der Admiralität Versuche auf dem Rummelsburger See bei Berlin durchgeführt, die allerdings ohne Einfluss auf die Entwicklung des Torpedowesens in Deutschland blieben[84].

Im Jahre 1898 ersuchte der mit Fragen der Torpedosteuerung beschäftigte Marineingenieur CARL DIEGEL bei keinem Geringeren um Rat als bei ARNOLD SOMMERFELD (1868-1951). SOMMERFELD, einer der Pioniere der modernen Theoretischen Physik, war als Assistent FELIX KLEINS (1849-1925) in Göttingen gerade mit der Herausgabe von dessen Vorlesungen über die Kreiseltheorie beschäftigt und äußerte sich in einem Brief an KLEIN erfreut über die praktischen Anwendungsbeispiele, die sich aus der Korrespondenz mit DIEGEL ergaben[85].

Der Experimentalphysiker ADOLF BESTELMEYER (1875-1957) war in beiden Weltkriegen auf dem Gebiet der Torpedoforschung tätig und wurde im Ersten Weltkrieg für die Entwicklung eines Magnetzünders mit dem Eisernen Kreuz 1. Klasse ausgezeichnet[86].

WALTHER GERLACH (1889-1979), seines Zeichens ebenfalls Experimentalphysiker,

> „avancierte [...] zu einer Schlüsselfigur in der Rüstungsforschung der Kriegsmarine bei der Torpedoentwicklung [...] und schließlich 1943 zum Bevollmächtigten der kernphysikalischen Forschung im RFR [Reichsforschungsrat, d. Vf.]. [...] In der Endphase des NS-Regimes war Gerlach entscheidend an der Entwicklung einer deutschen Atombombe unter Federführung der SS beteiligt[87]."

Die langjährige Freundschaft zwischen ALBERT EINSTEIN (1879-1955) und HERMANN ANSCHÜTZ-KAEMPFE (1872-1931), dem Erfinder des Kreiselkompasses, sowie EINSTEINS Beitrag zur Entwicklung des Kreisel-Kugelkompasses wurden in der Literatur verschiedentlich erwähnt[88].

Im Zusammenhang mit der Torpedoforschung ist allerdings ein weit weniger bekanntes biographisches Detail EINSTEINS von noch größerem Interesse, und zwar seine Tätigkeit für das US-Navy's Bureau of Ordnance, dem Waffenamt der US-Marine.

---

84 Siehe: RÖSSLER, Torpedos, Seite 15.

85 Vgl. ECKERT, Sommerfeld und der „Wackeltisch", Zum Verhältnis von Wissenschaft und Technik um 1900, in: Kultur & Technik (1996), Nr. 4, Seite 24-27.

86 MAIER, Forschung als Waffe, Seite 122 f.

87 Ebd., Seite 124 f.

88 Siehe bspw. LOHMEIER, SCHELL, Einstein, Anschütz und der Kieler Kreiselkompass.

Vor dem Hintergrund des amerikanischen Torpedoskandals[89] im Pazifik unterbreitete EINSTEIN der US-Navy in den Jahren 1943-1944 Vorschläge zur Lösung der technischen Probleme mit den Magnetzündungen des Torpedos M6. Diese Vorschläge bewegten sich allerdings auf elementarem Niveau und ignorierten den damaligen Stand der Wehrtechnik, wie EINSTEIN im Übrigen selbst einräumte. MICHAEL RAHNFELD sieht daher in EINSTEINS Tätigkeit für die US-Navy nicht nur einen Beleg für dessen Abkehr vom Pazifismus, sondern vermutet auch, dass sich der in den USA als politisch unzuverlässig eingestufte und Ressentiments ausgesetzte Physiker damit einerseits Wohlwollen erkaufen und andererseits die notwendige Ruhe für seine Arbeit an der einheitlichen Feldtheorie verschaffen wollte[90].

Der heute vor allem als Begründer der Kybernetik bekannte amerikanische Mathematiker NORBERT WIENER (1894-1964) beschäftigte sich im Zweiten Weltkrieg ebenfalls mit Fragen der Feuerleittechnik. Seine Theorie unterschied sich deutlich von den bis dahin üblichen Verfahren zur Vorhersage des Bahnverlaufes mittels geometrischer Extrapolation. Auch wenn ein direkter Bezug zu U-Booten und Torpedos fehlt, sei WIENERS Methode wegen ihrer großen theoretischen Bedeutung an dieser Stelle kurz erwähnt:

> „1918 war die allgemeine mathematische Theorie der Brownschen Bewegung von Norbert Wiener formuliert und danach weiter entwickelt worden zu einer verallgemeinerten harmonischen Analysis, die auch die stochastischen Bahnverläufe der Teilchen bei der Brownschen Bewegung einschloß. Diese Theorie wendete er auf die Analyse und Vorhersage der Bahnverläufe von Flugzeugen in der Feuerleitung an, um sie in dem technisch direkt damit verbundenen Problembereich der Analyse von Radarsignalen zu einer statistischen Filtertheorie zu verallgemeinern und so 'aus der Nachrichtentechnik ... [Auslassung im Original, d. Vf.] einen Zweig der statistischen Mechanik' zu machen[91]."

Obwohl WIENERS Methode mögliche Ausweichmanöver des Piloten berücksichtigte, erzielte sie bei einem Test mit realen Daten keine höhere Trefferquote als die herkömmlichen Verfahren. Eine höhere Trefferquote wäre erst bei komplizierteren Flugbahnen zu erwarten gewesen, die in der Praxis allerdings nicht auftraten. Neben den Anwendungsmöglichkeiten auf andere Gebiete bestand der Wert von WIENERS Theorie vor allem darin, dass sie einen Qualitätsmaßstab für die herkömmlichen Verfahren zur Lösung des Feuerleitproblems lieferte[92].

[89] Neben der Kriegsmarine hatte auch die US-Navy Probleme mit ihren Torpedos. Der amerikanische Torpedoskandal (The Great Torpedo Scandal) dauerte von Dezember 1941 bis August 1943 und betraf die Tiefensteuerung sowie die Magnet- und Aufschlagzünder der Torpedos. Siehe: ALLEN, Midway Submerged, Seite 37.

[90] Siehe: STOCKINGER, Post vom Genie, in: Der Spiegel (2003), Nr. 33, Seite 128 sowie RAHNFELD, Einstein als Torpedotechniker. Unveröffentlichte Briefe zu seiner Tätigkeit für die amerikanische Marine während des Zweiten Weltkrieges, in: Technikgeschichte (2002), Nr. 2, Seite 95-112.

[91] HAGEMEYER, Die Entstehung von Informationskonzepten, Seite 45.

[92] Ebd., Seite 244.

Patented Aug. 11, 1942 **2,292,387**

UNITED STATES PATENT OFFICE

2,292,387

SECRET COMMUNICATION SYSTEM

Hedy Kiesler Markey, Los Angeles, and George Antheil, Manhattan Beach, Calif.

Application June 10, 1941, Serial No. 397,412

6 Claims. (Cl. 250—2)

This invention relates broadly to secret communication systems involving the use of carrier waves of different frequencies, and is especially useful in the remote control of dirigible craft, such as torpedoes.

Fig. 2 is a schematic diagram of the apparatus at a receiving station;

Fig. 3 is a schematic diagram illustrating a starting circuit for starting the motors at the transmitting and receiving stations simultane-

Abbildung 2.3: Ausschnitt aus dem US-Patent 2292387 von Hedy Kiesler Markey und George Antheil für ein Secret Communication System

Ein weiteres Resultat der Torpedoforschung des Zweiten Weltkrieges hat in einem völlig anderen Bereich eine überraschende Anwendung gefunden. Das ursprünglich zur Steuerung von Torpedos entwickelte Frequenzsprungverfahren spielt heute in der Nachrichtentechnik eine wichtige Rolle. Es wird bspw. dazu verwendet, WLAN-Verbindungen störunanfällig zu machen.

In dem am 11. August des Jahres 1942 erteilten US-Patent 2292387 für ein Secret Communication System werden als Erfinder Hedy Kiesler Markey (1914-2000) und George Antheil (1900-1959) genannt (siehe Abbildung 2.3).

Die in Wien als Tochter jüdischer Eltern geborene Hollywood-Schauspielerin Hedwig Kiesler, besser bekannt unter ihrem Künstlernamen Hedy Lamarr, galt in den dreißiger Jahren als „schönste Frau der Welt"[93]. Zu ihren bekanntesten Filmen gehören die Steinbeck-Verfilmung *Tortilla Flat* (1942) und *Samson und Delilah* (1949).

Hedy Lamarr war in erster Ehe mit dem österreichischen Industriellen und Munitionsfabrikanten Fritz Mandl (1900-1977) verheiratet. Im Jahre 1937 ließ sie sich scheiden und emigrierte über Paris und London in die USA. In Hollywood begnügte sich Lamarr nicht mit der Schauspielerei, sondern wollte einen aktiven Beitrag zum Kampf gegen den Nationalsozialismus leisten. Aus Gesprächen ihres ersten Mannes war ihr vermutlich bekannt, dass auf dem Gebiet der Torpedofernsteuerung noch Forschungsbedarf bestand. Im Jahre 1940 lernte Lamarr auf einer Dinnerparty in Hollywood den Komponisten und Pianisten George Antheil kennen. Es wurde der Beginn einer ungewöhnlichen Zusammenarbeit.

[93] Siehe: Sichtermann, Rose, Frauen einfach genial, Seite 88.

Abbildung 2.4: HEDY LAMARR - Hollywood Star und Erfinderin

Der Avantgarde-Komponist ANTHEIL berichtete LAMARR von seinem Werk „Ballett für sechzehn mechanische Klaviere, Sirene und Flugzeugpropeller“ sowie von dem Problem, die vielen mechanischen Klaviere zu synchronisieren. Die Unterhaltung zwischen LAMARR und ANTHEIL führte zu weiteren Treffen, bei denen sie darüber diskutierten, wie sich die von ANTHEIL zur Synchronisation der mechanischen Klaviere verwendete Lochstreifensteuerung für die Fernsteuerung von Torpedos nutzen ließe. Beide ersannen in monatelanger Tüftelei

> „ein System, das Torpedos sowohl zielgenauer machen als auch verhindern sollte, dass der Funkverkehr zwischen Sender und Empfänger, also zwischen Schiff und abgeschossener Waffe, dem Torpedo, vom Feind gestört werden konnte. Der Grundgedanke dabei war das Channel-Hopping, das Frequenzsprungverfahren. Durch synchrone Frequenzwechsel wurde die feindliche Kontrolle des Funkverkehrs unmöglich gemacht. LAMARR und ANTHEIL arbeiteten mit 88 Kanälen – das entspricht der Anzahl der Tasten eines Klaviers [94].“

Die Entwicklung von LAMARR und ANTHEIL wurde während des Zweiten Weltkrieges von den Amerikanern aus unbekannten Gründen militärisch nicht verwertet. Möglicherweise misstraute das Militär der Erfindung eines Komponisten und einer noch dazu ausländischen Filmschauspielerin oder das Verfahren war noch nicht reif für die praktische Anwendung[95]. Eine offizielle Anerkennung für HEDY LAMARRS Erfindung blieb lange aus. Erst im Jahre 1997 wurde sie mit dem Pioneer Award der Electronic Frontier Foundation (EFF) ausgezeichnet. Seit dem Jahr 2005 wird in Europa HEDY LAMARR zu Ehren am 9. November, ihrem Geburtstag, der *Tag der Erfinder* gefeiert.

[94] SICHTERMANN, ROSE, Frauen einfach genial, Seite 90.

[95] Siehe ebd., Seite 92.

Angesichts atomarer Massenvernichtungsmittel wirken Torpedos heute vergleichsweise harmlos. Dabei ist der Torpedo eine besonders heimtückische Waffe. Er ermöglicht wie die moderneren Marschflugkörper und Drohnen das vorwarnungslose Töten aus größerer Entfernung. Ohne den Einsatz von Torpedos wäre der uneingeschränkte U-Boot-Krieg mit seinen zahlreichen militärischen und zivilen Opfern weder im Ersten noch im Zweiten Weltkrieg möglich gewesen. Die Entwicklung und der Einsatz des Torpedos haben zu einer weiteren Entmenschlichung des Krieges beigetragen und zu einigen der größten menschengemachten Katastrophen der Seefahrtsgeschichte geführt. Laut SCHRÖDER zeigt insbesondere die Versenkung des britischen Passagierdampfers RMS LUSITANIA (siehe Abbildung 2.5) im Frühsommer des Jahres 1915, „daß die moderne Kriegsführung die Tötung unschuldiger Zivilisten, Männer, Frauen und Kinder längst mit einschloß[96].“

Abbildung 2.5: Die RMS LUSITANIA

Die LUSITANIA wurde am 7. Mai 1915 von U 20 unter Kapitänleutnant WALTHER SCHWIEGER (1885-1917) ohne Vorwarnung vor der Südküste Irlands torpediert. Sie befand sich mit rund 2000 Menschen an Bord auf dem Weg von New York nach Liverpool und hatte nachweislich auch Kriegsmaterial geladen[97]. Die Versenkung kostete rund 1200 Menschen das Leben. Da sich 128 US-Bürger unter den Opfern befanden, kam es zu einer schweren diplomatischen Krise zwischen den USA und Deutschland. Die Versenkung weiterer Passagierschiffe wie der ARABIC am 19. August 1915, der SUSSEX am 24. März 1916 und der RMS LACONIA[98] am 25. Februar 1917 durch deutsche U-Boote forderte weitere Opfer aus den Vereinigten Staaten und war schließlich eine der Ursachen dafür, dass die USA am 6. April 1917 auf Seiten der Alliierten in den Ersten Weltkrieg eintraten.

[96] SCHRÖDER, Die U-Boote des Kaisers, Seite 126.

[97] Siehe z. B.: BOORSTIN, KELLEY, A History of the United States, Seite 447-448.

[98] Die 1912 in Dienst gestellte RMS LACONIA der Cunard Line ist nicht zu verwechseln mit dem zehn Jahre später in Dienst gestellten namensgleichen Schiff derselben Reederei, das im Zweiten Weltkrieg ebenfalls von einem deutschen U-Boot versenkt wurde (siehe Seite 37).

Am 3. September 1939 und damit nur zwei Tage nach Beginn des Zweiten Weltkrieges versenkte FRITZ-JULIUS LEMP (1913-1941) mit U 30 völkerrechtswidrig das britische Passagierschiff ATHENIA. Unter den 112 Todesopfern befanden sich auch 28 US-Amerikaner. Das Deutsche Reich fürchtete ähnliche Konsequenzen wie nach der Versenkung der Passagierschiffe im Ersten Weltkrieg. Die Kriegsmarine leugnete daher den Vorfall und ließ das Kriegstagebuch von U 30 manipulieren. LEMP wurde nicht einmal zwei Jahre später zu einer tragischen Gestalt des U-Boot-Krieges, als die Briten im Mai 1941 sein Boot U 110 zum Auftauchen zwangen und anschließend kaperten. Dabei kam er unter nicht völlig geklärten Umständen bei dem Versuch ums Leben, zu seinem Boot zurückzuschwimmen, um dessen Versenkung zu beschleunigen. LEMP konnte nicht mehr verhindern, dass den Briten neben Schlüsselmaterial auch eine Enigma in die Hände fiel[99].

Abbildung 2.6: Die WILHELM GUSTLOFF als Lazarettschiff im Jahre 1939

Die größten Schiffskatastrophen des Zweiten Weltkrieges ereigneten sich gegen Kriegsende in der Ostsee. Am 30. Januar 1945 torpedierte das sowjetische U-Boot S-13 vor der Küste Pommerns den Passagierdampfer WILHELM GUSTLOFF (siehe Abbildung 2.6). Die GUSTLOFF war ein ehemaliges Kreuzfahrtschiff der nationalsozialistischen Organisation Kraft durch Freude (KdF) und diente später als Wohnschiff der 900 Mann starken 2. U-Boot-Lehrdivision in Gotenhafen (heute: Gdynia), die nach Westen verlegt werden und dabei möglichst viele Flüchtlinge mitnehmen sollte.

[99] Die Bedeutung dieses Vorfalls für die Entschlüsselung der Enigma wurde lange Zeit überschätzt. Mitte der siebziger Jahre wurde bekannt, dass Bletchley Park das grundlegende kryptologische Problem zu diesem Zeitpunkt bereits gelöst hatte. Siehe: ROHWER, Der Einfluss der alliierten Funkaufklärung auf den Verlauf des Zweiten Weltkrieges, Seite 346.

Die GUSTLOFF sank eine Stunde nach ihrer Torpedierung. Die Angaben über die Anzahl der an Bord befindlichen Personen und die Anzahl der Überlebenden schwanken stark und liegen zwischen 5384 und 10.582 bzw. 654 und 1236. Der Untergang der GUSTLOFF gilt als der verlustreichste Untergang eines einzelnen Schiffs in der Geschichte der Seefahrt. Zahlreiche Opfer forderten auch die Versenkung des als Verwundetentransporter eingesetzten Passagierdampfers GENERAL STEUBEN sowie die des Frachtschiffes GOYA durch sowjetische U-Boote am 10. Februar bzw. 17. April des Jahres 1945. Beim Untergang der GENERAL STEUBEN konnten nur etwa 700 der 4000 zumeist verwundeten Menschen an Bord gerettet werden, die Versenkung der GOYA überlebten lediglich 334 der 7000 Flüchtlinge an Bord[100].

Es soll an dieser Stelle nicht verschwiegen werden, dass der U-Boot-Krieg in beiden Weltkriegen in Einzelfällen zu menschlichen Entgleisungen geführt hat, die in der Tötung von Schiffbrüchigen ihren traurigen Höhepunkt fanden. Im Ersten Weltkrieg ermordete die Besatzung von U 86 Schiffbrüchige des kurz zuvor versenkten britischen Lazarettschiffes LLANDOVERY CASTLE, da sie auf diese Weise vermutlich die Spuren der Versenkung verwischen wollte[101].

Im Zweiten Weltkrieg wollte die Seekriegsleitung den vermeintlichen Mangel des Gegners an (zivilen) Seeleuten, Heizern und nautischem Fachpersonal durch waffentechnische „Verbesserungen" verschärfen, die bei einem Torpedotreffer zum schnellen Sinken der Schiffe und damit zu hohen Personalverlusten führen sollten. Die von HITLER mehrfach auch für den Seekrieg geforderten brutalen Prinzipien des Vernichtungskrieges wandte die Marineführung aus „seemännisch-moralischen" Gründen und aus Furcht vor alliierten Repressalien gegen überlebende U-Boot-Besatzungen jedoch nicht an. Tatsächlich ließ sich im Nürnberger Prozess nicht nachweisen, dass DÖNITZ die Tötung von schiffbrüchigen Überlebenden vorsätzlich befohlen hatte, auch wenn der von ihm erteilte LACONIA-Befehl[102] in einem Fall von einem Flottillenchef dahingehend interpretiert wurde, dass nicht nur die Schiffe zu zerstören, sondern auch deren Besatzungen zu töten seien. Nach derzeitigem Forschungsstand folgte kein U-Boot-Kommandant dieser Interpretation. Nach Kriegsende ließ sich nur der Fall des U-Boot-Kommandanten HEINZ-WILHELM ECK (1916-1945) belegen, der bei der Vernichtung von Wrackteilen des griechischen Einzelfahrers PELEUS am 13. März 1944 die Tötung von Schiffbrüchigen billigend in Kauf genommen hatte. ECK wurde nach Kriegsende in einem Kriegsgerichtsverfahren im Curio-Haus unweit der Hamburger Universität zum Tode verurteilt und am 30. November 1945 in Hamburg-Altona hingerichtet[103].

---

[100] Siehe: RAHN, Die deutsche Seekriegsführung 1943 bis 1945, in: Das Deutsche Reich und der Zweite Weltkrieg, Band 10/1, Seite 269.

[101] Siehe: SCHRÖDER, Die U-Boote des Kaisers, Seite 373.

[102] Am 16.09.1942 wurde U 156 während der Rettungsaktion für die Überlebenden des zuvor von ihm torpedierten britischen Truppentransporters RMS LACONIA von einem US-amerikanischen Flugzeug bombardiert. DÖNITZ erließ daraufhin einen Befehl, der U-Boot-Kommandanten die Rettung von Besatzungen versenkter Schiffe verbot.

[103] Siehe: RAHN, Die deutsche Seekriegsführung 1943 bis 1945, in: Das Deutsche Reich und der Zweite Weltkrieg, Band 10/1, Seite 133-135.

2.2 Das Torpedoschussproblem

Ein Torpedo benötigt für seinen Weg zum Ziel eine gewisse Zeit, in der sich der Gegner für gewöhnlich weiterbewegt. Das U-Boot darf in dem Fall den Torpedo nicht einfach dorthin schießen, wo sich das Ziel im Moment des Abschusses befindet. JOCHEN BRENNECKE bringt die Problematik auf den Punkt:

> „Ein Torpedo ist keine Kugel. Ein Torpedo ist ein schwimmender Körper. Er ist zwar schneller als jedes Schiff, aber viel zu langsam, um ohne Vorhalt geschossen zu werden[104]."

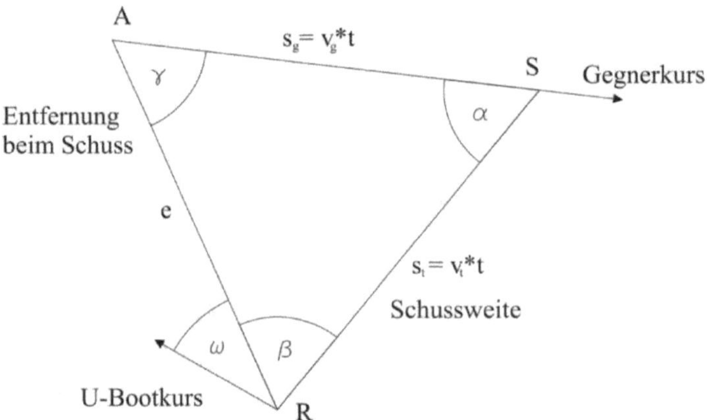

Abbildung 2.7: Das Torpedoschussdreieck nach RÖSSLER [105]

Beim Torpedoschussproblem ging es im einfachsten Fall darum, diesen Vorhalt als Winkel auszudrücken. Unter den Voraussetzungen, dass die Zieloptik und das Torpedorohr räumlich zusammenfielen, die Torpedogeschwindigkeit v_t konstant war und der Gegner weder seinen Kurs noch seine Geschwindigkeit v_g änderte, konnte der Vorhaltwinkel β aus dem Torpedoschussdreieck (siehe Abbildung 2.7) ermittelt werden, denn nach dem Sinussatz gilt die sogenannte Vorhaltformel

$$\sin(\beta) = \frac{v_g \cdot t}{v_t \cdot t} \cdot \sin(\gamma) = \frac{v_g}{v_t} \cdot \sin(\gamma), \tag{2.1}$$

in der t für die Torpedolaufzeit und γ für den Lagenwinkel[106] steht.

Die Schwierigkeit bei der Ermittlung des Vorhaltes bestand darin, den Lagenwinkel γ und die Gegnergeschwindigkeit v_g zu schätzen oder zu koppeln[107]. Die Geschwindigkeit des eigenen Torpedos war natürlich eine bekannte Größe.

---

[104] BRENNECKE, Jäger - Gejagte, Seite 99.

[105] Vgl. RÖSSLER, Torpedos, Seite 79. R und A bezeichnen das (Torpedo-)Rohr bzw. den anvisierten Abkommpunkt und S den Schnittpunkt von Torpedo- und Gegnerkurs.

[106] Als Lagenwinkel (auch: Lagewinkel, Gegnerlage oder einfach nur Lage) wird der Winkel bezeichnet, den die Gegnerpeilung und der Gegnerkurs einschließen. Siehe Abschnitt 3.1.2.

[107] Siehe Abschnitt 3.3.3.

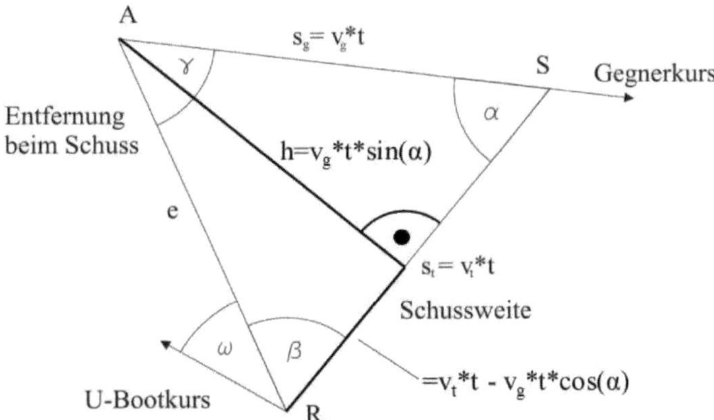

Abbildung 2.8: Herleitung der alternativen Vorhaltformel am Torpedoschussdreieck

Auf deutschen U-Booten des Ersten Weltkrieges und in einigen Rechengetrieben[108] wurde der Vorhaltwinkel alternativ mithilfe des Schneidungswinkels α bestimmt, d. h. des Winkels, in dem der Torpedo auf den Gegner trifft. Die entsprechende Formel ergibt sich leicht, wenn im Torpedoschussdreieck die Höhe vom Punkt A auf die Seite $\overline{RS}$ errichtet wird (siehe Abbildung 2.8). Dann folgt

$$\tan(\beta) = \frac{v_g \cdot t \cdot \sin(\alpha)}{v_t \cdot t - v_g \cdot t \cdot \cos(\alpha)} \Rightarrow \beta = \arctan\left(\frac{\sin(\alpha)}{\frac{v_t}{v_g} - \cos(\alpha)}\right). \tag{2.2}$$

Die Bestimmung des Vorhaltwinkels nach Formel 2.1 bzw. 2.2 war sehr anfällig für Schätzfehler und ging zudem von stark idealisierten Voraussetzungen aus. Marineexperten wunderten sich noch im Jahre 1951 darüber, dass die Vorhaltbestimmung mithilfe des Schneidungswinkels überhaupt zum Erfolg geführt hat:

> „In consideration of present-day knowledge it is amazing that during World War I torpedos were only fired by using the track angle [d. h. den Schneidungswinkel, d. Vf.], especially as the latter is an angle which normally cannot be estimated because it is not visible. However, the visible target angle [d. h. der Lagenwinkel, d. Vf.] [...] was completely unknown[109]."

Für eine genauere Berechnung des Vorhaltwinkels mussten der Abstand zwischen der Zieloptik und den Torpedorohren (die sogenannte Parallaxe), die Drehgeschwindigkeit des U-Bootes und die Einsteuerbogenversetzung beim Winkelschuss berücksichtigt werden. Bei einem Fächerschuss (siehe Abschnitt 2.3) war darüber hinaus der Streuwinkel zu berechnen[110].

[108] Siehe Abschnitt 6.4.

[109] Holtorf, Behr, German War-Time Experience with Development of Torpedo Fire-Control Systems on Submarines and Ideas on Further Development, Seite 3.

[110] Siehe: Rössler, Torpedos, Seite 79.

Die Entwicklung der elektromechanischen Torpedovorhaltrechner wurde in der Zeit zwischen den Weltkriegen nicht zuletzt dadurch motiviert, dass das Torpedoschussproblem in seiner eben beschriebenen Vollständigkeit insbesondere unter Gefechtsbedingungen mit den herkömmlichen Hilfsmitteln wie Rechenschiebern und Tabellen nicht mehr befriedigend gelöst werden konnte.

Anzumerken ist, dass die Rechner zur Lösung des Torpedoschussproblems für U-Boote in rechentechnischer Hinsicht vergleichsweise einfach waren. Feuerleitrechner für die Flugabwehr und die Schiffsartillerie waren in der Regel deutlich komplexer, da die auftretenden Geschwindigkeiten und Entfernungen größer waren und darüber hinaus mehr Parameter berücksichtigt werden mussten. Bei der Schiffsartillerie galt es einerseits die Eigenbewegungen des Schiffes zu kompensieren. Zum anderen mussten zahlreiche innen- und außenballistische Faktoren wie die Pulvertemperatur und die Abnutzung des Geschützrohres bzw. die Luftbeschaffenheit, das Geschossgewicht, die Erdrotation und die Windrichtung und -stärke in die Rechnung einbezogen werden.

Die Geschichte der deutschen Schiffsartillerie beschreibt Paul Schmalenbach[111], technische Einzelheiten finden sich vor allem bei Norman Friedman[112].

2.3 Torpedoangriffsverfahren

Dieser Abschnitt folgt weitgehend dem Handbuch für U-Bootskommandanten[113]. Die in Loseblattform herausgegebene und laufend aktualisierte Marinedienstvorschrift (M. Dv.) sollte taktische und theoretische Kenntnisse vermitteln. Sie beruhte auf den bereits im Krieg gemachten Erfahrungen und beschrieb insbesondere die diversen Torpedoangriffsverfahren.

Grundsätzlich wurde zwischen dem Unterwasserangriff auf Seerohrtiefe und dem Überwasserangriff mit aufgetaucht fahrendem U-Boot unterschieden. Die Ausbildung konzentrierte sich bis Ende 1939 auf Unterwasserangriffe. Im Verlauf des Krieges gingen die Kommandanten jedoch zum nächtlichen Überwasserangriff über, da sie die schmale Silhouette eines aufgetaucht fahrenden U-Bootes für so gut wie unsichtbar hielten und darüber hinaus die höhere Überwassergeschwindigkeit der U-Boote ausnutzen wollten[114].

Ziel des Unter- wie des Überwasserangriffs war der sichere und unbemerkte Schuss aus geringer Entfernung. Wegen des einzuhaltenden Sicherheitsabstandes musste die Entfernung zum Gegner mindestens 300 m betragen und sollte im Idealfall 1000 m nicht überschreiten[115].

---

111 Schmalenbach, Schiffsartillerie, 1975.

112 Friedman, Naval Firepower, 2007.

113 Siehe: M. Dv. Nr. 906, Handbuch für U-Bootskommandanten.

114 Vgl. Mallmann-Showell, Die U-Boot-Waffe, Seite 64 und 69.

115 Die durchschnittliche Schussentfernung lag in den ersten Kriegsjahren tatsächlich unter 1000 m und steigerte sich ab 1943 hauptsächlich aufgrund der alliierten Abwehrmaßnahmen auf das Zwei- bis Dreifache und mehr. Siehe: Miller, U-Boats, Seite 95.

Da sich zuverlässige Geräte zur exakten Bestimmung von Gegnerentfernung, -kurs und -geschwindigkeit noch in der Erprobung befanden und erst gegen Kriegsende auf einigen der modernen U-Boote vom Typ XXI zur Verfügung standen[116], wurde eine geringe Entfernung zum Gegner für eine möglichst genaue Schätzung der zur Ermittlung der Torpedoschusslösung benötigten Werte für besonders wichtig erachtet. Eine geringe Gegnerentfernung hatte zudem die Vorteile, dass sich Fehler in den Schussunterlagen wegen der kurzen Torpedolaufzeit nicht so stark auswirken konnten und dem Gegner keine Zeit für Ausweichmanöver blieb.

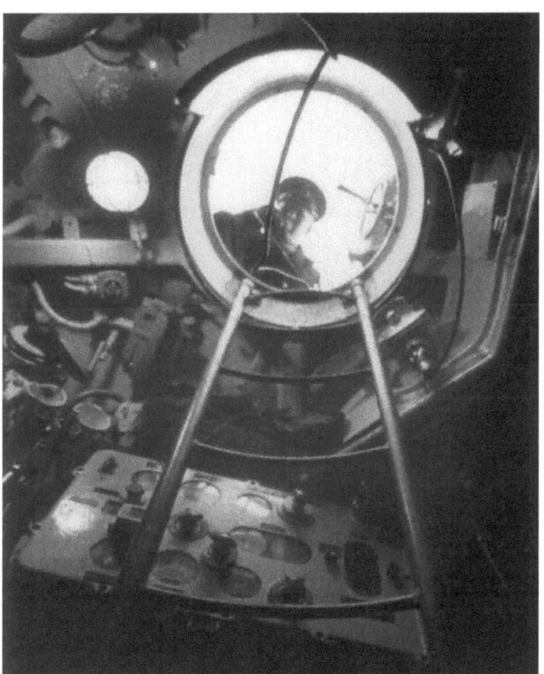

Abbildung 2.9: Ein TVh-Re/S3 im Turm eines U-Bootes (Urheber unbekannt)

Für den Unter- und Überwasserschuss galten sinngemäß dieselben allgemeinen Regeln. Üblicherweise wurde mithilfe der Feuerleitanlage geschossen. Diese Methode wurde als „Richtungsweiser-Schuss" (abgk. „Rw.-Schuss") bezeichnet.

Bei Ausfall der Feuerleitanlage sowie bei ungeklärten Fehlschüssen konnten die vergleichsweise primitiven Angriffsverfahren „Bugangriff", „Heckangriff" und „Winkelschuss" angewandt werden.

Beim Bugangriff ohne Feuerleitanlage wurde zunächst aus dem Lagenwinkel und der Gegnerpeilung der Gegnerkurs bestimmt[117]. Aus der geschätzten Gegnergeschwindigkeit, der angestrebten Gegnerlage beim Schuss und der Torpedogeschwindigkeit wurde anschließend der Vorhaltwinkel berechnet[118].

[116] Rössler, Geschichte des deutschen U-Bootbaus, Seite 230.

[117] Zur Ermittlung des Gegnerkurses aus Gegnerlage und -peilung konnte bspw. die in Abschnitt 3.1.2 untersuchte Lagenwinkelscheibe von Dennert & Pape verwendet werden.

[118] Diese Berechnung konnte z. B. mit dem T-Rechenschieber 2 von Dennert & Pape durchgeführt werden (siehe Abschnitt 3.1.3).

Danach wurde der Angriffskurs ermittelt (siehe Abschnitt 3.3.1) und das Boot auf diesem Kurs in eine günstige Schussentfernung an den Gegner herangeführt. Hatte das U-Boot Gegnerkurs und -fahrt richtig ermittelt, musste der Gegner zwangsläufig die gewünschte Lage haben, wenn er in den am Gradkranz des Sehrohres eingestellten Vorhalt einwanderte. In dem Moment musste der Torpedo abgefeuert werden. Diese Methode wurde als „Schießen im Durchwandern" bezeichnet.

Der reine Heckangriff wurde seltener angewandt, etwa, wenn durch eine plötzliche Kursänderung des Gegners die Bedingungen für einen Heckschuss günstiger waren als für einen Schuss mit den Bugrohren[119]. Für den reinen Heckangriff galt ein entsprechendes Verfahren wie für den Bugangriff.

Beim Winkelschuss ohne Feuerleitanlage wurde am Geradlaufapparat des Torpedos ein fester Winkel eingestellt. Die gebräuchlichsten Winkelschüsse ohne Feuerleitanlage waren der 45°-Winkelschuss und der 90°-Winkelschuss, die besonders eingeübt wurden. Der jeweilig einzuschlagende Angriffskurs konnte bspw. mit der Angriffsscheibe 2 von Dennert & Pape bestimmt werden, die in Abschnitt 3.3.1 eingehend untersucht wird.

Im Zeitalter der elektronischen Digitalrechner ist es unbedingt erwähnenswert, dass das Torpedo-Schussproblem mit den elektromechanischen Torpedovorhaltrechnern von Siemens noch nach einem Ausfall der Stromversorgung gelöst werden konnte. Es wurde sogar empfohlen, den Vorhaltrechner bei einem Stromausfall nach Möglichkeit als mechanischen Schusswinkelrechner zu nutzen, anstatt sofort auf eines der primitiven Angriffsverfahren zurückzugreifen[120].

Wie bereits erwähnt, hatten Mehrfach- oder Fächerschüsse den Sinn, Fehler bei der Ermittlung des Torpedokurses und Torpedoversager auszugleichen. Wenn es der Torpedovorrat gestattete, sollten auf besonders wertvolle oder gefährliche Schiffe selbst bei geringer Entfernung und sicheren Schussunterlagen Doppel- oder Dreierschüsse mit einer Treffpunktverlegung am Ziel abgegeben werden, um sie mit Sicherheit zu versenken.

Bei größeren Schussweiten (> 1000 m) oder größerer Unsicherheit in den Schussunterlagen sollten zwei, drei oder vier Torpedos als sogenannter (Torpedo-)Fächer geschossen werden, um die Wahrscheinlichkeit für einen Treffer zu erhöhen. Die Schüsse mussten dazu um einen auf Basis der geschätzten Schussunterlagen abgegebenen Schuss um die gewünschte Breite gestreut werden (bei zwei oder vier Schüssen um einen gedachten Mittelschuss). Der Streuwinkel konnte mithilfe einer besonderen Rechenscheibe (siehe Abschnitt 3.2.1) oder dem Torpedovorhaltrechner ermittelt werden, der zu diesem Zweck über ein spezielles Rechengetriebe verfügte (siehe Abschnitt 6.3.1).

---

[119] Nach dem Zweiten Weltkrieg entfielen die Heckrohre auf U-Booten aus strömungstechnischen Gründen und weil die während des Krieges mit dem Heckrohr erzielten Ergebnisse in keinem Verhältnis zum (finanziellen) Aufwand standen. Siehe FRIEDMAN, U.S. Submarines through 1945, Seite 197.

[120] Siehe: M. Dv. Nr. 906, Handbuch für U-Bootskommandanten, Seite 40. In der Torpedo-Schießvorschrift für U-Boote (M. Dv. Nr. 416/3) aus dem Jahr 1943 finden sich detaillierte Anweisungen darüber, wie das Torpedoschussproblem bei Ausfall von Teilen der oder der gesamten Feuerleitanlage gelöst werden konnte.

Die vollständige Beschreibung des aufwendigen LUT-Schießverfahrens würde im Rahmen dieser Arbeit zu weit führen. Es sollen daher nur die Begriffe erläutert werden, die für die Analyse des in Abschnitt 6.16 zu untersuchenden Torpedovorhaltrechners RGM 3e benötigt werden.

Beim LUT wurde der geradlinige Torpedolauf nach einer beliebig einstellbaren Vorlaufstrecke s_t durch eine komplizierte Steuerung in einen Schleifenlauf umgewandelt (siehe Abbildung 2.10). Das vom Schleifenlauf überdeckte sogenannte LUT-Feld wurde in der LUT-Schießanleitung für U-Boote vom Typ VII und IX mit einem wandernden Minenfeld verglichen, dessen Richtung, Geschwindigkeit, Dichte und Ausdehnung eingestellt werden kann[121].

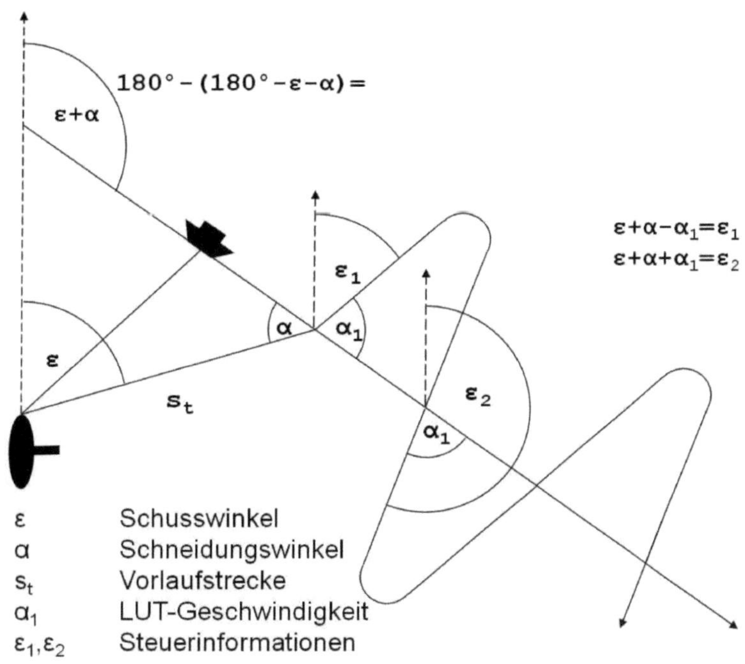

Abbildung 2.10: Steuerparameter für den LUT

Durch entsprechende Wahl der Vorlaufstrecke s_t wurde das LUT-Feld möglichst nah an den Gegner herangebracht. Der Generalkurs des LUT (auch: LUT-Kurs) wurde in der Regel so eingestellt, dass er parallel zum Gegnerkurs verlief. Er wurde durch den Schusswinkel ε und den Schneidungswinkel α bestimmt.

Die LUT-Geschwindigkeit v_{LUT}, mit der sich das Feld in Richtung des Lut-Kurses ausbreitete, wurde zwar an einer Geschwindigkeitsskala eingegeben, aber als Winkel α_1 in die Feuerleitanlage eingeführt.

An den LUT wurden schließlich neben der Vorlaufstrecke s_t und dem Schusswinkel ε die Steuergrößen $\varepsilon_1 := \varepsilon + \alpha - \alpha_1$ und $\varepsilon_2 := \varepsilon + \alpha + \alpha_1$ übermittelt, deren geometrische Bedeutung Abbildung 2.10 entnommen werden kann.

---

[121] BA-MA, RMD 6/511, Seite 5.

Eine besonders anschauliche Schilderung eines Torpedo-Angriffs findet sich in den Erinnerungen des ehemaliges U-Boot-Kommandanten Reinhard „Teddy" Suhren (1916-1984), der daher an dieser Stelle ausführlich zitiert sei:

> „Wir haben hauptsächlich nachts und aufgetaucht angegriffen, weil das aufgetauchte Boot mit den Dieseln seine volle Geschwindigkeit von 17 Knoten ablaufen konnte. Getaucht kriecht es mit Hilfe der E-Maschinen und rund 7 Knoten eben so dahin, ist unbeweglich und leichter einzuholen. [...] Die alten, erfahrenen Kommandanten gingen fast auf Steinwurfweite heran. Um so größer war die Chance zu treffen.
>
> Unterwasserangriffe fährt alleine der Kommandant, er schießt auch selber. Bei Überwasserangriffen bleibt das Schießen dem Torpedooffizier überlassen, meist dem Eins W. O. [Erster Wachoffizier, d. Vf.]. Dieser guckt durch das Zielgerät auf dem Turm, ein lichtstarkes Doppelglas mit Gradskala. Er schätzt Abstand, Kurs und Geschwindigkeit des Gegners, verbindet diese mit der Sichtlinie und bekommt aus dem Zieldreieck den Vorhaltewinkel, mit dem der 30 Knoten schnelle Torpedo dem Schiff entgegen- oder hinterherlaufen muß, um es zu treffen. Sehr wichtig ist das Stillhalten im Augenblick des Abdrückens. Das Boot darf nicht schwanken, da sich sonst der Vorhaltewinkel verschiebt. [...]
>
> Der Erfolg hängt vom genauen Schätzen ab. Natürlich gibt der Kommandant seinen Senf dazu; denn das Schießen wird im Prinzip gemeinsam besprochen. Er sagt vielleicht, der hat doch einen anderen Kurs, oder es läuft doch noch schneller oder auch, Sie haben keine Ahnung! Wenn es sich aber um einen bewährten Torpedooffizier handelte, hielt alles den Mund und redete ihm nicht dazwischen, auch der Kommandant nicht! Der T. O. [Torpedooffizier, d. Vf.] warf einen letzten Blick durch das Zielfernrohr. Dann hieß es: Achtung, Torpedo - los! [...]
>
> Unter Wasser muß der Kommandant alles alleine machen: Das Boot führen und schießen. Anstelle des Zielgeräts, das im Freien steht, benutzt er das Angriffssehrohr. Er fährt es ein und aus, nimmt einen Rundblick, schätzt die Werte, kann nicht lange nachdenken, sondern muß vieles rein instinktiv, aus dem Gefühl heraus machen. Er hat sich unerhört zu konzentrieren, menschlich eine ganz schwere Aufgabe. Und wenn er eine Kleinigkeit übersieht, wird er am Ende noch vom Gegner gerammt. Nachts haben wir nie unter Wasser angegriffen: das Angriffssehrohr war einfach zu lichtschwach. Bei Tage war es schon nicht einfach, alles im Auge zu behalten[122]."

Suhren erläutert am Beispiel der „erfolgreichen" Torpedierung eines schnellfahrenden Dampfers aus scheinbar aussichtsloser Entfernung, dass neben der Technik vor allem die Erfahrung und der erwähnte Instinkt eine Rolle spielten. Bei dem Angriff hatte er im letzten Moment den Vorhaltwinkel um 0,6 Grad vergrößert und dadurch nach 5 Minuten einen Treffer aus 4900 Metern Entfernung erzielt.

---

[122] Brustat-Naval, Suhren, Nasses Eichenlaub, Seite 57-58.

SUHRENS Begründung für die vorgenommene Winkelkorrektur liest sich allerdings merkwürdig:

> „Ich habe im letzten Augenblick gemerkt, daß der Vorhaltewinkel von 20,4 Grad sich nicht durch sieben teilen läßt. Und da wir erfahrungsgemäß nur durch sieben teilbare Zahlenwerte benutzen, habe ich einfach 0,6 aufgerundet und kam auf 21,0 Grad. Und das macht auf solch eine Entfernung 'ne Menge aus[123]."

Dass SUHREN ausschließlich ohne Rest durch sieben teilbare Werte verwendete, war weniger auf mathematische Gründe oder technische Besonderheiten des Torpedovorhaltrechners als vielmehr auf reinen Aberglauben zurückzuführen:

> „So ist es zum Beispiel ein ungeschriebenes Gesetz an Bord [von U 48, auf dem auch SUHREN Dienst tat, d. Vf.], daß alle Kurse, die in freier See gesteuert werden sollen, auf jeden Fall durch die Glückszahl sieben teilbar sein müssen. Die Rudergänger haben strikte Anweisung, jeden neuen Kurs, der von der Brücke heruntergegeben wird, sofort daraufhin durchzurechnen, ob er auch durch sieben teilbar ist, um dann selbständig den Kurs zu melden und zu steuern, der dieser Zahl oder einem Vielfachen davon am nächsten liegt. Diese Sieben-Marotte hat sich jedenfalls als Faktum auf U 48 eingebürgert[124]."

Zum Abschluss dieses Abschnittes sei angemerkt, dass sich die im Zweiten Weltkrieg verwendete Torpedo-Technik in einigen Fällen als äußerst langlebig erwiesen hat. So versenkte der Kommandant des britischen Atom-U-Bootes CONQUEROR im Falklandkrieg (2. April 1982 - 20. Juni 1982) den argentinischen Kreuzer GENERAL BELGRANO mit Torpedos des um 1925 entwickelten Typs Mk 8. Er verzichtete bewusst auf den Einsatz der moderneren Torpedos vom Typ Mk 24 TIGERFISH, da diese als extrem störanfällig bekannt waren[125].

Eine Kuriosität ist die Tatsache, dass bei der Taiwanesischen Marine mit der ROCS HAI SHIH und der ROCS HAI PAO noch heute zwei U-Boote aus der Zeit des Zweiten Weltkrieges mitsamt ihren originalen Feuerleitanlagen in Dienst stehen. Bei den Booten handelt es sich um die ehemalige USS CUTLASS und die ehemalige USS TUSK, die 1945 bzw. 1946 von der US-Navy in Dienst gestellt und 1973 bzw. 1974 an Taiwan übergeben wurden[126]. Die vollständig restaurierten Torpedovorhaltrechner der USS COD[127] in Cleveland, Ohio und der USS PAMPANITO[128] in San Francisco haben hingegen seit über drei Jahrzehnten nur noch musealen Charakter.

---

[123] BRUSTAT-NAVAL, SUHREN, Nasses Eichenlaub, Seite 59.

[124] BRENNECKE, Jäger - Gejagte, Seite 64.

[125] Siehe: Otto explodiert, in: Der Spiegel (1984), Nr. 12, Seite 178-184.

[126] Siehe: WANG JYH-PERNG, Time to decommission old subs, in: Taipei Times, 26.09.2011. Siehe ferner: http://www.maritime.org/taiwan/index.htm (10.08.2013).

[127] Siehe: http://www.usscod.org/tdc.html (10.08.2013).

[128] Siehe: http://www.maritime.org/tech/tdc.htm (10.08.2013).

3 Mechano-optische Analogrechner auf deutschen U-Booten

In diesem Kapitel werden mechano-optische Analogrechner für U-Boote untersucht und nach ihrem jeweiligen Verwendungszweck klassifiziert. Die Klassifizierung berücksichtigt alle wichtigen Kategorien wie z. B. Hilfsmittel zur Berechnung des Torpedoschussdreiecks oder für die Astronavigation. Sie kann aber hinsichtlich der Instrumente und Hersteller keinen Anspruch auf Vollständigkeit erheben. Es ist nicht auszuschließen, dass sich etwa in ausländischen Archiven oder bei der Untersuchung von U-Boot-Wracks bislang nicht erforschte Analogrechner sowie Hinweise auf weitere Hersteller finden lassen.

So konnte der Verfasser nach der Untersuchung der analogen Rechenhilfsmittel von U 534 der Firma Steger in Kiel mitteilen, dass in Liverpool eine von ihr gefertigte Angriffsscheibe (siehe Abbildung 3.1) ausgestellt wird. Der Firma war nicht mehr bekannt, welche Instrumente sie im Zweiten Weltkrieg für die Kriegsmarine hergestellt hatte, da entsprechende Firmenunterlagen bei zwei Bombenangriffen verloren gegangen waren.

Abbildung 3.1: Die Angriffsscheibe von U 534

Dass gelegentlich sogar der Zufall Funde ans Tageslicht bringen kann, zeigt ein an die „Herren Dennert u Pape" in Hamburg gerichteter Brief vom 12. April 1950. Darin machte ein gewisser A. Franzke aus Wedel neben einem nicht entzifferbaren weiteren Unterzeichner der Geschäftsleitung der Firma Dennert & Pape eine erstaunliche Mitteilung:

> „Das von Ihnen hergestellte Kursdreieck von 1941, [sic!, d. Vf.] wurde im Jahre 1948 mit dem Schleppnetz des Kutters 'Käte' S.S. 103 in 80 mtr Tiefe bei Bornholm in der Ostsee gefischt[129]."

[129] DM FA D&P, FA 006/0030, Franzke, Brief an D&P.

Die zahllosen Schülergenerationen als Hersteller von Rechenschiebern und Geodreiecken bekannt gewordene Firma Dennert & Pape ARISTO[130] aus Hamburg-Altona wurde am 1. Juli des Jahres 1862 gegründet und war der bedeutendste Hersteller von mechano-optischen Analogrechnern für die U-Boote der Kriegsmarine. Die von Dennert & Pape gefertigten Rechenhilfsmittel nehmen daher in diesem Kapitel einen entsprechend breiten Raum ein. Anhand erhalten gebliebener Firmenunterlagen aus dem Museum der Arbeit in Hamburg und dem Deutschen Museum lässt sich zweifelsfrei belegen, welche Analogrechner Dennert & Pape an Einrichtungen wie die Torpedoversuchsanstalt in Eckernförde, die Kriegsmarinewerften in Kiel und Wilhelmshaven und das Torpedoarsenal „Mitte" in Rudolstadt geliefert hat. Im Gegensatz dazu war es aufgrund der Quellenlage bei einigen Instrumenten nicht möglich, den Nachweis für die tatsächliche Verwendung auf U-Booten zu erbringen oder eine Verwendung mit Sicherheit auszuschließen. Hier besteht in Einzelfällen weiterer Forschungsbedarf. Ob sich die von der Firma Dennert & Pape auch unter Ausnutzung von Zwangsarbeit[131] betriebene Rüstungsproduktion in wirtschaftlicher Hinsicht gelohnt hat, ist fraglich, da die Wehrmacht-Rechnungen zum Zeitpunkt des Kriegsendes nur zu 90 Prozent bezahlt waren[132].

Hinsichtlich der Geschichte der Rechentechnik ist anzumerken, dass Analogrechner nach mechano-optischem Funktionsprinzip neben Torpedo-Schusstafeln[133] bis zur Einführung der elektromechanischen Feuerleitanlagen die wichtigsten Hilfsmittel zur Lösung des Torpedoschussproblems waren. Rechenschieber und Rechenscheiben werden auch heute noch auf U-Booten verwendet und wurden in jüngerer Zeit sogar neu entwickelt (siehe Abschnitt 3.5). Über den konkreten Nutzen der einzelnen mechano-optischen Analogrechner für die Besatzungen der U-Boote finden sich nur wenige Aussagen. Horst Bredow hat dem Verfasser in einem Gespräch am 17. September 2009 berichtet, dass sein Kommandant auf U 288[134] Rechenschieber und -scheiben für nicht besonders praxistauglich hielt[135].

---

[130] Eine lesenswerte Darstellung der Firmengeschichte findet sich bei Anne Mahn, Vermessenes Altona, Die Firma Dennert & Pape ARISTO. Als Standardwerk über die Rechenschieber und Instrumente von Dennert & Pape gilt: Klaus Kühn, Karl Kleine (Hrsg.), Dennert & Pape - ARISTO - 1872-1978 - Rechenschieber und mathematisch-geodätische Instrumente.

[131] Auf das Thema Zwangsarbeit kann hier nicht näher eingegangen werden. Für allgemeine Informationen siehe: Rathkolb, Zwangsarbeit in der Industrie, in: Das Deutsche Reich und der Zweite Weltkrieg, Band 9/2, Seite 667-727 und Littmann, Ausländische Zwangsarbeiter in der Hamburger Kriegswirtschaft 1939-1945 sowie Mahn, Vermessenes Altona, Seite 43-45 zum Zwangsarbeitereinsatz bei Dennert & Pape.

[132] Siehe: Mahn, Vermessenes Altona, Seite 42.

[133] Torpedo-Schusstafeln wurden auf deutschen U-Booten noch im Zweiten Weltkrieg für den Fall eines Versagens der Feuerleitanlage mitgeführt. Die für jeden U-Boot-Typ individuell erstellten Tafeln enthielten detaillierte Angaben über die Torpedorohre und die jeweilig verwendeten Torpedos sowie allgemeine Informationen über die Länge, den Tiefgang und die Höchstfahrt gegnerischer Schiffstypen. Einen breiten Raum nahmen zieltechnische Hinweise ein. Dazu gehörten neben Tafeln für die Parallaxverbesserung und die Abkommpunktverlegung (siehe Abschnitt 3.2.2) auch Angaben über die Schussfolge und die Zeitintervalle beim Fächerschuss (siehe Abschnitt 3.2.1).

[134] U 288 wurde am 26.06.1943 in Dienst gestellt und am 03.04.1944 versenkt.

[135] AV, Bredow, Persönliches Gespräch, 17.09.2009.

Bredow, der bis zu seiner Pensionierung im Jahre 1983 als Studienrat für Mathematik und Physik in Berlin tätig war, verwies darauf, dass es unter Gefechtsbedingungen oder bei Krängungen des U-Bootes nur sehr schwer möglich war, exakte Rechnungen mit einem Rechenschieber auszuführen[136].

Wie schwierig die Handhabung mechano-optischer Rechenhilfsmittel unter Gefechtsbedingungen gewesen sein muss, illustriert eine Anekdote, die sich bei Merten findet und die die Einleitung zu diesem Kapitel beschließen soll:

> „Schrader [gemeint ist Admiral Otto von Schrader (1888 - 1945), d. Vf.] hatte sich mit Vorbedacht von den Artilleriemechanikern seines Schiffes eine kleine handliche Rechenscheibe machen lassen, die mit zwei Gradkreisen, die sich bei den Formationsübungen um das feststehende Mittelstück drehen ließen, ihm bei richtiger Bedienung sowohl den anliegenden Kompaßkurs als auch die Kompaßpeilung des anderen Schiffes verraten konnten. Die Voraussetzung war eben nur, daß die Einstellungen richtig vorgenommen werden mußten[137]."

Anlässlich einer Formationsübung mit dem Kreuzer Leipzig erschien von Schrader mit der blankpolierten Messingscheibe in der Hand auf der Brücke des Flaggschiffs Königsberg:

> „Und dann ging es auch gleich los mit allen Bewegungen zweier Schiffe zueinander und miteinander, die überhaupt möglich waren. [...] Mit Besorgnis sah ich zu 'Ottchen' hin, der sich rechtschaffen abmühte, die Gradkreiseinstellungen rechtzeitig und richtig durchzuführen und dann fast lakonisch den Rudergänger nach dem anliegenden Kurs befragte. Ich sah, wie er dann voller Unruhe zunächst, dann aber mit offenbarer Verzweiflung an der Scheibe hantierte und dann bei Kursnennung des Rudergängers fast entmutigt die Achseln zuckte. Dennoch gab er nicht so schnell auf. Aber da kam dann plötzlich das Signal an die Leipzig: 'Peilung soll sein 40 Grad', was bedeutete, daß Leipzig das Flaggschiff in 40 Grad rechtweisend[138] pellen [sic!, d. Vf.], den Kurs aber beibehalten sollte. Zweimal fragte mich Schrader, ob er das richtig verstanden hätte, was ich nur bejahen konnte. Da war es dann aber auch um seine Selbstbeherrschung plötzlich geschehen, als wir nun die Leipzig in 220 Grad rechtweisend auf Nordkurs 0 peilten. Er war bei seinen Einstellungen zu einem vollkommen anderen Resultat gekommen, was unschwer aus seiner Verzweiflung zu entnehmen war. Da richtete er sich plötzlich in voller Größe auf und warf mit den Worten 'Wissen' Se W. O. [Wachoffizier, d. Vf.], die Scheibe taugt nichts' die neue kunstvolle Rechenscheibe außenbords[139]."

[136] AV, Bredow, Persönliches Gespräch, 17.09.2009.

[137] Merten, Nach Kompaß, Seite 174.

[138] Ein Kurs wird rechtweisend genannt, wenn er sich - wie der vom Kreiselkompass angezeigte Kurs - auf den geografischen Nordpol bezieht.

[139] Merten, Nach Kompaß, Seite 175.

3.1 Hilfsmittel zur Berechnung des Torpedoschussdreiecks

Im vorliegenden Abschnitt werden analoge Rechenhilfsmittel zur Bestimmung der am Torpedoschussdreieck (siehe Abbildung 2.7) auftretenden Größen untersucht. Neben der bekannten Torpedogeschwindigkeit v_t wurden zur Berechnung des Vorhaltwinkels β nach Formel 2.1 die Gegnergeschwindigkeit (auch: Gegnerfahrt) v_g und der Lagenwinkel γ benötigt. Daher werden zunächst Instrumente zur Bestimmung der Gegnerfahrt und des Lagenwinkels untersucht. Anschließend werden Analogrechner zur Ermittlung des Vorhaltwinkels behandelt. Den Abschluss bilden einige Anmerkungen zur Bedeutung des Schneidungswinkels α und eine Erläuterung der Begriffe Reichentfernung und Reichweite.

3.1.1 Gegnerfahrt

Die Gegnerfahrt musste geschätzt werden. Zuverlässige Geräte zu ihrer exakten Bestimmung standen erst gegen Kriegsende und nur auf wenigen U-Booten zur Verfügung. Bei guter Sicht boten bspw. die Rauchfahne oder die Bug- und Hecksee[140] des Gegners einen groben Anhaltspunkt für seine Geschwindigkeit.

Da dem Gegner die gefährlichen Auswirkungen einer genauen Schätzung sehr wohl bekannt waren, versuchte er den U-Booten das Schätzen der Geschwindigkeit durch verschiedene Maßnahmen zu erschweren. So wurden bspw. große Bug- und Heckwellen auf den Schiffsrumpf gemalt, um eine höhere Geschwindigkeit vorzutäuschen. Bei bekannter Gegnerlänge hatte ein U-Boot allerdings die Möglichkeit, die Gegnerfahrt durch das sogenannte „Durchwandernlassen des Gegners durch einen festen Punkt" mit hinreichender Genauigkeit zu ermitteln:

> „Unabhängig von der Lage und Entfernung ist die Zeit, die ein Schiff zum Durchlaufen eines im Raume festliegenden Peilstrahls gebraucht, ein Maß für seine Geschwindigkeit. Hierzu wird die Zeit vom Einlaufen des Bugs in den Visierfaden bis zum Verlassen des Hecks gemessen.
> Es ist: $v_g = \frac{\text{Gegnerlänge in m}}{\text{Zeit in sec}} \cdot 2(\text{sm/h})$
> Voraussetzung für die Bestimmung ist, daß der Angreifer gestoppt liegt oder den Gegner zu Beginn der Messung recht vorausnimmt[141] und diesen Kurs durchhält[142]."

Die oben angegebene Gleichung ist lediglich eine Faustformel, da 1 m/sec gerundet 1,94 sm/h und nicht 2 sm/h entspricht. Mit der Gegnerfahrtscheibe von Dennert & Pape (siehe Abbildung 3.2) konnte die Gegnerfahrt präziser bestimmt werden, da sie den genaueren Umrechnungsfaktor von 1,94 sm/h berücksichtigte.

---

[140] Als Bug- bzw. Hecksee werden die an Bug bzw. Heck eines fahrenden Schiffes entstehenden Wellen bezeichnet.

[141] Den Gegner recht vorauszunehmen bedeutet, den Bug des (eigenen) U-Bootes auf den Gegner auszurichten.

[142] M. Dv. Nr. 304, Torpedo-Schießvorschrift, Heft 2, Schießverfahren, 1938, Seite 7-8.

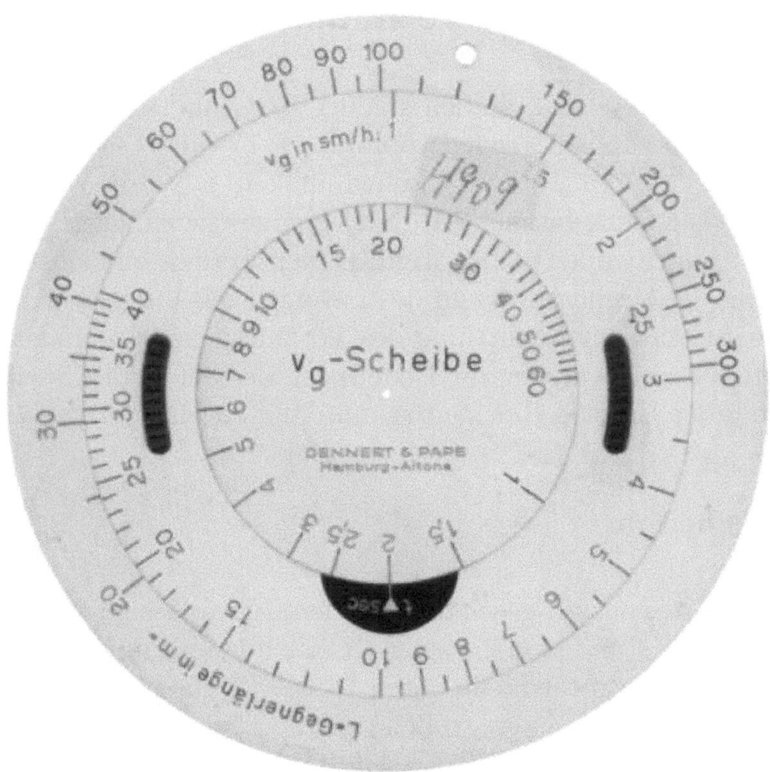

Abbildung 3.2: Die Gegnerfahrtscheibe von Dennert & Pape (Foto: Deutsches Museum)

Auf der Gegnerfahrtscheibe in Abbildung 3.2 kann bspw. abgelesen werden, dass ein 30 m langer Gegner, der zum Passieren einer Landmarke 2 Sekunden benötigt, mit einer Geschwindigkeit von 29 sm/h fährt.

Die hier beschriebene Methode zur Ermittlung der Gegnerfahrt war offenbar von großer praktischer Bedeutung, da auch das Tabellenheft zur Torpedo-Schießvorschrift aus dem Jahr 1939 eine Tabelle mit dem Titel „Bestimmung der Gegnergeschwindigkeit aus bekannter Ziellänge und Zeit des Durchwanderns durch einen feststehenden Punkt bzw. feste Linie im Raum"[143] enthielt.

Konkrete Belege für eine Verwendung von Gegnerfahrtscheiben auf U-Booten ließen sich nicht finden, obwohl Lieferungen an die TVA bspw. für das Jahr 1941 nachgewiesen werden können. So ist in einem Kalkulationsverzeichnis von Dennert & Pape für den 5. Mai 1941 eine Lieferung von 20 Gegnerfahrtscheiben zum Stückpreis von 41,42 RM an die TVA in Eckernförde vermerkt[144].

Die Preise wurden nicht etwa von Dennert & Pape bestimmt, sondern wie bei Rüstungsgütern üblich vom Arbeitsstab Gruppenpreise des Reichskommissariats für Preisbildung und dem Reichsministerium für Bewaffnung und Munition ermittelt und festgelegt.

[143] Siehe: M. Dv. Nr. 304, Tabellenheft zur Torpedo-Schießvorschrift, Seite 23.

[144] DM FA D&P, FA 006/0029, Kalkulationsverzeichnis.

3.1.2 Gegnerlage

Der Lagenwinkel γ (siehe Abbildung 2.7) wird durch die Gegnerpeilung und den Gegnerkurs bestimmt und kann zwischen null und einhundertundachtzig Grad variieren. Ein frontal auf das eigene U-Boot zulaufender Gegner wurde vom Ausguck in Lage Null gemeldet. Zeigte der Gegner dem U-Boot hingegen sein Heck, betrug der Lagenwinkel einhundertundachtzig Grad. Durch den Zusatz „Bug links" oder „Bug rechts" wurde in den übrigen Fällen angegeben, ob der Gegner dem U-Boot die Backbord- oder die Steuerbordseite zuwandte[145].

Die exakte Bestimmung des Lagenwinkels war schwierig. Für eine grobe Schätzung gab es immerhin einige Anhaltspunkte: Waren bspw. die Vorderseiten querschiffs gerichteter Decksaufbauten wie der gegnerischen Schiffsbrücke zu sehen, musste der Lagenwinkel kleiner als neunzig Grad sein.

Abbildung 3.3: Die RMS Olympic mit Dazzling Camouflage [146]

Der Gegner versuchte durch Vorkehrungen wie der als Dazzling Camouflage (von „to dazzle": engl. blenden, verwirren) bezeichneten und aus schrägen Linien und Mustern bestehenden Tarnbemalung (siehe Abbildung 3.3) eine exakte Bestimmung der Lage zu verhindern[147]. Im Jahre 1917 schlug der Marinemaler Norman Wilkinson (1878-1971) der Britischen Admiralität die Dazzling Camouflage als Maßnahme gegen die hohen Versenkungszahlen durch deutsche U-Boote im Atlantik vor. Wilkinson wies darauf hin, dass sich Schiffe in visuell unbeständiger Umgebung schlecht tarnen lassen und empfahl alternativ, den deutschen U-Booten das Schätzen der Größe, des Kurses und der Geschwindigkeit der britischen Schiffe durch eine geeignete Bemalung zu erschweren.

[145] Gelegentlich wurde der Lagenwinkel im Fall „Bug links" auch negativ gezählt.

[146] Die RMS Olympic, ein Schwesterschiff der RMS Titanic, diente im Ersten Weltkrieg als Truppentransporter. Sie versenkte am 12.05.1918 das deutsche U-Boot SM U 103 durch Rammen.

[147] Vgl. Behrens, Art, culture and camouflage.

Entsprechende Entwürfe entstanden in Zusammenarbeit mit der Royal Academy of Arts. Innerhalb eines Jahres wurden 4000 Handels- und 400 Marineschiffe mit einer Dazzling Camouflage versehen. Jedes Schiff hatte ein eigenes Design, das noch dazu in regelmäßigen Abständen geändert wurde.

Die Dazzling Camouflage inspirierte den Komponisten GORDON FREDERIC NORTON (1869-1946) sogar zu einem Spottlied auf die deutschen U-Boot-Kommandanten:

> „Captain Schmidt at the periscope
> You need not fall and faint,
> For it's not the vision of drug or dope,
> But only the dazzle-paint.
> And you're done, you're done, my pretty Hun.
> You're done in the big blue eye,
> By painter-men with a sense of fun,
> And their work has just gone by.
> Cheero!
> A convoy safely by[148]."

Über die Wirksamkeit der dazzle-paint gibt es keine gesicherten Erkenntnisse. Sie wurde zwar noch im Zweiten Weltkrieg verwendet, doch schwand ihre Bedeutung mit der Verbreitung zuverlässiger Entfernungsmessgeräte und des Radars.

Bei bekanntem Gegnerkurs konnte der Lagenwinkel γ aus der rechtweisenden[149] (kurz: rw.) Gegnerpeilung und dem rw. Gegnerkurs mittels der elementargeometrisch leicht zu verifizierenden Beziehung

$$\gamma = \text{rw. Gegnerpeilung} - \text{rw. Gegnerkurs} \pm 180\,°. \tag{3.1}$$

berechnet werden (siehe Abbildung 3.4). Um das gewünschte Vorzeichen zu erhalten, war im Fall rw. Gegnerpeilung − rw. Gegnerkurs ≤ 0 ein Winkel von 180° zu addieren und andernfalls zu subtrahieren[150].

Der Vorzug der Formel 3.1 lag darin, dass es häufig einfacher war, den Gegnerkurs zu ermitteln als den Lagenwinkel mit hinreichender Genauigkeit zu schätzen. Mitunter war der Generalkurs eines Geleitzuges bekannt oder die Verhältnisse auf See ließen nur einen bestimmten Gegnerkurs zu oder es gelang, den Gegnerkurs durch paralleles Mitfahren in sicherer Entfernung zu bestimmen.

---

[148] BEHRENS, Art, culture and camouflage.

[149] Kursangaben, die sich nicht auf den geografischen, sondern den magnetischen Nordpol beziehen, werden zur besseren Unterscheidung gelegentlich auch mit dem Zusatz „missweisend" versehen.

[150] Das Vorzeichen des Lagenwinkels gab Auskunft darüber, ob der Gegner dem U-Boot die Steuerbordseite ($\gamma > 0$) oder die Backbordseite ($\gamma < 0$) zuwandte. Im Fall rw. Gegnerpeilung = rw. Gegnerkurs zeigte der Gegner dem U-Boot das Heck.

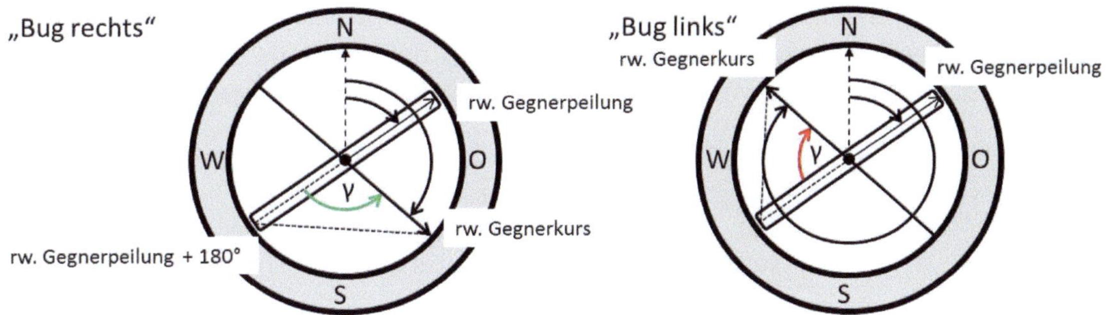

Abbildung 3.4: Die Ermittlung des Lagenwinkels aus der rw. Gegnerpeilung und dem rw. Gegnerkurs - das Torpedoschussdreieck ist punktiert gezeichnet

Mit der Lagenwinkelscheibe von Dennert & Pape (siehe Abbildung 3.5) konnte der Lagenwinkel γ aus der rw. Gegnerpeilung und dem rw. Gegnerkurs nachgebildet werden (siehe Abbildung 3.4). Die rw. Gegnerpeilung und der rw. Gegnerkurs wurden mit dem durchsichtigen Zeiger bzw. mit dem auf der inneren, drehbaren weißen Scheibe aufgedruckten Gegnerkurspfeil an dem äußeren Kursring mit 360°-Teilung eingestellt. Daraufhin konnte der Lagenwinkel an der entsprechenden Markierung des durchsichtigen Zeigers auf der inneren Scheibe abgelesen werden, die zu diesem Zweck ausgehend vom Gegnerkurspfeil für „Bug links" bzw. „Bug rechts" mit einer umlaufenden Teilung von 0° bis 180° versehen war.

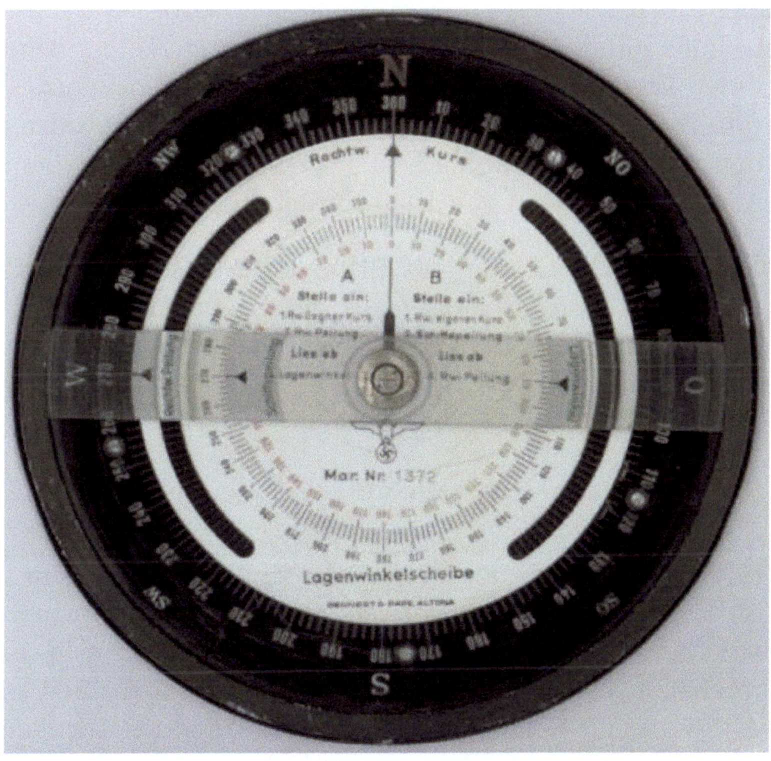

Abbildung 3.5: Die Lagenwinkelscheibe von Dennert & Pape ähnelte stark der Vorderseite des verbreiteten und ebenfalls von Dennert & Pape gefertigten Dreieckrechners für die Luftnavigation „System KNEMEYER" (Foto: UWE VÖLCKER)

Mit der Lagenwinkelscheibe konnte ferner die in Formel 3.1 benötigte rw. Gegnerpeilung aus dem bekannten eigenen Kurs und der ebenfalls bekannten Gegnerpeilung (d. h. dem Seitenwinkel ω in Abbildung 2.7) ermittelt werden.

Es gilt die gleichfalls elementargeometrisch leicht zu verifizierende Beziehung

$$\text{rw. Gegnerpeilung} = \text{Eigenkurs} + \text{Gegnerpeilung} \tag{3.2}$$

Ist das Ergebnis in Formel 3.2 $\geq 360°$, so müssen 360° subtrahiert werden.

Lagenwinkelscheiben wurden nachweislich auf U-Booten verwendet[151]. Darüber hinaus finden sich in dem bereits erwähnten Kalkulationsverzeichnis mehrere Hinweise auf Lieferungen von Lagenwinkelscheiben an die TVA in Eckernförde. So erfolgte bspw. am 22. November 1940 eine Lieferung von 500 Lagenwinkelscheiben mit Kasten zum Stückpreis von 15,20 RM[152].

Der Begriff „Lage laufend"

In Hinblick auf die noch zu untersuchenden elektromechanischen Analogrechner zur Lösung des Torpedoschussproblems bietet sich bereits an dieser Stelle die Erläuterung des wichtigen Begriffes „Lage laufend" an.

Da der Lagenwinkel γ eine zeitlich veränderliche Größe ist, musste einem Torpedovorhaltrechner ständig der aktuelle Wert von γ zugeführt werden, wenn er auf Grundlage der Vorhaltformel 2.1 kontinuierlich die Lösung des Torpedoschussproblems ermitteln sollte. Aus nachvollziehbaren Gründen wäre es sehr mühselig gewesen, den Lagenwinkel laufend nach dem oben beschriebenen Verfahren zu bestimmen und anschließend von Hand in den Torpedovorhaltrechner einzugeben.

Die elektromechanische Lösung des Problems wurde durch die Entdeckung der Tatsache ermöglicht, dass die Änderung des Lagenwinkels nach Formel 3.1 und Formel 3.2 bei konstantem Gegnerkurs den Änderungen der Gegnerpeilung und des Eigenkurses entspricht:

$$\Delta\gamma = \Delta\text{Eigenkurs} + \Delta\text{Gegnerpeilung} \tag{3.3}$$

Beim TVh-Re/S3 wurde in der Betriebsart „Lage laufend" ein initial von Hand eingestellter Lagenwinkel unter Verwendung der obigen Formel durch Addition der automatisch zugeführten Änderungen des Eigenkurses und der Gegnerpeilung laufend aktualisiert. Der Rechner konnte daher im Unterschied zu den Vorgängermodellen C/36 und C/37 kontinuierlich die Lösung des Torpedoschussproblems generieren und machte das U-Boot dadurch flexibler beim Angriff.

---

[151] Eine Lagenwinkelscheibe von Dennert & Pape wurde an Bord von U 534 gefunden. Siehe: http://www.u2359.com/Billeder/gallery/ItemsU534/Pages/67.html (10.08.2013).

[152] DM FA D&P, FA 006/0029, Kalkulationsverzeichnis.

3.1.3 Vorhalt

Das Funktionsprinzip der meisten mechano-optischen Analogrechner zur Ermittlung des Vorhaltwinkels beruhte entweder auf der mechanischen Nachbildung des Torpedoschussdreiecks oder, wie beim klassischen Rechenschieber, auf der Verwendung von logarithmisch-trigonometrischen Skalen und einer Funktionalgleichung des Logarithmus. Bei dem in diesem Abschnitt ebenfalls untersuchten Torpedo-Zielrechner TF Schu Re1 von Dennert & Pape handelt es sich hingegen eher um ein Lesegerät als um einen Rechner im herkömmlichen Sinne.

Mechanische Nachbildungen des Torpedoschussdreiecks

Die Idee der Vorhaltbestimmung durch maßstabsgerechte mechanische Nachbildung des Torpedoschussdreiecks ist schon sehr alt. Bereits 1898 beschrieb HERMANN GERCKE[153] einen einfachen Zielapparat für Schiffe und Torpedoboote, bei dem Geschwindigkeiten durch Streckenlängen repräsentiert wurden. Der Zielapparat wurde auf dem Torpedorohr angebracht und lieferte konstruktionsbedingt mit dem Vorhaltwinkel zugleich eine Visierlinie. Geschossen wurde im Durchwandern (siehe Abschnitt 2.3).

Es ist nicht weiter überraschend, dass eines der ersten Geräte zur Ermittlung des Vorhaltwinkels noch nicht allen Gefechtssituationen gerecht wurde:

> „Der Zielapparat an sich ist einfach, seine richtige Bedienung erfordert aber doch reichliche Uebung, namentlich wenn es gilt, das Ziel schnell zu wechseln, wenn das eigene Fahrzeug und der Gegner im Drehen begriffen sind und wenn sonstige Komplikationen, z. B. ein nothwendig werdendes Schwenken des Rohres hinzutreten. Da hierfür vielleicht nicht immer die Zeit vorhanden ist, so muß gut ausgebildetes Personal auch ohne Zielapparat sich zu helfen verstehen[154]."

Im britischen „Handbook of Torpedo Control" aus dem Jahre 1916 wird ein früher Analogrechner für U-Boote beschrieben und abgebildet[155]. Mit dem bereits als „calculator" bezeichneten Torpedo Director For Submarines wurde der Vorhaltwinkel ebenfalls durch Nachbilden des Torpedoschussdreiecks ermittelt. Geschossen wurde wie beim Zielapparat im Durchwandern.

Abbildung 3.6 zeigt den Torpedo-Rechner von UC 61[156]. Das nachgebildete Torpedoschussdreieck ist deutlich zu erkennen. Der vermutlich älteste öffentlich ausgestellte deutsche Vorhaltrechner für U-Boote kann heute im Marinemuseum auf der Insel Dänholm in Stralsund besichtigt werden.

---

[153] GERCKE, Die Torpedowaffe, Seite 42.

[154] Ebd., Seite 43.

[155] Admiralty Gunnery Branch, Handbook of Torpedo Control, Seite 18.

[156] UC 61 war ein U-Boot der Kaiserlichen Marine vom Typ UC II und wurde am 13.12.1916 in Dienst gestellt. Das Boot strandete am 26.07.1917 in Boulogne/Frankreich und wurde von der Besatzung gesprengt (siehe LIPSKY, F., LIPSKY, S., Deutsche U-Boote, Seite 101).

Abbildung 3.6: Der Torpedo-Rechner von UC 61

Zur Zeit des Zweiten Weltkrieges stellten die Firmen Zeiss und Dennert & Pape sogenannte Treffpunktrechner her, mit denen neben dem Vorhaltwinkel auch die Schussweite ermittelt werden konnte (siehe Abbildung 3.7 und 3.8). Die Schussweite gab Auskunft darüber, ob der Gegner mit einem Torpedo überhaupt erreicht werden konnte.

Der Vorhaltwinkel und der Schneidungswinkel wurden durch Nachbilden des Geschwindigkeitsdreiecks ermittelt (siehe Abbildung 3.7). Dazu wurden die Gegner- und die Torpedogeschwindigkeit auf dem Gegnerarm (9) bzw. dem Torpedoarm (13) eingestellt und der Gegnerarm (9) dem Lagenwinkel entsprechend ausgerichtet. Nach anschließendem Parallelstellen der Schussrichtungsscheibe (3) zum Torpedoarm (13) konnten der Vorhalt- und der Schneidungswinkel an den jeweiligen Markierungen (6) - oben in Abbildung 3.7 - bzw. (11) abgelesen werden.

Die Schussweite wurde unter Ausnutzung der Tatsache ermittelt, dass das Torpedoschussdreieck nicht nur als Geschwindigkeits-, sondern auch als Entfernungsdreieck aufgefasst und daher das bereits eingestellte Geschwindigkeitsdreieck in ein ähnliches Entfernungsdreieck überführt werden kann. Dazu wurde der Torpedoarm (13) mit dem Schieber (12) soweit parallel verschoben, bis die jeweilige Schussentfernung auf der Entfernungsskala des Visierarms (5) erreicht war. Daraufhin konnte die Schussweite auf dem Torpedoarm abgelesen werden.

Treffpunktrechner dienten neben der Vorhaltberechnung zur Vorbereitung von Torpedo-Ausweichmanövern (siehe Abschnitt 3.3.2) und zu Kontrollzwecken:

> „Der Treffpunktrechner ist ein Hilfsgerät für den Torpedoschützen. Er ermöglicht den Vergleich der tatsächlich beim Schuss aufgetretenen Verhältnisse mit den am Zielapparat eingestellten Größen. Ferner gestattet er die Ermittlung aller Größen im Schussdreieck[157]."

[157] AV, Treffpunktrechner, Beschreibung und Bedienungsvorschrift, nicht paginiert.

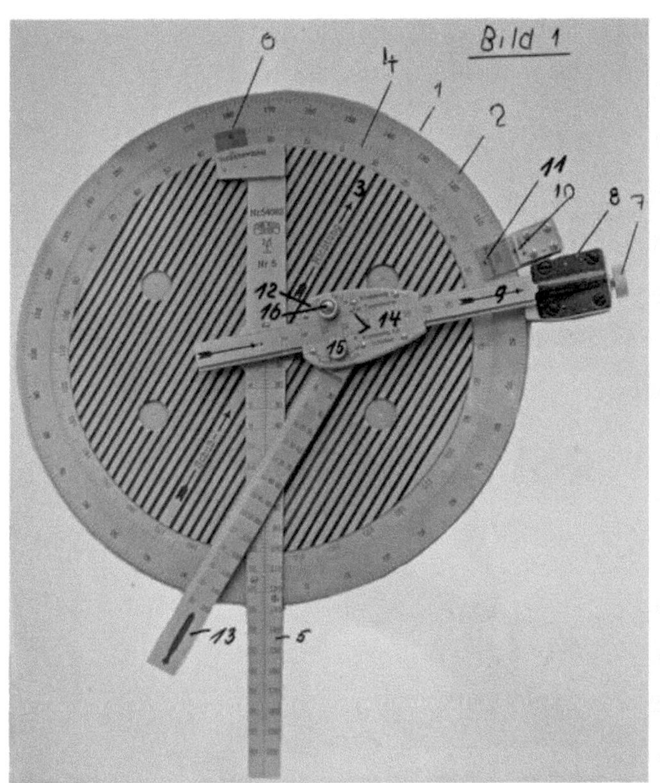

(1) Gehäuse

(2) Lagenwinkelkranz

(3) Schussrichtungsscheibe

(4) Vorhalte- und Schneidungswinkelkranz

(5) Visierarm mit Entfernungsteilungen

(6) Vorhaltewinkelmarke

(7) Rändelschraube

(8) Schwenkarm

(9) Gegnerarm

(10) Lagenwinkelmarke

(11) Schneidungswinkelmarke

(12) Schieber

(13) Torpedoarm

(14) Marken

(15), (16) Klemmschrauben

Abbildung 3.7: Der Treffpunktrechner von Zeiss

Treffpunktrechner wurden nachweislich auf U-Booten eingesetzt. In der dem Verfasser vorliegenden Beschreibung des Treffpunktrechners von Zeiss dokumentieren mehrere undatierte Stempel die wechselnden Besitzverhältnisse. Demnach befand sich die Beschreibung zeitweilig im Besitz der TVA in Eckernförde und der Unterseebootsflotille Wegener (gegründet am 25. Juni 1938).

Ein ehemaliger Mitarbeiter der TVA bescheinigte dem Treffpunktrechner eine gute Praxistauglichkeit: „This very handy apparatus does good service, and is found most useful in sighting exercises and on other occasions[158]."

Der Preis für einen Treffpunktrechner von Dennert & Pape (siehe Abbildung 3.8) war vergleichsweise hoch. Laut dem bereits erwähnten Kalkulationsverzeichnis wurden am 22. November 1940 insgesamt 400 Treffpunktrechner zum Stückpreis von 198,07 RM an die TVA in Eckernförde geliefert[159].

Auf amerikanischen U-Booten wurde im Zweiten Weltkrieg zur Ermittlung des Vorhaltwinkels der wegen seiner äußeren Gestalt auch als „Banjo" bezeichnete mechano-optische Torpedo Angle Solver Mark VIII verwendet, dessen Prinzip ebenfalls auf der Nachbildung des Torpedoschussdreiecks beruhte. Der Torpedo Angle Solver Mark VIII diente darüber hinaus zur Kontrolle und als Backup für den elektromechanischen Torpedo Data Computer.

---

[158] TNA, Krellenberg, Entwicklung der Torpedo-Feuerleit-Anlagen, Seite 19.

[159] DM FA D&P, FA 006/0029, Kalkulationsverzeichnis.

Abbildung 3.8: Der Treffpunktrechner von Dennert & Pape (Foto: Hermann Historica)

Die Besonderheit des Banjos waren auswechselbare Funktionsskalen, die sogenannten „Pseudo Torpedo Run Charts". Sie wurden speziell für die unterschiedlichen U-Boot-Typen, Torpedos und Torpedogeschwindigkeiten hergestellt. Mithilfe dieser Skalen konnten bei der mechanischen Nachbildung des Torpedoschussdreiecks Faktoren wie die größere Bahnlänge des Torpedos beim Winkelschuss oder der Einfluss der Abschuss- und Lauftiefe auf die Torpedogeschwindigkeit kompensiert werden[160]. Daher konnte das Torpedoschussproblem mit dem Banjo exakter als mit dem Treffpunktrechner gelöst werden.

Die Idee austauschbarer Funktionsskalen war zur Zeit des Zweiten Weltkrieges allerdings nicht mehr neu: SCHMALENBACH[161] beschreibt ein um 1908 entstandenes analoges Rechenhilfsmittel für die deutsche Schiffsartillerie, bei dem die Auswirkungen unterschiedlicher Ballistiken mittels auswechselbarer Skalen in die Berechnung der Schusslösung einbezogen werden konnten.

Abschließend sei angemerkt, dass die Vorhaltberechnung im TVh-Re/S3 ebenfalls auf der mechanischen Nachbildung des Torpedoschussdreiecks beruhte, wobei ein ausgeklügelt konstruiertes Dreiecksrechengetriebe maßgeblich die kompakte Ausführung des Rechners begünstigte (siehe Abschnitt 4.1.5).

---

160 In Anlage 1 finden sich eine Funktionsskizze des Banjos und die Abbildung einer „Pseudo Torpedo Run Chart". Für eine ausführliche Beschreibung des Banjos siehe: Torpedo Angle Solver Mark VIII Operating Instructions, O. D. 3518, http://www.hnsa.org/doc/banjo/index.htm (10.08.2013).

161 SCHMALENBACH, Schiffsartillerie, Seite 90.

Rechenschieber und Rechenscheiben

Ein Register der Sonderanfertigungen von Dennert & Pape führt für den September 1939 unter der ARISTO-Nr. 10016 einen für die TVA in Eckernförde gefertigten Torpedorechenstab mit der Bezeichnung T-Rechenstab 1 auf[162]. Im Deutschen Museum in München hat sich ein Exemplar dieses seltenen Torpedorechenschiebers erhalten (siehe Abbildung 3.9).

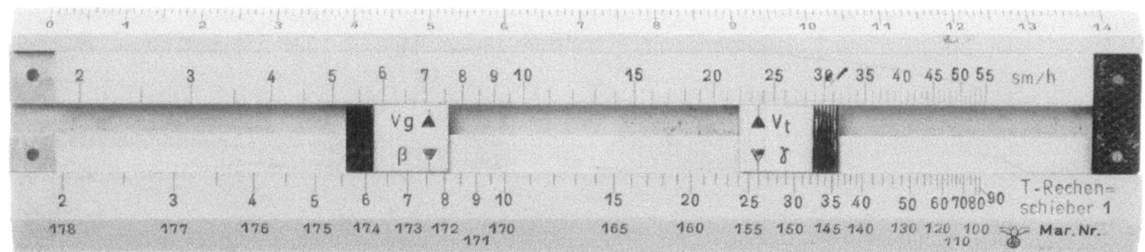

Abbildung 3.9: Der T-Rechenschieber 1 von Dennert & Pape (Foto: Deutsches Museum)

Der T-Rechenstab 1 diente ausschließlich zur Vorhaltberechnung. Die Einstellanweisungen auf der Rückseite des Exemplars aus dem Deutschen Museum lauten:

1. Stell v_t und v_g ein (Markenläufer)
2. Stell ein (Zunge) [Der Buchstabe γ fehlt, d. Vf.]
3. Lies β unter der Marke ab

Der T-Rechenstab 1 implementiert die Vorhaltformel 2.1 unter Ausnutzung der bekannten Gleichung log(a/b)=log(a)-log(b), die es gestattet, die Division zweier Zahlen auf eine Subtraktion von Streckenlängen zurückzuführen. Aus diesem Grund ist die Geschwindigkeitsskala des Rechenschiebers logarithmisch und die Winkelskala mit logarithmierten Sinuswerten versehen. Die Torpedogeschwindigkeit v_t und die Gegnerfahrt v_g werden mit den Markenläufern auf der verschiebbaren Zunge des Rechners eingestellt. Nach der obigen Gleichung und der Vorhaltformel werden mit der Differenz $\log(v_t)$-$\log(v_g)$ zugleich die Werte $\log(v_t/v_g)$ und $\log(\sin(\gamma)/\sin(\beta))$ gebildet (siehe Abbildung 3.10).

Beim Einstellen des Lagenwinkels γ mithilfe der Zunge werden auch die Markenläufer verschoben. Da sich hierbei ihr Abstand nicht ändert, kann der Vorhaltwinkel β anschließend auf der Winkelskala abgelesen werden.

Im Beispiel der Abbildung 3.10 ergibt sich für $v_t = 23,5\,sm/h$, $v_g = 7,1\,sm/h$ und $\gamma = 15°$ oder $\gamma = 165°$ [163] der Vorhaltwinkel $\beta = 4,5°$.

[162] Siehe Kühn, Kleine, Dennert & Pape, SR-RegisterAristoArchiv.pdf im Verzeichnis „buch" auf der Begleit-CD 1, Seite 3.

[163] Wegen $\sin(\alpha) = \sin(\pi - \alpha)$ ergeben Lagenwinkel, die gleich weit von 90° entfernt sind, denselben Vorhaltwinkel.

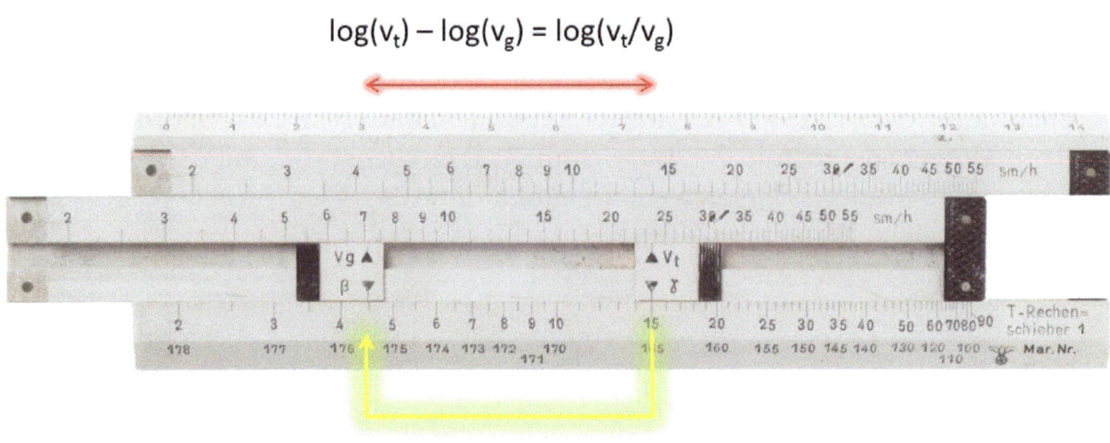

Abbildung 3.10: Das Funktionsprinzip des T-Rechenschiebers 1 (Foto: Deutsches Museum)

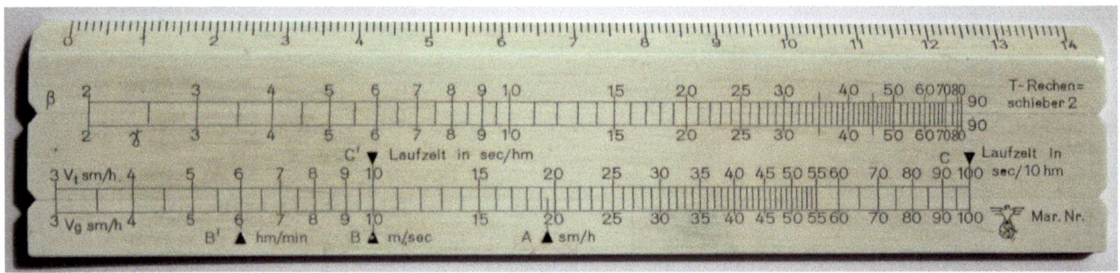

Abbildung 3.11: Der T-Rechenschieber 2 von Dennert & Pape (Vorderseite)

Bereits im September des Jahres 1940 wurde für die TVA ein verbessertes Nachfolgemodell des T-Rechenschiebers 1 angefertigt (siehe Abbildung 3.11 und 3.12)[164].

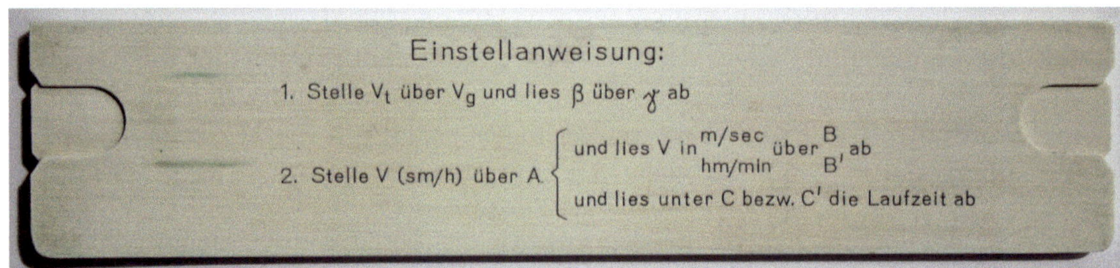

Abbildung 3.12: Der T-Rechenschieber 2 von Dennert & Pape (Rückseite)

Der T-Rechenschieber 2 wurde nachweislich auf U-Booten verwendet. Ein Exemplar des Rechenschiebers wurde an Bord von U 534 gefunden und kann heute im Museum in Liverpool besichtigt werden.

[164] Der Rechenschieber erhielt die ARISTO-Nr. 10017. Siehe KÜHN, KLEINE, Dennert & Pape, SR-RegisterAristoArchiv.pdf im Verzeichnis „buch" auf der Begleit-CD 1, Seite 3.

Der T-Rechenstab 2 war zweckdienlicher konstruiert als sein Vorgänger: Durch Verschieben der v_t - gegenüber der v_g -Skala werden gleichzeitig die Verhältnisse $\log(v_t/v_g)$ und $\log(\sin(\gamma)/\sin(\beta))$ für sämtliche Werte von γ und β gebildet, die der Vorhaltformel 2.1 genügen. An einem „imaginären" Läufer kann daher für einen beliebigen Lagenwinkel γ der jeweilige Vorhaltwinkel β abgelesen werden.

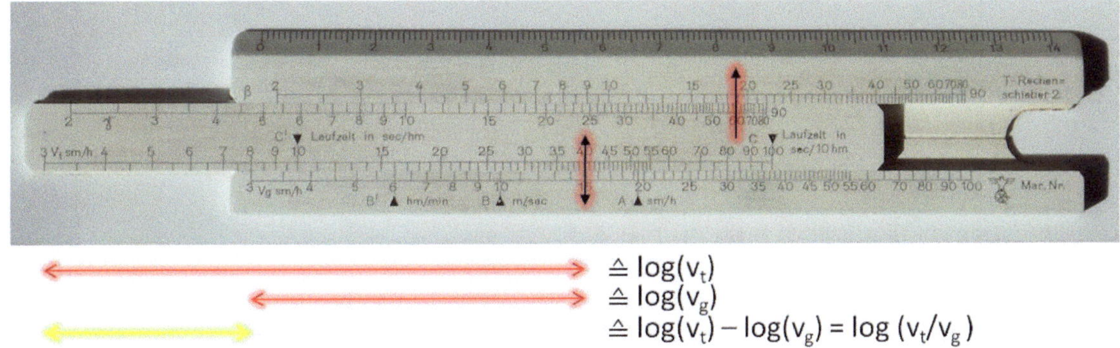

Abbildung 3.13: Das Funktionsprinzip des T-Rechenschiebers 2

Im Beispiel der Abbildung 3.13 ist die Torpedogeschwindigkeit $v_t = 40\,sm/h$ über der Gegnergeschwindigkeit $v_g = 15\,sm/h$ eingestellt. Dann kann bspw. für den Lagenwinkel $\gamma = 60°$ der Vorhaltwinkel $\beta = 19°$ abgelesen werden.

Anzumerken ist, dass der T-Rechenstab 2 im Unterschied zum T-Rechenstab 1 auch die Umrechnung von Geschwindigkeiten sowie die Ermittlung von Torpedolaufzeiten gestattet.

Nach dem bereits erwähnten Kalkulationsverzeichnis der Firma Dennert & Pape wurden am 16. Mai 1941 neben 150 T-Rechenschiebern 2 zum Stückpreis von 4,10 RM auch 150 T-Rechenschieber 2 mit erweiterter Zungenteilung zum Stückpreis von 5,38 RM an die TVA in Eckernförde geliefert[165]. Eine Vorkalkulation vom 14. August 1942 für einen „T-Rechenschieber 2 a mit erweiterter Zungenteilung auf der Rückseite der Rechenschieber und mit Etui I" deutet ebenfalls auf eine Weiterentwicklung des T-Rechenschiebers 2 hin[166].

Leider finden sich im Deutschen Museum keine Informationen über die erweiterte Zungenteilung des T-Rechenschiebers 2 a, so dass sich nach bislang bekannter Archivlage keine Aussagen über den möglicherweise vergrößerten Funktionsumfang treffen lassen. Hier besteht weiterer Forschungsbedarf.

Neben den Torpedorechenschiebern hat Dennert & Pape für die Vorhaltberechnung eine Vorhalte-Rechenscheibe hergestellt (siehe Abbildung 3.14). Bei dem Buchstabencode „gwr" handelt es sich um das Fertigungskennzeichen der Wehrmacht für die Firma Dennert & Pape. Ab 1942 durften im militärischen Auftrag hergestellte Geräte nicht mehr mit einem Firmennamen oder Warenzeichen versehen werden.

---

165 DM FA D&P, FA 006/0029, Kalkulationsverzeichnis.

166 DM FA D&P, FA 006/0027, Vorkalkulation für einen T-Rechenschieber 2 a mit erweiterter Zungenteilung auf der Rückseite der Rechenschieber und mit Etui I.

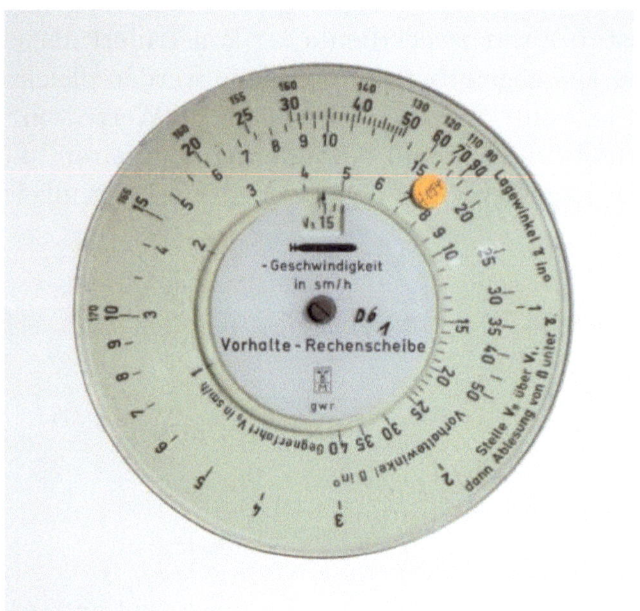

Abbildung 3.14: Die Vorhalte-Rechenscheibe von Dennert & Pape (Foto: Deutsches Museum)

Die Rechenscheibe funktioniert nach demselben Prinzip wie der T-Rechenschieber 2, die logarithmischen Skalen für die Geschwindigkeiten und Winkel sind bei der Rechenscheibe lediglich kreisförmig angeordnet. Der Preis für eine Rechenscheibe mit Aufbewahrungstasche war mit 8,15 RM deutlich höher als der für den T-Rechenschieber 2. Dafür ist die Rechenscheibe mit einem phosphoreszierenden Material beschichtet und leuchtet im Dunkeln (siehe Abbildung 3.15).

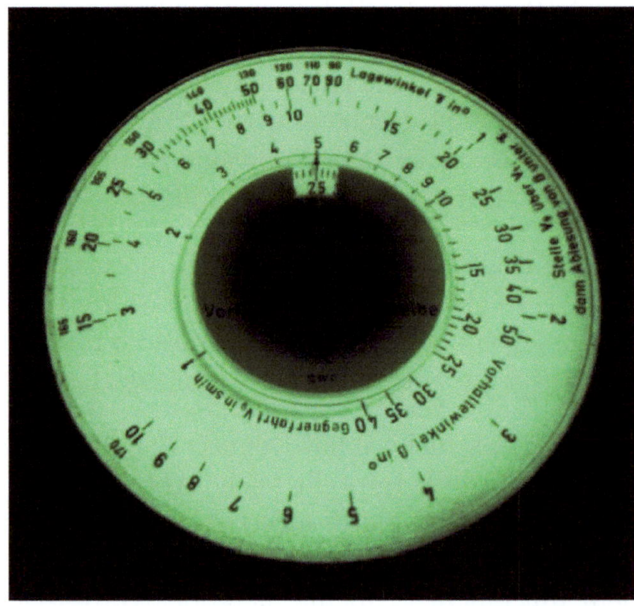

Abbildung 3.15: Die phosphoreszierende Skala der Vorhalte-Rechenscheibe von Dennert & Pape

Zwei von Dennert & Pape erstellte Listen vom 12. und 14. Februar 1945 belegen, dass der T-Rechenschieber 2 a und die Vorhalte-Rechenscheibe im Rahmen eines geheimen Notprogramms der Firma unter allen Umständen weiter produziert werden sollten[167]. Aus nicht inventarisierten Firmenunterlagen im Hamburger Museum der Arbeit geht hervor, dass noch am 10. April 1945 830 von insgesamt 1500 bestellten Vorhalte-Rechenscheiben an die TVA geliefert worden sind[168]. Der hohe Bedarf an Vorhalte-Rechenscheiben zu diesem späten Zeitpunkt verwundert. Eine mögliche Erklärung ist, dass die Rechenscheiben in der Endphase des Krieges auf Klein-U-Booten verwendet wurden oder werden sollten.

Der Torpedo-Zielrechner TF Schu Re1 von D&P

Der für den Einsatz von Flugzeugtorpedos[169] entwickelte Torpedo-Zielrechner TF Schu Re1[170] von Dennert & Pape ist nach heutigem Verständnis kein Rechner, da sich mit dem Gerät keine mathematischen Operationen ausführen lassen. Sein Zweck bestand vielmehr darin, das Aufsuchen eines Wertes in einer Torpedo-Schusstafel zu erleichtern. Lieferungen des TF Schu Re1 an die TVA lassen sich durch Quellen belegen (siehe Fußnote 170), Hinweise auf eine Verwendung bei den schwimmenden Einheiten fanden sich nicht.

Abbildung 3.16: Der Torpedo-Zielrechner TF Schu Re1 von Dennert & Pape (Foto: Deutsches Museum)

167 DM FA D&P, FA 006/0037, Firmeninterne Listen von Dennert & Pape für die im Rahmen eines geheimen Notprogramms zu fertigenden Rechner.

168 AV, Wulff, Brief des Oberfinanzpräsidenten Schleswig-Holsteins an Dennert & Pape.

169 Der Begriff Flugzeugtorpedo ist missverständlich. Flugzeugtorpedos wie der F5b wurden nicht nur von Flugzeugen, sondern u. a. auch von Schnellbooten aus eingesetzt.

170 Der Buchstabe „F" steht offensichtlich für Flugzeug. Das Kalkulationsverzeichnis aus dem Bestand FA 006/0029 des Deutschen Museums belegt für den 16.01.1940 eine Lieferung von 50 „T-Flugzeug-Schusswinkelrechnern mit Kasten" zum Stückpreis von 375 RM an die TVA. Am 23.02.1940 wurden demnach 210 Schusswinkel-Rechner TF Schu-Re 1 zum Stückpreis von 307,40 RM an die TVA geliefert. Ob es sich dabei um ein und denselben Gerätetyp handelt hat, ließ sich nicht feststellen.

Zur Ausstattung des TF Schu Re1 gehörten vier Torpedo-Schusstafeln (siehe Abbildung 3.18) für die vier beim Torpedo F5b einstellbaren Geschwindigkeiten. Die jeweilige Tafel musste in den Rechner eingelegt werden.

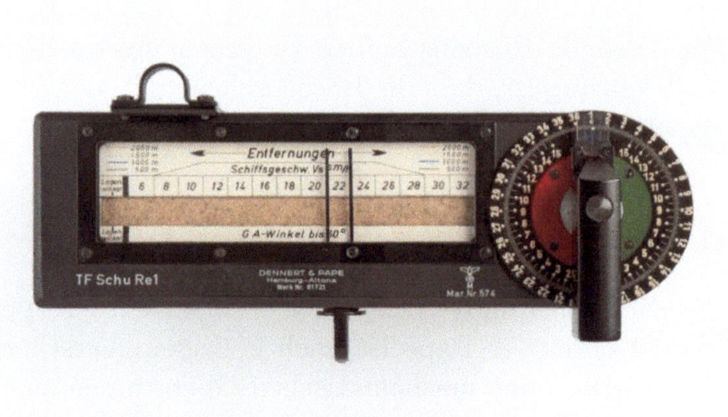

Abbildung 3.17: Der TF Schu Re1 - Draufsicht (Foto: Deutsches Museum)

Der Lagenwinkel wurde mit dem Schalter auf der rechten Seite des TF Schu Re1 eingestellt. Dadurch wurde die dem Lagenwinkel entsprechende Zeile der Torpedo-Schusstafel im Fenster zur Anzeige gebracht. Die Spalte für die jeweilige Gegnergeschwindigkeit konnte mit einem Schieber markiert werden. Daraufhin konnte der Vorhaltwinkel für vier zur Auswahl stehende Entfernungen abgelesen werden, so dass der Anwender in den meisten Fällen noch zu interpolieren hatte.

Vorläufige Torpedo-Schußtafel für F5B: v_t=40 sm/h

LC 7 Nr. 5234/41 III A Sept. 1941 N. f. D.

Entfernungen: 2000 m (rot), 1500 m (grün), 1000 m (blau), 500 m (schwarz)

Lagen-winkel	Schiffsgeschw. Vs sm/h 6	8	10	12	14	16	18	20	22	24	26	28	30	32
2	3,5 3,0 3,5 4,0	4,0 4,5 4,5 5,5	5,0 5,5 5,5 6,5	6,0 6,5 6,5 8,0	7,0 7,5 8,0 10,0	8,0 8,5 9,0 11,5	9,5 9,5 10,0 13,5	10,5 11,0 11,5 15,5	11,5 12,0 12,5 17,5	13,0 13,0 14,0 19,5	14,0 14,5 15,0 22,0	15,0 15,5 16,5 24,5	16,0 16,5 18,0 27,5	17,5 18,0 19,5 31,0
3	4,5 4,5 4,5 5,5	6,0 6,0 6,0 7,5	7,5 7,5 8,0 10,0	9,0 9,5 9,5 12,0	10,5 11,0 11,5 14,5	12,0 12,5 13,0 17,0	14,0 14,0 15,0 19,5	15,5 16,0 17,0 22,5	17,0 17,5 18,5 26,0	18,5 19,5 20,5 30,0	20,5 21,0 22,5 34,0	22,0 23,0 25,0 39,0	24,0 25,0 27,0 44,5	26,0 26,5 29,0 53,5
4	6,0 6,0 6,0 7,5	8,0 8,0 8,0 10,0	9,5 10,0 10,5 12,5	11,5 12,0 12,5 15,5	13,5 14,0 15,0 19,0	16,0 16,0 17,0 22,5	18,0 18,5 19,5 26,0	20,0 20,5 22,0 30,5	22,0 22,5 24,5 35,0	24,5 25,0 27,0 40,0	27,0 27,5 29,5 46,5	29,0 30,0 32,5 53,5	31,5 32,5 35,5	34,0 35,5 38,5
5	7,0 [illegible]	9,0 9,5	11,5 11,5 12,5	14,0 14,0 15,0 [illegible]	16,5 17,0 17,5 22,5	19,0 19,5 20,5 26,5	21,5 22,0 [illegible]	24,0 [illegible]	26,5 [illegible]	29,5 30,0 [illegible]	32,5 33,0 35,5	35,0 36,5 39,0	38,0 39,5 42,5	41,0 43,0 46,5

Abbildung 3.18: Teil einer Torpedo-Schusstafel für den TF Schu Re1 (Foto: Deutsches Museum)

Die Torpedo-Schusstafel enthält Vorhaltwerte für verschiedene Entfernungen, die offensichtlich nicht mit der Vorhaltformel 2.1 berechnet wurden. Es ist unklar, ob die Werte empirisch ermittelt oder theoretisch bestimmt wurden.

3.1.4 Schneidungswinkel

Der Schneidungswinkel α zwischen der Torpedobahn und dem Gegnerkurs ist wie der Vorhaltwinkel β durch die Gegnerfahrt, die Torpedogeschwindigkeit und die Gegnerlage bestimmt. Er ergibt sich als Nebenprodukt der Vorhaltermittlung, denn wegen der Winkelsumme im Dreieck gilt $\alpha = 180° - \beta - \gamma$. Die Greifnasen der Torpedo-Gefechtspistolen funktionierten nur dann zuverlässig, wenn die Torpedos in keinem allzu zu spitzen Winkel (d. h. $\alpha \leq 20°$ oder $\alpha \geq 160°$) auf die Bordwand des Gegners trafen. Um ein Versagen der Greifnasen auszuschließen, durfte in den Fällen $\alpha < 30°$ und $\alpha > 150°$ nicht mehr geschossen werden. Beim TVh-Re/S3 verhinderte eine entsprechende Mechanik die Eingabe von Werten, die zu unzulässigen Schneidungswinkeln geführt hätten.

Die Bedeutung des Schneidungswinkels als Steuerparameter für den LUT wurde bereits in Abschnitt 2.3 erläutert. Die Rolle des Schneidungswinkels bei der Vorbereitung von Torpedo-Ausweichmanövern wird in Abschnitt 3.3.2 behandelt.

3.1.5 Reichentfernung und Reichweite

Die Begriffe Reichentfernung und Reichweite dienten der Klärung der Frage, ob der Gegner unter Berücksichtigung eventueller Ausweichmanöver mit einem Torpedo überhaupt erreicht werden konnte[171]. Die Reichweite s_{tmax} bezeichnete die jeweilig eingestellte Laufstrecke des Torpedos und damit den größtmöglichen Torpedoweg. Die Reichentfernung e_{max} wurde auf der Visierlinie gemessen und bezeichnete die zur Reichweite s_{tmax} gehörende größte Zielentfernung.

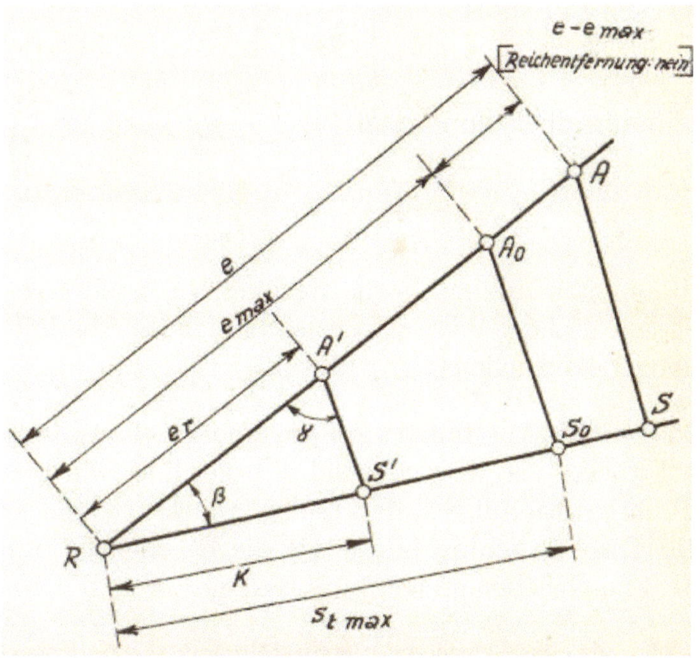

Abbildung 3.19: Ermittlung der Reichentfernung

[171] Siehe: M. Dv. Nr. 304, Torpedo-Schießvorschrift, Heft 1, Schießlehre, 1938, Seite 10-14.

Bei einem Angriff galt es zu ermitteln, ob ein Torpedoschuss hinsichtlich der eingestellten Reichweite bereits möglich war bzw. wie weit sich das U-Boot dem Gegner bis zum möglichen Einsatz der Torpedos noch zu nähern hatte. Daher war weniger die Streckenlänge $e_{\max}$ als vielmehr der Streckenunterschied zwischen der Reichentfernung $e_{\max}$ und der Zielentfernung e von Interesse. In der bei einem Angriff einzuhaltenden Feuerleitsprache war für den Fall $e \leq e_{\max}$ bzw. $e > e_{\max}$ die Meldung „Reichentfernung: ja" bzw. „Reichentfernung: nein" mit Angabe der jeweiligen Entfernung vorgesehen. Im Fall „Reichentfernung: nein" musste das Boot noch um die Strecke $e - e_{\max}$ an den Gegner herangebracht werden.

Die Reichentfernung konnte näherungsweise mit der Formel

$$e_{max} = \frac{\sin(\alpha)}{\sin(\gamma)} \cdot s_{tmax} \tag{3.4}$$

oder unter Berücksichtigung der Winkelschussparallaxe mit der Formel

$$e_{max} = \frac{\sin(\omega + \Delta\omega + \delta) \cdot \sin(\alpha)}{\sin(\omega + \Delta\omega) \cdot \sin(\gamma + \delta)} \cdot s_{tmax} \tag{3.5}$$

berechnet werden[172].

Der TVh-Re/S3 ermittelte die Reichentfernung näherungsweise auf Grundlage der in Abbildung 3.19 dargestellten Geometrie[173]. Im Getriebe des Vorhaltrechners wurde die Länge der Strecke $\overline{RS}$ aus konstruktiven Gründen durch eine feste Größe k repräsentiert (siehe Abschnitt 4.1.5). Nach dem Strahlensatz besteht zwischen der Reichweite $s_{tmax} = \overline{RS_0}$, der Reichentfernung $e_{max} = \overline{RA_0}$ und der Seite $\overline{RA'} = e_r$ die Beziehung

$$\frac{e_{max}}{s_{tmax}} = \frac{e_r}{k}.$$

Daraus folgt unmittelbar die Formel

$$e_{max} = \frac{e_r}{k} \cdot s_{tmax}. \tag{3.6}$$

Die Reichweite s_{tmax} wurde am Vorhaltrechner eingestellt. Der Wert der Konstanten k war bekannt und der Wert e_r wurde von dem in Abschnitt 4.1.5 analysierten Dreiecksrechengetriebe geliefert.

Zum Abschluss dieses Abschnittes sei angemerkt, dass die Reichentfernung der gegnerischen Torpedos als „Torpedogefahr" bezeichnet wurde und bei der Planung von Ausweichmanövern auf Schiffen (siehe Abschnitt 3.3.2) eine wichtige Rolle spielte[174]. Die Torpedogefahr konnte wie die Reichentfernung auch mit dem in Abschnitt 3.1.3 beschriebenen Treffpunktrechner ermittelt werden.

---

172 Formel 3.5 folgt aus dem Gefechtsbild in Abbildung 3.28 durch zweimalige Anwendung des Sinussatzes.

173 Siehe: BA-MA, RMD 6/569, Seite 30-31.

174 Siehe M. Dv. Nr. 304, Torpedo-Schießvorschrift, Heft 2, Schießverfahren, 1938, Seite 36.

3.2 Hilfsmittel zur Lösung spezieller Probleme beim Torpedoschuss

Neben den mechano-optischen Hilfsmitteln zur Berechnung des Torpedoschussdreiecks gab es Rechenschieber und -scheiben zur Lösung von speziellen Aufgaben beim Torpedoschuss. Im vorliegenden Abschnitt werden Rechenscheiben zur Berechnung des Streuwinkels beim Fächerschuss und zur Ermittlung der Parallaxkorrektur behandelt. Es bietet sich daher an, bereits hier auf die theoretischen Grundlagen der Streuwinkel- und Parallaxberechnung beim TVh-Re/S3 einzugehen.

Den Abschluss dieses Abschnittes bildet eine Untersuchung des sogenannten Vg-Rechenschiebers für den T-Vorhaltrechner. Dieser rätselhafte Rechenschieber stellt eine interessante Verbindung zwischen den mechano-optischen Analogrechnern und den elektromechanischen Rechnern von Siemens her.

3.2.1 Die Berechnung des Streuwinkels

Die Streuwinkelscheibe

Die Streuwinkelscheibe von Dennert & Pape diente zur Ermittlung des Streuwinkels ψ (siehe Abbildung 3.21) beim Fächerschuss. Leider ließen sich weder ein Exemplar noch ein Foto der auch als Streuwinkelschieber bezeichneten Rechenscheibe finden. Abbildung 3.20 zeigt den zentralen Ausschnitt aus einer Konstruktionszeichnung der Streuwinkelscheibe[175]. Der Streuwinkel wurde demnach aus der Zielentfernung, dem Vorhaltwinkel, dem Lagenwinkel und der gewünschten Streubreite berechnet. Der mathematische Zusammenhang konnte nicht ermittelt werden.

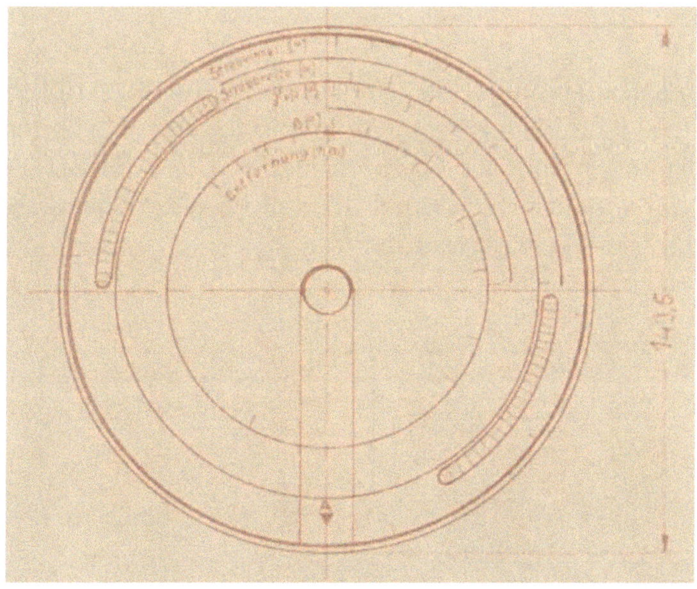

Abbildung 3.20: Ausschnitt aus der Konstruktionszeichnung der Streuwinkelscheibe von Dennert & Pape (Foto: Deutsches Museum)

[175] DM FA D&P, FA 006/0173, Konstruktionszeichnungen.

Es ist belegt, dass am 05. Juni 1942 eine Lieferung von 200 Streuwinkelscheiben zum Stückpreis von 15,04 RM an die TVA erfolgte[176]. Hinweise auf eine Verwendung von Streuwinkelscheiben auf U-Booten ließen sich hingegen nicht finden.

Zu ergänzen ist, dass ausländische Marinen ebenfalls über mechano-optische Analogrechner zur Ermittlung des Streuwinkels verfügten. Bei Richard Compton-Hall findet sich die Abbildung eines sogenannten „Greek slide-rule"[177]. Dabei handelt es sich um einen Streuwinkel-Rechenschieber, der im Zweiten Weltkrieg u. a. von der Royal Navy verwendet wurde. Der Name Greek slide-rule ist darauf zurückzuführen, dass ein Offizier der Königlich Griechischen Marine wesentlich zur Verbesserung des Rechenschiebers beigetragen hat[178].

Die Berechnung des Streuwinkels beim TVh-Re/S3

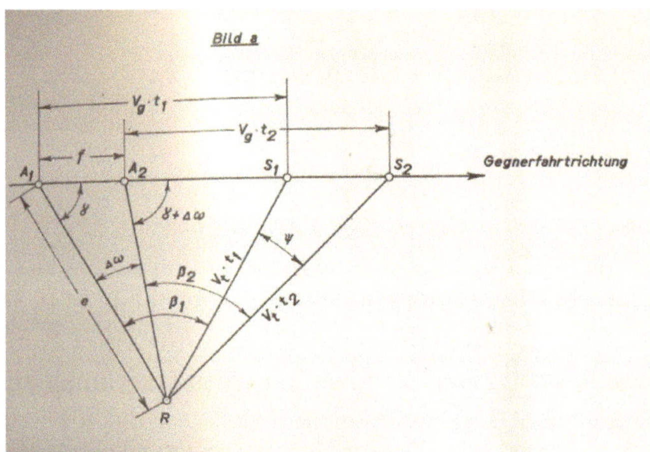

Abbildung 3.21: Die Herleitung der Streuwinkelformel - Bild a

Der TVh-Re/S3 berechnete den Streuwinkel ψ (siehe Abbildung 3.21) aus dem Lagenwinkel γ, der Gegnergeschwindigkeit v_g, der Torpedogeschwindigkeit v_t, der Zielentfernung e und der Gegnerlänge f. Die vom Streuwinkelgetriebe des TVh-Re/S3 implementierte Formel 3.7 soll im Vorgriff auf Kapitel 6 bereits in diesem Abschnitt hergeleitet werden[179]:

$$\psi = \frac{f}{e} \cdot \sin(\gamma) \cdot \left(1 + \sqrt{\frac{1 - \sin^2(\gamma)}{\frac{1}{(\frac{v_g}{v_t})^2} - \sin^2(\gamma)}} \right). \tag{3.7}$$

176 DM FA D&P, FA 006/0029, Kalkulationsverzeichnis.

177 Compton-Hall, The Underwater War 1939-1945, Seite 58.

178 Siehe ebd., Seite 158.

179 Für die Herleitung der Formel siehe: BA-MA, RMD 6/569, Seite 31-34.

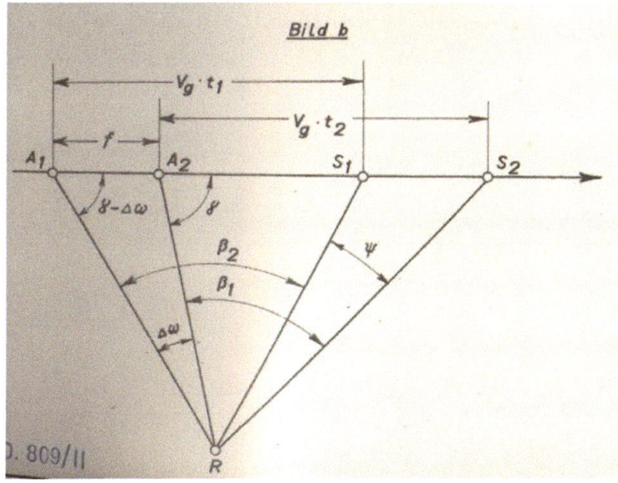

Abbildung 3.22: Die Herleitung der Streuwinkelformel - Bild b

In Abbildung 3.21 und 3.22 bezeichne R wie üblich den Abschusspunkt. A_1 und A_2 seien zwei um die Gegnerlänge f voneinander entfernt liegende Zielpunkte und $\Delta\omega$ der Winkel zwischen den beiden Peilstrahlen von R zu A_1 bzw. A_2. Ferner bezeichne β_1 bzw. β_2 den zum Punkt A_1 bzw. A_2 gehörenden Vorhaltwinkel. Nach Abbildung 3.21 ist $\Delta\omega + \beta_2 = \beta_1 + \psi$. Daraus folgt mit $\Delta\beta := \beta_2 - \beta_1$

$$\psi = \Delta\omega + \Delta\beta. \tag{3.8}$$

In Abbildung 3.21 ist $\gamma := \measuredangle S_1 A_1 R$ der Lagenwinkel im Moment des Abschusses und $e := \overline{RA_1}$ die zugehörige Zielentfernung. Nach dem Sinussatz gilt

$$\sin(\Delta\omega) = \frac{f}{e} \cdot \sin(\gamma + \Delta\omega).$$

Mit $\gamma' := \measuredangle S_2 A_2 R$ und $e' = \overline{RA_2}$ folgt aus Abbildung 3.22 analog

$$\sin(\Delta\omega) = \frac{f}{e'} \cdot \sin(\gamma' - \Delta\omega).$$

Da die Gegnerlänge im Vergleich zur Gegnerentfernung klein ist, darf $e' = e$ und $\gamma' = \gamma$ angenommen werden. Darüber hinaus werden die Argumente $\gamma + \Delta\omega$ und $\gamma' - \Delta\omega$ durch den näherungsweisen Mittelwert γ ersetzt. Dann gilt mit einer für praktische Zwecke ausreichenden Genauigkeit

$$\sin(\Delta\omega) = \frac{f}{e} \cdot \sin(\gamma).$$

Für kleine Werte von $\Delta\omega$ gilt bekanntlich $\sin(\Delta\omega) \approx \Delta\omega$ und es folgt

$$\Delta\omega = \frac{f}{e} \cdot \sin(\gamma). \tag{3.9}$$

In Abbildung 3.23 ist die Funktion $\beta = \arcsin\left(\frac{v_g}{v_t} \cdot \sin(\gamma)\right)$ für verschiedene Werte des Verhältnisses v_g/v_t dargestellt. Offenbar gilt

$$\beta_2 - \beta_1 = \Delta\beta = \frac{d\beta}{d\gamma} \cdot \Delta\omega$$

und somit

$$\psi = \Delta\omega + \Delta\omega \cdot \frac{d\beta}{d\gamma} = \Delta\omega \cdot (1 + \frac{d\beta}{d\gamma}). \tag{3.10}$$

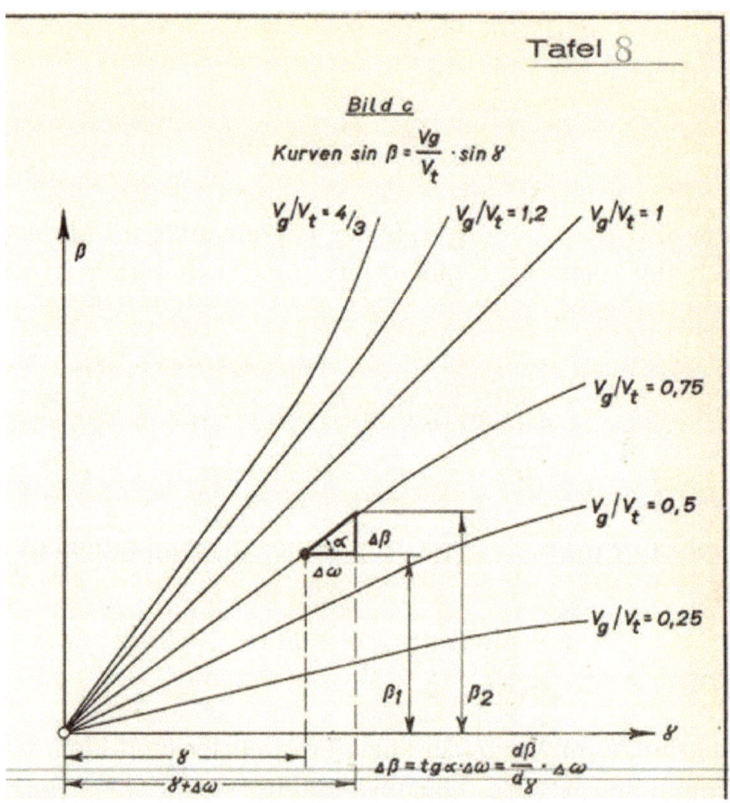

Abbildung 3.23: Die Ermittlung des Streuwinkels - Bild c

Die Differentiation der Vorhaltformel 2.1 liefert

$$\cos(\beta) \cdot d\beta = \frac{v_g}{v_t} \cdot \cos(\gamma) \cdot d\gamma.$$

Daher gilt für den Differentialquotienten in Gleichung 3.10

$$\frac{d\beta}{d\gamma} = \frac{v_g}{v_t} \cdot \frac{\cos(\gamma)}{\cos(\beta)} = \frac{v_g}{v_t} \cdot \frac{\cos(\gamma)}{\sqrt{1-\sin^2(\beta)}}.$$

Daraus folgt mit der Vorhaltformel 2.1

$$\frac{d\beta}{d\gamma} = \frac{v_g}{v_t} \cdot \frac{\cos(\gamma)}{\sqrt{1-(\frac{v_g}{v_t})^2 \cdot \sin^2(\gamma)}}.$$

Wird in die Gleichung 3.10 für den Differentialquotienten der obige Ausdruck eingesetzt, so ergibt sich mit Gleichung 3.9 die Beziehung

$$\psi = \frac{f}{e} \cdot \sin(\gamma) \cdot \left(1 + \frac{v_g}{v_t} \cdot \frac{\cos(\gamma)}{\sqrt{1-(\frac{v_g}{v_t})^2 \cdot \sin^2(\gamma)}}\right).$$

Daraus folgt unmittelbar die Streuwinkelformel 3.7.

3.2.2 Die Parallaxkorrektur

Bei der Herleitung der Formel 2.1 zur Berechnung des Torpedovorhaltwinkels wurde die vereinfachende Annahme getroffen, dass der Ort der Zieloptik und der Torpedo-Abschussort in einem Punkt zusammenfallen. Diese Annahme traf bspw. auf Torpedoflugzeuge zu, bei denen der Pilot direkt über dem Torpedo saß. Auf den meisten Torpedoträgern waren die Zieloptik und der Abschussort jedoch durch den sogenannten Parallaxabstand $d > 0$ voneinander getrennt. Dieser Abstand musste beim Torpedoschuss korrigierend berücksichtigt werden, da ein für den Ort der Zieloptik ermittelter und auf den Abschussort übertragener Ziel- bzw. Schusswinkel zu einem Fehlschuss geführt hätte.

Darüber hinaus musste die durch den Befehlsverzug bedingte und als Fahrtversatz bezeichnete seitliche Versetzung $v_e \cdot t_a$ des Torpedo-Abschussortes einkalkuliert werden, die dadurch zustande kam, dass der Torpedo während der Zeitspanne t_a vom Auslösen des Abfeuerkontaktes bis zum Verlassen des Rohres vom Torpedoträger mit dessen Eigengeschwindigkeit v_e mitgenommen wurde.

Die Parallaxe und der Befehlsverzug wurden beim Geradeausschuss entweder als Winkelverbesserung δ des Schusswinkels ρ oder als Abkommpunktverlegung p (d. h. als Strecke) am Ziel berücksichtigt und wie folgt berechnet[180]:

[180] Die Herleitung der Formeln 3.11 und 3.12 auf der folgenden Seite sowie weitere Einzelheiten zur Parallaxkorrektur finden sich in der M. Dv. Nr. 304, Torpedo-Schießvorschrift, Heft 1, Schießlehre, 1938, Seite 16-18.

$$\sin(\delta) = \frac{d \pm v_e \cdot t_a}{e} \cdot \sin(\omega) \tag{3.11}$$

bzw.

$$p = \frac{d \pm v_e \cdot t_a}{\sin(\gamma)} \cdot \sin(\omega)\,. \tag{3.12}$$

Darin bezeichnet ω wie üblich die Gegnerpeilung, γ den Lagenwinkel und e die Gegnerentfernung. Lag die Zieloptik wie in Abbildung 3.24 hinter den Torpedorohren, war das positive Vorzeichen zu wählen, da sich in dem Fall der Parallaxabstand d um den Fahrtversatz $v_e \cdot t_a$ vergrößerte.

Bei beiden Formeln handelt es sich nicht um exakte Lösungen, da, wie nachfolgend gezeigt wird, einige Näherungsannahmen bezüglich der Winkel und der Gegnerentfernung getroffen wurden.

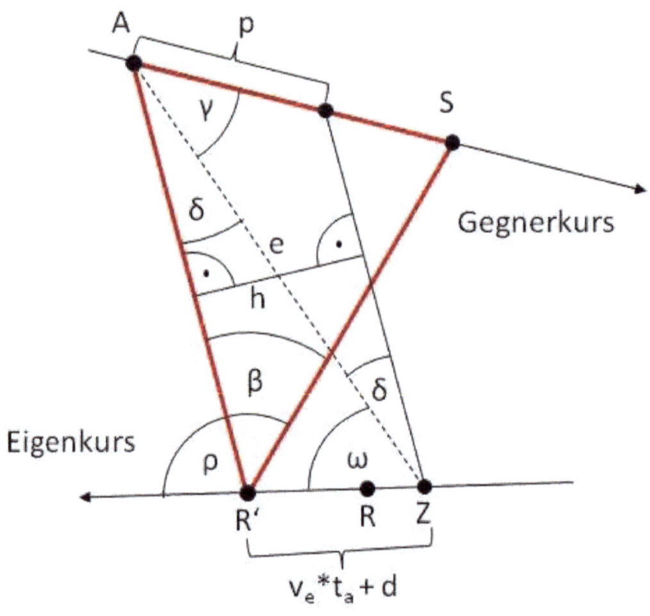

Abbildung 3.24: Zur Herleitung der Formeln 3.11 und 3.12

Wenn die Zieloptik Z in einem Abstand $d > 0$ hinter dem Abschussort R eines sich in der Zeit t_a mit der Geschwindigkeit v_e bewegenden Torpedoträgers lag, musste für die Berechnung des Vorhaltwinkels β und damit des Schusswinkels ρ das Torpedoschussdreieck $\Delta R'AS$ herangezogen werden (siehe Abbildung 3.24). Das Problem bestand darin, zu ermitteln, um welchen Parallaxwinkel δ oder um welche Strecke p ein in Z befindlicher Beobachter seine Gegnerpeilung ω korrigieren musste, damit die auf den Punkt R' übertragene Gegnerpeilung $\omega + \delta$ zu einem Torpedotreffer führte.

Die Formel 3.11 folgt aus Abbildung 3.24 mit dem Sinussatz, wenn näherungsweise angenommen wird, dass die Länge der Strecke $R'A$ gleich der Entfernung e ist.

Nach Abbildung 3.24 ist

$$h = \sin(\omega + \delta) \cdot (d + v_e \cdot t_a) = \sin(\gamma + \delta) \cdot p. \tag{3.13}$$

Der Parallaxwinkel δ war insbesondere bei großen Entfernungen sehr klein und dem Beobachter in Z noch dazu unbekannt. Daher wurde er bei der Berechnung der Abkommpunktverlegung p weggelassen und anstelle von Gleichung 3.13 näherungsweise die Formel 3.12 verwendet.

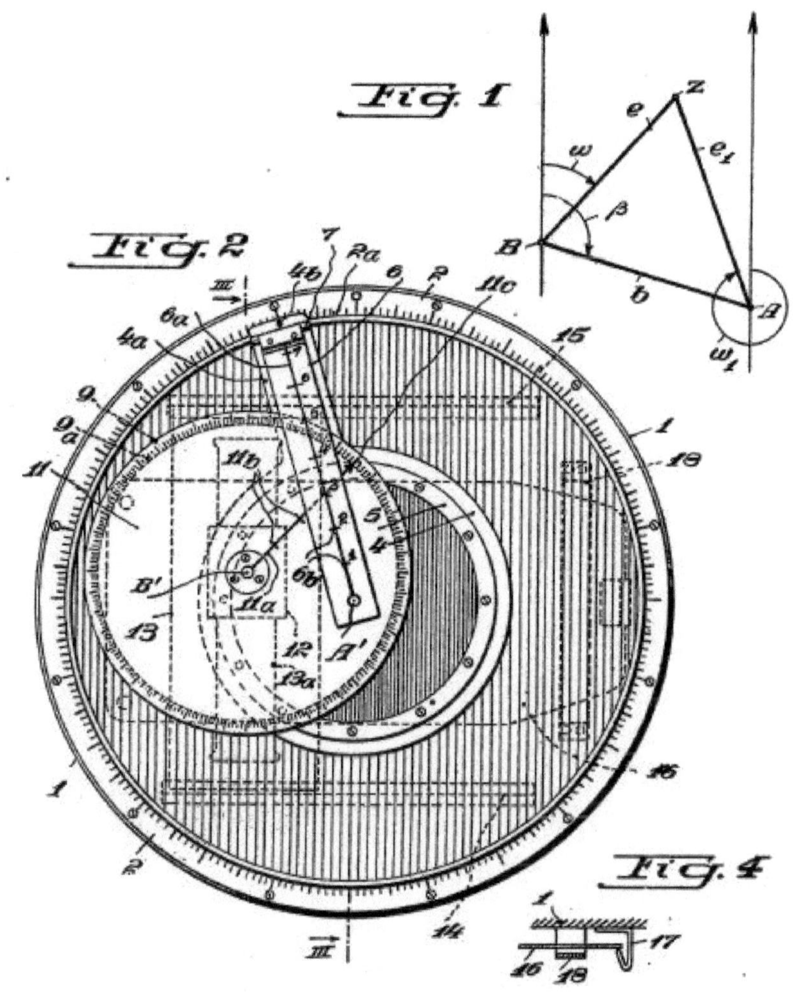

Abbildung 3.25: Parallaxrechner von Siemens

Für die Ermittlung der Parallaxkorrektur wurden neben Tabellen mechano-optische Analogrechner wie der in der Reichspatentschrift Nr. 712085 beschriebene Parallaxrechner der SAM (siehe Abbildung 3.25) verwendet, dessen Funktionsprinzip auf der geometrischen Nachbildung des Parallaxdreiecks beruhte.

Mit dem Parallaxrechner der SAM konnten die für den Standort B der Zieloptik bekannten Größen ω und e in die entsprechenden Werte ω_1 und e_1 für den Abschussort A ungerechnet werden (siehe Abbildung 3.25, Fig. 1).

Das Parallaxdreieck aus Fig. 1 in Abbildung 3.25 wurde mithilfe des Drehlineals (6) und des als Kreisscheibe mit Gradteilung ausgeprägten Drehlineals (11) nachgebildet (siehe Abbildung 3.26).

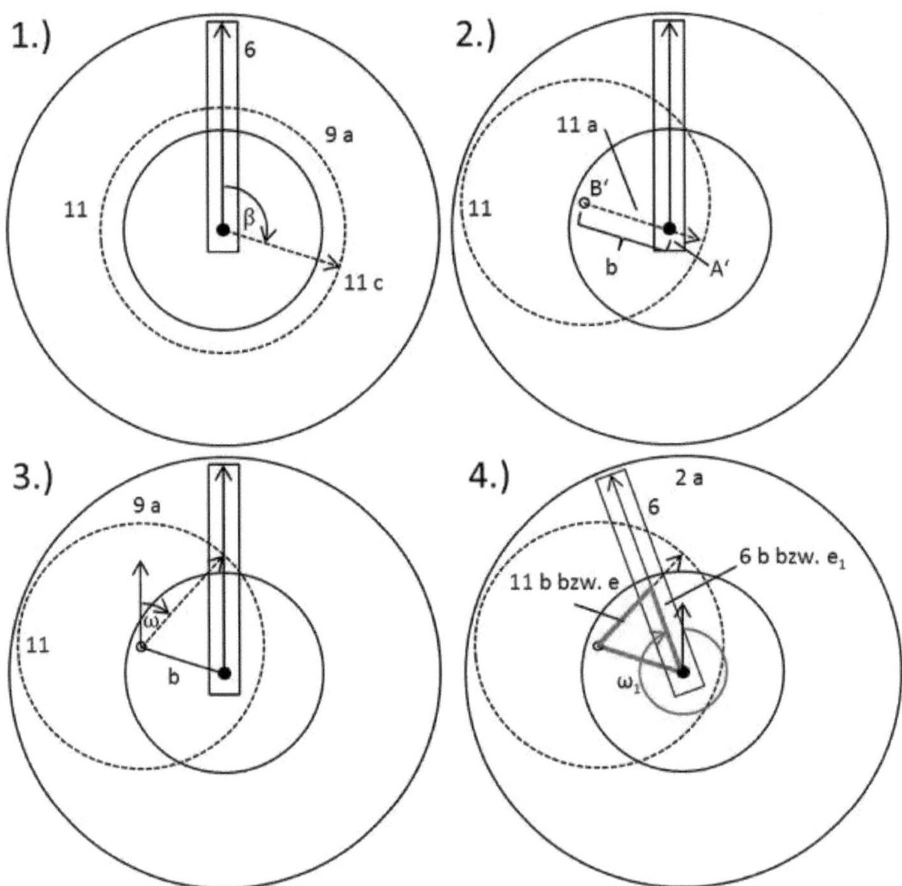

Abbildung 3.26: Die Bedienung des Parallaxrechners der SAM

1. Zu Beginn der Rechnung befand sich das Drehlineal (11) in der Mitte des Rechners. Es wurde zunächst so gedreht, dass die Marke (11c) auf der Gradteilung (9a) den Winkel β anzeigte.

2. Die Besonderheit des Parallaxrechners der SAM bestand darin, dass das Drehlineal (11) mittels eines hier nicht dargestellten Kreuzschlittens derart parallel verschoben werden konnte, dass die punktierte Gerade (11a) durch den Punkt A' ging und der Punkt B' vom Punkt A' die Entfernung b besaß. Damit war der Parallaxabstand b eingestellt.

3. Danach wurde mit dem Drehlineal (11) an der Gradteilung (9a) der Winkel ω eingestellt.

4. Abschließend wurde das Lineal (6) so gedreht, dass es die Teilung (11b) in der Entfernung e vom entsprechenden Teilpunkt schnitt. Daraufhin konnten die gesuchten Werte e_1 und ω_1 an der Entfernungsteilung (6b) bzw. an der Gradteilung (2a) abgelesen werden[181].

[181] Siehe: HOPPE, Reichspatentamt Patentschrift Nr. 712085, Parallaxrechner, Seite 2-3.

Mit dem Parallax-Schieber für Überwasserschuß von Dennert & Pape (siehe Abbildung 3.27) konnte die Parallaxverbesserung als Abkommpunktverlegung am Ziel unter Berücksichtigung der Rohr- bzw. Schussrichtung aus dem Parallaxabstand $d := \overline{R_0 R}$, der Eigenfahrt v_e, dem Zielwinkel ω und dem Lagenwinkel γ durch Schnittpunktbildung ermittelt werden.

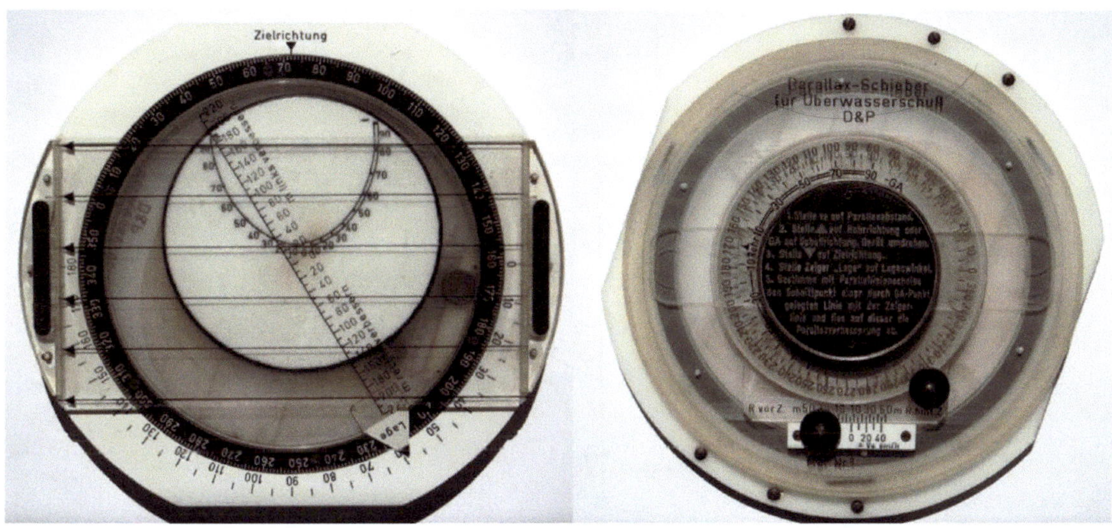

Abbildung 3.27: Der Parallax-Schieber für Überwasserschuss von Dennert & Pape

Der genaue Verwendungsort des Parallax-Schiebers ließ sich nicht ermitteln. Es ist unwahrscheinlich, dass das Instrument auf U-Booten eingesetzt worden ist. Horst Bredow vom Deutschen U-Boot-Museum teilte dem Verfasser in dem erwähnten Gespräch im Jahre 2009 mit, dass ihm der Parallax-Schieber weder in der Ausbildung noch während seiner Zeit als aktiver U-Bootfahrer begegnet ist[182].

Vermutlich bezieht sich der Begriff „Überwasserschuss" nicht auf den Torpedoschuss eines aufgetaucht angreifenden U-Bootes, sondern auf den ballistisch anspruchsvolleren Torpedoschuss eines Überwassertorpedoträgers. Die Parallaxkorrektur beim Überwasser-Winkelschuss war praktisch wie theoretisch ein schwieriges Problem, da mehrere Teilstrecken der Torpedobahn wie der Weg des Torpedos durch die Luft bis zum Eintritt ins Wasser oder der Einsteuerbogen bis zum Erreichen der endgültigen Torpedolaufbahn berücksichtigt werden mussten. Wegen dieser „ballistischen Erschwerung" wurde der Überwasser-Winkelschuss nur empfohlen, wenn der Geradeausschuss nicht mehr anwendbar war oder taktische Nachteile mit sich brachte[183].

Zum Abschluss der Ausführungen über die Parallaxkorrektur sollen die theoretischen Grundlagen der Ermittlung des Parallaxwinkels beim TVh-Re/S3 dargestellt werden, da sie für das Verständnis der in Abschnitt 4.3.2 untersuchten Rechengetriebe unverzichtbar sind.

---

[182] AV, Bredow, Persönliches Gespräch, 17.09.2009.

[183] Siehe M. Dv. Nr. 304: Torpedo-Schießvorschrift, Heft 1, Schießlehre, 1938, Seite 33. Dort wird eine aus den insgesamt vier Teilstrecken hergeleitete Formel zur Parallaxkorrektur zwar erwähnt, aber nicht wiedergegeben.

Beim TVh-Re/S3 wurden bei der Berechnung des Parallaxwinkels δ durch die Einführung des „ideellen" Abschusspunktes R_i (siehe Abbildung 3.28) neben dem Parallaxabstand $d := \overline{R_0R}$ der Vorlauf l und die Einsteuerbogenversetzung des Torpedos korrigierend berücksichtigt. Der - im Vergleich zu Überwassereinheiten - geringe Eigenfahrtversatz wurde indes vernachlässigt.

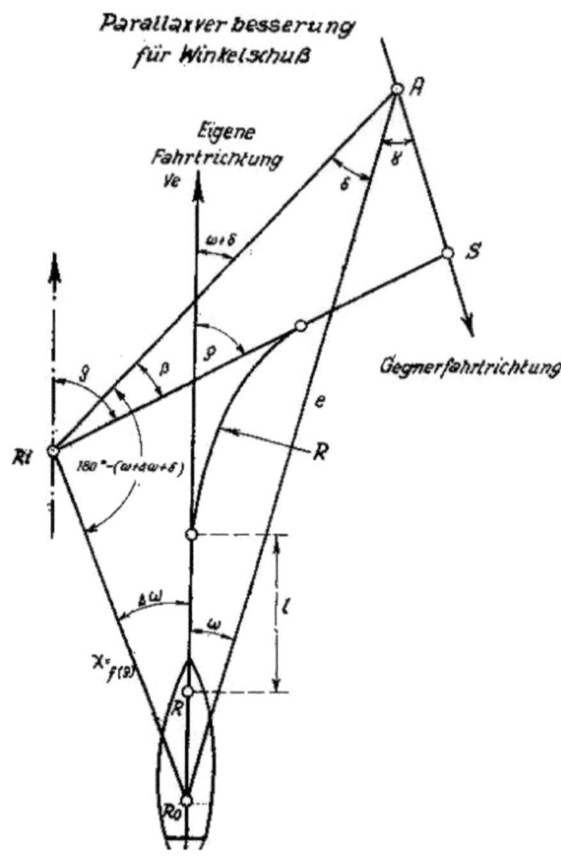

Abbildung 3.28: Die Parallaxverbesserung für den Winkelschuss

In Abbildung 3.28 bezeichnet R_0 den aktuellen Beobachtungsort, A den augenblicklichen Zielort, S den Treffpunkt und R den Abschusspunkt. Nach dem Abschuss legte der Torpedo zunächst eine gewisse Strecke l zurück, bevor er auf einem Kreisbogen vom Radius R auf die endgültige Torpedobahn einschwenkte, die mit der Eigenfahrtrichtung v_e den Schusswinkel ρ bildete[184]. Der ideelle Abschusspunkt R_i wurde durch die rückwärtige Verlängerung der endgültigen Torpedolaufbahn um eine Strecke der Länge l + Länge des Einsteuerkreisbogens gebildet. Wie anschließend noch gezeigt wird, hängt die Länge der mit x bezeichneten Strecke $\overline{R_iR_0}$ funktional vom Schusswinkel ρ und dem Parallaxabstand d ab. Mit dem Sinussatz folgt aus dem Dreieck ΔR_iR_0A:

$$\sin(\delta) = \frac{x}{e} \cdot \sin(\omega + \delta + \Delta\omega). \qquad (3.14)$$

Darin steht $\Delta\omega$ für den Winkel $\measuredangle v_eR_0R_i$.

[184] Die Länge l des geraden Vorlaufs und der Radius R des Einsteuerkreisbogens waren durch Versuche ermittelt worden und betrugen 9,5 m bzw. 95 m.

Die Formeln zur Berechnung von x und $\Delta\omega$ werden anhand von Abbildung 3.29 hergeleitet. Die Abbildung zeigt das Gefechtsbild des T-Vorhaltrechners RGM 3e (siehe Abschnitt 6.4), dem dieselbe Geometrie wie dem TVh-Re/S3 zugrunde lag.

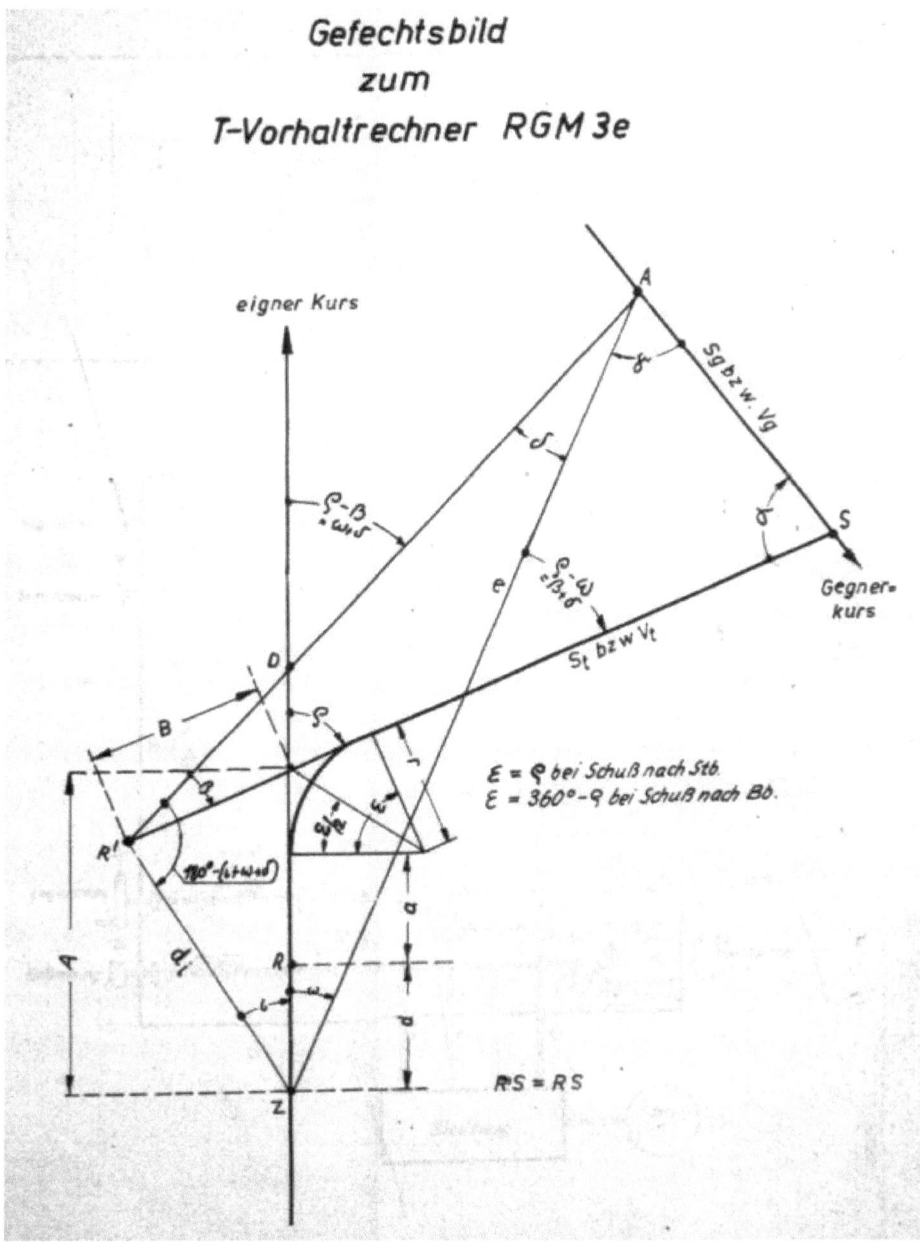

Abbildung 3.29: Das Gefechtsbild zum T-Vorhaltrechner RGM 3e (Kopie aus dem BA-MA)

In Abbildung 3.29 bezeichnet ε den Winkel des Einsteuerkreisbogens:

$$\varepsilon := \begin{cases} \rho & \text{(Schuss nach Steuerbord)} \\ 360°\text{-}\rho & \text{(Schuss nach Backbord)} \end{cases} . \tag{3.15}$$

Mit

$$A := d + a + r \cdot \tan\left(\frac{\varepsilon}{2}\right) \tag{3.16}$$

und

$$B := a + r \cdot \left(\varepsilon \cdot \frac{\pi}{180} - \tan\left(\frac{\varepsilon}{2}\right)\right) \tag{3.17}$$

folgt mit dem Kosinussatz für die Länge d_i der Strecke $\overline{R'Z}$ in Abbildung 3.28 bzw. die Größe $x := f(\rho)$ in Formel 3.14:

$$d_i := \sqrt{A^2 + B^2 - 2 \cdot A \cdot B \cdot \cos(\rho)}. \tag{3.18}$$

Für den Winkel ι gilt nach Abbildung 3.29

$$\iota = \arctan\left(\frac{B \cdot \sin(\rho)}{A - B \cdot \cos(\rho)}\right). \tag{3.19}$$

Der Winkel ι in Abbildung 3.29 ist aber kein anderer als der Winkel $\Delta\omega$ in Abbildung 3.28 und in Formel 3.14.

Um den Parallaxwinkel nach Gleichung 3.14 mit einem elektromechanischen Analogrechner zu ermitteln, musste die Gleichung nicht notwendigerweise nach δ aufgelöst werden. Eine verbreitete Vorgehensweise bestand darin, jeweils beide Seiten einer Gleichung mechanisch nachzubilden und die zu ermittelnde Größe, in diesem Fall also den Parallaxwinkel δ, elektrisch oder manuell solange zu variieren, bis die beiden Seiten übereinstimmten.

Im Unterschied zum TVh-Re/S3 wurde beim Torpedovorhaltrechner RGM 3e der Parallaxwinkel δ mittels der folgenden Formel berechnet, die sich ebenfalls leicht aus Abbildung 3.28 herleiten lässt[185]:

$$\delta = \arctan\left(\frac{\sin(\omega + \Delta\omega)}{\frac{e}{x} - \cos(\omega + \Delta\omega)}\right). \tag{3.20}$$

Da die Geometrie des Torpedoschusses durch die Bahn des Torpedos fest vorgegeben war, überrascht es kaum, dass auch andere Nationen wie Japan oder die USA das Konzept des ideellen Abschusspunktes zur Berechnung des Schusswinkels beim Winkelschuss verwendet haben[186].

185 Die Herleitungen auf dieser Seite finden sich in: BA-MA, RMD 6/574, Seite 7.

186 Siehe: Reports of the U.S. Naval Technical Mission to Japan, 1945-1946, Japanese Torpedo Fire Control, Seite 7-17 sowie das US-Patent 2403542 für einen Torpedo Data Computer von WILLIAM H. NEWELL.

3.2.3 Der Vg-Rechenschieber für den T-Vorhaltrechner

Der von Dennert & Pape hergestellte Vg-Rechenschieber für den T-Vorhaltrechner (siehe Abbildung 3.30) gibt einige Rätsel auf. In einem Kalkulationsverzeichnis der Firma[187] ist für den 22. April 1940 eine Lieferung von 100 Vg-Rechenschiebern an die TVA verzeichnet. Nähere Informationen über den Verwendungszweck des Rechenschiebers ließen sich jedoch ebenso wenig wie ein Hinweis darauf finden, für welchen Torpedovorhaltrechner der Rechenschieber konstruiert wurde.

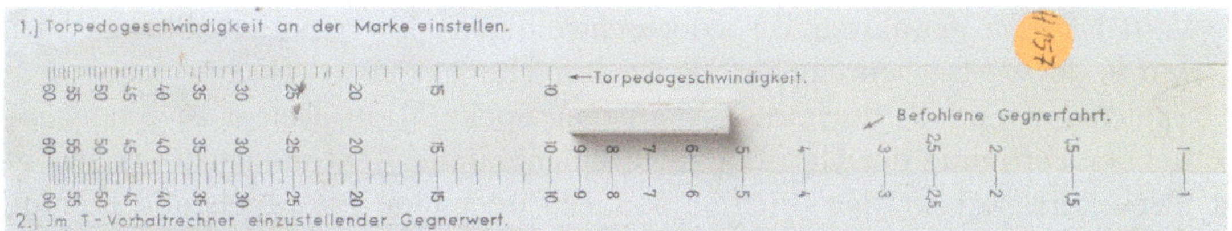

Abbildung 3.30: Der Vg-Rechenschieber für den T-Vorhaltrechner (Foto: Deutsches Museum)

Der Vg-Rechenschieber hat jeweils eine logarithmische Skala für

die Torpedogeschwindigkeit,

die befohlene (d. h. die tatsächliche) Gegnerfahrt und

die im Torpedovorhaltrechner einzustellende Gegnerfahrt.

Des Weiteren ist auf dem Exemplar aus dem Deutschen Museum über dem Teilstrich für die Torpedogeschwindigkeit von 37 Knoten vage ein senkrechter Strich zu erkennen, bei dem es sich um die auf dem Rechenschieber in der ersten Einstellanweisung erwähnte Marke für die Torpedogeschwindigkeit handeln könnte.

Bei dem Vg-Rechenschieber wäre demnach die Formel

$$\frac{\text{Torpedogeschwindigkeit}}{37} = \frac{\text{Befohlene Gegnerfahrt}}{\text{Einzustellende Gegnerfahrt}} \tag{3.21}$$

zur Berechnung der einzustellenden Gegnerfahrt aus den bekannten Werten für die Torpedogeschwindigkeit und die befohlene Gegnerfahrt implementiert worden.

Es stellt sich die Frage, wann und warum statt der tatsächlichen Gegnerfahrt die mit dem Vg-Rechenschieber ermittelte Gegnerfahrt in einen Torpedovorhaltrechner eingegeben werden musste. Eine mögliche Antwort liegt im Aufbau der Getriebe begründet, die in den Vorhaltrechnern der SAM zur mechanischen Nachbildung des Torpedoschussdreiecks verwendet wurden und bei denen die Dreiecksseite,

---

187 DM FA D&P, FA 006/0037, Kalkulationsverzeichnis.

die die Torpedogeschwindigkeit repräsentierte, aus konstruktiven Gründen eine feste Länge besaß (siehe Abschnitt 4.1.5). Möglicherweise entsprach diese Länge bei einigen Rechnertypen einer Torpedogeschwindigkeit von 37 Knoten - und damit vielleicht nicht ganz unzufällig dem arithmetischen Mittel der Mindest- und Höchstgeschwindigkeit des Torpedos G 7a von 30 bzw. 44 Knoten. Dann hätte bei einem Schuss mit einer Torpedogeschwindigkeit $v_t \neq 37\,{}^{\mathrm{sm}}/_{\mathrm{h}}$ anstelle der befohlenen Gegnerfahrt v_g das Verhältnis $v_g/v_t/37\,{}^{\mathrm{sm}}/_{\mathrm{h}}$ in den Vorhaltrechner eingegeben werden müssen – also die einzustellende Gegnerfahrt, die mit dem Rechenschieber ermittelt werden konnte. Die in dieser Arbeit behandelten Torpedovorhaltrechner der SAM verfügten für die Eingabe der Gegnerfahrt im Verhältnis der gewählten Torpedogeschwindigkeit über spezielle Skalen. Vielleicht wurde der Vg-Rechenschieber als Ersatzrechner oder für Rechner ohne derartige Skalen verwendet - doch das ist nur eine Spekulation. Belegt ist hingegen, dass bei der Fertigung der Getriebe nicht eingehaltene Abstände später nicht mechanisch korrigiert werden durften, sondern über eine entsprechende Eichung der Gegnerfahrt-Trommel am Vorhaltrechner auszugleichen waren[188].

3.3 Hilfsmittel zur Lösung taktischer Aufgaben

In diesem Abschnitt werden mit den sogenannten Angriffsscheiben zunächst analoge Rechenhilfsmittel zur Vorbereitung von Torpedoangriffen analysiert. Bei der im Anschluss untersuchten Torpedo-Ausweichscheibe von Dennert & Pape handelt es sich um ein Instrument zur Berechnung von Ausweichmanövern.

Abbildung 3.31: Eine aus Papier gefertigte Angriffsscheibe aus dem Besitz des Deutschen U-Boot-Museums (Foto: Elephant Book Company Ltd.)

Einige Anmerkungen über Koppelgeräte beschließen den vorliegenden Abschnitt. Koppelgeräte dienten dazu, die unsicheren Methoden zur Schätzung von Gegnerfahrt und Gegnerlage durch ein genaueres, zeichnerisches Verfahren zu ersetzen.

[188] Siehe: BA-MA, RMD 6/562, Seite 14.

3.3.1 Angriffsscheiben

Angriffsscheiben wurden in unterschiedlicher Form von mehreren Firmen produziert und vereinzelt sogar von Besatzungsmitgliedern der U-Boote mit einfachen Mitteln selbst gefertigt (siehe Abbildung 3.31). Nach der dem Verfasser vorliegenden Beschreibung- und Bedienungsvorschrift für die Angriffsscheibe 2 von Dennert & Pape konnten mit dem Instrument die folgenden Größen ermittelt werden[189]:

1. der Gegnerkurs und die rw. Gegnerpeilung,
2. der Angriffskurs bzw. der Torpedo-Kurs beim Geradeausschuss sowie
3. der Einstellwinkel für den GA beim Winkelschuss.

Die Angriffsscheibe 2 von Dennert & Pape wurde in zwei Varianten hergestellt, die in einer hölzernen Transportkiste ausgeliefert wurden (siehe Abbildung 3.32).

Abbildung 3.32: Angriffsscheibe und Kompassscheibe von Dennert & Pape

Die Angriffsscheibe mit Kompassscheibe (siehe Abbildung 3.33) war mit einem Griff versehen und wurde als Handgerät verwendet. Auf ihrer Rückseite befanden sich laut Beschreibung drei Vorhalttabellen, deren Inhalt sich nicht ermitteln ließ. Vermutlich handelte es sich dabei um Vorhalttabellen für die drei beim Torpedo G 7a auswählbaren Geschwindigkeiten von 30, 40 und 44 sm/h.

189 Siehe: AV, Angriffsscheibe 2 mit Kompaßscheibe, Beschreibung und Bedienungsvorschrift mit Zeichnungen, Seite 4.

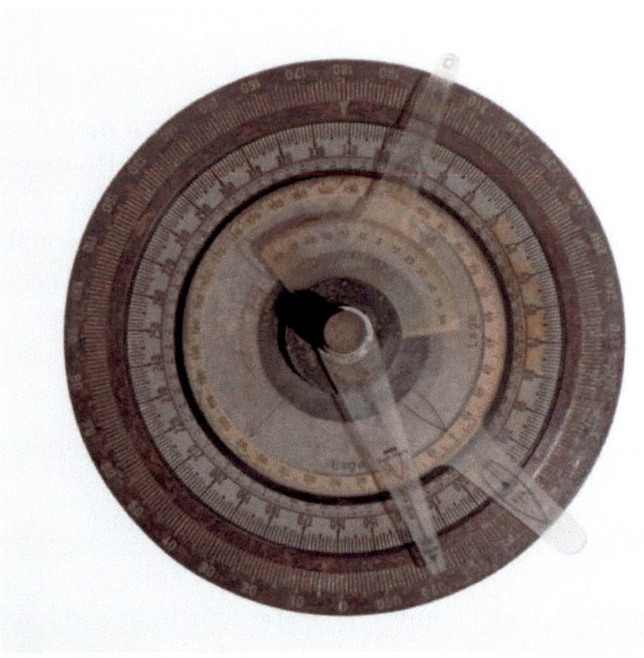

Abbildung 3.33: Die Angriffsscheibe 2 mit Kompassscheibe von Dennert & Pape (Foto: Deutsches Museum)

Die hier nicht abgebildete Variante ohne Kompassscheibe wurde bei Verwendung auf einen Tochterkompass des U-Bootes aufgesetzt. Abgesehen von der Kompassscheibe waren die beiden Varianten identisch.

Abbildung 3.34 zeigt eine undatierte Angriffsscheibe der Firma Reiss (später VEB Mess- und Zeichengerätebau) aus Bad Liebenwerda, die heute im Marinemuseum in Stralsund auf der Insel Dänholm ausgestellt wird.

Abbildung 3.34: Angriffsscheibe der Firma Reiss

1. Die Ermittlung des Gegnerkurses und der rw. Gegnerpeilung

Der Gegnerkurs und die rw. Gegnerpeilung konnten auf einfache Weise durch Nachbilden der Gefechtsgeometrie mithilfe der konzentrisch angeordneten Gradskalen der Angriffsscheibe ermittelt werden. Für den Gegnerkurs gilt nach Formel 3.1 und 3.2 oder Abbildung 3.35 (links) die Beziehung

$$\text{Gegnerkurs} = \text{EigenerKurs} + \text{Peilung} \pm \text{Lagenwinkel} + 180°.$$

Dabei war im Fall „Bug links" der Lagenwinkel zu addieren und im Fall „Bug rechts" zu subtrahieren. Ergab sich für den Gegnerkurs ein Wert, der größer als 360° war, mussten 360° subtrahiert werden.

Ohne auf ein spezielles Instrument eingehen zu wollen, soll hier anhand von Abbildung 3.35 die allgemeine Lösung der obigen Aufgabe mithilfe einer Angriffsscheibe erläutert werden.

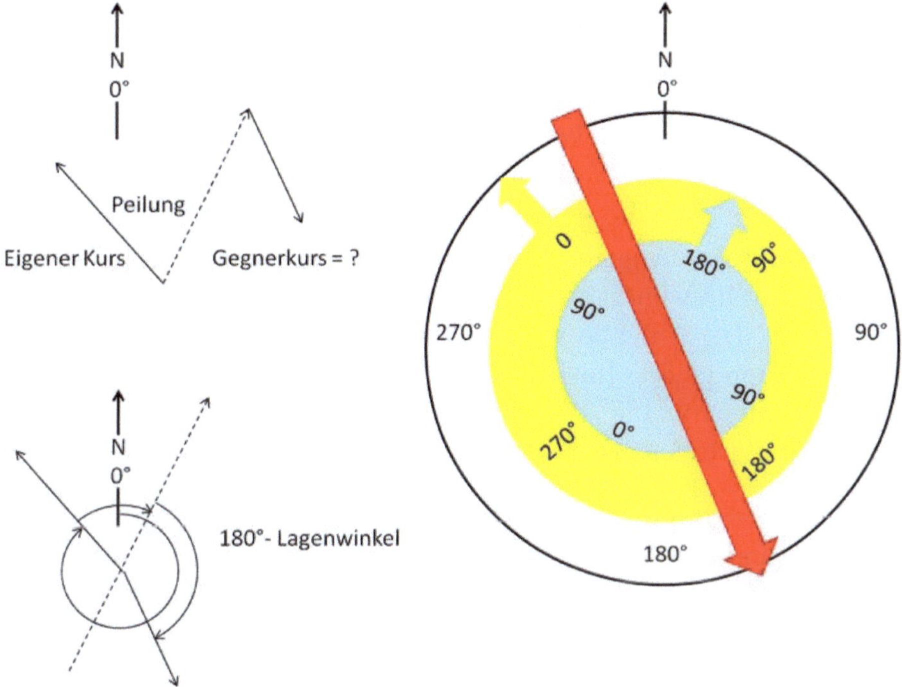

Abbildung 3.35: Angriffsscheibe - Funktionsprinzip

Zunächst wird mit der gelben Skala am äußeren Gradkranz der eigene Kurs und danach mit der blauen Skala auf der gelben Skala die Gegnerpeilung eingestellt. Schließlich wird der rote Zeiger auf der blauen Skala dem Lagenwinkel entsprechend gedreht. Damit ist die Gefechtsgeometrie nachgebildet und der Gegnerkurs kann mit dem roten Zeiger am äußeren Gradkranz abgelesen werden.

Für die Bestimmung der rechtweisenden Gegnerpeilung müssen nach Formel 3.2 der Eigenkurs und die Gegnerpeilung addiert werden. Diese Aufgabe wurde aber bereits bei der Bestimmung des Gegnerkurses gelöst: Die rw. Gegnerpeilung kann mit dem blauen Zeiger am äußeren Gradkranz abgelesen werden.

2. Die Ermittlung des Angriffskurses bzw. des Torpedo-Kurses

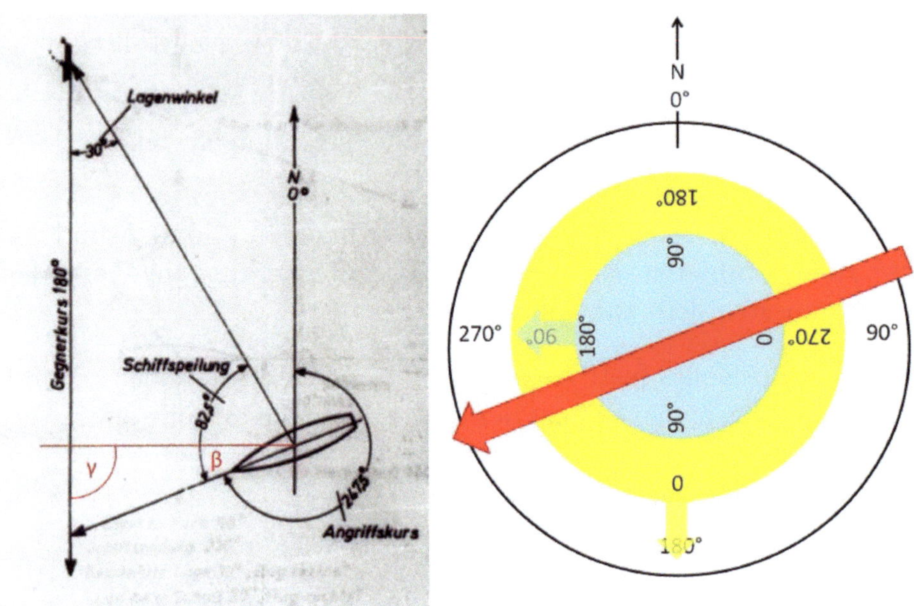

Abbildung 3.36: Die Angriffsscheibe 2 - Ermittlung des Angriffskurses

Die Ermittlung des Angriffs- bzw. des Torpedo-Kurses beim Geradeausschuss war geringfügig aufwendiger als die Bestimmung des Gegnerkurses und der rw. Gegnerpeilung. Die Aufgabe wurde ebenfalls durch geometrische Nachbildung der Gefechtssituation gelöst. Im Beispiel der Abbildung 3.36 soll der Angriffskurs für einen Gegnerkurs von 180° und eine beim Schuss angestrebte Lage von „90°- Bug links" ermittelt werden. Der Eigenkurs betrage der Einfachheit halber 0°.

In einem vorbereitenden Schritt wird der Vorhaltwinkel aus dem angestrebten Lagenwinkel und den Werten für die Torpedogeschwindigkeit und die Gegnergeschwindigkeit ermittelt. Bei der Angriffsscheibe 2 konnten dazu die Vorhalttabellen auf der Rückseite verwendet werden. Auf der Angriffsscheibe in Abbildung 3.36 wird dann zunächst der Gegnerkurs mit dem Zeiger der gelben Skala an der äußeren Gradskala eingestellt. Anschließend muss die gewünschte Lage beim Schuss mit der blauen Skala bezogen auf den Gegner, d. h. auf die gelbe Skala, eingestellt werden. Abschließend wird mit dem roten Zeiger der eingangs ermittelte Vorhalt bzgl. des blauen Zeigers eingestellt und damit das Schussdreieck nachgebildet. Daraufhin kann der Angriffskurs mit dem roten Zeiger an der äußeren Gradskala abgelesen werden. Der Angriffskurs für den Heckschuss wird analog ermittelt.

Während eines Angriffs wurde mithilfe der Angriffsscheibe der Lagenwinkel aus dem Angriffskurs, dem Gegnerkurs und der neu ermittelten Gegnerpeilung berechnet. Der Kommandant konnte so abschätzen, wie viel Grad bis zur der beim Schuss angestrebten Lage noch fehlen. Wenn der von ihm aufgrund einer erneuten Beobachtung geschätzte Lagenwinkel von dem berechneten Lagenwinkel abwich, hatte der Gegner seinen Kurs geändert. In dem Fall musste der Angriffskurs nach dem oben beschriebenen Verfahren neu ermittelt werden.

3. Die Ermittlung des Einstellwinkels für den GA beim Winkelschuss

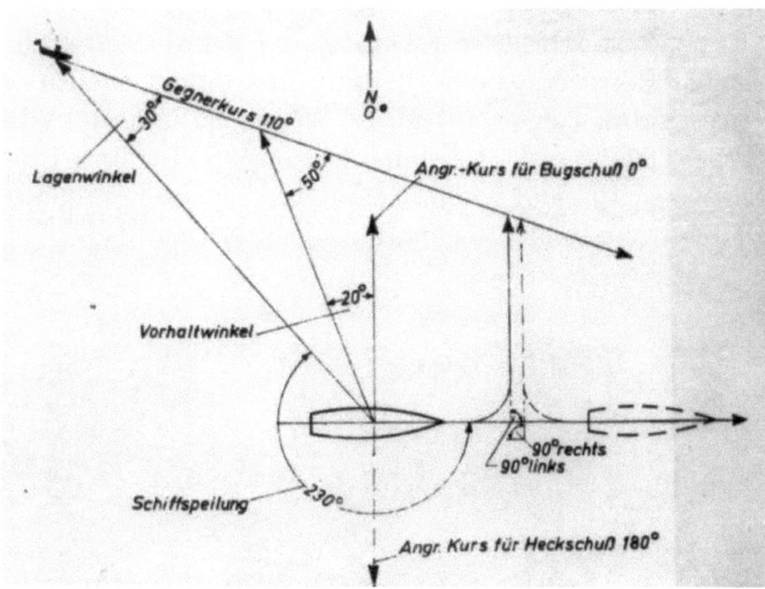

Abbildung 3.37: Die Ermittlung des Einstellwinkels für den GA

Konnte der ermittelte Angriffskurs nicht mehr rechtzeitig erreicht werden oder sollte aus irgendwelchen Gründen ein anderer Kurs eingeschlagen werden, wurde der zum Angriffskurs fehlende Winkel durch eine entsprechende Einstellung des Geradlaufapparates ausgeglichen. Im Beispiel der Abbildung 3.37 wird beim Schuss eine Lage von „50° - Bug rechts“ angestrebt. Der Gegnerkurs wird wie unter Punkt 1 beschrieben aus dem Eigenkurs von 90°, der Gegnerpeilung von 230° und dem aktuellen Lagenwinkel von „30°-Bug rechts“ zu 110° ermittelt. Mit einem beispielhaft angenommenen Vorhaltwinkel von „20°-Bug rechts“ ergibt sich aus dem Gegnerkurs und der angestrebten Gegnerlage nach dem unter Punkt 2 beschriebenen Verfahren für das U-Boot ein Angriffskurs von 0°. Somit muss für den Torpedo ein GA-Winkel von „90°-links” eingestellt werden.

Ausländische Entwicklungen

Auf amerikanischen und britischen U-Booten wurden in beiden Weltkriegen und in der Nachkriegszeit ebenfalls Angriffsscheiben wie der Submarine Attack Course Finder Mark I Model 3 (siehe Anlage 2) eingesetzt. Die Rückseite des Instrumentes diente zur Ermittlung der Gegnergeschwindigkeit. Bei der Vorderseite handelte es sich um eine Variante der im Jahre 1917 von Lieutenant Commander Martin Nasmith (1883-1965) für die Royal Navy entwickelten und auch unter dem Namen „IS-WAS” bekannt gewordenen Angriffsscheibe[190]. Mit dem IS-WAS konnte bspw. ermittelt werden, ob - und falls ja, auf welchem Kurs - ein U-Boot schnellstmöglich eine aussichtsreiche Schussposition erreichen kann.

[190] Eine Abbildung eines britischen „IS-WAS” findet sich bei Compton-Hall, The Underwater War 1939-1945, Seite 59.

THEODORE ROSCOE erklärt die ungewöhnliche Bezeichnung „IS-WAS" mit der geringen Verlässlichkeit der mit dem Gerät erzielten Ergebnisse:

> „At the end of World War I, mechanical fire control devices were a-borning. However, about the only instrument then in use aboard American submarines was the 'Is-Was' or Submarine Attack Course Finder. Surface vessels in submarine zones had adopted the zigzag as an evasive tactic, and when it came to torpedo fire a ship's position was liable to be 'was' a lot more frequently than 'is'[191]."

Abbildung 3.38: Besatzungsmitglied eines U-Bootes der US-Navy bei der Arbeit mit einem IS-WAS, ca. 1943 (Foto: International Slide Rule Museum)

Obwohl die Angriffsscheibe über vier Jahrzehnte nahezu unverändert produziert wurde, misstrauten einige Kommandanten der US-Navy den mechano-optischen Rechenhilfsmitteln offenbar ebenso sehr, wie der ehemalige Kommandant von HORST BREDOW (siehe die Einleitung zu diesem Kapitel):

> „'Parks [LEWIS SMITH PARKS (1902-1982), d. Vf.] taught us how to solve problems in our heads. [...] We never used what is called the 'is-was" explained Cutter [SLADE CUTTER (1911-2005), d. Vf.][...] Nor would Parks allow his officers to use the torpedo data computer and the 'banjo', devices that solved trajectories automatically[192]."

[191] ROSCOE, United States Submarine Operations in World War II, Seite 53.

[192] LAVO, Slade Cutter : Submarine Warrior, Seite 71.

3.3.2 Die Torpedo-Ausweichscheibe

Die Firma Dennert & Pape hat neben Analogrechnern zur Durchführung von Torpedoangriffen auch eine Rechenscheibe zu deren Abwehr hergestellt. Bei einem Torpedoangriff auf ein Schiff hatte ein Torpedo-Ausweichmanöver den Zweck,

> „durch Kurs- und Fahrtänderungen möglichst schnell und weit dem voraussichtlichen Treffpunkt auszuweichen, d. h. ein möglichst großes Fehlmaß herbeizuführen, oder, wenn dies nicht noch möglich ist, das Schiff so schnell wie möglich parallel zur Blasenbahn [des Torpedos, d. Vf.] zu legen[193]."

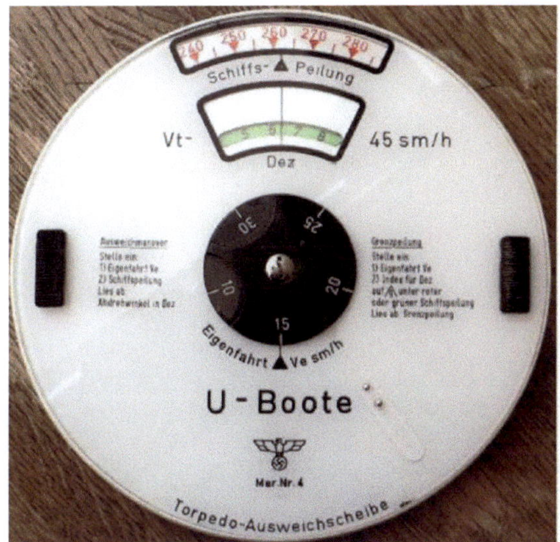

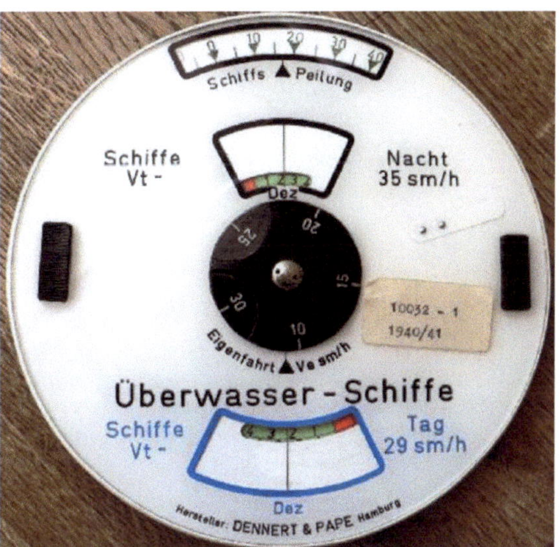

Abbildung 3.39: Die Torpedo-Ausweichscheibe von Dennert & Pape

Mit der Torpedo-Ausweichscheibe (siehe Abbildung 3.39) konnte die Schiffsbesatzung nach Entdecken der Blasenbahn des Torpedos aus der Eigengeschwindigkeit und der Gegnerpeilung den Abdrehwinkel ermitteln, der das Schiff auf einen zur Blasenbahn parallelen Kurs und damit außer Gefahr bringt[194].

Der einzuschlagende Kurs richtet sich dabei nach dem zu erwartenden Schneidungswinkel α. In Abbildung 3.40 wird der Torpedo in dem Moment gesichtet, in dem sich das Schiff im Punkt A_1 und der Torpedo im Punkt T_1 befindet:

Bei stumpfem α (Abbildung 3.40, Bild 21a) muss das Schiff zu- und bei spitzem α (Abbildung 3.40, Bild 21c) abdrehen.

Bei $\alpha = 90°$ (Abbildung 3.40, Bild 21b) muss das Schiff ebenfalls abdrehen, um Zeit zu gewinnen, aus dem Wirkungsbereich des Torpedos zu manövrieren.

193 M. Dv. Nr. 304, Torpedo-Schießvorschrift, Heft 2, Schießverfahren, 1938, Seite 36.

194 Die Abwehrmaßnahme versagte freilich bei Elektrotorpedos, die keine verräterische Blasenbahn hinter sich herzogen.

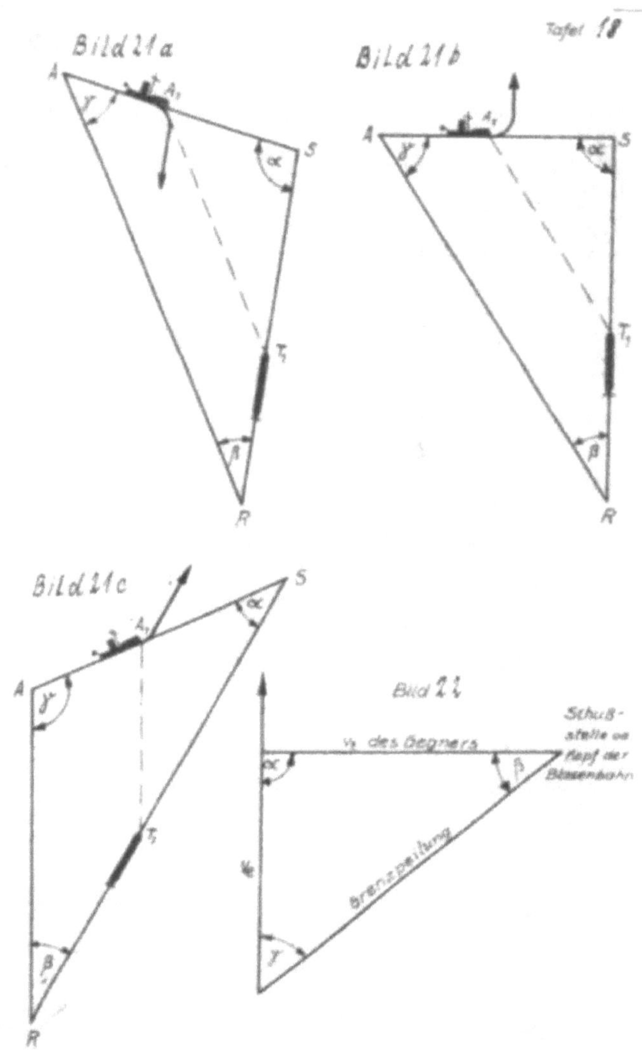

Abbildung 3.40: Torpedo-Ausweichmanöver (Kopie aus dem BA-MA)

Da der Schneidungswinkel unter Gefechtsbedingungen natürlich nicht immer eindeutig bestimmt werden konnte, wurde die sogenannte Grenzpeilung ermittelt (siehe Abbildung 3.40, Bild 22). Torpedos, die vor der Grenzpeilungslinie gesichtet wurden, führten zu einem stumpfen, Torpedos, die hinter der Grenzpeilungslinie in Sicht kamen, zu einem spitzen Schneidungswinkel. Torpedos, die auf der Grenzpeilungslinie entdeckt wurden, ergaben einen Schneidungswinkel von 90°[195].

Die Grenzpeilung konnte ebenfalls mit der Torpedo-Ausweichscheibe oder alternativ mit dem Treffpunktrechner (siehe Abschnitt 3.1.3) ermittelt werden.

Firmenunterlagen von Dennert & Pape belegen, dass am 10. Oktober 1940 insgesamt 90 Torpedo-Ausweichscheiben zum Stückpreis von 46,95 RM an das Oberkommando des Heeres geliefert wurden. Am 04. Juni 1941 wurden 200 Torpedo-Ausweichscheiben zum Stückpreis von 52,05 RM an die TVA geliefert. Ob Torpedo-Ausweichscheiben auch auf U-Booten mitgeführt wurden, ließ sich nicht ermitteln.

[195] M. Dv. Nr. 304, Torpedo-Schießvorschrift, Heft 2, Schießverfahren, 1938, Seite 37.

3.3.3 Koppelgeräte

Im Firmenarchiv von Dennert & Pape findet sich ein Kriegsauftrag der TVA vom 12. Januar 1944 über 300 Zeichenplatten für das Koppelgerät 3 für die T-Feuerleitanlagen der U-Boote des Typs XXI[196].

Aus der erhalten gebliebenen Konstruktionsskizze[197] der Zeichenplatte lässt sich ebenso wenig wie aus der Beschreibung der Torpedo-Feuerleit-Anlage für die U-Boote des Typs XXI[198] ermitteln, wie das komplette Koppelgerät 3 ausgesehen haben könnte. Vermutlich ähnelte es dem ebenfalls von Dennert & Pape gefertigten T-Koppelgerät-2 (siehe Abbildung 3.41).

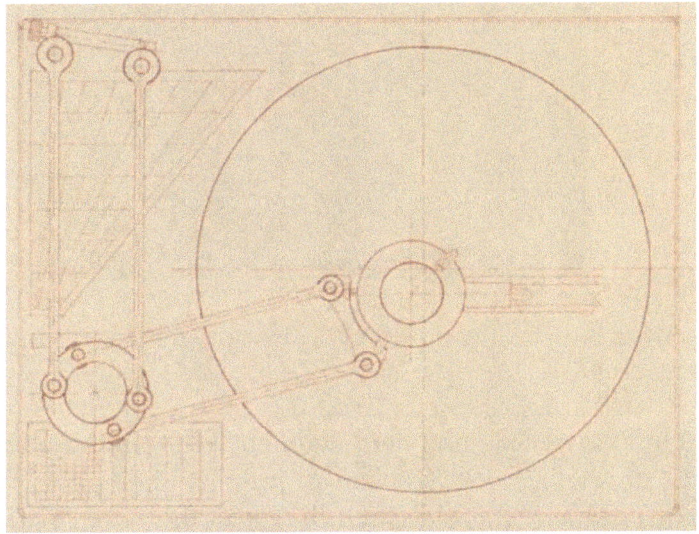

Abbildung 3.41: Teil der Konstruktionszeichnung des T-Koppelgerätes-2 von Dennert & Pape. Durch die Parallelogrammführung bleibt die eingestellte Richtung des Peillineals beim Verschieben erhalten (Foto: Deutsches Museum)

Das Koppelverfahren diente dazu, die für den Torpedoschuss benötigten Größen (Gegnerkurs, -fahrt und -lage) durch zeichnerische Darstellung des Gefechtsbildes zu ermitteln. Es war zwar zeitaufwendiger, aber genauer als die Schätzverfahren, da durch die Mittelung mehrerer Werte Einzelfehler eliminiert werden konnten.

Bei Vorhandensein einer guten Entfernungsmessanlage bestand die Möglichkeit, das Koppelverfahren auch nachts anzuwenden. Ob und in welchem Umfang das Koppelverfahren - wenigstens testweise - auf den Typ XXI-Booten gegen Kriegsende noch zum Einsatz kam, konnte bislang nicht ermittelt werden.

Der Grundgedanke des Koppelverfahrens bestand darin, den eigenen Schiffsort und den Ort des Gegners in geeigneten zeitlichen Abständen auf der Zeichenplatte des Koppelgerätes durch Punkte zu markieren.

---

196 DM FA D&P, FA 006/0042, Kriegsauftrag Zeichenplatten.

197 DM FA D&P, FA 006/0173, Konstruktionszeichnungen.

198 Siehe BA-MA, RMD 6/573.

Die Verbindung der gefundenen Punkte ergab dann den eigenen Weg bzw. den Weg des Gegners. Die gesuchten Größen ließen sich anschließend relativ einfach aus der Zeichnung ermitteln.

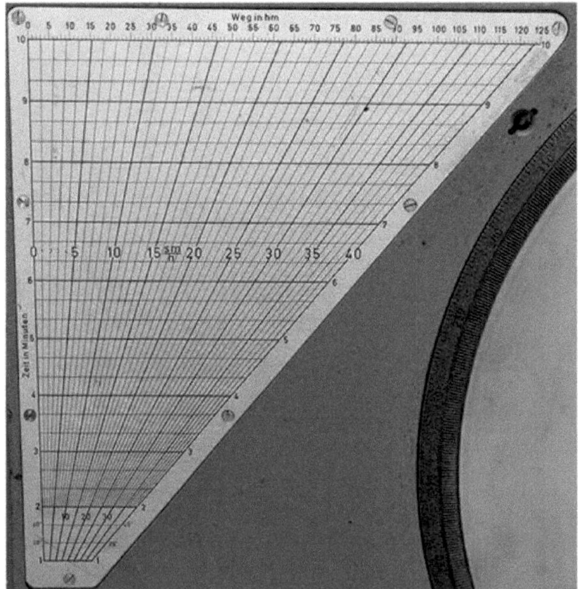

Abbildung 3.42: Fahrtdiagramm des T-Koppelgerätes 2 von Dennert & Pape

Der eigene Schiffsort wurde aus dem eigenen Kurs und der Eigenfahrt ermittelt. Die Länge der zu zeichnenden Strecke konnte mit dem Zirkel für beliebige Zeitabstände und unterschiedliche Geschwindigkeiten aus dem Fahrtdiagramm (siehe Abbildung 3.42) entnommen werden. Ausgehend vom eigenen Schiffsort wurde danach der durch Peilung und Entfernungsmessung bestimmte Gegnerort mithilfe des Peillineals eingezeichnet. Aus den Gegnerpunkten konnte mittels Zirkel und Fahrtdiagramm die Gegnerfahrt bestimmt werden. Mit einem speziellen Schusswinkelmesser konnten aus der Zeichnung der Lagenwinkel, der Schneidungswinkel und der Vorhaltwinkel sowie die Reichweite abgelesen werden.

Auf größeren Schiffen gab es umfangreiche elektromechanische Koppelanlagen. Geräte wie der Torpedo-Gefechtsbildzeichner 3 (TGBZ 3)[199] von Zeiss oder der Torpedo-Gefechtskoppler der SAM (siehe Abschnitt 5.1) erstellten das Gefechtsbild automatisch und zeichneten die Bahnen des eigenen Schiffes, des Gegners und des Artilleriezieles punktweise auf ein Papierband auf.

Einzelheiten zum Koppelverfahren sowie zu weiteren, auf mathematischen Überlegungen beruhenden Methoden wie dem Ausdampfverfahren[200] finden sich in der Marinedienstvorschrift 304[201].

[199] Siehe BA-MA, RMD 6/829.

[200] Beim Ausdampfverfahren konnte unter der Voraussetzung einer stehenden Gegnerpeilung der Vorhaltwinkel ohne Kenntnis der Gegnerfahrt und der Gegnerlage ermittelt werden.

[201] M. Dv. Nr. 304, Torpedo-Schießvorschrift (T.S.V.), Heft 2, Ermittlung der Schußwerte, Marineleitung (Hrsg.), Berlin, 1930 und Erprobungs-Entwurf zur Torpedo-Schießvorschrift (T.S.V.), Heft 2, Schießverfahren, Torpedoinspektion (Hrsg.), o. O., 1938.

3.4 Analogrechner für die Astronavigation

Zu Beginn dieses Abschnittes werden die Grundlagen der Astronavigation und des bei der Kriegsmarine verwendeten Semiversusverfahrens anhand des Buches „Astronomische Navigation...nicht nur zum Ankommen"[202] von Frank Mestemacher sowie des „Leitfadens Astronomische Navigation"[203] erläutert, da sonst unverständlich bleiben muss, welch enorme Erleichterung analoge Rechenhilfsmittel für die äußerst rechenintensive astronomische Navigation bedeuteten.

Das Grundproblem bei der Navigation auf hoher See ohne Landsicht besteht darin, den richtigen Kurs zu halten, um an das gewünschte Ziel zu gelangen. Auf deutschen U-Booten wurde dazu u. a. die Koppelnavigation verwendet. Aus dem Kartenkurs und der zurückgelegten Distanz wurde in regelmäßigen Abständen der Koppelort O_k ermittelt, an dem sich das U-Boot ohne äußere Einflüsse[204] hätte befinden müssen. Die Koppelnavigation ist allerdings nicht sehr verlässlich. Möglichst zeitgleich wurde daher eine astronomische Ortsbestimmung durchgeführt und der Beobachtete Ort O_b berechnet, an dem sich das U-Boot tatsächlich befand. Aus der Ortsdifferenz, der sogenannten Besteckversetzung, wurde anschließend die vorzunehmende Kurskorrektur bestimmt. Die astronomische Ortsbestimmung war daher für die Navigation von grundlegender Bedeutung.

Bei der terrestrischen Navigation liefert die Abstandsbestimmung durch Höhenwinkelmessung eine sogenannte Standlinie, d. h. einen Kreis um eine angepeilte Landmarke bekannter Höhe, auf dem sich der eigene Standort befinden muss. Mit der rw. Peilung der Landmarke ist zugleich die eigene Position bekannt, die sich alternativ durch Schnittpunktberechnung mehrerer Standlinien ermitteln lässt. Bei der Astronavigation rücken ausgewählte Himmelskörper und deren zeit- und ortsgenau tabellierte Bildpunkte[205] auf der Erdoberfläche an die Stelle der Landmarken. Unter gewissen Voraussetzungen kann auch in diesem Fall der Abstand zum Bildpunkt des Himmelskörpers aus dem Höhenwinkel[206] berechnet werden. Die resultierende Standlinie wird als Höhengleiche bezeichnet. Die zuvor erwähnten Verfahren sind für die astronomische Ortsbestimmung allerdings ungeeignet, da sich Himmelskörper wegen des großen Höhenwinkels selten hinreichend genau peilen lassen und die Radien der Höhengleichen in der Regel für praktische Zwecke viel zu groß werden und sich bspw. nicht mehr auf Seekarten einzeichnen lassen. Zudem wäre die Schnittpunktberechnung mathematisch zu aufwendig.

[202] Mestemacher, Astronomische Navigation, 2011.

[203] Siehe: http://www.fulvia-af-anholt.de/Leitfaden_jpg.pdf (10.08.2013).

[204] Mögliche störende Einflüsse sind bspw. die Gezeiten, (unbekannte) Meeresströmungen, Windabdrift, Kompass- oder Loggefehler, Fehler in der Zeitnahme oder unsystematische Fehler wie z. B. ein unkonzentrierter Steuermann.

[205] Als Bildpunkt eines Himmelskörpers wird derjenige Punkt auf der Erdoberfläche bezeichnet, in dem die gedachte Verbindungslinie vom Mittelpunkt des Himmelskörpers zum Erdmittelpunkt die Erdoberfläche schneidet.

[206] Als Höhe wird der Winkel zwischen dem Wahren, d. h. dem geozentrischen Horizont und der Höhenparallele des beobachteten Himmelskörpers gemessen am Erdmittelpunkt bezeichnet. Da in der navigatorischen Praxis natürlich von der Erdoberfläche aus gemessen wird, muss bei erdnahen Gestirnen eine Korrektur vorgenommen werden.

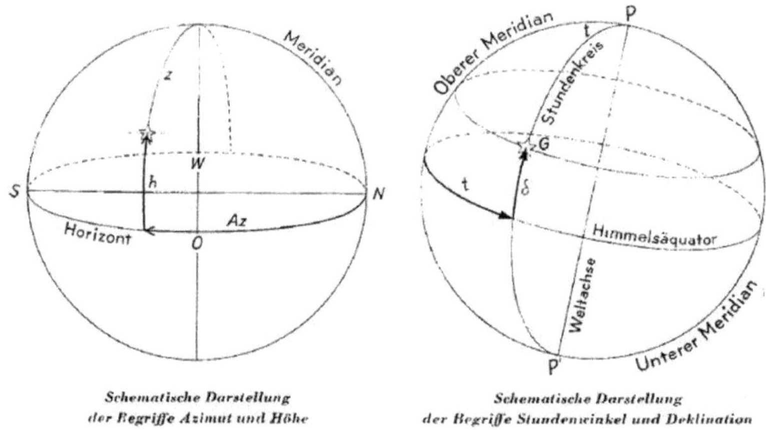

Abbildung 3.43: Schematische Darstellung der Begriffe Azimut, Höhe, Stundenwinkel und Deklination im Horizont- bzw. Himmelsäquatorsystem

Einen Ausweg bietet das Höhendifferenzverfahren, das hier nur in verkürzter Form dargestellt werden kann. Bei dem Verfahren werden die folgenden Tatsachen ausgenutzt:

1. Das Azimut[207] eines Himmelskörpers (siehe Abbildung 3.43) ist gegenüber Koppelfehlern relativ unempfindlich und stimmt für den Beobachteten Ort O_b und den Koppelort O_k mit hinreichender Genauigkeit überein.
2. Je kleiner bzw. größer die gemessene Höhe h eines Himmelskörpers (siehe Abbildung 3.43) ist, desto größer bzw. kleiner ist der Abstand des Beobachters vom Bildpunkt des Himmelskörpers.
3. Die Höhengleiche kann insbesondere bei großen Radien in einem hinreichend kleinen Bereich als Gerade angesehen werden, die senkrecht auf dem Azimutstrahl steht.

Es werde nun zunächst angenommen, dass für einen vom Beobachteten Ort O_b betrachteten Himmelskörper die Höhe h_k und das Azimut für den Koppelort O_k (in einer noch näher zu erläuternden Weise) berechnet werden können. Dann liefert ein anschließender Vergleich von h_k mit der von O_b mit dem Sextanten gemessenen Höhe h_b nach dem oben Gesagten eine Gerade, auf der der eigene Standort liegen muss. Werden nun (mindestens) zwei Himmelskörper zur selben Zeit beobachtet und für die sekundengenauen Beobachtungszeiten für O_k die Höhen mit dem dazugehörigen Azimut berechnet, können auf dieselbe Weise zwei Standlinien gewonnen werden. Unter der Voraussetzung, dass sich die Standlinien unter keinem allzu spitzen Winkel schneiden, ergibt sich die Position von O_b als Schnittpunkt der Standlinien.

[207] Das Azimut ist der am Zenit gemessene Winkel zwischen dem Himmelsmeridian des Beobachters (also der Projektion des Ortsmeridians an die Himmelskugel) und dem Vertikalkreis des Himmelskörpers.

Sowohl die Höhe h als auch das Azimut α_{Az} eines Himmelskörpers hängen von der geographischen Länge und Breite des Beobachters und von der Beobachtungszeit ab. Die verbleibende Aufgabe besteht nunmehr darin, für einen zu einem bestimmten Zeitpunkt betrachteten Himmelskörper die Größen h und α_{Az} zu berechnen, wenn die Länge λ und die Breite φ des Koppelortes O_k gegeben sind.

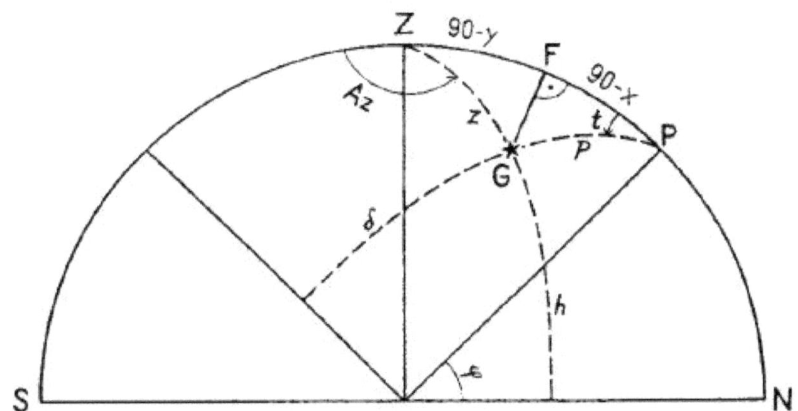

Abb. 1. Schematische Darstellung des nautisch-astronomischen Grunddreiecks und der beiden rechtwinkligen Dreiecke

Abbildung 3.44: Die Seiten des nautisch-astronomischen Grunddreiecks werden als Winkel $90° - \delta$, $90° - \varphi$ und $90° - h$ aufgefasst

Gestirn bzw. Himmelskörper, Pol und Zenit bilden das nautisch-astronomische Grunddreieck. Es tritt sowohl im Horizont- als auch im Himmelsäquatorsystem[208] auf (siehe Abbildung 3.43 und 3.44) und die Idee zur Berechnung der gesuchten Größen besteht in der gemeinsamen Nutzung beider Koordinatensysteme.

Die Seiten des sphärischen Grunddreiecks werden als Winkel und nicht als Längen betrachtet. Der Vorteil liegt darin, dass die resultierende Geometrie unabhängig vom Kugelradius ist und damit sämtliche Berechnungen an der Einheitskugel durchgeführt werden können. Für das nautisch-astronomische Grunddreieck folgt mit dem Seiten-Kosinussatz der sphärischen Trigonometrie für die Höhe h die Gleichung:

$$h = \arcsin\left(\sin(\varphi) \cdot \sin(\delta) + \cos(\varphi) \cdot \cos(\delta) \cdot \cos(t)\right). \tag{3.22}$$

[208] In der Astronomischen Navigation wird das geozentrische Weltbild verwendet und die Erde darüber hinaus als Kugel betrachtet. Das System des Wahren Horizontes gehört zum Beobachter und beschreibt die Position eines Gestirns durch die Höhe h und das Azimut α_{Az}. Das Himmelsäquatorsystem mit Bezug auf den Greenwich-Meridian entspricht dem an die Himmelskugel projizierten Erdkoordinatensystem: Meridiane werden zu Stundenkreisen und Breitenparallele zu Deklinationsparallelen, wobei die Breite φ der Deklination δ entspricht. Die geografische Länge λ entspricht dem Greenwich-Stundenwinkel t_{Gr}. Der Ortsstundenwinkel $t := t_{Gr} + \lambda$, $t \in [0°, 360°]$ gibt die Längendifferenz zwischen dem eigenen Ort und den Bildpunkt des Gestirns an. Häufig wird der Ortsstundenwinkel auch halbkreisig gemessen: t_W zählt nach West vom eigenen Ort zum Bildpunkt; t_E zählt nach Ost vom eigenen Ort zum Bildpunkt.

In Formel 3.22 ist die Breite des Koppelortes entweder bekannt oder wird geschätzt. Die Werte für die Deklination und den Ortsstundenwinkel des Himmelskörpers können für die jeweilige Beobachtungszeit einem Tabellenwerk wie z. B. dem Nautischen Jahrbuch entnommen werden. Zur Ermittlung des Ortstundenwinkels wird zusätzlich die Länge λ des Koppelortes benötigt (siehe Fußnote 208).

Das Azimut wird analog berechnet. Allerdings wird nun der Arkuskosinus benötigt, da das Azimut als Dreieckswinkel und nicht als Seite in den Kosinussatz eingeht. Eine Schwierigkeit ergibt sich dabei dadurch, dass das Azimut vollkreisig definiert ist und die Bildmenge des Arkuskosinus nur [0°, 180°] beträgt. Daher erfolgt die Berechnung des Azimuts über eine Hilfsgröße Z:

$$Z = \arccos\left[\frac{\sin(\delta) - \sin(\varphi)\cdot\sin(h)}{\cos(\varphi)\cdot\cos(h)}\right], \ \varphi, h \neq \pm 90°. \tag{3.23}$$

Die Einschränkungen für φ und h sind dabei für praktische navigatorische Zwecke bedeutungslos, da sich ein Beobachter selten an einem der Pole befinden oder nach einem Stern navigieren wird, der im Zenit steht. Für die Ermittlung des Azimuts ist noch eine Fallunterscheidung notwendig:

$$\alpha_{Az} = \begin{cases} 360° - Z & \text{für t} = \mathrm{t_W} \in [0°, 180°] \\ Z & \text{für t} = \mathrm{t_E} \in [180°, 360°] \end{cases}. \tag{3.24}$$

Die Formeln 3.22, 3.23 und 3.24 sind zur Berechnung von Höhe und Azimut unter dem Gesichtspunkt des Rechenaufwandes und der Genauigkeit wenig geeignet, wenn neben trigonometrischen Tabellen und Rechenschiebern keine weiteren Rechenhilfsmittel zur Verfügung stehen und bei der Berechnung der Höhe auf den Einsatz konventioneller Rechenschieber verzichtet werden muss, da diese aufgrund ihrer kleinen Skalen keine hinreichende Genauigkeit bieten.

Bei der Kriegsmarine wurde stattdessen das Semiversusverfahren unter Verwendung der sogenannten ABC-Tafeln eingesetzt. Die heute kaum noch verwendeten trigonometrischen Funktionen Sinus Versus versin(θ):= 1 - cos(θ) und Semiversus sem(θ):= versin(θ)/2 wurden eigens für die astronomische Navigation eingeführt, um bei Berechnungen den Aufwand für das Nachschlagen in Tabellen zu reduzieren. Mit dem Semiversus-Satz[209] lässt sich die folgende Formel zur Berechnung der Höhe $z := 90° - h$ herleiten:

$$\mathrm{sem}\,(z) = \mathrm{sem}(\varphi - \delta) + \mathrm{sem}\,(y) \tag{3.25}$$

mit

$$\mathrm{sem}\,(y) := \cos(\varphi)\cdot\cos(\delta)\cdot\mathrm{sem}\,(t)\,. \tag{3.26}$$

209 Der Semiversus-Satz für das sphärische Dreieck lautet sem(c)=sem(a-b)+sin(a)·sin(b)·sem(γ) bzw. sem(c′)=sem(a′-b′)+cos(a′)·cos(b′)·sem(γ), wenn die Komplementärwinkel a′:=90°-a, b′:=90°-b und c′:=90°-c gegeben sind.

Zur praktischen Berechnung der Höhe wurde zunächst die Gleichung 3.26 logarithmiert. Anschließend wurden die Werte der Summanden $\log(\cos(\varphi))$, $\log(\cos(\delta))$ und $\log(\text{sem}(t))$ aus Log-Kosinus- bzw. Log- Semiversus-Tabellen ermittelt und addiert. Die Summe wurde entlogarithmiert und zum Wert von $\text{sem}(\varphi-\delta)$ addiert. Der zu $\text{sem}(z)$ gehörende Wert von z konnte aus einer Tabelle ermittelt und daraus dann $h = 90° - z$ bestimmt werden.

Mit dem Wert für die Höhe h hätte das Azimut nun mittels der Formeln 3.23 und 3.24 berechnet werden können. Da jedoch die Genauigkeitsanforderungen für das Azimut viel geringer als für die Höhe waren, lohnte eine derart aufwendige Berechnung nicht. Stattdessen wurde zur Berechnung die sogenannte ABC-Formel verwendet, die sich mit dem Sinussatz der sphärischen Trigonometrie aus dem nautisch-astronomischen Grunddreieck herleiten lässt:

$$\underbrace{\text{cotg}\,(Z)\cdot\sec\,(\varphi)}_{C} = \underbrace{\tan\,(\delta)\cdot\text{cosec}\,(t)}_{B} \underbrace{-\tan\,(\varphi)\cdot\text{cotg}(t)}_{A},\ (t\neq 0°,\ \varphi,\ \delta\ \neq \pm 90°). \tag{3.27}$$

Dabei wurde das Azimut wieder über eine Zwischengröße Z berechnet. Aus den ABC-Tafeln[210] wurden B und A ermittelt und summiert. In der C-Tafel wurde anschließend der Wert von Z ermittelt. Aus dem viertelkreisigen Wert für Z musste dann noch das Azimut durch Fallunterscheidung gemäß der folgenden Tabellen bestimmt werden[211]:

Gestirn steht E-lich (Verwendung von t_E)			
$C > 0$	N-liche Breite ($\varphi > 0$)	Z = N...°E	$\alpha_{Az} = Z$
	S-liche Breite ($\varphi < 0$)	Z = S...°E	$\alpha_{Az} = 180° + Z$
$C = 0$	alle Breiten	Z = 90°E	$\alpha_{Az} = 90°$
$C < 0$	N-liche Breite ($\varphi > 0$)	Z = S...°E	$\alpha_{Az} = 180° - Z$
	S-liche Breite ($\varphi < 0$)	Z = N...°E	$\alpha_{Az} = Z$

Gestirn steht W-lich (Verwendung von t_W)			
$C > 0$	N-liche Breite ($\varphi > 0$)	Z = N...°W	$\alpha_{Az} = 360° - Z$
	S-liche Breite ($\varphi < 0$)	Z = S...°W	$\alpha_{Az} = 180° + Z$
$C = 0$	alle Breiten	Z = 90°W	$\alpha_{Az} = 270°$
$C < 0$	N-liche Breite ($\varphi > 0$)	Z = S...°W	$\alpha_{Az} = 180° + Z$
	S-liche Breite ($\varphi < 0$)	Z = N...°W	$\alpha_{Az} = 360° - Z$

Tabelle 1: Azimutermittlung - Fallunterscheidung

Das Semiversus-Verfahren unter Verwendung der ABC-Tafeln war einerseits übersichtlich und genau. Andererseits waren die Berechnungen immer noch sehr aufwendig und hingen zudem vom Interpolationsgeschick des Navigators ab.

[210] Die ABC-Tafeln sind Teil der bekannten nautischen Tafeln nach Fulst. In den ABC-Tafeln sind die Werte für A, B und C als Funktion von φ und t, δ und t bzw. Z und φ tabelliert.

[211] Siehe: MESTEMACHER, Astronomische Navigation, Seite 127.

3.4.1 Die Höhenrechenschieber von Dennert & Pape

Angesichts der aufwendigen Verfahren zur Berechnung von Höhe und Azimut überrascht es nicht, dass zur Lösung dieser Aufgaben spezielle Navigationsrechenschieber wie der Höhenrechenschieber von Dennert & Pape (siehe Abbildung 3.45) entwickelt wurden.

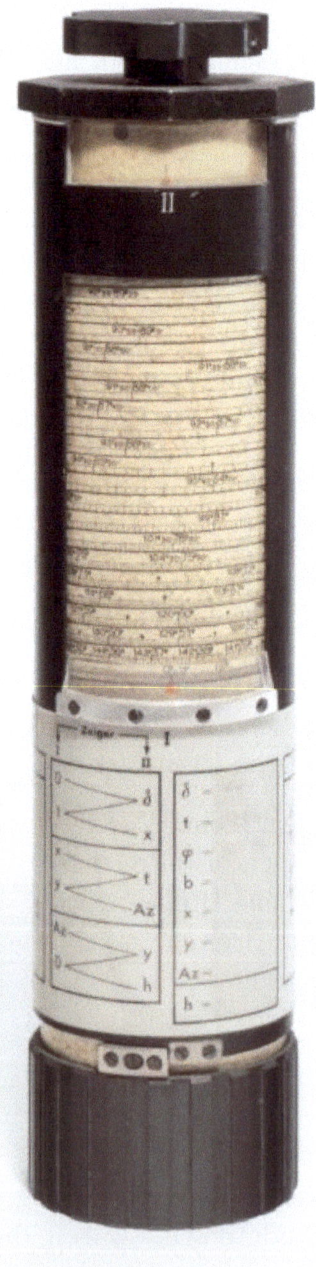

Abbildung 3.45: Der Höhenrechenschieber MHR 1 von Dennert & Pape. Die schematische Kurzanleitung und die mattierte Platte zum Notieren von Rechenergebnissen sind deutlich zu erkennen (Foto: Deutsches Museum)

Die Berechnung des nautisch-astronomischen Grunddreiecks lässt sich auf die Division und Multiplikation von Kosinus- und Kotangenswerten zurückführen und kann daher prinzipiell mit einem Rechenschieber mit nur zwei Skalen durchgeführt werden. Zu diesem Zweck wird das nautisch-astronomische Grunddreieck durch die Höhe GF in zwei rechtwinklig-sphärische Dreiecke zerlegt (siehe Abbildung 3.44). Mit der NEPERSCHEN Regel[212] und mit $PF := 90° - x$ sowie $ZF := 90° - y$ lassen sich dann leicht die folgenden Formeln herleiten[213]:

$$\operatorname{cotg}(x) = \operatorname{cotg}(\delta) \cdot \cos(t), \tag{3.28}$$

$$\operatorname{cotg}(Az) = \frac{\operatorname{cotg}(t) \cdot \cos(y)}{\cos(x)}, \tag{3.29}$$

$$\operatorname{cotg}(h) = \frac{\operatorname{cotg}(y)}{\cos(Az)}. \tag{3.30}$$

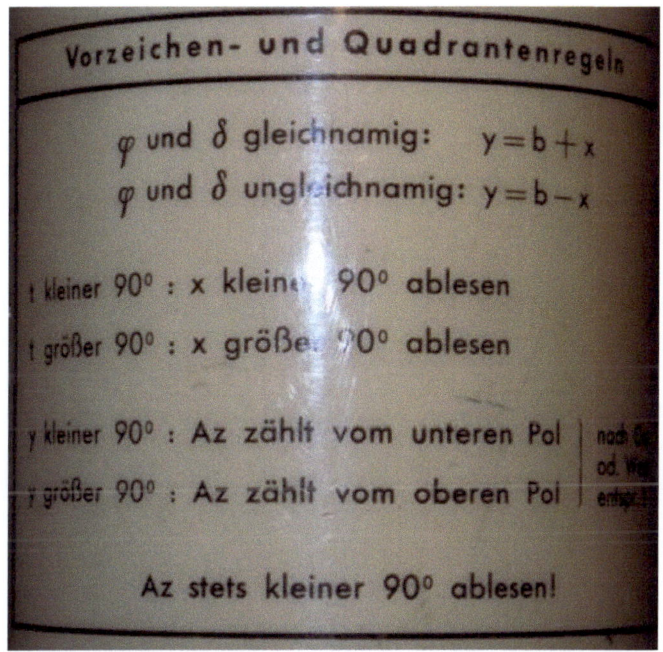

Abbildung 3.46: Vorzeichen- und Quadrantenregeln für den Höhenrechenschieber

[212] Bei der nach JOHN NAPIER (1550-1617), dem Erfinder der Logarithmen, benannten Regel werden die Seiten und Winkel des rechtwinklig-sphärischen Dreiecks unter Auslassung des rechten Winkels nebeneinander auf einem Kreis angeordnet, wobei die als Winkel aufgefassten Seiten durch ihre Komplemente ersetzt werden. Dann gilt: Der Kosinus eines Stückes ist gleich dem Produkt der Kotangens der anliegenden Stücke und gleich dem Produkt der Sinus der gegenüberliegenden Stücke.

[213] Die auf den Höhenrechenschiebern von Dennert & Pape angegebenen, zusätzlichen Vorzeichen- und Quadrantenregeln (siehe Abbildung 3.46) lassen sich nicht in Einklang mit Abbildung 3.44 bringen, der zufolge für das Breitenkomplement $b := 90° - \varphi$ die Beziehung $b = 90° - x + 90° - y$ gilt. Hier besteht weiterer Klärungsbedarf.

Die geforderte Genauigkeit für die Lösung der Gleichungen 3.28, 3.29 und 3.30 bedingt sehr lange Skalen, die auf herkömmlichen Rechenschiebern keinen Platz fanden und daher bei den Höhenrechenschiebern spiralig auf zwei ineinander steckenden Zylindern angeordnet wurden.

Das Funktionsprinzip des Höhenrechenschiebers ist in Abbildung 3.47 anhand der zur Berechnung der Zwischengröße x zu lösenden Gleichung 3.28 demonstriert. Unter Ausnutzung der Funktionalgleichung des Logarithmus

$$\log(a \cdot b) = \log(a) + \log(b)$$

wird durch Einstellen der Werte für δ und t die Summe

$$\log\ \text{cotg}\ \delta + \log\ \mathit{cos}\ t = \log\ \text{cotg}\ x$$

gebildet, woraufhin der Wert für die Zwischengröße x abgelesen werden kann.

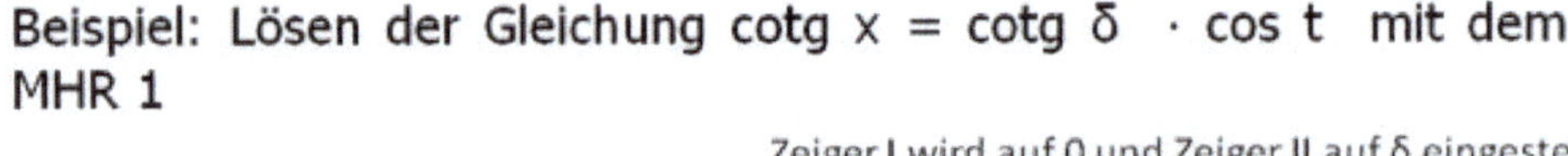

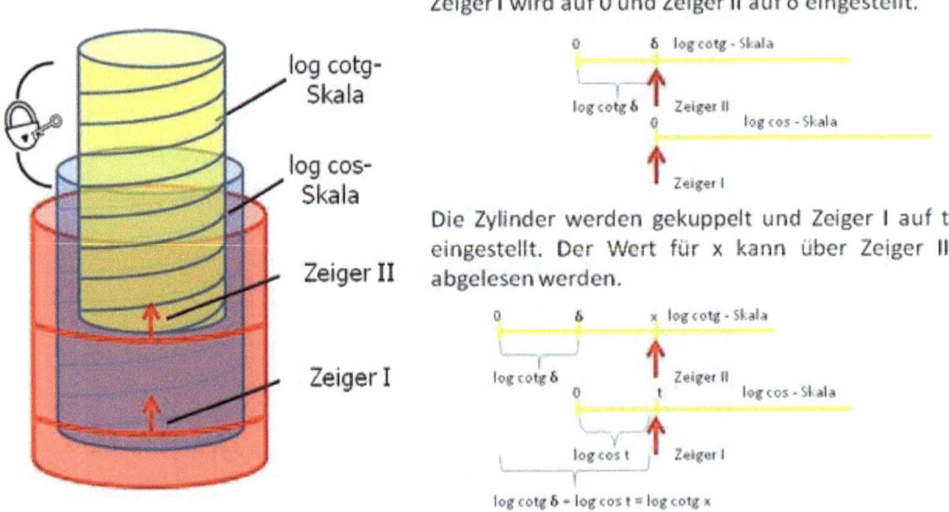

Abbildung 3.47: Funktionsprinzip der Höhenrechenschieber von Dennert & Pape

Als Erfinder der Höhenrechenschieber gilt Captain Leonard Charles Bygrave (1891-1935), dem am 12. Mai 1921 das Patent für seinen Rechenschieber zur Berechnung des nautisch-astronomischen Dreiecks erteilt wurde. Der „Bygrave" hatte eine Log-Kotangens und Log-Kosinus-Skala. Der HR 1 und der nahezu identische MHR 1 von Dennert & Pape waren Weiterentwicklungen des „Bygrave". Sie waren mit einer Arretiervorrichtung versehen, die verhinderte, dass sich die Zylinder gegeneinander verschoben und dadurch Fehler in die Berechnung einschlichen.

Abbildung 3.48: Steuermann an Bord eines U-Bootes bei der Navigation mit einem Höhenrechenschieber (Quelle: DÖNITZ, Zehn Jahre und zwanzig Tage, Bernard & Graefe Bonn, 2011)

Die Verwendung von Höhenrechenschiebern (HRS) an Bord von U-Booten ist nachweislich durch Aussagen von Zeitzeugen sowie durch Fotografien belegt:

> „Mehrere Zeitzeugen (ehemalige U-Boot Kommandanten und Wachoffiziere) haben bestätigt, daß die HRS etwa ab Ende 1942 an Bord von U-Booten verwendet worden sind. Ab diesem Zeitpunkt waren die U-Boote die einzigen Einheiten der Kriegsmarine, die weiträumig im Atlantik operierten und deshalb auf astronomische Standortbestimmung angewiesen waren[214]."

Das Lehrbuch der Navigation für die Kriegs- und Handelsmarine widmet dem Höhenrechenschieber einen eigenen Paragraphen und hebt hervor:

> „Der Besteck-Höhenrechenschieber der Firma Dennert und Pape hat sich bewährt und ist bei der Kriegsmarine und der Luftwaffe eingeführt worden[215]."

[214] POHLMANN, Die Navigationsrechenschieber MHR 1 und HR 2 für die Kriegsmarine, in: KLAUS KÜHN, KARL KLEINE (Hrsg.), Dennert & Pape - ARISTO - 1872-1978 - Rechenschieber und mathematisch-geodätische Instrumente, S. 264-267.

[215] Lehrbuch der Navigation für die Kriegs- und Handelsmarine, II. Teil, Seite 166.

Der als Tischgerät ausgeführte HR 2 (siehe Abbildung 3.49), eine größere Variante des HR 1, besaß zwei Räder zur Feineinstellung und wurde wahlweise mit einer mechanischen oder einer elektrischen Zylinderkupplung angeboten[216].

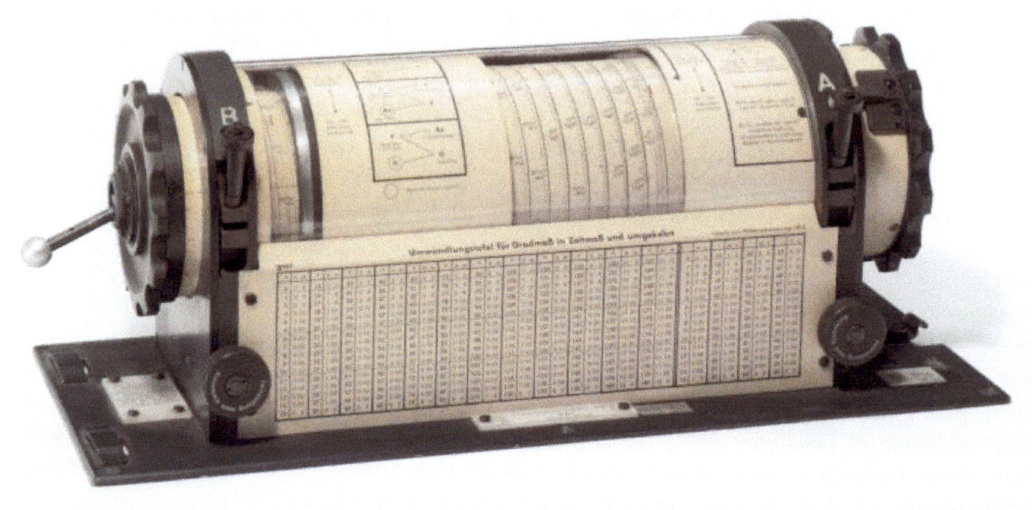

Abbildung 3.49: Der HR 2 von Dennert & Pape (Foto: Deutsches Museum)

Mit Einführung der Höhenrechenschieber konnte auf das Semiversus-Verfahren und die ABC-Tafeln verzichtet werden. Die zur Positionsbestimmung notwendigen Rechenoperationen wurden beschleunigt und vereinfacht, allerdings zulasten der Genauigkeit. Sie betrug mit dem Höhenrechenschieber von Dennert & Pape ±1 Minute. Da weitere Ungenauigkeiten wie Instrumenten- oder Ablesefehler bei der Winkel- und Zeitmessung hinzukamen, konnte ein U-Boot seinen Standort bestenfalls auf einige Seemeilen genau ermitteln, was in den Weiten des Atlantiks durchaus tolerierbar war.

Der Höhenrechenschieber HR 1 wurde noch in den fünfziger Jahren in Prospekten der Firma ARISTO (d. h. Dennert & Pape) für einen Preis von 180 DM angeboten[217]. Die letzten Exemplare des HR 1 wurden Mitte der siebziger Jahre verkauft. Weitere Angaben zur Geschichte der Höhenrechenschieber finden sich bei Ronald van Riet[218].

---

[216] Im DM FA D&P finden sich im Bestand FA 006/0031 zwei Angebote an die Deutsche Seewarte in Hamburg. Das Angebot vom 05.11.1941 beinhaltet einen HR 2 mit elektrischer Kupplung zum Preis von 1000 RM. Gegenstand des zweiten Angebotes vom 15.11.1941 sind 10 HR 2 mit mechanischer Kupplung zum Stückpreis von 800 RM.

[217] Der ab dem 01.12.1944 festgesetzte Einheitspreis für einen Höhenrechenschieber HR 1 mit Holzkasten betrug 50 RM; im Jahre 1942 konnte Dennert & Pape der Kriegsmarinewerft Wilhelmshaven noch einen Stückpreis von 83 RM in Rechnung stellen.

[218] Siehe: http://www.rechenschieber.org/PositionLineSlideRules.pdf (10.08.2013).

3.4.2 Das Astronomische Rechengerät ARG 1

Das Astronomische Rechengerät ARG 1 (siehe Abbildung 3.50) von Zeiss diente

> „zur Ermittlung von Bestimmungsstücken des Nautischen Dreiecks im besonderen sowie jedes anderen sphärischen Dreiecks im allgemeinen, sofern eine Seite oder ein Winkel als bekannt vorgegeben sind. Hierunter fällt z. B. die Berechnung von astronomischen Standlinien, Großkreisen und Kartennetzentwürfen[219]."

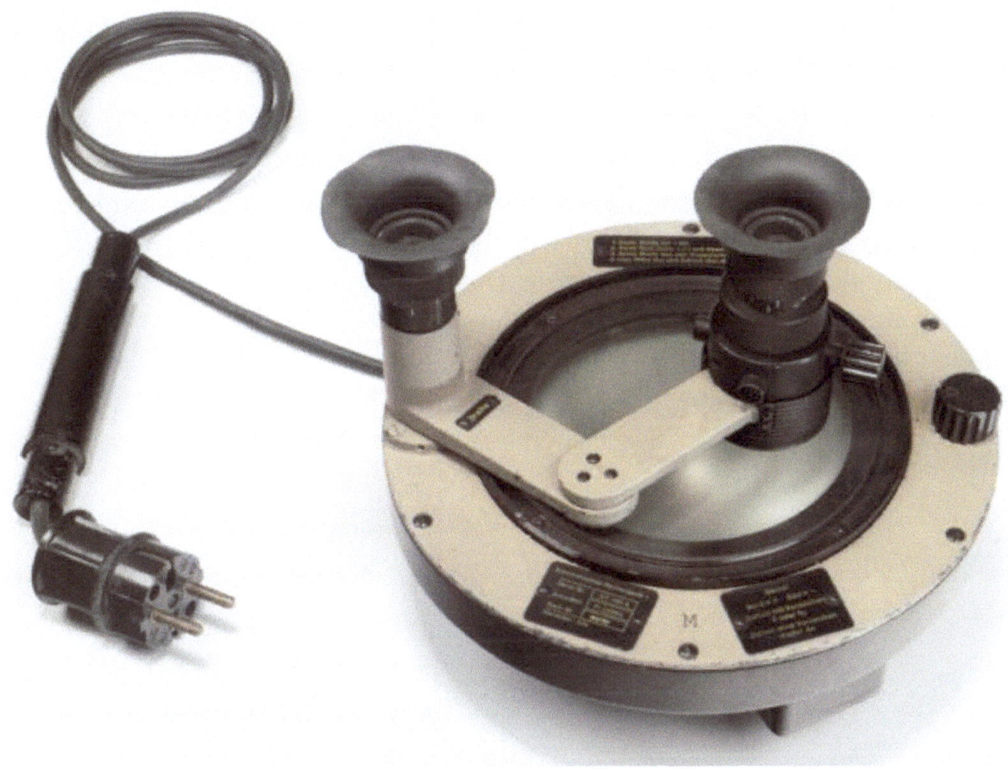

Abbildung 3.50: Das Astronomische Rechengerät ARG 1 (Foto: Deutsches Museum)

Auf dem Rand des Gerätes befand sich ein Mikroskop zum Einstellen der geografischen Breite φ. Ein weiteres Mikroskop zum Einstellen des Ortsstundenwinkels t und der Deklination δ bzw. zum Ablesen des Azimuts α_{Az} und der Höhe h war an einem Gelenkarm angebracht. Der wesentliche Bestandteil des ARG 1 aber war eine von unten beleuchtbare Glasplatte mit einem eingeätzten, drehbaren WULFFSCHEN Netz. Das nach dem russischen Kristallographen GEORGE V. WULFF (1863-1925) benannte Gitter entsteht durch eine stereografische Projektion der Großkreise und Kleinkreise einer Kugel auf eine ebene Fläche (siehe Abbildung 3.51 links).

[219] BA-MA, RMD 6/622, Seite 3.

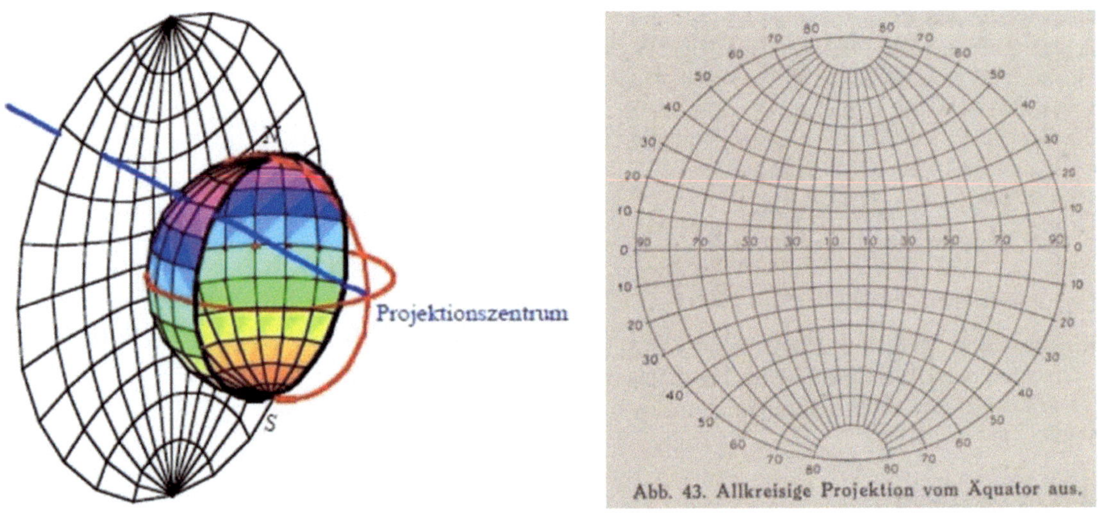

Abbildung 3.51: Stereografische Projektion und WULFFSCHES Netz

Beim ARG 1 wurde ein Netz verwendet, bei dem die Meridiane und Breitenkreise der Erd- bzw. der Himmelskugel auf die Ebene projiziert wurden, die durch die +/-90°-Meridiane verläuft. Das Projektionszentrum liegt dabei im Gegenpunkt des Schnittpunktes von Äquator und Nullmeridian. Die Dichte des auf der Glasplatte eingeätzten WULFFSCHEN Netzes betrug von den Polgegenden abgesehen zehn Winkelsekunden.

Abbildung 3.52: Ein kleines Wunder der Fertigungstechnik: Größenvergleich des WULFFSCHEN Netzes des ARG 1 mit einem Stecknadelkopf

Abbildung 3.53 verdeutlicht das Funktionsprinzip des ARG 1: Zunächst mussten die für den jeweiligen Himmelskörper von vornherein bekannten Werte für die Deklination und den Ortsstundenwinkel im Himmelsäquatorsystem eingestellt werden. Da das Himmelsäquator- und das Horizontsystem um das Breitenkomplement $90° - \varphi$ gegeneinander geneigt sind (siehe auch Abbildung 3.44), ließen sich nach einer Drehung des WULFFSCHEN Netzes um einen Winkel von $90° - \varphi$ das Azimut und die Höhe des Gestirns im Horizontsystem ablesen.

Die Genauigkeit betrug wie bei den Höhenrechenschiebern von Dennert & Pape ±1 Minute. Die für die Ermittlung von Azimut und Höhe benötigte Zeit lag der Gebrauchsanweisung zufolge bei etwa anderthalb Minuten und dürfte damit deutlich kürzer als bei den Höhenrechenschiebern gewesen sein.

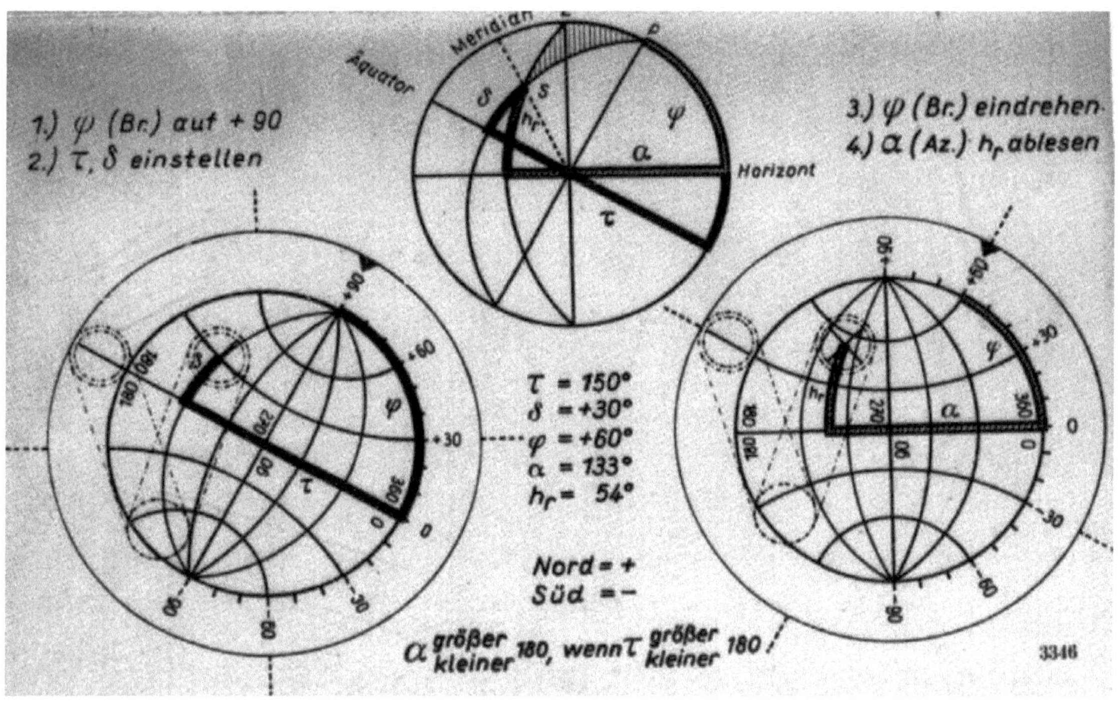

Abbildung 3.53: Das Funktionsprinzip des ARG 1 (Kopie aus dem BA-MA)

Es existiert ein Hinweis darauf, dass für das ARG 1 sogar Übungsrechengeräte hergestellt worden sind. In (zum Zeitpunkt dieser Untersuchung noch nicht inventarisierten) Unterlagen aus dem Firmenarchiv von Dennert & Pape im Hamburger Museum der Arbeit findet sich eine Auftragsanweisung über „4000 Stck. Astronomisches Übungsrechengerät ARG 1 mit Kunststoffetuis Fl. 23 896", die am 02. Juni 1943 vom Planungsringführer für Flugzeuggeräte aus Berlin an Dennert & Pape ergangen ist[220]. Laut Firmenkorrespondenz wurden bis zum 27. Februar 1945 insgesamt 1144 dieser auch als „Azimut- und Uebungsrechner A Ue R" bezeichneten Geräte produziert, bevor die Fertigung endgültig gestoppt wurde[221].

[220] AV, Der Planungsringführer für Flugzeuggeräte, Auftragsanweisung an die Firma Dennert & Pape über 4000 Astronomische Rechengeräte.

[221] AV, Brief der Firma Dennert & Pape an die Firma Luftfahrtbedarf A.-G.

3.4.3 Sternfinderglobes

Sternfinderglobes werden noch heute hergestellt[222] und wurden nachweislich auf U-Booten verwendet. Abbildung 3.54 zeigt links den Sternfinderglobus von U 534 und rechts ein modernes Instrument.

Die Instrumente dienen zum Aufsuchen von Sternen und Sternbildern und der nachträglichen Benennung eines vermessenen Sternes. Sternfinderglobes können ferner bei einer Sextantenmessung zur schnellen Grobausrichtung des Sextanten verwendet werden[223]. Das war bei Sternenmessungen vor allem insofern hilfreich, als Winkelmessungen mit einem konventionellen Sextanten über dem Horizont nur während der kurzen Dämmerungszeit vorgenommen werden konnten[224].

Abbildung 3.54: Sternfinderglobes: Links der Globus von U 534 und rechts ein modernes Instrument (Foto: Freiberger Präzisionsmechanik Holding GmbH)

Mit den Hilfsmitteln der damaligen Zeit war die Navigation auf einem U-Boot oftmals sehr mühselig und unzuverlässig. Die Erinnerungen eines ehemaligen U-Bootfahrers belegen die Nützlichkeit der Sternfinderglobes für die Navigation:

---

222 Im Zweiten Weltkrieg wurden Sternfinderglobes u. a. von den Physikalischen Werkstätten Paul Gebhardt und Söhne in Berlin und den Nautischen Werkstätten GmbH in Lütjenburg in Holstein gefertigt. Die Nautischen Werkstätten fungierten als Unterlieferant für Dennert & Pape und haben ihre Sternfinderglobes zum Stückpreis von 19,80 RM vertrieben (siehe AV, Dennert & Pape, Aufstellung der Rechnungen für Lieferungen an Unterlieferanten für fertige Geräte für die Marine).

223 Siehe: http://www.fpm.de/index.php?c=1&s=sternfinder (10.08.2013).

224 In welchem Umfang auf U-Booten der Kriegsmarine Libellensextanten mit künstlichem Horizont verwendet wurden, ließ sich nicht ermitteln. Der Weltumsegler und Buchautor Bobby Schenk hat berichtet, dass es selbst mit einem Libellensextanten höchster Qualität unter besten Messbedingungen nahezu unmöglich ist, genaue Messergebnisse zu erzielen. Siehe: http://www.yacht.de/schenk/quest/f178.html (10.08.2013).

„Ohne Sextant wären wir hilflos im Atlantik herumgeirrt.

Es war ohnedies schwierig genug, bei den oft tage- und wochenlangen Stürmen seinen Standort zu bestimmen. Bei schlechtem Wetter war dazu nur der Steuermann fähig. Nach dem Besteck musste er dann in oft stundenlanger Suche am Sternfinder, einer großen Kugel ähnlich einem Globus, den Stern suchen, den er vermutlich gemessen hatte. Dann erst konnte er rechnen. Das war oft schon ein Meisterstück.

Bei schweren, wochenlang anhaltenden Stürmen hatten wir oft Versetzungen bis zu zweihundert Kilometer. Versetzung ist der Abstand zwischen dem gekoppelten und dem errechneten Standort[225]."

Mit Blick auf die in dieser Arbeit untersuchten (elektro-)mechanischen Analogrechner stellt sich die Frage, ob derartige Rechenhilfsmittel auch für die rechenintensive Astronavigation entwickelt worden sind. Ein Absatz im Lehrbuch der Navigation für die Kriegs- und Handelsmarine über die mechanische Auswertung von astronomischen Beobachtungen lässt das möglich erscheinen:

„Eine weitere Gruppe von mechanischen Geräten beruhte entweder auf einer Projektion der Sphäre in eine Ebene und mechanischer Darstellung der dabei sich ergebenden Stücke des ursprünglichen sphärischen Dreiecks oder auf rein mechanischer Darstellung gewisser Umformungen der trigonometrischen Formeln. Die Größen φ, δ und t werden auf bestimmten Skalen eingestellt, ohne Rechnung lässt sich dann h an einer weiteren Skala ablesen. Die Tatsache, dass die Gleichung für die Höhe

$$\sin h = \sin \varphi \sin \delta + \cos \varphi \cos \delta \cos t$$

ebenso aufgebaut ist wie die Gleichung

$$\sin \delta = \sin h \sin \varphi + \cos h \cos \varphi \cos Az,$$

kann dazu verwendet werden, das Azimut mit dem gleichen Gerät in einem zweiten Rechengang zu ermitteln. Es wird dann statt δ der eben ermittelte Wert von h eingestellt und das Gerät an der Skala für h auf δ gestellt, so daß hernach das Azimut da abgelesen werden kann, wo beim ersten Rechengang t eingestellt wurde. Ein Gerät dieser Art befindet sich in der Erprobung[226]."

Nähere Informationen über das erwähnte Gerät ließen sich nicht finden. Hier besteht weiterer Forschungsbedarf.

---

[225] Zöllner, Eigentlich dürfte von mir kein Trumm mehr da sein, Seite 180.

[226] Lehrbuch der Navigation für die Kriegs- und Handelsmarine, II. Teil, Seite 164-166.

3.5 Mechano-optische Rechner der Nachkriegszeit

Mechano-optische Analogrechner auf U-Booten sind keineswegs Relikte der Vergangenheit. Auch im Zeitalter modernster Waffenleitanlagen sind die zugrundeliegenden Rechenverfahren und die Bedienung von speziellen U-Boot-Rechenschiebern wie dem ARISTO 80120 und dem ARISTO 90200 fester Bestandteil der Ausbildung künftiger Wachoffiziere im „Ausbildungszentrum Uboote" in Eckernförde.

3.5.1 Der Sehrohr-Rechenschieber von U 11

Im U-Boot Museum in Burgstaaken auf Fehmarn wird ein Rechenschieber ausgestellt, der an Bord von U 11 (Indienststellung am 21. Juni 1968 - Außerdienstellung am 30. Oktober 2003) verwendet wurde (siehe Abbildung 3.55).

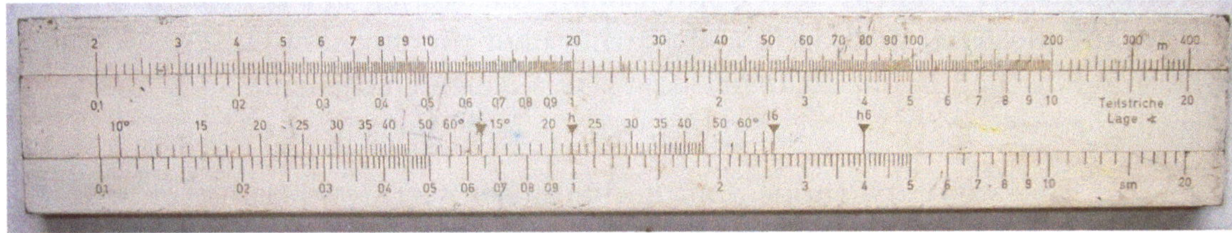

Abbildung 3.55: Der Sehrohr-Rechenschieber von U 11

Der Erklärungstafel zufolge diente der Rechenschieber der Zieldatenermittlung und der Vorhaltberechnung[227]. Laut Fregattenkapitän ARNDT HENATSCH, einem ehemaligen Kommandanten von U 11, könnte es sich bei dem geheimnisvollen Rechenschieber ohne Herstellerkennzeichen, der seitlich am „alten" Standsehrohr von U 11 eingeklemmt wurde, um eine Eigenproduktion der Sehrohr-Werkstatt im Marinearsenal Kiel handeln[228]. Der Rechenschieber wurde jedoch ausschließlich zur Entfernungsbestimmung und nicht zur Vorhaltberechnung verwendet. HENATSCH zufolge konnte der Geübte allein aufgrund des optischen Eindrucks die Entfernung zu einem Objekt einigermaßen exakt schätzen. Die weniger Geübten mussten die Entfernung stattdessen mithilfe des Rechenschiebers ermitteln.

Zur Bestimmung der Entfernung eines Objektes über dessen bekannte Höhe wurde zunächst die Anzahl der Teilstriche gezählt, die das Objekt auf der vertikalen Skala des Periskops überdeckt. Der ermittelte Wert wurde auf dem Rechenschieber unter der Höhe des Objektes eingestellt. Anschließend konnte die Entfernung je nach der am Periskop ausgewählten anderthalb- oder sechsfachen Vergrößerung unter der Markierung h bzw. h6 abgelesen werden.

Sollte die Entfernung über die Länge des Objektes bestimmt werden, wurden der Lagenwinkel sowie die Anzahl der Teilstriche bestimmt, die das Objekt auf der horizontalen Skala des Periskops überdeckt. Diese Anzahl wurde unter der

[227] Am 07.08.2011 lautete der Erklärungstext: „U-Boot Rechenschieber zur Zieldatenermittlung sowie Torpedovorhalteberrechnung [sic!, d. Vf.] 60iger Jahre".

[228] AV, HENATSCH, Email an den Verfasser vom 22.09.2011.

wiederum als bekannt vorausgesetzten Objektlänge eingestellt. Daraufhin konnte die Entfernung je nach gewählter Vergrößerung auf der linken oder rechten Winkelskala unter dem Lagenwinkel abgelesen werden - bei einem Lagenwinkel von 90° also unter der Markierung l bzw. 16[229].

Auf deutschen U-Booten des Zweiten Weltkrieges erleichterten sogenannte E-Meßtafeln (siehe Abbildung 3.56) das Abschätzen von Entfernungen am Sehrohr.

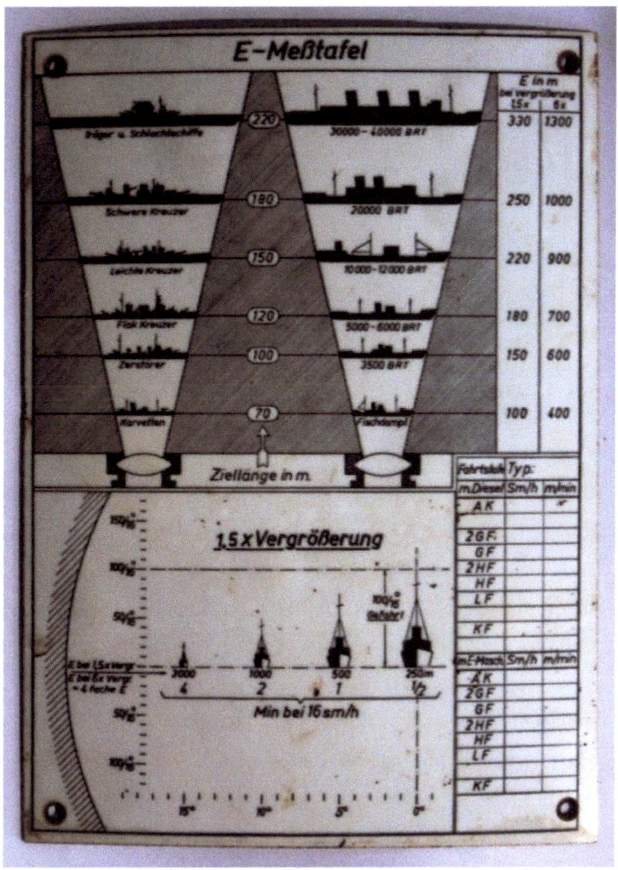

Abbildung 3.56: Die E-Meßtafel von U 534

---

229 Das von Henatsch erwähnte alte Sehrohr von U 11 besaß offenbar eine Gradteilung, bei der der Abstand zwischen zwei horizontalen Teilstrichen einem Winkel von einem Grad und der Abstand zwischen zwei vertikalen Teilstrichen einem Abstand von 2/3 Grad entsprach. Diese Vermutung liegt nahe, denn der (nicht sehr präzise gearbeitete) Sehrohr-Rechenschieber implementiert die Näherungsformeln

$$e \approx \frac{360}{2 \cdot \pi \cdot 1852} \cdot \frac{l}{n} \cdot \sin(\gamma)$$

und

$$e \approx \frac{360}{2 \cdot \pi \cdot 1852} \cdot \frac{3}{2} \cdot \frac{h}{n}.$$

Darin ist e die Entfernung in Seemeilen, l bzw. h die Länge bzw. die Höhe des Objektes in Metern, n die Anzahl der Teilstriche, γ wie üblich der Lagenwinkel und die Zahl 1852 der Umrechnungsfaktor für Seemeilen in Meter. Die Näherungsformeln folgen aus der bekannten Formel zur Berechnung der Bogenlänge eines Kreissektors.
Im Falle einer sechsfachen Vergrößerung am Periskop ist der obige Wert für die Entfernung lediglich mit dem Faktor 4 zu multiplizieren, da die „einfache" Vergrößerung am Periskop von U 11 physikalisch gesehen eine anderthalbfache Vergrößerung war.

3.5.2 Der ARISTO 80120

Der auch als „Vorhalterechenstab Torpedo" bezeichnete Rechenschieber ARISTO 80120 (siehe Abbildung 3.57) wurde erstmals 1961 hergestellt[230] und erinnert mit seinen logarithmischen Sinus- und Geschwindigkeitsskalen äußerlich stark an den zwanzig Jahre älteren T-Rechenschieber 2 (siehe 3.11).

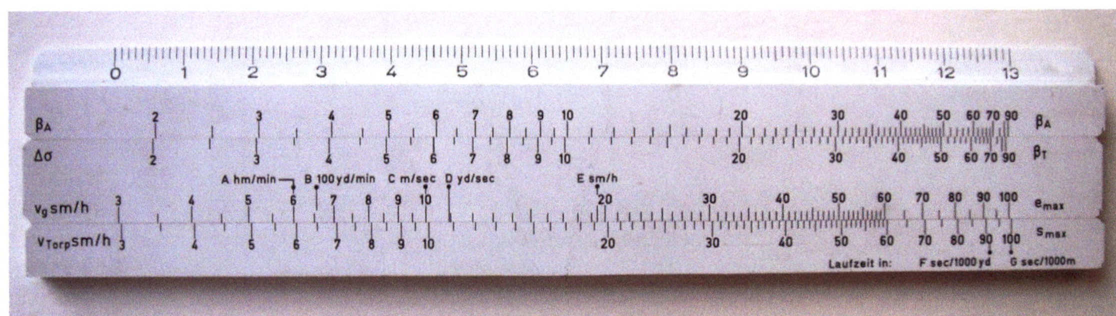

Abbildung 3.57: Der ARISTO 80120

Auf der Rückseite des im Auftrag des Bundesamtes für Wehrtechnik und Beschaffung (BWB) gefertigten Rechenschiebers finden sich fünf Einstellanweisungen (siehe Abbildung 3.58) mit zum Teil recht ungewöhnlichen Bezeichnern[231]. Die Gegnergeschwindigkeit wird wie üblich mit v_g und die Torpedogeschwindigkeit abweichend mit v_{Torp} bezeichnet. Die Variable $\Delta\sigma$ steht für den Vorhaltwinkel, β_A für den Lagenwinkel, β_T für den Schneidungswinkel, e_{max} für die Reichentfernung, s_{max} für die Reichweite (d. h. die maximale Torpedolaufstrecke) und TSA für die sogenannte Target Speed Across, d. h. für die Quergeschwindigkeit des Gegners entlang der Visierlinie. Die TSA spielt eine wichtige Rolle bei der Zielbewegungsanalyse (engl.: Target Motion Analysis, kurz: TMA).

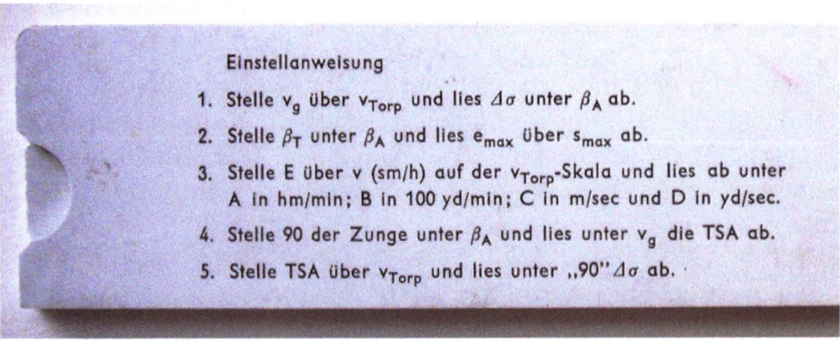

Einstellanweisung

1. Stelle v_g über v_{Torp} und lies $\Delta\sigma$ unter β_A ab.
2. Stelle β_T unter β_A und lies e_{max} über s_{max} ab.
3. Stelle E über v (sm/h) auf der v_{Torp}-Skala und lies ab unter A in hm/min; B in 100 yd/min; C in m/sec und D in yd/sec.
4. Stelle 90 der Zunge unter β_A und lies unter v_g die TSA ab.
5. Stelle TSA über v_{Torp} und lies unter „90" $\Delta\sigma$ ab.

Abbildung 3.58: Einstellanweisungen auf der Rückseite des ARISTO 80120

---

[230] Siehe: Kühn, Kleine, Dennert & Pape - ARISTO - 1872-1978 - Rechenschieber und mathematisch-geodätische Instrumente, Seite 319.

[231] Die Beschreibung der Anwendungszwecke des ARISTO 80120 und des ARISTO 90200 beruht auf den folgenden Quellen aus dem „Ausbildungszentrum UBoote": AV, Handout „Einsatzgrundsätze und -verfahren OPZ-Dienst" und AV, Schülerhandbuch „Einsatzgrundsätze und -verfahren - Grundlagen der Feuerleitung".

Die erste Einstellanweisung beschreibt die Vorhaltberechnung, bei der das Torpedoschussdreieck als Geschwindigkeitsdreieck aufgefasst und der Vorhaltwinkel nach Formel 2.1 ermittelt wird. Dazu wurde beim ARISTO 80120 genau wie beim T-Rechenschieber 2 der logarithmierte Sinussatz implementiert.

Die zweite Anweisung schildert die Vorgehensweise bei der Berechnung der Reichentfernung aus dem Vorhaltwinkel, dem Schneidungswinkel und der maximalen Torpedolaufstrecke (=Reichweite). Hierbei wird das Torpedoschussdreieck als Entfernungsdreieck gedeutet. Auf ähnliche Weise könnte mit dem Rechenschieber die Treffentfernung aus der Reichentfernung, dem Vorhalt- und dem Schneidungswinkel berechnet werden.

Die dritte Anweisung beschreibt das Vorgehen bei Geschwindigkeitsumrechnungen mittels der Markierung E in Verbindung mit den Markierungen A, B, C, D. In Verbindung mit den Skalen E und F sind ferner Laufzeitberechnungen möglich, eine entsprechende Bedienungsanweisung findet sich auf der Rückseite allerdings nicht.

Die Target Speed Across wird gemäß der Beziehung

$$TSA = \sin\left(\beta_A\right) \cdot v_g$$

berechnet und kann daher unter Berücksichtigung der Identität $\sin(90°) = 1$ gemäß Einstellanweisung 4 mit dem Rechenschieber bestimmt werden. Analog kann die ebenfalls bei der Zielbewegungsanalyse benötigte Own Speed Across (OSA) aus dem Sinus der Gegnerpeilung und der eigenen Geschwindigkeit ermittelt werden.

Die fünfte Einstellanweisung entspricht der elementargeometrisch leicht zu verifizierenden Beziehung

$$\sin\left(\Delta\sigma\right) = \frac{TSA}{v_{Torp}}.$$

Wegen

$$\sin\left(\beta_A\right) = \frac{TSA}{v_g}$$

lässt sich mit dem ARISTO 80120 darüber hinaus der Lagenwinkel aus der Target Speed Across und der Gegnergeschwindigkeit bestimmen.

In dem hier nicht näher betrachteten Sonderfall der Stehenden (d. h. unveränderlichen) Peilung könnte der Vorhaltwinkel mit dem ARISTO 80120 auch gemäß der Einstellanweisung „Stelle v_e über v_{Torp} und lies $\Delta\sigma$ unter der Gegnerpeilung ab" ermittelt werden.

3.5.3 Der ARISTO 90200

Der auch als „Rechenstab für die Schiffsgeschwindigkeit" bezeichnete ARISTO 90200 wurde erstmals im Jahre 1973 für das Marinearsenal in Kiel hergestellt[232]. Der Rechenschieber hat zwei Geschwindigkeitsskalen sowie eine Sinus- und eine Entfernungsskala; charakteristisches Merkmal ist eine rote „1936" unter der Entfernungsskala. Mit dem Rechenschieber können diverse bei der Zielbewegungsanalyse anfallende Aufgaben gelöst werden. Bspw. gestattet er die Berechnung der Distance of Track (d. h. des senkrechten Abstandes vom U-Boot zum Gegnerkurs) aus dem Lagenwinkel und dem Gegnerabstand. Darüber hinaus können mit dem ARISTO 90200 der Gefahrenkreisradius und das „periscope looking interval" (siehe Abschnitt 3.5.4) sowie die TSA und die OSA berechnet werden.

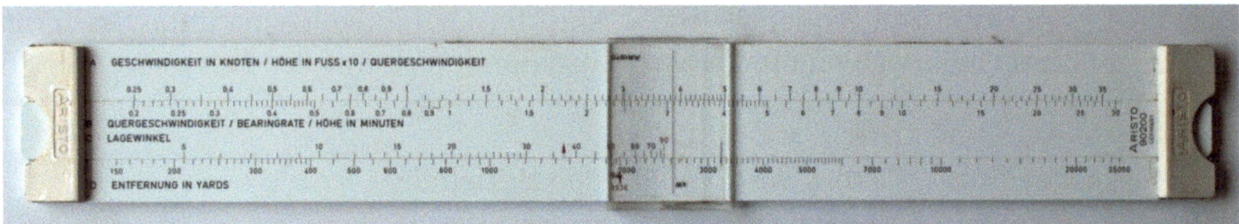

Abbildung 3.59: Der ARISTO 90200

Der ARISTO 90200 kann ferner dazu verwendet werden, die Gegnerentfernung R (für engl. range) aus der relativen Quergeschwindigkeit RSA:= TSA + OSA und der Bearing Rate gemäß der folgenden Formel zu ermitteln:

$$\mathrm{R} = 1936 \cdot \frac{\mathrm{RSA}}{\text{Bearing Rate}}. \tag{3.31}$$

Dabei wird unter der Bearing Rate die Peilauswanderung einer Geräuschquelle in °/min verstanden. Der Faktor 1936[233] ergibt sich aus der Forderung, dass das Ergebnis die Einheit yd haben soll, denn es gilt näherungsweise

$$\frac{\frac{1\,\mathrm{sm}}{1\,\mathrm{h}}}{\frac{1^\circ}{1\,\mathrm{min}}} \approx \frac{\frac{2027\,\mathrm{yd}}{60\,\mathrm{min}}}{\frac{\frac{\pi}{180}}{1\,\mathrm{min}}} \approx 1936\,\mathrm{yd}. \tag{3.32}$$

Analog lässt sich mit dem ARISTO 90200 die sogenannte Double-Leg EKELUND Range aus der OSA und einer Änderung der Bearing Rate berechnen, die durch ein markantes Eigenbootmanöver erzwungen wird.

[232] Siehe: KÜHN, KLEINE, Dennert & Pape - ARISTO - 1872-1978 - Rechenschieber und mathematisch-geodätische Instrumente, Seite 322.

[233] In der Umrechnung wird die auf 2027 yd gerundete U.S. nautical mile verwendet, die in den USA bis 1954 gültig war. Mit der heute verwendeten international nautical mile (≈ 2025 yd) ergibt sich der Faktor 1934. Für die Berechnung der (EKELUND-)Range ist dieser geringfügige Unterschied allerdings belanglos.

Auf eine Herleitung der Formeln und eine detaillierte Darstellung der Target Motion Analysis soll an dieser Stelle verzichtet werden. Die Formel 3.31 erscheint indes plausibel, denn aus der Behandlung der Rotationsbewegungen in der Schulphysik ist bekannt, dass für einen Punkt, der sich auf einer Kreisbahn mit konstantem Radius R bewegt, die lineare Bahngeschwindigkeit v mit der Winkelgeschwindigkeit ω durch die Beziehung $v = \omega \cdot R$ verknüpft ist.

Der ARISTO 90200 ähnelt stark dem vermutlich von Blundell hergestellten britischen Rechenschieber Bearing Rate Mark 1 Model 0[234]. In den USA wurde ein Bearing Rate Computer u. a. von der Felsenthal Instruments Co. hergestellt[235]. Der Bearing Rate Computer hatte die Form einer Rechenscheibe und dieselbe Funktionalität wie der Aristo 90200.

3.5.4 Entwicklungen aus jüngerer Zeit - das Spears Wheel

Es ist überraschend, dass noch in der jüngeren Vergangenheit mechano-optische Analogrechner für U-Boote neu entwickelt wurden[236]. Im September 2000 erfand Lieutenant Brian Spears an Bord des amerikanischen Atom-U-Bootes USS Scranton das später nach ihm benannte Spears Wheel zur Bestimmung von „periscope look intervals" und fertigte das erste Exemplar aus Karton an. Als „periscope look interval" wird die Zeitspanne bezeichnet, die zwischen der letzten Sehrohrbeobachtung und der nächsten, notwendigen Sehrohrbeobachtung vor dem Eintritt des Gegners in den sogenannten Gefahrenkreis vergehen darf. Der Radius des Gefahrenkreises wiederum ist die Summe der Strecken in yards, die ein Gegner in Lage 0 mit Höchstgeschwindigkeit und das eigene U-Boot mit der Geschwindigkeit v_e zurücklegen können.

Sobald ein Gegner den Gefahrenkreis erreicht, muss das U-Boot grundsätzlich auf Sicherheitstiefe gehen. Die Herausforderung der Seeraumüberwachung besteht besonders bei starkem Schiffsverkehr darin, für alle infrage kommenden Objekte ständig den aktuellen Gefahrenkreisradius zu berechnen. Die Lösung dieser Aufgabe ist mit einem Taschenrechner sehr mühselig und wird durch das Spears Wheel deutlich erleichtert. Es besteht aus zwei übereinander angeordneten Kreisscheiben. Die untere, größere Scheibe ist mit einer Entfernungsskala versehen. Die obere Scheibe enthält alle möglichen Objekte vom Fischerboot bis zum Flugzeugträger. Wird ein Objekt gegenüber der jeweiligen Entfernung eingestellt, kann durch ein Fenster in der oberen Scheibe das entsprechende „periscope look interval" abgelesen werden.

Die US-Navy befand Spears Erfindung immerhin für so nützlich, dass sie für 10.000 $ professionell bedruckte Exemplare herstellen ließ.

---

[234] Eine Abbildung des Bearing Rate Mark 1 Model 0 ist online zugänglich unter http://www.mathsinstruments.me.uk/page72.html (10.08.2013).

[235] Siehe: http://www.globalsecurity.org/military/library/policy/navy/nrtc/14308_ch10.pdf (10.08.2013).

[236] Siehe: http://www.navy.mil/navydata/cno/n87/usw/issue_15/ekelund.html (10.08.2013).

4 Technische Grundlagen elektromechanischer Feuerleitanlagen

Im vorliegenden Kapitel werden ausgewählte technische Grundlagen elektromechanischer Feuerleitanlagen behandelt. Dabei liegt der Schwerpunkt auf den rechentechnischen Bauelementen, die für ein tieferes Verständnis der Funktionsweise der Torpedovorhaltrechner der SAM unverzichtbar sind.

Zu Beginn des Kapitels werden Rechengetriebe untersucht. Besonders interessant ist das bereits in Abschnitt 3.1.3 erwähnte, ausgeklügelte Dreiecksrechengetriebe zur mechanischen Nachbildung des Torpedoschussdreiecks (Reichspatentamt Patentschrift Nr. 767986), da es die kompakte Bauweise der Torpedovorhaltrechner von Siemens maßgeblich ermöglicht hat. Von gleichem Interesse sind Kurvenkörper, die neben Kurvenscheiben und Kurvenzylindern die wichtigsten Bauteile zur Nachbildung funktionaler Zusammenhänge waren, die nicht oder nur schwer mithilfe von herkömmlichen Getrieben realisiert werden konnten.

Im Anschluss an die Rechengetriebe werden elektrische Bauelemente zur Fernübertragung oder Verstärkung von Werten und zur Nachbildung von mathematischen Funktionen analysiert. Die in Abschnitt 4.2.1 untersuchte „Fernzeigeanlage zur Übermittlung von Befehlen, Signalen o. dgl." (Reichspatentamt Patentschrift Nr. 658871) und das in Abschnitt 4.2.2 behandelte „Schaltwerk für motorische Folgesteuerungen" (Reichspatentamt Patentschrift Nr. 687149) wie auch die in Abschnitt 4.3.1 dargestellte „Nachdreheinrichtung mit einstellbarem Übersetzungsverhältnis" (Reichspatentamt Patentschrift Nr. 768089) zeugen beispielhaft von dem hohen Forschungs- und Entwicklungsaufwand, der von der SAM für die Marine-Feuerleitanlagen getrieben wurde.

Abschließend wird am Beispiel der Parallaxgetriebe der Torpedovorhaltrechner C/37 und S3 gezeigt, wie mit den in diesem Kapitel untersuchten Bauteilen komplexe Rechengetriebe aufgebaut wurden.

Die von der SAM eigens für Feuerleitrechner entwickelten Patente sind über die Online-Patentrecherche des Deutschen Patent- und Markenamtes zugänglich[237]. Die in diesem Kapitel behandelten rechentechnischen Standardgetriebe finden sich in den zeitgenössischen Werken von Alfred Kuhlenkamp und Walther Meyer zur Capellen[238]. Im Rahmen der vorliegenden Arbeit galt es jedoch die marinetechnische Spezialliteratur auszuwerten. Daher wird im weiteren Verlauf vorrangig auf die Marinedienstvorschriften 819[239] und 874[240] zurückgegriffen, in denen mechanische und elektrische Bauteile sowie Rechengetriebe dargestellt sind, die in den Feuerleitanlagen der Kriegsmarine verwendet wurden.

---

237 Siehe: http://www.depatisnet.de (10.08.2013).

238 Siehe: Meyer zur Capellen, Mathematische Instrumente und Kuhlenkamp, Flak-Kommandogeräte.

239 BA-MA, RMD 4/819, M. Dv. Nr. 819, Mechanische und elektrische Bauteile für T-Feuerleit-Anlagen und -Geräte.

240 BA-MA, RMD 4/874, M. Dv. Nr. 874, Die Grundlagen der Rechengetriebe der Feuerleitung.

WALTHER MEYER ZUR CAPELLEN und ADOLF WILLERS geben in ihren Büchern mit den gleichlautenden Titeln „Mathematische Instrumente" einen Überblick über den Stand der zivilen Rechentechnik in den vierziger Jahren, wobei ersterer technische Einzelheiten in größerem Umfang als letzterer berücksichtigt und darüber hinaus die grundlegenden Bauteile (elektro-)mechanischer Analogrechner knapp beschreibt[241]. Die meisten der von MEYER ZUR CAPELLEN und WILLERS ausführlich behandelten Instrumente wie z. B. die zur Klasse der Additionsmaschinen gehörenden Sprossenradmaschinen und Staffelwalzenmaschinen spielen für die vorliegende Arbeit keine Rolle. Eine Ausnahme bildet der GONELLASCHE Integriermechanismus, ein Sonderfall des allgemeinen Reibradgetriebes (siehe Abschnitt 4.1.6), bei dessen Beschreibung WILLERS ausdrücklich auf die Verwendung in den Feuerleitgeräten der Flugabwehr hinweist[242]. Interessant ist ferner die Erwähnung eines Kreisrechenschiebers mit einem Durchmesser von 100 cm, der von den Askaniawerken hergestellt und im Zweiten Weltkrieg zur Massenauswertung von Kinotheodolitbeobachtungen[243] bei der Flugabwehr verwendet wurde[244].

KUHLENKAMP behandelt in seinem im Jahre 1943 erschienenen Buch neben den theoretischen Grundlagen und getriebetechnischen Standardbauteilen der Feuerleitanlagen für die Flugabwehr auch das deutsche Kommandogerät von Zeiss sowie diverse ausländische Flak-Kommanadogeräte wie das US-amerikanische „Sperry"- oder das englische „Vickers"-Gerät.

Eine zeitgenössische Darstellung der in Feuerleitrechnern der US-Navy verwendeten Rechentechnik findet sich in der vom Waffenamt der US-Marine herausgegebenen Schrift „Basic Fire Control Mechanisms"[245]. Die Entwicklungsgeschichte der US-amerikanischen Feuerleittechnik hat DAVID A. MINDELL in seinem Buch „Between Human and Machine: Feedback, Control, and Computing before Cybernetics" nachgezeichnet. Ein systematischer Vergleich deutscher und amerikanischer Rechengetriebe und Bauteile wird hier nicht gegeben. Einige Beispiele werden zeigen, dass in beiden Ländern ähnliche Komponenten zur Herstellung von Feuerleitrechnern verwendet wurden. Zwei Abbildungen bei MINDELL[246] illustrieren auf anschauliche Weise die von BLATTMANN beschriebene Herstellung von Kurvenkörpern (siehe Abschnitt 4.1.8) und belegen, dass es auch in fertigungstechnischer Hinsicht Parallelen zwischen den USA und Deutschland gab.

Weitere Informationen über die vielfältigen Möglichkeiten mechanischer Rechengetriebe findet der interessierte Leser bei ANTONÍN SVOBODA[247].

---

241 Siehe: MEYER ZUR CAPELLEN, Mathematische Instrumente, Seite 4-32.

242 Siehe: WILLERS, Mathematische Instrumente, Seite 105-107 sowie MEYER ZUR CAPELLEN, Mathematische Instrumente, Seite 49-50.

243 Als Kinotheodoliten werden große Winkelmessgeräte bezeichnet, die zur Zeit des Zweiten Weltkrieges insbesondere für die Bahnvermessung hoher, sich schnell bewegender Flugkörper verwendet wurden.

244 Siehe: WILLERS, Mathematische Instrumente, Seite 12.

245 Ordnance Pamphlet No. 1140, Basic Fire Control Mechanisms.

246 Siehe: MINDELL, Between Human and Machine, Seite 96-97.

247 Siehe: SVOBODA, Computing Mechanisms and Linkages.

4.1 Rechengetriebe

In diesem Abschnitt liegt das Augenmerk auf den mechanischen Rechengetrieben, die in den Torpedovorhaltrechnern der SAM zur Nachbildung von mathematischen Funktionen verwendet wurden. Der Abschnitt gründet sich weitgehend auf die in der Kapiteleinleitung bereits erwähnten Marinedienstvorschriften 819 und 874[248].

Für die Addition oder Subtraktion zweier Rechenwerte wurden in elektromechanischen Feuerleitrechnern zumeist Zahnradgetriebe verwendet, da die Werte überwiegend in Form von Drehbewegungen von Rädern oder Wellen vorlagen. Für die Addition mehrerer Summanden wurden in einigen Rechnern der Schiffsartillerie sogenannte Stahlbanddifferentiale[249] eingesetzt. In den U-Boot-Rechnern von Siemens wurden zu diesem Zweck einfach mehrere Zahnradgetriebe gekoppelt.

Der bedeutendste Vertreter der Additions- und Subtraktionsgetriebe war das vom Automobil her bekannte Differentialgetriebe (siehe Abschnitt 4.1.1). Beim Automobil verbessert es das Kurvenfahrverhalten, indem es die Geschwindigkeitsunterschiede zwischen dem äußerem und dem innerem Rad der Antriebsachse ausgleicht. Das sogenannte Achsdifferential ermöglicht es den beiden Antriebsrädern, sich auf unterschiedliche Drehgeschwindigkeiten einzustellen, wobei der Mittelwert der Drehgeschwindigkeiten erhalten bleibt und gleich der Drehgeschwindigkeit der Antriebswelle ist. Ein Differential verteilt mit anderen Worten die Drehzahl des Antriebs auf die beiden Antriebsräder. In Feuerleitrechnern wurde das Differentialgetriebe im umgekehrten Sinne zur Addition verwendet, indem die Drehzahlen zweier Wellen addiert und auf eine Ausgabewelle geleitet wurden.

Für die Multiplikation von Zahlen wurden die unterschiedlichsten Getriebetypen eingesetzt. Die Multiplikation einer variablen Zahl mit einem konstanten Faktor konnte auf einfache Weise mithilfe von zwei Zahnrädern mit entsprechendem Übersetzungsverhältnis realisiert werden (siehe Abschnitt 4.1.2).

Zur Multiplikation zweier Zahlen wurden u. a. Strahlenrechner verwendet, die wie der zum Übertragen von Zeichnungen in verschieden Maßstäben verwendete „Storchenschnabel" auf einer Anwendung der Strahlensätze beruhten. Strahlenrechner wurden vor allem dort eingesetzt, wo die zu multiplizierenden Zahlen als Verschiebebewegung vorlagen und das Ergebnis ebenfalls eine Verschiebebewegung sein sollte. Ein Beispiel für einen Strahlenrechner wird in Abschnitt 4.1.2 gegeben. Multiplikationsgetriebe auf der Basis von Kurvenkörpern wurden in der Feuerleitung nicht verwendet und sind daher in dieser Arbeit nicht von Interesse.

Divisionsgetriebe wurden in Feuerleitrechnern überwiegend dazu benutzt, den Kehrwert der Zielentfernung zu bilden, der bspw. für die Parallaxberechnung nach Formel 3.11 benötigt wurde. In Abschnitt 4.1.3 wird ein Divisionsgetriebe zur Kehrwertberechnung behandelt und dabei zugleich ein anschauliches Anwendungsbeispiel für einen Kurvenzylinder gegeben.

---

[248] Siehe Fußnote 239 bzw. 240.

[249] Siehe BA-MA, RMD 4/874, Seite 11-12 sowie die Abbildungen 7a und 7b im Bildteil.

Die trigonometrischen Funktionen Sinus, Kosinus und Tangens wurden mit Winkelfunktionsgetrieben berechnet, die wie das in Abschnitt 4.1.4 näher beschriebene Exemplar zumeist auf der geometrischen Nachbildung eines rechtwinkligen Dreiecks oder aber auf Kurvenkörpern beruhten. Hypozykloidengetriebe[250] zur Berechnung des Sinus oder Kosinus sind in mathematischer Hinsicht interessant. Sie wurden aber in den U-Boot-Rechnern der SAM nicht verwendet und werden daher im Folgenden nicht näher betrachtet.

Stellvertretend für Kurbelgetriebe wird in Abschnitt 4.1.5 das für die Torpedovorhaltrechner von Siemens bedeutsame Dreiecksrechengetriebe analysiert.

Ein Grundproblem der Feuerleittechnik bestand in der Bahnberechnung eines beweglichen Zieles, um Zieloptiken zu stabilisieren oder ein Gefecht trotz kurzer Sichtunterbrechung weiterführen zu können. Zu diesem Zweck wurden Differentiations- und Integrationsgetriebe eingesetzt. Erstere konnten für eine laufend in das Rechengetriebe eingeführte Größe wie die Zielentfernung e deren zeitliche Änderung $\frac{de}{dt}$ ermitteln. Letztere berechneten umgekehrt aus der bekannten zeitlichen Änderung $\frac{de}{dt}$ einer Größe e deren gesamte Änderung innerhalb einer gewissen Zeitspanne. In Abschnitt 4.1.6 werden Reibradgetriebe behandelt, die sowohl zu Differentiations- als auch zu Integrationszwecken verwendet wurden. Im Zusammenhang mit dem Problem der Bahnberechnung wird dabei ein wesentlicher Unterschied zwischen deutschen und amerikanischen U-Boot-Torpedovorhaltrechnern erörtert.

In Abschnitt 4.1.7 werden mit Kurvenscheiben und Kurvenzylindern Funktionsgetriebe mit einer unabhängigen Veränderlichen behandelt. Abschnitt 4.1.8 ist den Funktionsgetrieben zweier unabhängiger Veränderlicher gewidmet. Neben Kurvenkörpern werden auch Kurvenzylinder besprochen, da beide Getriebetypen im TVh-Re/S3 verwendet wurden.

Zu den kompliziertesten Getrieben der Feuerleitung gehörten die sogenannten Koordinatenwandler[251]. Auch wenn Koordinatenwandler auf U-Booten nicht verwendet wurden, seien sie aus Gründen der Abgrenzung gegen die auf Überwassereinheiten verwendete Feuerleittechnik kurz erwähnt (siehe auch Abschnitt 5.1):

Auf Schiffen wurde das Torpedoschussproblem wie auf U-Booten für die Horizontalebene, d. h. für den Meeresspiegel, berechnet. Im Unterschied zu U-Booten hatte der Seegang bei Schiffen einen erheblichen Einfluss auf die Lösung des Problems, da die Bettungsebenen der Zieloptik und der Torpedorohre sehr viel höher lagen und daher die Werte für die Ziel- und Schussrichtung in aller Regel nicht mit den Werten für das horizontal liegende Schiff übereinstimmten. Koordinatenwandler hatten nun einerseits die Aufgabe, „die Abweichungen der Visierlinie von der Zielrichtung infolge der Krängung auszugleichen“ und andererseits „den für das Abfeuern vom horizontal liegenden Deck gültigen Richtwert so umzurechnen, daß vom bewegten Deck des krängenden Schiffes aus jederzeit abgefeuert werden [konnte, d. Vf.]“[252].

[250] BA-MA, RMD 4/874, Seite 32-33.

[251] BA-MA, RMD 4/819, Seite 101-111.

[252] Beide Zitate ebd., Seite 102.

4.1.1 Additionsgetriebe

Differentialgetriebe waren für die Feuerleittechnik von so grundlegender Bedeutung, dass ihre Funktionsweise hier ausführlich erläutert werden soll[253].

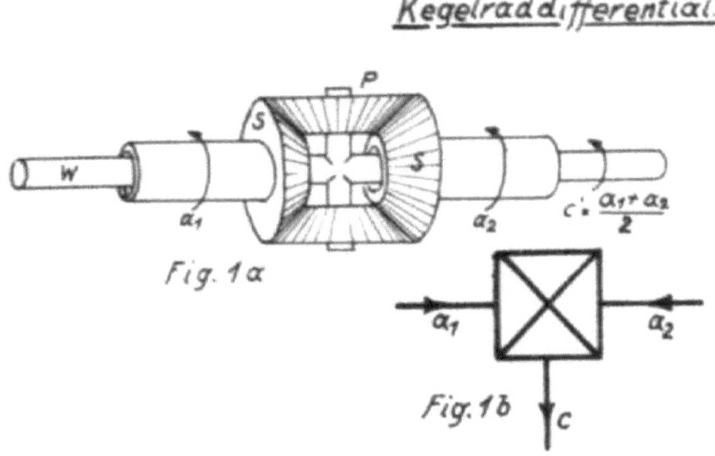

Abbildung 4.1: Kegelrad-Differentialgetriebe (Kopie aus dem BA-MA)

Das Kegelrad-Differentialgetriebe in Abbildung 4.1 besteht aus vier Kegelzahnrädern. Die beiden baugleichen Sonnenräder S sind jeweils auf einer Hohlwelle fest montiert. Durch die Hohlwelle führt die Resultatwelle W. Sie trägt zwischen den beiden Sonnenrädern die Achse für das Planetenrad P. Das dem Planetenrad P diametral gegenüber gesetzte zweite Zahnrad ist für die Funktion des Getriebes nicht unbedingt notwendig und dient lediglich dazu, die Belastung des Getriebes gleichmäßiger zu verteilen.

Werden die beiden Sonnenräder gleichzeitig und im gleichen Drehsinn um einen gewissen Betrag a gedreht, wird das Planetenrad so mitgenommen, als ob es sich bei dem Getriebe um ein starres Gebilde handeln würden. In dem Fall führt die Resultatwelle das Ergebnis a.

Dieselbe Endlage des Getriebes kann erzielt werden, wenn die obige Bewegung in zwei Teilbewegungen zerlegt wird, wobei zunächst das erste Sonnenrad festgehalten und das zweite um den Betrag a gedreht und danach das zweite Sonnenrad arretiert und das erste um den Betrag a gedreht wird. Da beide Sonnenräder dieselbe Endlage wie bei der obigen Vorgehensweise haben, muss die Resultatwelle wieder das Ergebnis a führen, wobei aus Symmetriegründen auf jede der beiden einzelnen Drehungen der Anteil $^{a}/_{2}$ entfallen muss.

Wird ganz allgemein das eine Sonnenrad um den Wert a_1 gedreht, während das andere festgehalten wird, dreht sich die Resultatwelle um den Wert $^{a_1}/_{2}$. Wird das andere Sonnenrad unter Festhalten des ersten Sonnenrades um den Wert a_2 gedreht, dreht sich die Resultatwelle um den Wert $^{a_2}/_{2}$ und führt nun insgesamt

[253] Siehe BA-MA, RMD 4/819, Seite 11-12.

den Wert $c' = (a_1+a_2)/2$. Mit einer geeigneten Übersetzung kann daher an der Resultatwelle der Wert $c = 2 \cdot c' = a_1 + a_2$ abgenommen werden.

Da sich der Drehsinn der Sonnenräder umkehren lässt, können mit Kegelrad-Differentialgetrieben Werte nicht nur addiert, sondern auch subtrahiert werden.

Abbildung 4.2: Kegelrad-Differentialgetriebe von Siemens (Foto: Informatik-Sammlung Erlangen)

Abbildung 4.2 zeigt ein Kegelrad-Differentialgetriebe, wie es in der Feuerleitrechnern der SAM verwendet wurde. Die Kegelrad-Differentialgetriebe von Siemens waren in 5 Größen genormt und äußerst präzise, leichtgängig und belastbar. Stirnrad-Differentialgetriebe waren zwar einfacher herzustellen als Kegelrad-Differentialgetriebe, aber nicht so genau und wurden daher selten verwendet[254].

Die Anforderungen an Waffenleitgeräte waren in Bezug auf die Genauigkeit und die Wartbarkeit so hoch, dass die an der Übertragung von Werten beteiligten Teile wie Zahnräder einerseits ohne Verstiftung völlig spielfrei auf den Wellen sitzen mussten und andererseits im Wartungsfall auf See ohne besondere Abziehvorrichtungen demontierbar sein sollten[255].

Dem Chronisten Albert Blattmann zufolge sicherte bei Siemens ein eigens für die Kontrolle der Zahnräder eingerichteter und mit den modernsten Geräten ausgestatteter Prüf- und Messraum die Einhaltung der Qualität:

> „Der intensiven Zusammenarbeit dieser Meßstelle mit der Fertigung war es zu verdanken, daß z. B. die genormten Kegelrand-Differentiale aller Größen ohne jede Abgleich- und Nacharbeit beim Zusammenbau und ohne das in anderen Firmen übliche 'Einlaufenlassen' den sehr hohen Ansprüchen an Spielfreiheit und Leichtigkeit genügten[256]."

[254] Blattmann, SAM, Seite 50.

[255] Siehe ebd., Seite 46.

[256] Ebd., Seite 127.

4.1.2 Multiplikationsgetriebe

Die Multiplikation einer Zahl mit einem konstanten Faktor kann mittels einfacher Zahnradgetriebe bewerkstelligt werden (siehe Abbildung 4.3).

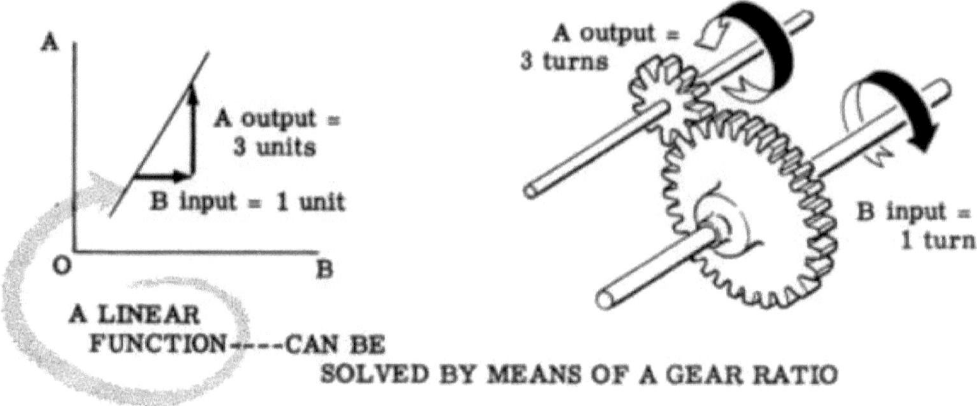

Abbildung 4.3: Einfaches Multiplikationsgetriebe

Zur Multiplikation zweier variabler Zahlen wurden häufig Strahlenrechner (auch: Strahlrechner) eingesetzt. Abbildung 4.4 zeigt einen Strahlenrechner, dem die zu multiplizierenden Zahlen als Drehbewegung zugeführt werden. Daneben gab es auch Strahlenrechner, bei denen der Multiplikand und Multiplikator als Verschiebebewegungen vorlagen.

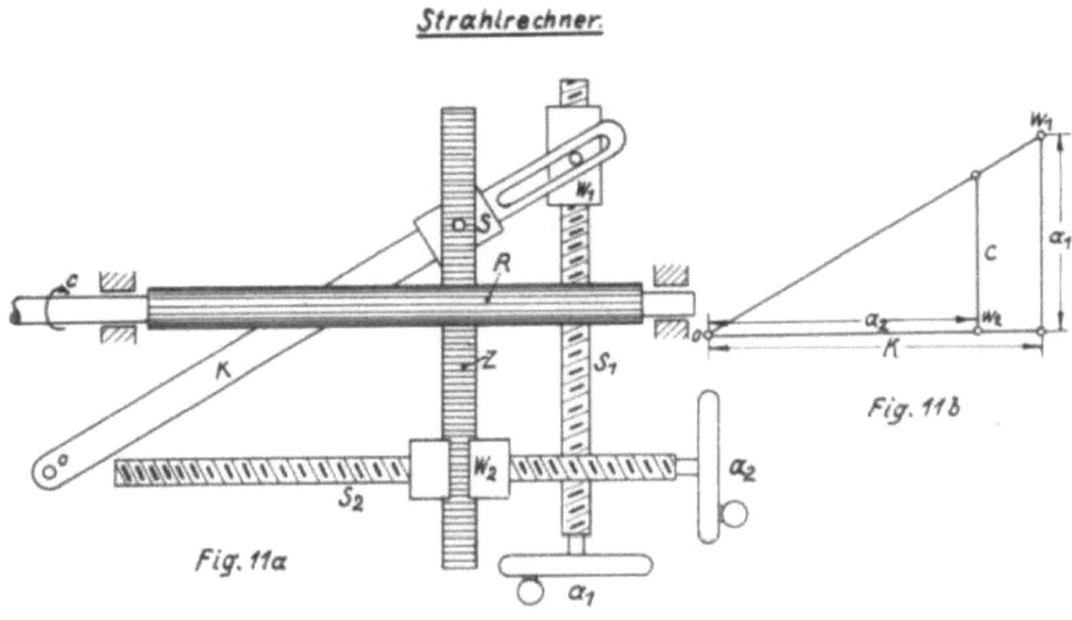

Abbildung 4.4: Getriebe zur Multiplikation variabler Zahlen (Kopie aus dem BA-MA)

Das Prinzip des hier beschriebenen Strahlenrechners beruht auf der Nachbildung des Dreiecks in Figur 11b (siehe Abbildung 4.4). Die Wandermutter W1 wird durch Drehen der Spindel S1 in den Abstand a_1 von der Spindel S2 gebracht. Durch Drehen der Spindel S2 wird zwischen dem Nullpunkt und der Wandermutter W2 der Abstand a_2 eingestellt. Dadurch erhält der Schieber S den Abstand c von der Spindel S2. Nach dem Strahlensatz gilt damit

$$\frac{c}{a_2} = \frac{a_1}{k} \Leftrightarrow c = \frac{1}{k} \cdot a_1 \cdot a_2.$$

Die Verschiebung der Zahnstange um die Strecke der Länge c wird auf die Ritzelwalze R mit dem Radius r übertragen, die daher

$$\frac{c}{2 \cdot r \cdot \pi} = \frac{1}{2 \cdot r \cdot \pi \cdot k} \cdot a_1 \cdot a_2$$

Umdrehungen vollführt. Bei geeigneter Übersetzung kann demzufolge an der Ritzelwalze das Produkt der Zahlen a_1 und a_2 abgenommen werden.

In Abschnitt 4.1.7 wird ein Beispiel für ein Multiplikationsgetriebe gegeben, das mit Kurvenzylindern arbeitet.

4.1.3 Divisionsgetriebe

Das einfache Divisionsgetriebe in Abbildung 4.5 basiert auf einer Anwendung des Höhensatzes. Dieser Getriebetyp wurde in der Feuerleitung vor allem dazu verwendet, den Kehrwert einer Größe wie z. B. der Zielentfernung zu ermitteln.

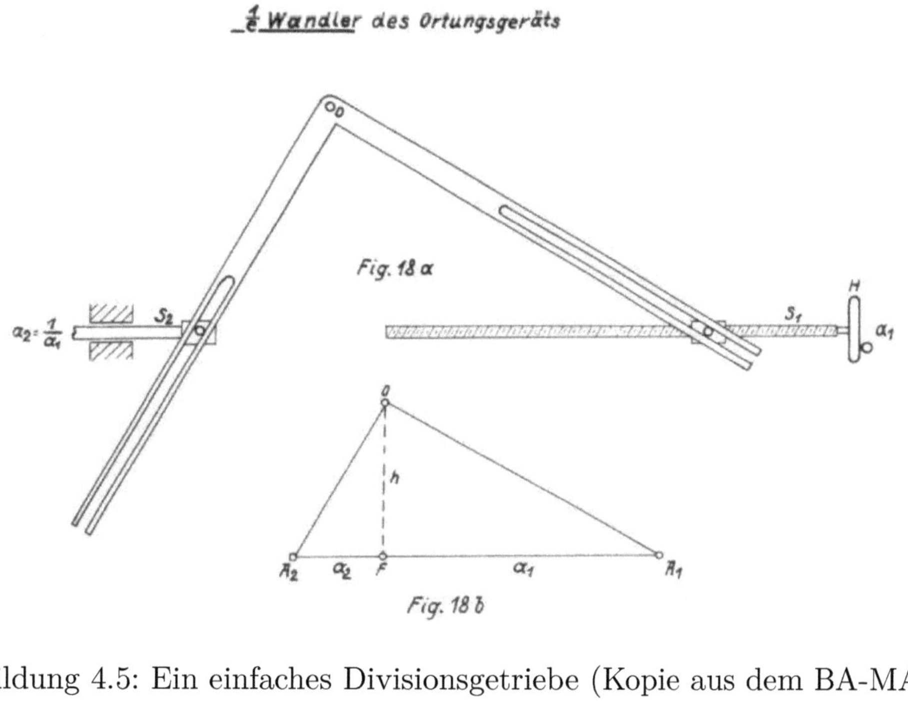

Abbildung 4.5: Ein einfaches Divisionsgetriebe (Kopie aus dem BA-MA)

Der Einfachheit halber werde angenommen, dass der Abstand h des festen Drehpunktes 0 von der Spindel S1 und der Schiene S2 gleich Eins ist. Mithilfe der Spindel S1 wird die Strecke a_1 eingestellt. Die resultierende Verschiebung der Schiene S2 entspricht nach dem Höhensatz der Strecke $a_2 = \frac{1}{a_1}$.

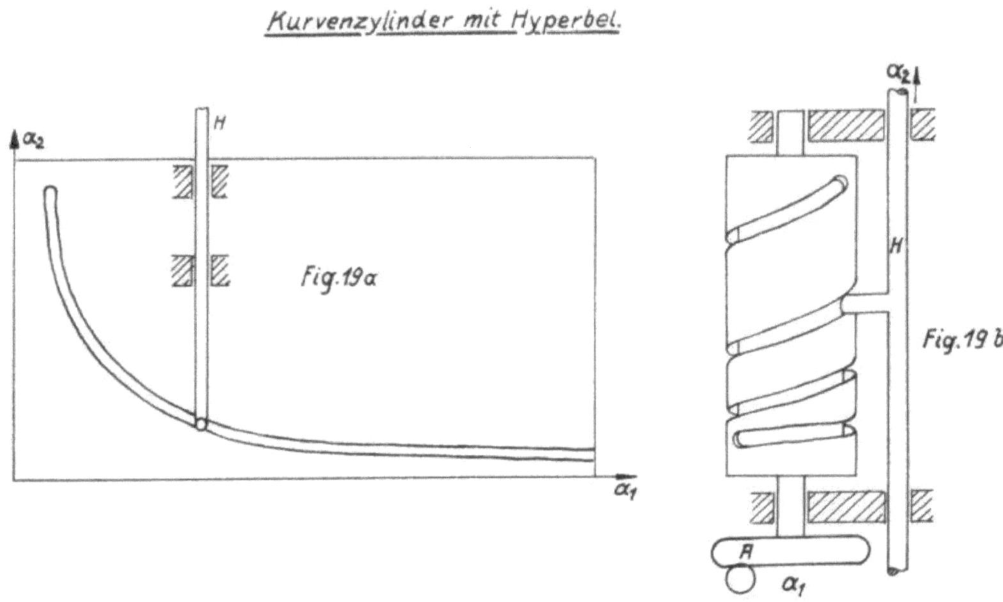

Abbildung 4.6: Kurvenzylinder mit Hyperbel (Kopie aus dem BA-MA)

Figur 19 a in Abbildung 4.6 zeigt eine Kurvenplatte, in die zu Divisionszwecken eine gleichseitige Hyperbel

$$a_1 \cdot a_2 = k \; (k = konst.)$$

eingeschnitten wurde. In der Kurvennut kann sich ein Zapfen bewegen, der an einem in festen Führungen parallel zur Richtung a_2 verschiebbaren Hebel H befestigt ist. Wird die Platte waagerecht um den Betrag a_1 verschoben, nimmt folglich der Hebel die Stellung $a_2 = \frac{k}{a_1}$ ein. Durch geeignete Wahl des Maßstabes der aufgezwungenen Bewegung sowie der Konstanten k kann auf diese Weise mit einer Kurvenplatte für einen Wert a_1 der Kehrwert $\frac{1}{a_1}$ berechnet werden.

In Figur 19 b wurde die Kurvenplatte um einen Zylinder gewickelt. Der Wert a_1 wird mittels Handrad A am Kurvenzylinder eingestellt. Daraufhin verschiebt sich der Hebel H parallel zur Achse des Zylinders um den Wert $a_2 = \frac{k}{a_1}$. Durch entsprechende Wahl des Maßstabes lässt sich daher auch mit diesem Getriebetyp ein Wert a_1 in seinen Kehrwert umwandeln.

4.1.4 Winkelfunktionsgetriebe

Stellvertretend für die Winkelfunktionsgetriebe wird in diesem Abschnitt ein einfaches Sinus-Kosinus-Getriebe behandelt. Sinus-Kosinus-Getriebe wurden in Feuerleitrechnern für die Schiffsartillerie u. a. dazu verwendet, den Eigenfahrt- und den Gegnerfahrtvektor in ihre Komponenten entlang und senkrecht zur Visierlinie zu zerlegen, um die Relativbewegung zwischen dem eigenem Schiff und dem Gegner zu ermitteln.

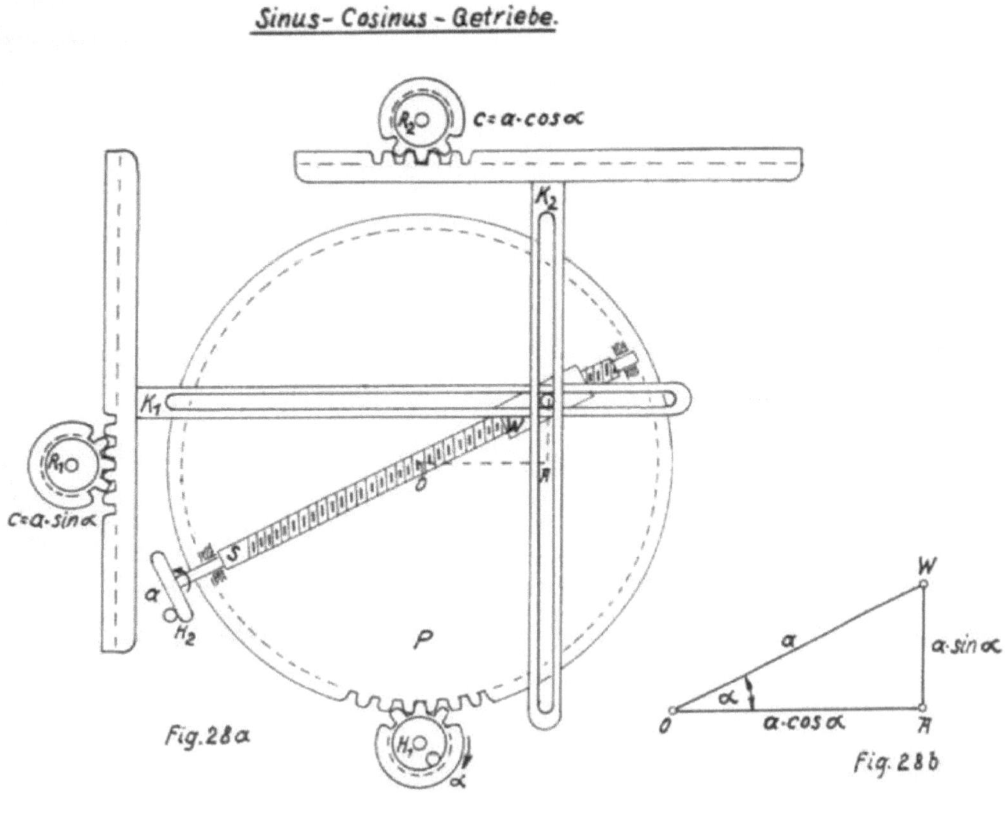

Abbildung 4.7: Sinus-Kosinus-Getriebe (Kopie aus dem BA-MA)

Mit dem in Figur 28 a in Abbildung 4.7 dargestellten Sinus-Kosinus-Getriebe kann das rechtwinklige Dreieck aus Figur 28 b geometrisch nachgebildet werden. Dazu muss das Handrad H1 so lange gedreht werden, bis die Spindel mit der waagerechten Richtung $\overrightarrow{0A}$ den Winkel α einschließt. Durch Drehen des Handrades H2 kann die Wandermutter W so verschoben werden, dass sie vom Mittelpunkt der Platte P den Abstand a hat.

In dem auf diese Weise nachgebildeten rechtwinkligen Dreieck Δ0AW ist dann die Länge der Strecke $\overline{AW}$ gleich $a \cdot \sin(\alpha)$ und die Länge der Strecke $\overline{0A}$ gleich $a \cdot \cos(\alpha)$. Um eben diese Längen werden die Zahnstangen K1 und K2 verschoben, so dass an den Ritzeln R1 und R2 die Werte $a \cdot \sin(\alpha)$ bzw. $a \cdot \cos(\alpha)$ abgenommen werden können.

4.1.5 Kurbelgetriebe

Kurbelgetriebe beruhen mathematisch auf den aus der ebenen Geometrie bekannten Kongruenzsätzen für Dreiecke. Beispielhaft wird hier das in den Torpedovorhaltrechnern von Siemens zur mechanischen Nachbildung des Torpedoschussdreiecks verwendete Dreiecksrechengetriebe untersucht (siehe Abbildung 4.8).

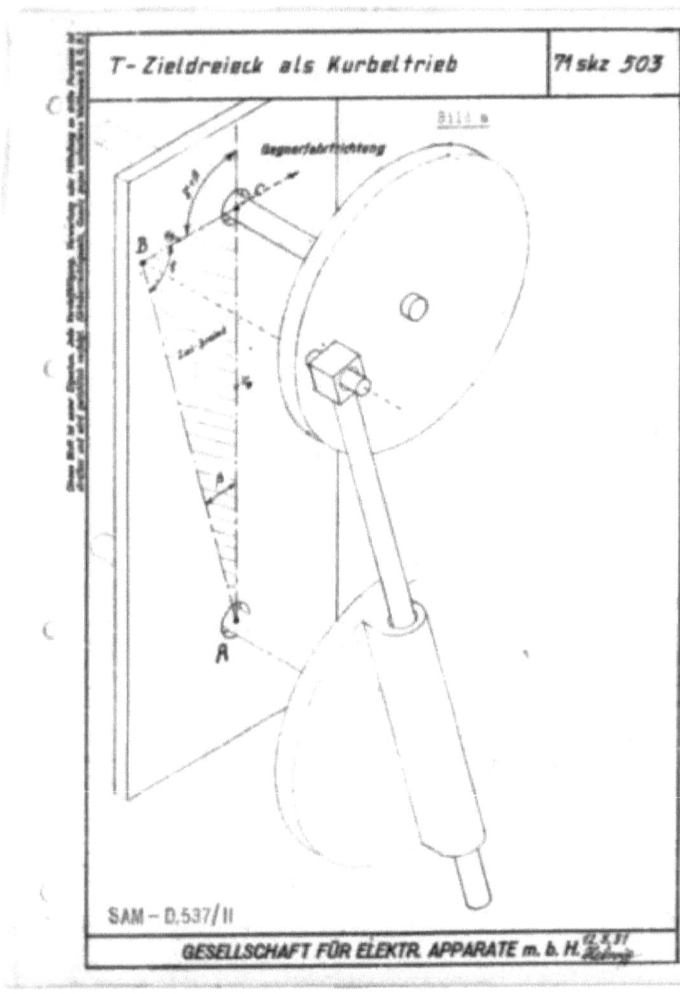

Abbildung 4.8: Kurbelgetriebe des TVh-Re/S3 - Prinzipskizze (Kopie aus dem BA-MA)

Die Besonderheit dieses Getriebes bestand in der einfachen und raumsparenden Ausführung, die darauf zurückzuführen war, dass

> „der die dritte Dreiecksseite bildende Abstand [...] konstant und demgemäß der getriebemäßigen Dreiecksnachbildung ein Dreieck zugrunde gelegt ist, das aus dem ursprünglichen durch Division der Seiten desselben durch die Länge der dritten Seite hervorgegangen ist[257]."

[257] Dorner, Hoppe, Reichspatentamt Patentschrift Nr. 767986, Dreiecksrechengetriebe, Seite 1.

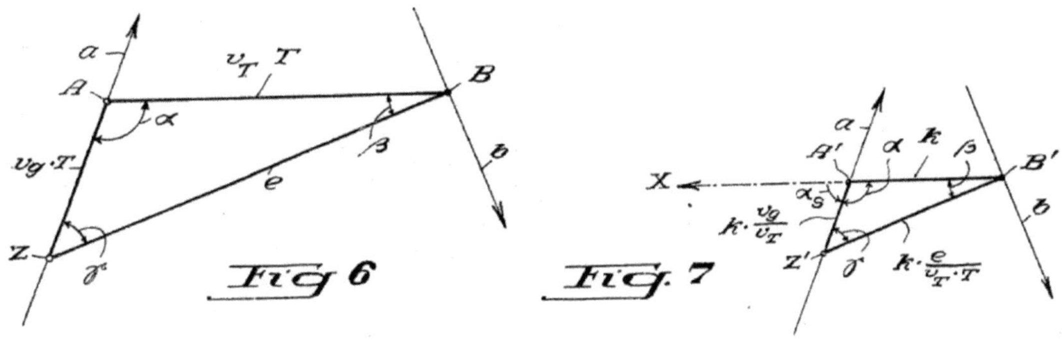

Abbildung 4.9: Torpedoschussdreieck mit konstanter Seitenlänge (Figur 7)

Der zuvor geschilderte Sachverhalt wird anhand der beiden Zeichnungen in Abbildung 4.9 deutlich. Figur 6 zeigt das als Entfernungsdreieck aufgefasste Torpedoschussdreieck mit dem Ziel Z, dem Torpedo-Abschusspunkt B und dem Treffpunkt A. In Figur 7 ist das dem Getriebe zugrunde gelegte Dreieck dargestellt. Es entsteht aus dem Torpedoschussdreieck durch Division der Seitenlängen durch die Länge $v_t \cdot T$. Dadurch hat die Seite $\overline{A'B'}$ die konstante Länge k, wobei k eine Maßstabskonstante bezeichnet.

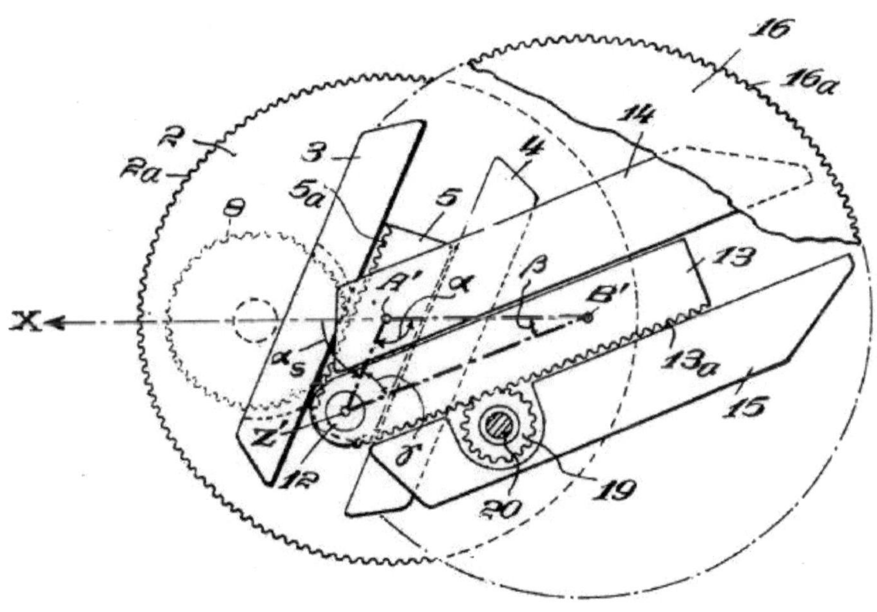

Abbildung 4.10: Dreiecksrechengetriebe (Schnittzeichnung)

Das Getriebe realisiert ein Dreieck mit den beiden bekannten Seiten $\overline{A'B'}$ und $\overline{A'Z'}$ und dem ebenfalls bekannten Winkel γ (siehe Abbildung 4.10). Aus technischen Gründen wird γ nicht direkt, sondern nach Maßgabe des Winkels α_S über ein auf den Zahnkranz (2a) wirkendes Ritzel eingestellt. Über Zahnrad (8) sowie einige in der Abbildung nicht dargestellte Teile wird der die erste Dreiecksseite verkörpernde Schlitten (5) entsprechend der Länge $k \cdot \frac{v_g}{v_t}$ verschoben.

Der Schlitten (5) verstellt über den Zapfen (12) den die zweite Dreiecksseite $\overline{Z'B'}$ darstellenden Schlitten (13). Der gesuchte Vorhaltwinkel β wird somit durch die Drehung der Scheibe (16) gebildet und kann an der Außenverzahnung (16a) abgenommen werden. Die Länge $k \cdot \frac{e}{v_t \cdot T}$ der zweiten Dreiecksseite wird über das Ritzel (19) auf die Welle (20) übertragen und kann dort als Drehwert abgegriffen werden.

Da die Entfernung und die Torpedogeschwindigkeit bekannt sind, kann aus diesem Drehwert bei Bedarf über ein weiteres Getriebe zudem die Torpedolaufzeit ermittelt werden.

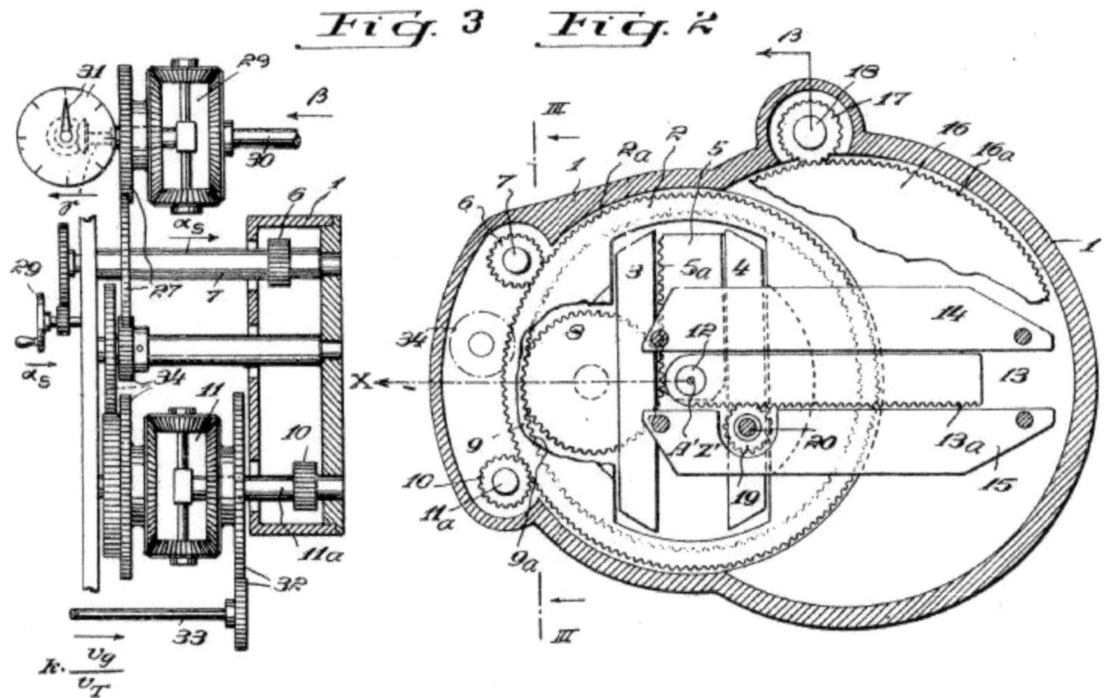

Abbildung 4.11: Dreiecksrechengetriebe

Der Lagenwinkel γ wird - wie bereits erwähnt - über den Supplementwinkel α_S des Schneidungswinkels in das Dreiecksrechengetriebe eingeführt. Dazu muss das Handrad (29) so betätigt werden, dass die im Differentialgetriebe (28) gebildete und auf die Anzeige (31) geführte Differenz $\gamma = \alpha_S - \beta$ den gewünschten Wert anzeigt und dadurch im Umkehrschluss die Welle (7) den Wert $\alpha_S = \beta + \gamma$ führt (siehe Abbildung 4.11). Der Vorteil dieser Konstruktion liegt darin, dass das Dreiecksgetriebe durch die Ableitung des Wertes β kaum belastet wird und damit leichtgängig und genau bleibt.

Das Rückstelldifferential (11) soll verhindern, dass eine dem Getriebe zugeführte Änderung des Winkels zu einer Längsverschiebung des Schlittens (5) und damit zu einer Änderung der Seitenlänge der ersten Dreiecksseite führt.

4.1.6 Differentiations- und Integrationsgetriebe

Abbildung 4.12 zeigt ein einfaches Reibradgetriebe, das sowohl zur Differentiation als auch zur Integration verwendet werden kann und folgendermaßen arbeitet[258]: Ein Motor M treibt eine Reibscheibe S mit einer konstanten Drehzahl von n Umdrehungen pro Minute an. Dadurch wird das an einer Wandermutter drehbar befestigte und mittels Handrad H über eine Spindel exzentrisch verschiebbare Reibrädchen R in Rotation versetzt. Durch die Drehung des Reibrädchens wird der Zylinder Z angetrieben, dessen Bewegung über die der Richtungsumkehr dienenden Kupplung K auf einen Folgezeiger F übertragen wird.

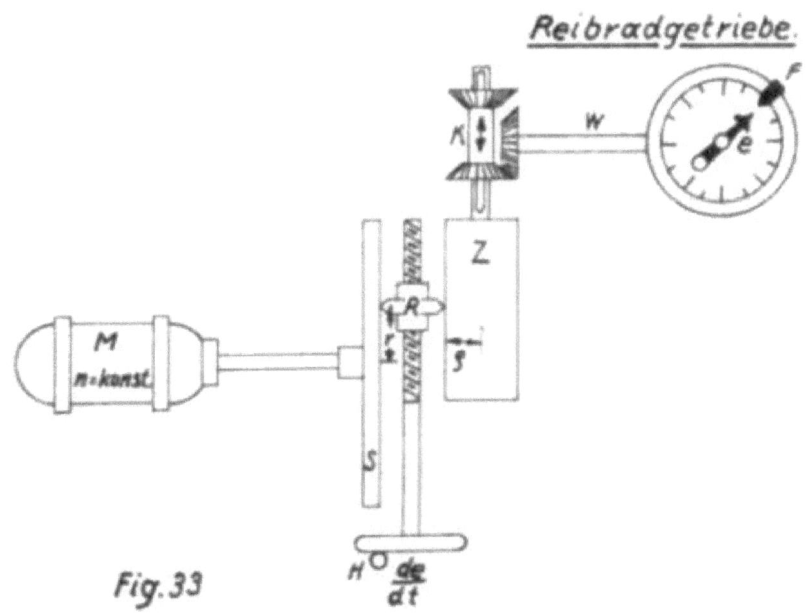

Abbildung 4.12: Einfaches Reibradgetriebe (Kopie aus dem BA-MA)

Differentiation mit Reibradgetrieben

Bei der Beschreibung[259] der Funktionsweise des Getriebes werde zunächst angenommen, dass der Abstand des Reibrädchens vom Mittelpunkt der Reibscheibe $r\ cm$ beträgt und dass der Zeiger und der Folgezeiger in Deckung sind.

Dann dreht sich das Reibrad und damit der Zylinder mit einer Umfangsgeschwindigkeit von $v = 2 \cdot r \cdot \pi \cdot n\ cm/min$. Die Winkelgeschwindigkeit des Zylinders beträgt somit $\frac{2 \cdot r \cdot \pi \cdot n}{\rho}\ 1/min$, wobei ρ den Radius des Zylinders bezeichnet. Wird in einen Empfänger laufend der Wert e eingegeben, wandert der Empfängerzeiger in der Zeit dt um einen gewissen Winkelbetrag de auf der Skala aus.

---

[258] Siehe BA-MA, RMD 4/874, Seite 35.

[259] Siehe ebd., Seite 35-36.

In derselben Zeit durchläuft der Folgezeiger durch den Antrieb des Zylinders den Winkel $\frac{2 \cdot r \cdot \pi \cdot n}{\rho} \cdot dt$. Sollen sich Zeiger und Gegenzeiger auch nach der Zeit dt in Deckung befinden - was durch geeignetes Drehen des Handrades H erreicht werden kann - muss also

$$\frac{2 \cdot r \cdot \pi \cdot n}{\rho} \cdot dt = de$$

gelten und daher die Stellung r des Reibrades die Bedingung

$$r = \frac{\rho}{2 \cdot \pi \cdot n} \cdot \frac{de}{dt} = k \cdot \frac{de}{dt}$$

erfüllen. Der konstante Faktor k kann bei der Herstellung des Getriebes durch geeignete Wahl von ρ und n zu Eins gemacht werden.

Werden bei einem solchen Getriebe der Zeiger und Gegenzeiger mittels Handrad H ständig in Deckung gehalten, gilt $r = \frac{de}{dt}$. Daraus folgt, dass am Getriebe mit dem Wert r der Differentialquotient $\frac{de}{dt}$ abgenommen werden kann.

Integration mit Reibradgetrieben

Das Reibradgetriebe kann umgekehrt als Integrationsgetriebe verwendet und damit aus einem bekannten Anfangswert e_a und dem laufend bekannten Differentialquotienten $\frac{de}{dt}$ der aktuelle Wert von e ermittelt werden. Dazu wird der mit dem Zylinder verbundene Zeiger F auf der Skala in die Stellung e_a gebracht und mit dem Handrad H der bekannte Wert $r = \frac{de}{dt}$ eingestellt. Nach der Zeit dt befindet sich dann der Zeiger in der Stellung

$$e_a + \frac{2 \cdot r \cdot \pi \cdot n}{\rho} \cdot dt = e_a + \frac{2 \cdot \pi \cdot n}{\rho} \cdot \frac{de}{dt} \cdot dt.$$

Wird darin die Konstante $\frac{2 \cdot \pi \cdot n}{\rho}$ zur Vereinfachung gleich Eins gesetzt, so hat der Zeiger nach der Zeit dt die Stellung $e_a + \frac{de}{dt} \cdot dt$ und nach der Zeit t die Stellung

$$e = e_a + \int_0^t \frac{de}{dt} \cdot dt,$$

d. h., das Reibradgetriebe bildet durch Addition der Produkte $\frac{de}{dt} \cdot dt$ das Integral.

Abbildung 4.13 zeigt einen mithilfe von zwei Reibradgetrieben realisierten Rechner zur Bestimmung der Bahnelemente einer ebenen Zielbahn. Der Rechner war „vorzugsweise zur Ermittlung der Relativgeschwindigkeit und des Relativkurses eines Seezieles hinsichtlich des eigenen in Fahrt befindlichen Schiffes geeignet“, konnte „jedoch auch beim Torpedoschießen sowie beim Schießen nach außerhalb der Horizontalebene befindlichen Zielen (Luftzielen) Anwendung“ finden[260].

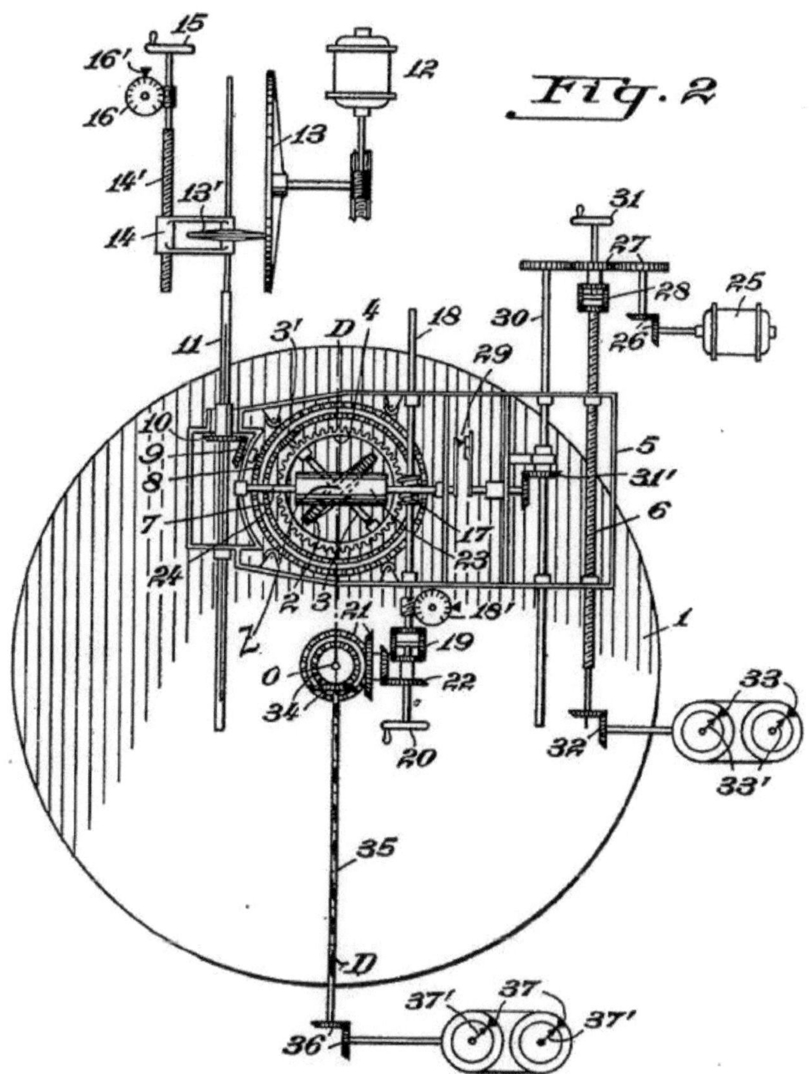

Abbildung 4.13: Rechner zur Bestimmung der Bahnelemente einer ebenen Zielbahn

Zum Zwecke der Bahnberechnung zerlegt der Rechner den Zielfahrtvektor $\overrightarrow{v_{rt}}$ mithilfe des hier abweichend mit β_t bezeichneten Lagenwinkels und der relativen Gegnergeschwindigkeit v_{rt} laufend in seine Komponenten $\dot{E}_t$ und $E_t\dot{a}_t$ entlang der bzw. senkrecht zur Visierrichtung (siehe Abbildung 4.14).

---

[260] Beide Zitate: HOFFMANN, Reichspatentamt Patentschrift Nr. 705819, Einrichtung zur Bestimmung der Bahnelemente eines beweglichen Zieles, Seite 1.

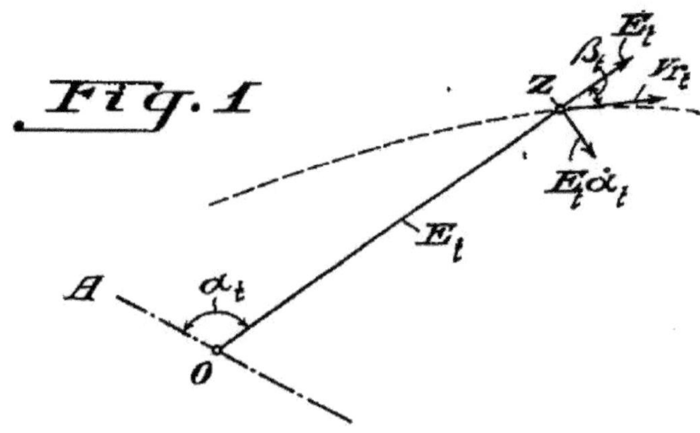

Abbildung 4.14: Prinzipskizze für die Bahnbestimmung

Nach Abbildung 4.14 ist $\dot{E}_t = v_{rt} \cdot \cos(\beta_0 + \beta_t')$ und $E_t\dot{a}_t = v_{rt} \cdot \sin(\beta_0 + \beta_t')$. Darin bezeichnet β_0 den Lagenwinkel zum Zeitpunkt $t = 0$; β_t' ergibt sich aus der Beziehung $\beta_t = \beta_0 + \beta_t'$.

Mit den Komponenten können die Zielentfernung E_t, der Zielwinkel α_t und der sich nach Formel 3.3 mit dem Zielwinkel um den gleichen Betrag ändernde Lagenwinkel β_t gemäß der folgenden Beziehungen weitergebildet werden:

$$E_t = E_0 + \int_0^t v_r \cdot \cos(\beta_0 + \beta')\, dt$$

und

$$a_t = a_0 + \int_0^t \frac{v_r}{E} \cdot \sin(\beta_0 + \beta')\, dt.$$

Zur Nachbildung des Zielfahrtvektors $\overrightarrow{v_{rt}}$ dient ein gemäß der Zielgeschwindigkeit angetriebenes Reibrad (2) (siehe Abbildung 4.13). Das Reibrad ist gegenüber der von ihm angetriebenen Reibscheibe (1) gemäß der Zielgeschwindigkeit exzentrisch verschiebbar und darüber hinaus mit seiner Radebene entsprechend dem Lagenwinkel schwenkbar. Dadurch ist die Drehung der Reibscheibe der Änderung des Zielwinkels α_t und die Drehung der ebenfalls vom Reibrad angetriebenen Reibwalze (23) - deren Umlaufachse senkrecht zur Verschiebungsrichtung des Reibrades verläuft - der Entfernungsänderung proportional.

Die Resultatbewegungen der Reibscheibe und der Reibwalze werden zu den ursprünglich von Hand in das Rechengetriebe eingeführten Werten für den Zielwinkel und die Zielentfernung addiert und in einer optischen Vergleichseinrichtung wie einem Folgezeigersystem mit den gemessenen Werten verglichen. Waren die initial mittels der Handkurbeln (15) und (20) eingestellten Werte für die Zielgeschwindigkeit v_{rt} und den Lagenwinkel β_0 nicht korrekt, wandern die Folgezeiger aus, weil die vom Rechner ermittelten Integralwerte nicht mit den gemessenen Werten übereinstimmen. Die Übereinstimmung muss dann durch eine entsprechende Korrektur der Einstellungen an den Handrädern (15) und (29) hergestellt werden.

Danach ermittelt der Rechner solange die korrekten Werte für die Zielentfernung und -richtung, wie das Ziel weder Kurs noch Geschwindigkeit ändert.

Reibradgetriebe wurden in der Feuerleittechnik seit dem Ersten Weltkrieg standardmäßig verwendet. Auf Reibradgetrieben basierende Aufsatztelegraphengeber (kurz: AT-Geber) wurden bereits im Jahre 1910 auf dem Großen Kreuzer Blücher und im Jahre 1912 auf den Großkampfschiffen Nassau und Westfalen eingebaut[261]. AT-Geber dienten dazu, den auch als Aufsatzwinkel bezeichneten Höhenrichtwinkel eines Geschützrohres aus der gemessenen Zielentfernung und den Werten in einer Schusstafel automatisch zu ermitteln und an das Geschütz weiterzuleiten[262]. Durch die Berechnung der Entfernungswerte mithilfe von Reibradgetrieben konnten AT-Geber den Aufsatzwinkel selbst dann weiterbilden, wenn die Entfernungsmessungen wegen Sichtbehinderung oder aus anderen Gründen für kurze Zeit unterbrochen wurden[263]."

Einer weit verbreiteten Ansicht zufolge war der amerikanische TDC der fortschrittlichste Torpedovorhaltrechner auf U-Booten des Zweiten Weltkrieges, weil er im Unterschied zu anderen Rechnern wie dem TVh-Re/S3 neben dem „angle solver" zum Berechnen des Schusswinkels über einen mithilfe von Reibradgetrieben realisierten „position keeper" verfügte:

> „The dual functionality of the TDC Mark 3 gave the US submariners a continuous firing solution; it was the only system at the time which both solved the gyro angle equation and also tracked the target in real time, and was thus way in advance of contemporary German and Japanese torpedo computers[264]."

Gegen diese Auffassung ist zweierlei einzuwenden: Erstens waren die Torpedovorhaltrechner für U-Boote Blattmann zufolge ganz bewusst einfach gehalten:

> „Das Torpedoschießen von U-Booten aus erfolgte ebenfalls mit Hilfe von Waffenleitanlagen, jedoch mit speziellen U-Boot-Rechengeräten. Diese Anlagen hatten bei weitem nicht den Umfang der Anlagen auf den Überwasserschiffen. Zu dieser Beschränkung zwangen die äußerst beengten Raumverhältnisse in den U-Booten. Ein U-Boot ging vor dem Torpedo-Schuß auf Tauchfahrt möglichst nahe an das Ziel heran und schoß deshalb auf relativ kurze Entfernungen. Damit waren erheblich einfachere Rechenverfahren und entsprechend einfachere Rechengeräte zulässig[265]."

---

[261] Blattmann, SAM, Seite 21.

[262] Siehe ebd., Seite 20.

[263] Siehe ebd., Seite 21.

[264] Branfill-Cook, Torpedo, Seite 126.

[265] Blattmann, SAM, Seite 95.

Die Berechnung der Zielbahn war daher auf deutschen U-Booten nicht notwendig, wie im Übrigen auch Harvey G. Cragon richtig festgestellt hat:

> „Continuous range and bearing information was available from the officer manning the TBT [Target Bearing Transmitter, engl. für U-Boot-Zieloptik; d. Vf.] on the bridge; prediction was not required[266]."

In diesem Zusammenhang sei ausnahmsweise ein Wikipedia-Eintrag zitiert, da eine darin aufgestellte Behauptung über den amerikanischen TDC kritisch zu reflektieren ist:

> „The TDC was the first analog computer to miniaturize the capability [d. h. die „target tracking ability", d. Vf.] enough for deployment on a submarine[267]."

Dies vor allem deshalb, weil in dem amerikanischen Untersuchungsbericht über das aufgebrachte deutsche U-Boot U 570 die vergleichsweise geringen Ausmaße des TVh-Re/S3 explizit hervorgehoben wurden:

> „The small size of the German torpedo data computer and associated equipment compared to our own is noteworthy[268]."

Die Feuerleitanlage musste äußerst raumsparend konstruiert werden, da der verfügbare Platz auf deutschen U-Booten sehr gering war. Dönitz zufolge waren

> „die deutschen U-Boote [...] sehr viel unwohnlicher als die Boote anderer Nationen, da sie nach dem Prinzip gebaut waren, so weit wie möglich jede Tonne Wasserverdrängung für reine Kampfkraft, also Waffen, Geschwindigkeit und Aktionsradius zu verwenden[269]."

Im Gegensatz dazu wurde bei amerikanischen U-Booten sogar der Turm vergrößert, um sie mit dem moderneren TDC Mark IV ausstatten zu können[270].

Es ist zweitens unzutreffend, dass nur der TDC eine kontinuierliche Lösung des Torpedoschussproblems generieren konnte. Der TVh-Re/S3 war wie der TDC in der Lage, so lange eine kontinuierliche Lösung zu liefern, wie der Gegner weder Kurs noch Geschwindigkeit änderte (siehe Abschnitt 6.3.1). Voraussetzung war dafür beim TVh-Re/S3 allerdings, dass der Ausguck den Gegner im Fadenkreuz des Periskops behielt. Die damit verbundene Gefahr des Entdecktwerdens wurde zunächst offenbar als gering eingestuft (siehe Abschnitt 2.3), erwies sich jedoch mit zunehmender Verbreitung des Radars als taktischer Nachteil.

---

266 Cragon, The Fleet Submarine Torpedo Data Computer, Seite 115.

267 Siehe: http://en.wikipedia.org/wiki/Torpedo_Data_Computer (10.08.2013).

268 Report on the German submarine of the U-570 Class captured by the British in August 1941, Seite 59.

269 Dönitz, Zehn Jahre und zwanzig Tage, Seite 199.

270 Cragon, The Fleet Submarine Torpedo Data Computer, Seite 16.

Grafische Differentiation

Zum Abschluss dieses Abschnittes wird ein Instrument zur grafischen Differentiation beschrieben. Derartige Geräte wurden in den Feuerleitrechnern großer Überwassereinheiten bspw. dazu verwendet, aus einem laufend gemessenen Zielwinkel σ die Winkelgeschwindigkeit $\frac{d\sigma}{dt}$ zu ermitteln[271].

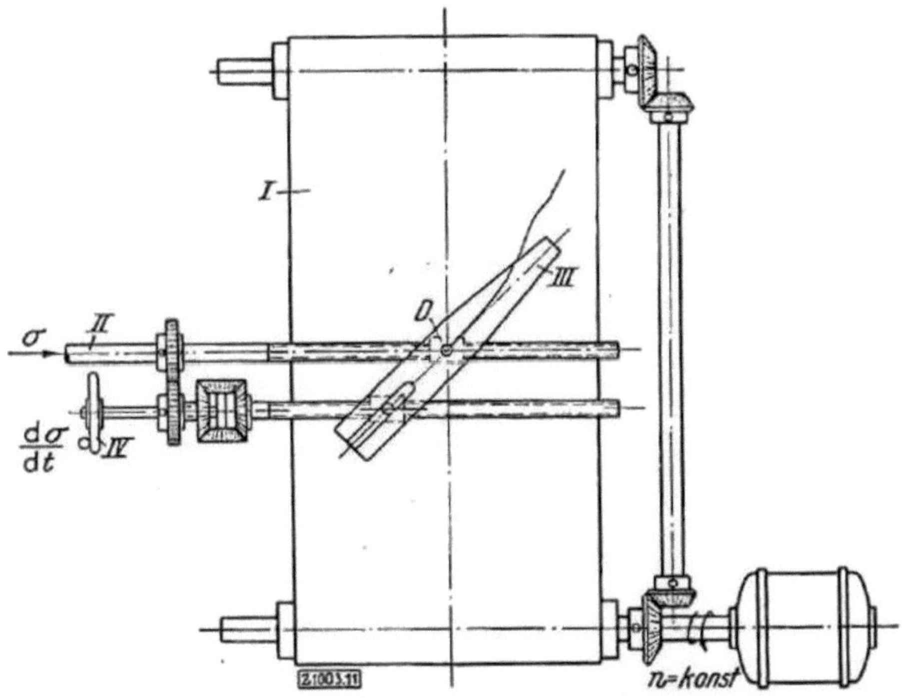

Abbildung 4.15: Grafische Differentiation

Bei dem Gerät in Abbildung 4.15 wird ein über die Welle II in das Gerät eingeführter Wert σ von einem Schreibstift im Punkt D auf eine mit gleichmäßiger Geschwindigkeit abrollende Schreibfläche I geschrieben. Mittels Handrad IV wird dem Wert σ über ein Differentialgetriebe ein Wert so überlagert, dass das durchsichtige Lineal III, dessen Drehpunkt mit der Achse des Schreibstiftes zusammenfällt, die Tangente an die Kurve bildet. Dann ist der Drehwert des Handrades ein Maß für die Größe $\tan(\sigma) = \frac{d\sigma}{dt}$.

Im vorhergehenden Abschnitt wurde gezeigt, wie mathematische Operationen und Funktionen mittels entsprechend konstruierter Rechengetriebe realisiert werden konnten. Funktionale Zusammenhänge, die nur schwer, oder - wie die Werte aus einer Artillerieschusstafel - gar nicht, durch Rechengetriebe nachgebildet werden konnten, wurden mithilfe von Kurvenscheiben, Kurvenzylindern und Kurvenkörpern dargestellt, die im folgenden Abschnitt untersucht werden.

[271] Vgl. KUHLENKAMP, Die Getriebe in Feuerleitgeräten, in: VDI-Zeitschrift Bd. 78 (1934) Nr. 41, Seite 1191-1192.

4.1.7 Funktionsgetriebe mit einer unabhängigen Veränderlichen

Kurvenscheiben

Auf Kurvenscheiben werden die y-Werte einer nachzubildenden Funktion y = f(x) radial abgetragen und die x-Werte durch die Drehung der Scheibe repräsentiert. Wie in Abbildung 4.16 dargestellt ist, können die Funktionswerte an einer an der Funktionsscheibe anliegenden Schwinge mittels Zahnbogen und Ritzel abgegriffen werden[272].

Kurvenscheiben wurden in Vorhaltrechnern bspw. dazu verwendet, die Gegnerentfernung e in den Kehrwert $\frac{1}{e}$ umzuwandeln.

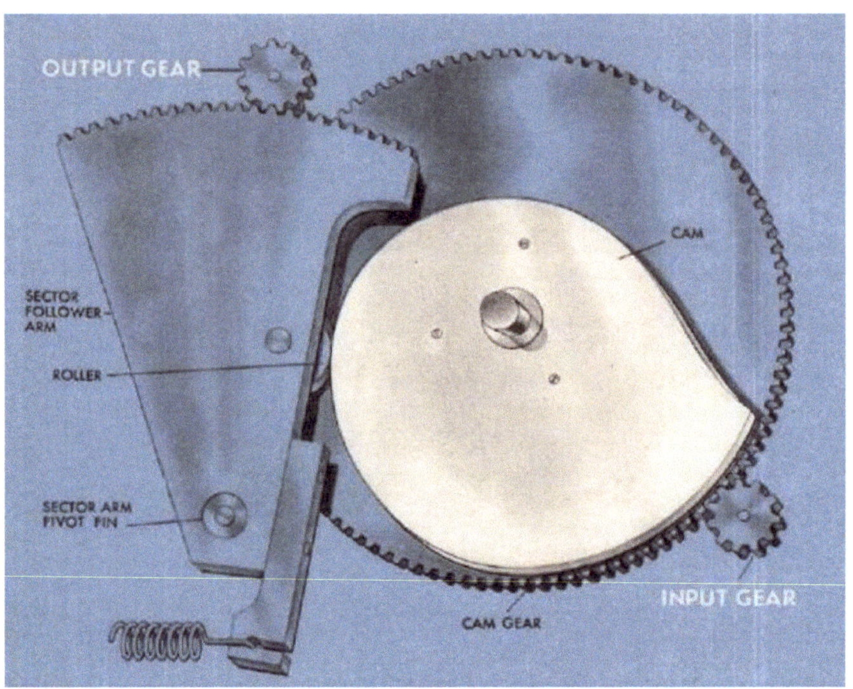

Abbildung 4.16: Beispiel für eine Kurvenscheibe

Kurvenzylinder

Ein Kurvenzylinder (auch: Funktionszylinder) ist prinzipiell nichts anderes als eine um einen Zylinder gewickelte Kurvenplatte (vgl. Abbildung 4.6). Kurvenzylinder wurden vor allem dort eingesetzt, wo große Maßstäbe für die Abszisse und die Ordinate erforderlich waren und der gegebene Wert (d. h. die Abszisse) in Form einer Drehbewegung in das Rechengetriebe eingeführt wurde. Die Abszisse wird durch eine oder mehrere Drehungen des Zylinders repräsentiert. Dem gesuchten Funktionswert (der Ordinate) entspricht die Hubbewegung einer Stange, die über einen Gleitschuh mit der in den Zylinder gefrästen Nut in Eingriff steht[273].

[272] Siehe Blattmann, Seite 49.

[273] Ebd.

Abbildung 4.17 zeigt ein interessantes Beispiel für die Anwendung von Kurvenkörpern und Differentialgetrieben in einem Multiplikationsgetriebe. Getriebe wie das abgebildete sind genauer und kompakter als Hebelgetriebe und gestatten im Unterschied zu logarithmischen Getrieben die Multiplikation von Zahlen mit unterschiedlichem Vorzeichen oder mit dem Wert Null.

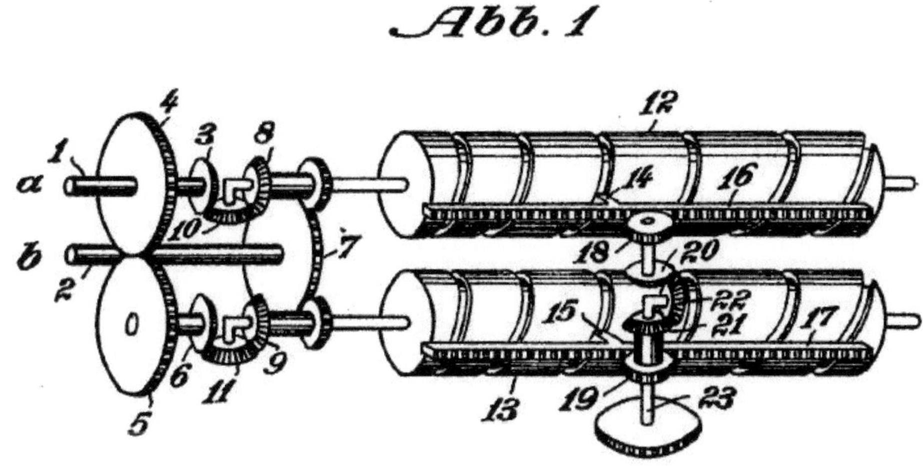

Abbildung 4.17: Kurvenzylinder

Das Multiplikationsgetriebe beruht auf der Identität

$$a \cdot b = \frac{1}{4} \cdot \left((a+b)^2 - (a-b)^2\right) \tag{4.1}$$

und funktioniert wie folgt[274]: Die Werte a und b werden dem Getriebe über die Wellen 1 und 2 zugeführt, wobei die Vorzeichen durch die Drehrichtungen der Wellen berücksichtigt werden können. Der Wert a wird auf das Kegelrad 3 und über die Stirnräder 4 und 5 auf das Kegelrad 6 übertragen. Der Wert b wird über das Stirnrad 7 auf die Kegelräder 8 und 9 übertragen. Die Räder 3, 8 und 10 bzw. 6, 9 und 11 bilden jeweils ein Differentialgetriebe (siehe Abschnitt 4.1.1), über das der Wert $\frac{a+b}{2}$ bzw. $\frac{a-b}{2}$ auf den Kurvenzylinder 12 bzw. 13 übertragen wird. Die beiden identischen Kurvenzylinder bewegen über die Stifte 14 und 15 die Zahnstangen 16 und 17 entsprechend der Quadrate der Werte $\frac{a+b}{2}$ und $\frac{a-b}{2}$. Die Werte $\frac{(a+b)^2}{4}$ und $\frac{(a-b)^2}{4}$ werden über die Ritzel 18 und 19 den Kegelrädern 20 und 21 eines Differentialgetriebes 22 zugeführt, an dessen Welle 23 abgesehen von einem konstanten Faktor die Differenz der beiden Quadrate und damit das Produkt $a \cdot b$ abgenommen werden kann.

Bemerkenswert ist, dass in der Patentschrift auch ein Ausführungsbeispiel beschrieben wird, das ebenfalls auf der Identität 4.1 beruht und bei dem anstelle von Kurvenkörpern elektrische Widerstände verwendet werden.

---

274 Siehe: ILLAUER, Reichspatentamt Patentschrift Nr. 519924, Multiplikationseinrichtung, Seite 1-3.

4.1.8 Funktionsgetriebe mit zwei unabhängigen Veränderlichen

Kurvenkörper

Die auch als Funktionskörper bezeichneten Kurvenkörper dienten der Ermittlung eines Wertes z, der funktional von zwei Werten x und y abhängt. Dabei spielte es keine Rolle, ob der funktionale Zusammenhang durch eine mathematische Gleichung oder eine Tabelle wie z. B. eine Artillerieschusstafel gegeben war.

In elektromechanischen Analogrechnern wurden Kurvenkörper oft als Festwertspeicher verwendet und entsprachen damit den Read Only Memories (ROMs) heutiger Computer. Das Problem des Streuwinkels und der Parallaxe konnte in den Torpedoschusswinkelrechnern der Firma SAM erst mithilfe von Kurvenkörpern befriedigend gelöst werden (siehe Abschnitt 4.3.2). Das Funktionsprinzip der Kurvenkörper ist in Abbildung 4.18 dargestellt.

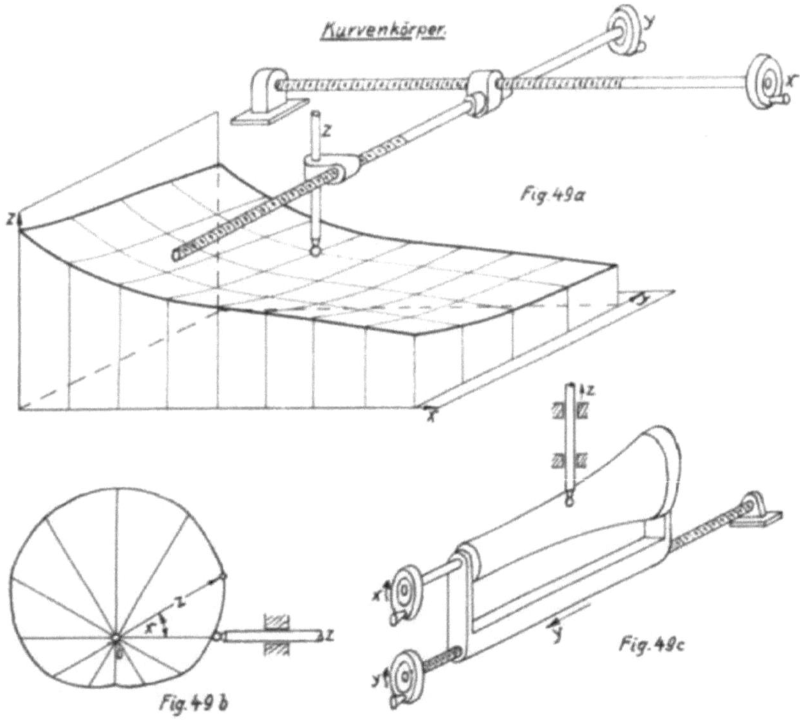

Abbildung 4.18: Kurvenkörper (Kopie aus dem BA-MA)

In Abbildung 4.18, Bild 49 a kann der von den veränderlichen Größen x und y abhängige Wert z von einer Abtastvorrichtung abgenommen werden, die senkrecht zur Funktionsfläche verschiebbar ist; in diesem Beispiel liegen alle Bewegungen als Verschiebebewegungen vor.

Abbildung 4.18, Bild 49 c zeigt einen Kurvenkörper, bei dem die veränderlichen Größen x und y als Drehbewegungen vorliegen und nur der abhängige Wert z als Verschiebebewegung auftritt. Abbildung 4.18, Bild 49 b und Abbildung 4.19 verdeutlichen, dass derartige Kurvenkörper prinzipiell aus vielen, dünnen Kurvenscheiben zusammengesetzt sind.

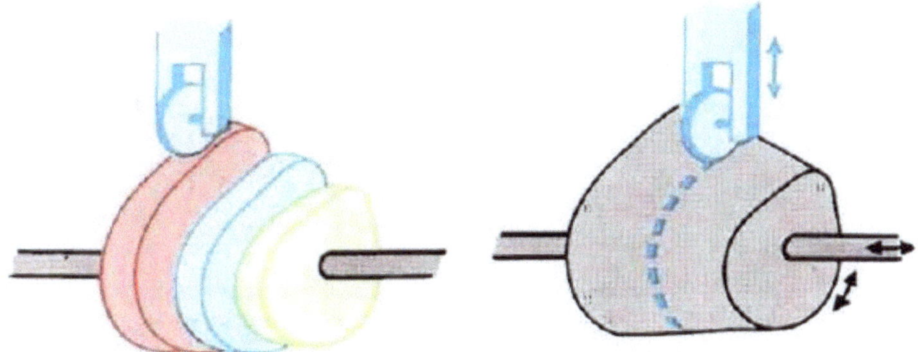

Abbildung 4.19: Zur Konstruktion von Kurvenkörpern

Bei dem in Feuerleitrechnern verwendeten Sinus-Kosinus-Kurvenkörper in Abbildung 4.20 werden unter Ausnutzung der Tatsache, dass der Kosinus ein um 90° phasenverschobener Sinus ist, die Werte $a \cdot \sin(\alpha)$ und $a \cdot \cos(\alpha)$ gleichzeitig von zwei rechtwinklig angeordneten Abtastvorrichtungen abgenommen.

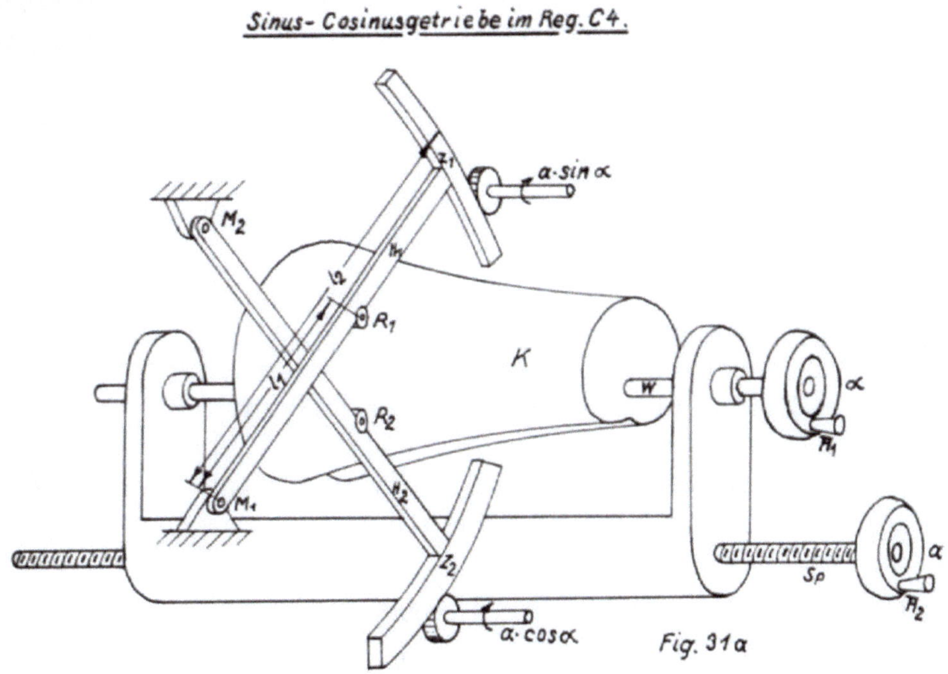

Abbildung 4.20: Sinus-Kosinus-Kurvenkörper (Kopie aus dem BA-MA)

Abbildung 4.21 zeigt einen Streuwinkelrechner der Firma Siemens Apparate und Maschinen GmbH. Der Kurvenkörper ist deutlich zu erkennen. In Abschnitt 6.3.1 wird erläutert, wie der Streuwinkel im TVh-Re/S3 mithilfe von zwei Kurvenkörpern praktisch ermittelt wurde.

Abbildung 4.21: Der Streuwinkelrechner von Siemens (Foto: Informatiksammlung der Uni Erlangen)

Erwähnenswert ist in diesem Zusammenhang, dass der hohe Bedarf an Kurvenkörpern für die Rechenanlagen der U-Boote dem Chronisten BLATTMANN zufolge nicht ohne Auswirkungen auf die Fertigungstechnik blieb:

> „Funktionskörper erforderten [...] die Herstellung eines Mutterkörpers. Hierzu wurden auf einem rohen Gußkörper mittels spezieller Fingerfräser in radialer Richtung halbrunde Vertiefungen eingefräst, deren tiefster Punkt in dem für die jeweilige Stellung des Kurvenkörpers errechneten Abstand von der Mittenachse des Funktionskörpers lag. Die Oberfläche des gefrästen Körpers wurden dann von Hand geglättet, ohne daß jedoch dabei die tiefsten Fräspunkte angegriffen werden durften.
>
> In den letzten Jahren vor dem Kriege und während des Krieges stieg die Anzahl zu fertigender Kurvenkörper stark an, insbesondere durch die Verwendung in Rechengeräten für die Torpedowaffe. Es mußten deshalb spezielle Kurvenkörper-Fräsmaschinen mit Tasteinrichtungen zum Abtasten groß gezeichneter Funktionskurven und zu deren Übertragung auf die Fräseinrichtung eingesetzt werden[275]."

In Abschnitt 6.5 wird erläutert, welche Einflüsse fertigungstechnische Aspekte auf die Rechengenauigkeit elektromechanischer Analogrechner hatten und wie sie die Suche nach rechentechnischen Alternativen motivierten.

275 BLATTMANN, SAM, Seite 129.

Kurvenblätter und Kurventrommeln

In der Feuerleitung wurde der Zusammenhang $z := f(x, y)$ zwischen drei veränderlichen Größen gelegentlich nomographisch mithilfe von Isolinien dargestellt, die sich wie die bekannten Höhenlinien auf Landkarten dadurch auszeichnen, das jedem Punkt einer Linie derselbe Funktionswert z entspricht. Eine Isolinie entsteht dadurch, dass die Fläche der Funktion f mit einer Ebene parallel zur (x, y)-Ebene geschnitten und die erhaltene Schnittkurve in die (x, y)-Ebene projiziert wird.

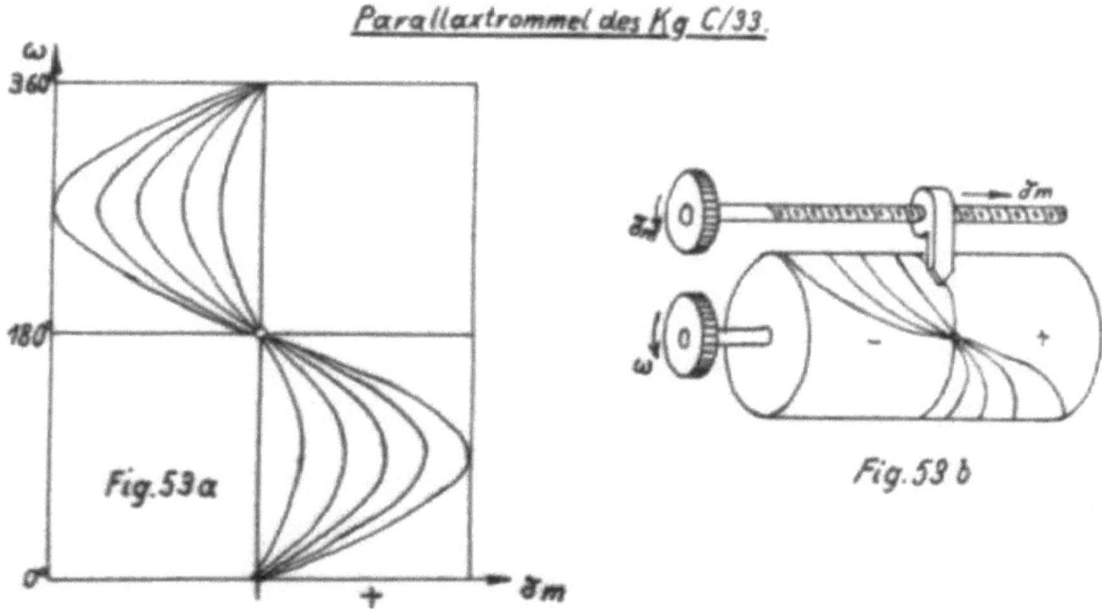

Abbildung 4.22: Kurvenblatt und Kurventrommel (Kopie aus dem BA-MA)

Kurventrommeln wurden u. a. zur Berechnung der mittleren Parallaxe $\delta_m := \frac{1}{e} \cdot \sin(\omega)$ verwendet. In Fig. 53 a der Abbildung 4.22 ist die Funktion für δ_m in einem (δ_m, ω)-Koordinatensystem auf einem Kurvenblatt dargestellt, wobei jeweils einer Kurve aus der Kurvenschar ein konstanter Wert von e entspricht. In Fig. 53 b wurde das Kurvenblatt aus Fig. 53 a um einen Zylinder gewickelt. Nicht dargestellt ist, dass Kurven gleicher Entfernung mit dem entsprechenden $e-$Wert beschriftet sind. Um die mittlere Parallaxe δ_m zu bestimmen, wird zunächst der gegebene Winkel ω eingedreht und anschließend der Zeiger so lange verschoben, bis er auf die Kurve für den ebenfalls gegeben $e-$Wert zeigt. Daraufhin kann an der Spindel der Wert δ_m abgenommen werden.

Kurventrommeln waren in der Herstellung bedeutend günstiger als Kurvenkörper. Ihr Nachteil bestand darin, dass zur Ermittlung des gesuchten Wertes Bedienpersonal und Geschick bei der Interpolation erforderlich waren. Bei den Rechnern C/36 und C/37 wurden Kurventrommeln zur Ermittlung der Parallaxkorrektur verwendet. Im TVh-Re/S3 wurde eine Kurventrommel für die Bestimmung der Reichentfernung e_{max} eingesetzt.

4.2 Elektrische Bauelemente

In diesem Abschnitt werden die elektrischen Bauelemente der Feuerleitanlagen und Torpedovorhaltrechner insoweit behandelt, wie es für das Verständnis der weiteren Untersuchung unerlässlich ist. Von besonderer Bedeutung für die Feuerleittechnik waren elektrische Komponenten

zur Übertragung von Winkelwerten,

zur Verstärkung und zum Vergleich von mechanischen Größen und

zur Nachbildung von mathematischen Funktionen.

In elektromechanischen Feuerleitanlagen und -rechnern mussten vielfach durch Drehwinkel repräsentierte Werte von einer Geberstelle an ein oder mehrere Empfängerstellen übermittelt und dort aufgenommen und verarbeitet oder angezeigt werden. Diese Aufgabe wurde mithilfe der in Abschnitt 4.2.1 erläuterten Geber- und Empfängersysteme gelöst.

Ein weiteres Problem der Feuerleittechnik bestand darin, schwache, jedoch stark veränderliche mechanische Größen synchron so zu verstärken, dass mit ihnen bspw. Rechengetriebe, die Stellzeuge der Geradlaufapparate an den Torpedorohren oder die schweren Geschütztürme großer Schlachtschiffe angetrieben werden konnten. Zur Verstärkung sowie zum Vergleich von Werten wurden die in Abschnitt 4.2.2 beschriebenen Folgesteuerungen verwendet, die im Übrigen auch eine wichtige Rolle bei der elektromechanischen Lösung von Gleichungen spielten.

In Abschnitt 4.2.3 werden die im Torpedovorhaltrechner 71 to 275 zur elektrischen Ausführung von mathematischen Funktionen verwendeten Differentialempfänger, Potentiometer und Drehtransformatoren behandelt.

4.2.1 Geber- und Empfängersysteme

In der Feuerleittechnik spielten Einrichtungen zur elektrischen Fernübertragung von Befehls- und Zieldaten spätestens seit der Indienststellung des britischen Schlachtschiffes HMS Dreadnought[276] am 3. Dezember des Jahres 1906 eine wesentliche Rolle, da sie die schiffsinterne Zusammenarbeit verbesserten und damit den Einsatzwert des Waffensystems erhöhten - eine Tatsache, deren Bedeutung laut Sigurd Hess, dem Vorsitzenden der Deutschen Gesellschaft für Schifffahrts- und Marinegeschichte, in der marinehistorischen Forschung bislang noch nicht entsprechend beachtet und berücksichtigt worden ist[277].

[276] Die HMS Dreadnought revolutionierte den Schlachtschiffbau und gilt als das erste moderne Schlachtschiff überhaupt. Sie versenkte im Ersten Weltkrieg das von Otto Weddigen (1882-1915) geführte U-Boot SM U 29.

[277] Siehe: Hess, Die Eroberung der Ozeane - wissenschaftliche und technische Entwicklungen im elektronischen Zeitalter 1918 - 1945, Seite 2-3.

Auf U-Booten des Zweiten Weltkrieges wurden elektrische Fernzeigesysteme wie die in Abbildung 4.23 dargestellte Kombination aus Torpedo-Befehls-Geber und -Empfänger u. a. dazu verwendet, den vom Torpedovorhaltrechner kontinuierlich ermittelten Schusswinkel an die Torpedorohre im Bug- und Heck-Torpedoraum zu übermitteln.

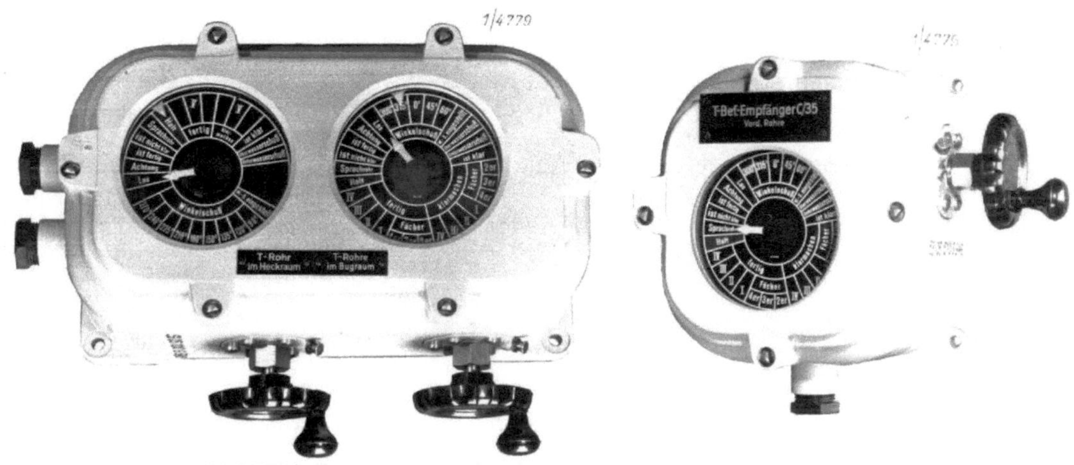

Abbildung 4.23: T-Befehls-Geber und -Empfänger (Bugraum) für U-Boote vom Typ VII B (U 45-U 55) (Kopie aus dem BA-MA)

Da die Werte in Feuerleitanlagen und elektromechanischen Analogrechnern häufig in Form von Drehwerten oder Winkelstellungen von Wellen vorlagen, wurden zu ihrer Übertragung vorwiegend wechselstrombetriebene Drehmelder verwendet. Drehmelder, die auch als Wechselstromsysteme oder Drehmeldetransformatoren (engl.: selsyn oder synchro) bezeichnet wurden,

> „hatten die Aufgabe, als Geber abhängig von ihrer mechanisch vorzunehmenden Einstellung elektrische Spannungen zu bilden und als Empfänger aus den über Leitungen zugeführten Spannungen den vom Geber übertragenen Winkelwert wieder mechanisch darzustellen[278]."

Geber und Empfänger waren gleich aufgebaut und glichen prinzipiell Elektromotoren. Die Wirkungsweise der Drehmelder

> „beruht auf der Erscheinung, daß gegeneinander geschaltete, in einem magnetischen Wechselfelde drehbar angeordnete Drahtspulen stets die gleiche Lage zu dem Wechselfelde einnehmen[279]."

---

[278] Blattmann, SAM, Seite 30.

[279] E-Leitfaden für T.M.I. und T.M.II-Anwärter, Seite 211.

Da bei Fernzeigeanlagen häufig eine Rückmeldevorrichtung zur Befehlsquittierung erwünscht war, wurden die Anlagen anfänglich oft redundant ausgeführt. Die Firma Siemens entwickelte darauf spezielle Systeme, bei denen ein und dieselbe Anlage nacheinander zur Übermittlung und zur Rückmeldung der übertragenen Werte verwendet werden konnte (siehe Abbildung 4.24)[280].

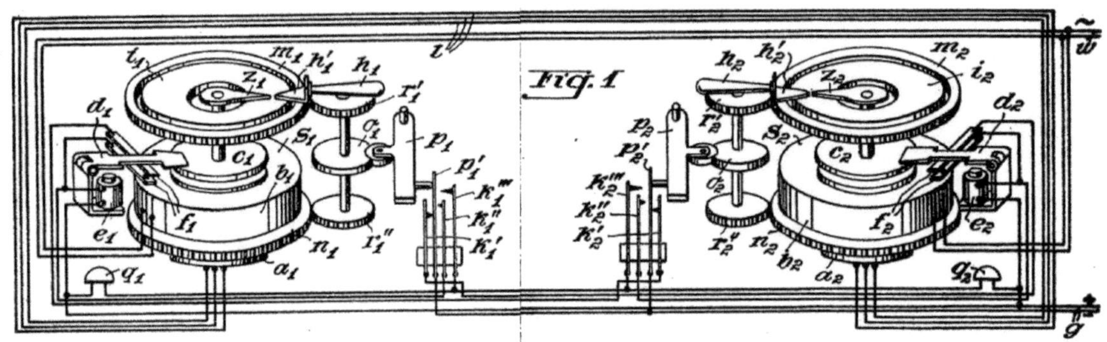

Abbildung 4.24: Ausführungsbeispiel einer Fernzeigeanlage der SAM

Bei diesen auch auf U-Booten verwendeten Systemen verfügten sowohl die Geber als auch die Empfänger über einen ferneinstellbaren und einen von Hand einstellbaren Zeiger. Auf der Geberseite wurde der ferneinstellbare Zeiger durch eine elektromagnetische Bremsvorrichtung festgehalten und der Befehlszeiger von Hand auf den zu übertragenden Befehl eingestellt. Dadurch wurde am Empfänger der Empfangszeiger entsprechend eingestellt. Der Bediener des Empfängers brachte anschließend zwecks Rückmeldung des Befehls den Geberzeiger des Empfängers mit dessen Empfangszeiger in Deckung. Dabei wurde der Empfangszeiger des Empfängers durch eine elektromagnetische Vorrichtung festgehalten und gleichzeitig der Empfangszeiger am Geber freigegeben, so dass letzterer an der Geberstelle in Deckung gelangte. Die Bremsvorgänge wurden durch Kontaktwerke ausgelöst, an die optische oder akustische Signalvorrichtungen geschaltet werden konnten, um das Bedienungspersonal auf die Erteilung oder Quittierung eines Befehls aufmerksam zu machen.

Fernzeigeanlagen für Schiffe wie der weithin bekannte Maschinentelegraf wurden bei Siemens bereits vor 1900 entwickelt[281]. Den in Abbildung 4.23 dargestellten frühen Versionen eines Torpedo-Befehls-Gebers und -Empfängers ist im Gegensatz zu späteren Ausführungen die technikgeschichtliche Abstammung vom Maschinentelegrafen noch deutlich anzusehen.

280 Siehe: Evers, Mehlitz, Reichspatentamt Patentschrift Nr. 658871, Fernzeigeanlage zur Übermittlung von Befehlen, Signalen o. dgl., Seite 1-2.

281 Die Entwicklung der in diesem Abschnitt behandelten wechselstrombetriebenen Geber- und Empfängersysteme ist im Hause Siemens eng mit dem Namen des Physikers Dr. Karl Michalke (1860-1925) verknüpft und lässt sich in bis in das Jahr 1896 zurückdatieren. Siehe: Blattmann, SAM, Seite 14.

4.2.2 Folgesteuerungen

Ein grundlegendes Problem der Feuerleittechnik bestand darin, die häufig stark veränderlichen Bewegungen schwach belastbarer Wellen „mit Energie"[282] möglichst genau und synchron nachzubilden und ggf. zu verstärken. In elektromechanischen Feuerleitrechnern wie dem TVh-Re/S3 mussten bspw. mechanisch schwache Eingangs- und Ausgangsgrößen wie der Ziel- und der Schusswinkel so verstärkt werden, dass sie die entsprechenden Teile des Rechengetriebes bzw. die an den Rechner angeschlossen Organe antreiben konnten. Das Problem wurde mithilfe spezieller Regelkreise gelöst, die im damaligen Sprachgebrauch als Folgesteuerungen, Folgetriebe oder Nachlaufregelungen bezeichnet wurden[283].

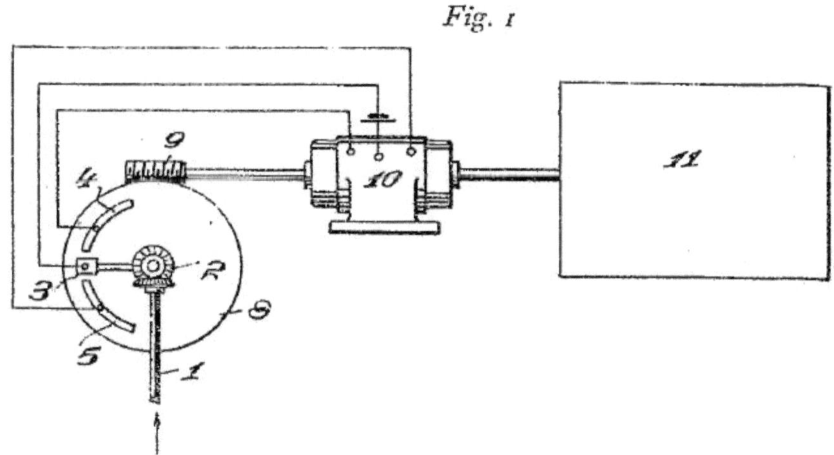

Abbildung 4.25: Schematische Darstellung einer einfachen Folgesteuerung mit Kontaktwerk

Bei der Folgesteuerung in Abbildung 4.25 verstellt die schwach belastbare Welle (1) über ein sogenanntes Vorgelege (2) die Kontaktzunge (3). Diese Kontaktzunge läuft bei etwaigen Bewegungen der Welle auf die Kontaktbahn (4) oder (5) auf. Dadurch dreht sich die Welle des Nachlaufmotors (10) in der einen oder anderen Drehrichtung und verstellt über das Schneckengetriebe (9) die Scheibe (8) so lange, bis sich die Kontaktzunge bezüglich der Kontaktbahnen wieder in der Nullstellung befindet. Dabei stellt der Motor gleichzeitig den einzustellenden schweren Gegenstand (11) entsprechend der Eingangsgröße ein.

Anstelle des oben beschriebenen, einfachen Kontaktwerks wurden in den automatischen Empfängern des TVh-Re/S3 sogenannte Herzfolgekontakte verwendet, deren Funktionsweise anhand von Abbildung 4.26 beschrieben werden soll[284].

[282] Schnapperelle, Klügel, Reichspatentamt Patentschrift Nr. 687149, Seite 1.

[283] Rudolf Oetker hat darauf hingewiesen, dass die englische Bezeichnung „following up system" zutreffender als der Begriff „Nachlaufregelung" war, da von den Systemen kein Nachlaufen, sondern ein synchrones Folgen verlangt wurde. Siehe: SAA, Lm 974, Oetker, Die Grundlagen der Nachlaufregelungstechnik, Seite 1.

[284] Siehe: BA-MA, RMD 6/569, Seite 56-57.

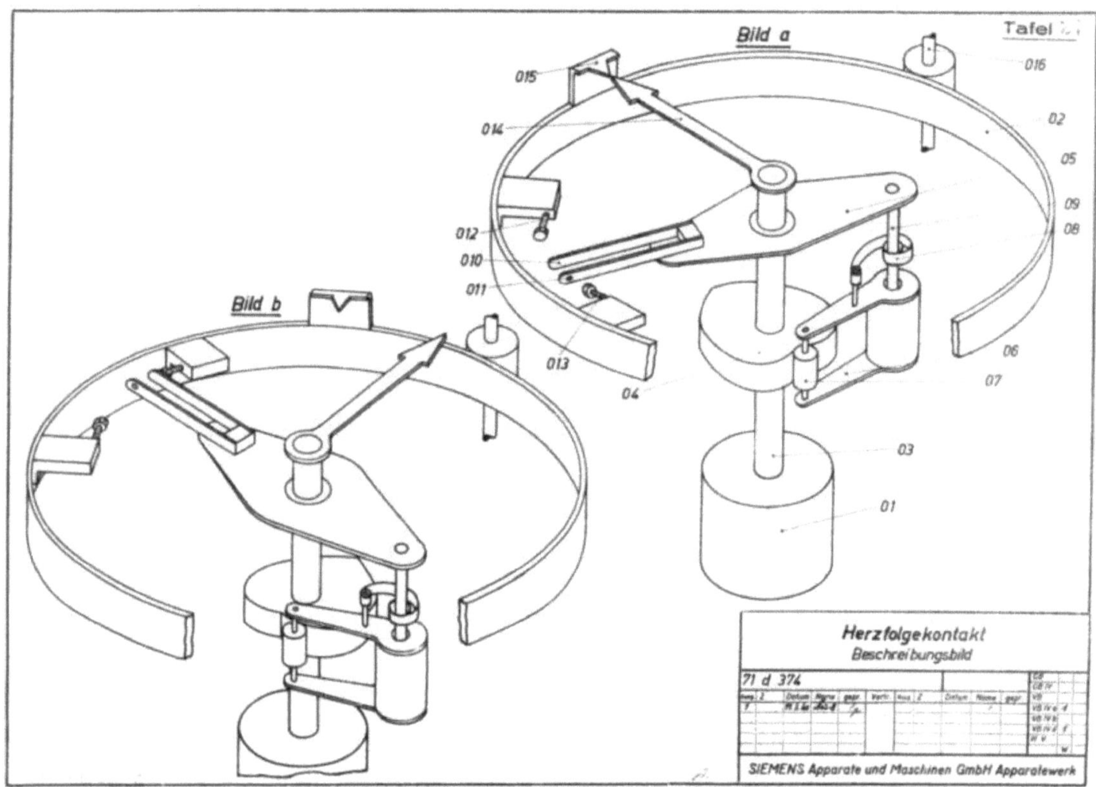

Abbildung 4.26: Herzfolgekontakt des TVh-Re/S3 (Kopie aus dem BA-MA)

Der Herzfolgekontakt hat die Aufgabe, dem Empfängeranker (01) den sogenannten Topf (02) nachzudrehen und dadurch den Gegenzeiger (015) mit dem Zeiger (014) in Deckung zu bringen.

In der Nullstellung ruht die Rolle (07) in der Kerbe der Herzscheibe (04) und der Mittelteil (05) ist so ausgerichtet, dass sich die Kontakte (010) und (011) berührungslos zwischen den Gegenkontakten (012) und (013) befinden und der Zeiger (014) und sein Gegenzeiger (015) in Deckung sind.

Wird die Empfängerachse (03) verdreht, bewegt sich mit ihr auch die Herzscheibe (04) und nimmt über die Rolle (07), den Schwenkarm (06) und den Zapfen (09) den Mittelteil (05) mit den daran befestigten Kontakten bis zum Anschlag mit Gegenkontakt (012) oder (013) mit. Die Kontakte schließen dann je nach Drehrichtung den Stromkreis des Nachlaufmotors (016), der den Topf (02) dem Empfängeranker (01) entsprechend nachregelt, bis der Kontaktschluss wieder unterbrochen ist. Der Zeiger (014) und der Gegenzeiger (015) sind dann wieder in Deckung.

Die Besonderheit des Herzfolgekontaktes besteht in einer sogenannten Überlast kupplung, d. h. in einer Vorrichtung, die die Kontakte bei einer sehr großen Auslenkung vor der unweigerlichen Zerstörung bewahrt: In dem Fall nämlich schnappt die Rolle (07) entgegen der Kraft der Feder (08) aus der Kerbe der Herzkurvenscheibe, so dass sich die Empfängerachse (03) alleine weiterdrehen kann, während die Kontakte stehenblieben.

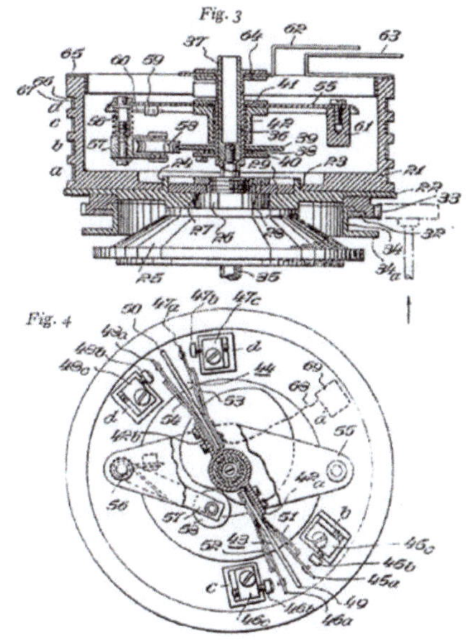

Abbildung 4.27: Der Herzfolgekontakt im TVh-Re/S3 in Laboe (links) - Auszug aus der Patentschrift Nr. 687149 (rechts)

Im TVh-Re/S3 wurde ein Herzfolgekontakt auch dazu verwendet, um in der Betriebsart „Lage laufend" den Lagenwinkel nachzuregeln. Folgesteuerungen dienten ferner zum Lösen von Gleichungen durch Vergleich der beiden Seiten und Nachregeln der gesuchten Variablen. Selbst implizite Gleichungen konnten so durch die Methode der sukzessiven Approximation, d. h. durch eine Fixpunktiteration gelöst werden[285]. Die Arbeit der SAM auf dem Gebiet der Folgesteuerungen war jedoch vor allem durch den Wunsch motiviert, Werte ohne menschliches Zutun schnell und fehlerfrei übertragen zu können[286]. Viele Folgesteuerungen wurden allerdings mit Folgezeigern versehen, um die Anzeigen dauerhaft überwachen oder bei Störungen die Nachstellung von Hand vornehmen zu können[287]. Wie Allan G. Bromley in diesem Zusammenhang festgestellt hat, vermochte die Feuerleittechnik des Zweiten Weltkrieges das Bedienungspersonal zwar zu unterstützen, aber - technikbedingt - noch keinesfalls zu ersetzen:

> „The ultimate ideal, of a fully automatic gunnery computer, was not, however, generally realised until the equipment was redesigned in the years after World War II[288]."

[285] Das Verfahren war offenbar besonders praxistauglich: „Mathematically this is a long and tedious method of solving the problem but by the use of the mechanism of this invention [d. h. dem im Patent beschriebenen Torpedo Data Computer, d. Vf.] in which the successively obtained values of the unknowns immediately affect the related values the final solution is obtained practically immediately and a new solution is immediately obtained whenever new controlling values may be set into the mechanism." (Newell, United States Office Patentschrift Nr. 2403542, Torpedo Data Computer, Seite 4.)

[286] Vgl. Blattmann, SAM, Seite 52.

[287] Siehe: Schnapperelle, Klügel, Reichspatentamt Patentschrift Nr. 687149, Schaltwerk für motorische Folgesteuerungen, Seite 2.

[288] Siehe: Bromley, British Mechanical Gunnery Computers of World War II, Seite 4.

4.2.3 Bauteile zur Nachbildung mathematischer Funktionen

In diesem Abschnitt werden in etwas kürzerer Form die Bauteile behandelt, die in dem lediglich prototypisch ausgeführten Torpedovorhaltrechner 71 to 275 (siehe Abschnitt 6.5.1) zur Nachbildung von mathematischen Funktionen verwendet wurden[289].

Zur elektrischen Addition und Subtraktion zweier Winkelwerte wurden Differentialempfänger eingesetzt. Diese glichen äußerlich den in Fernzeigeanlagen verwendeten Empfängern, verfügten jedoch über einen zusätzlichen Schleifring, über den eine zweite Spannung zugeführt werden konnte. Aus der Summe oder Differenz der beiden in die angeschlossenen Geber eingedrehten Winkelwerte ergab sich die räumliche Winkellage des Rotors und damit das gewünschte Rechenergebnis.

Zur Nachbildung komplizierterer Funktionen wurden Drehtransformatoren verwendet, die - ganz allgemein formuliert - dazu dienten, mechanisch eingedrehte Rechengrößen in elektrische Spannungen umzuwandeln. Abhängig von der Art des Drehtransformators hing die Ausgangsspannung linear von der eingedrehten Rechengröße ab oder bildete eine trigonometrische oder algebraische Funktion derselben. Je nach Bauweise konnte der erzeugte Wert bei einigen Drehtransformatoren darüber hinaus noch mit einer Konstanten multipliziert werden.

Bei Sinus- und Kosinus-Drehtransformatoren hängt die erzeugte Ausgangspannung U vom Sinus bzw. Kosinus der eingedrehten Rechengröße α ab, so dass sich mit ihnen die Funktionen $U(\alpha) = U_{max} \cdot \sin(\alpha)$ bzw. $U(\alpha) = U_{max} \cdot \cos(\alpha)$ nachbilden lassen. Sinus- und Kosinus-Drehtransformatoren waren häufig so gebaut, dass der Wert der gebildeten trigonometrischen Funktion noch mit einem als Spannungsgröße eingeführten Wert multipliziert werden konnte. Sinus-Kosinus-Drehtransformatoren sind prinzipiell wie Sinus-Drehtransformatoren aufgebaut, verfügen aber im Unterschied zu letzteren sekundärseitig über zwei getrennte, räumlich um 90° versetzten Wicklungen, so dass sich mit ihnen gleichzeitig sowohl der Sinus $U_1(\alpha) = U_{max} \cdot \sin(\alpha)$ als auch der Kosinus $U_2(\alpha) = U_{max} \cdot \cos(\alpha)$ des eingedrehten Winkels erzeugen lassen. Sinus-Kosinus-Drehtransformatoren gestatten ebenfalls eine Multiplikation des Sinus- bzw. Kosinuswertes mit einem als Spannungsgröße eingeführten Wert. Des Weiteren wurden sogenannte Sinus-Kosinus-Differential-Drehtransformatoren verwendet, mit denen gleichzeitig die Funktionen $U_1(\alpha) = U_{max} \cdot \sin(\alpha - \beta)$ und $U(\alpha) = U_{max} \cdot \cos(\alpha - \beta)$ nachgebildet werden können.

Eine lineare Abhängigkeit $U(\alpha) = k \cdot \alpha$ der Ausgangsspannung vom mechanisch eingedrehten Winkelwert konnte auf physikalischem Wege innerhalb technisch bedingter Grenzen durch eine geeignete Wicklungsverteilung des Drehtransformators erreicht werden. In mathematischer Hinsicht interessanter ist die Methode der Nomographischen Linearisierung, die sich vor allem für Anwendungsfälle anbot, in denen der in eine Spannung umzuwandelnde Wert manuell eingedreht wurde.

---

289 Siehe: AV, Röhr, Der elektrische Torpedovorhaltewinkelrechner 71 to 275.

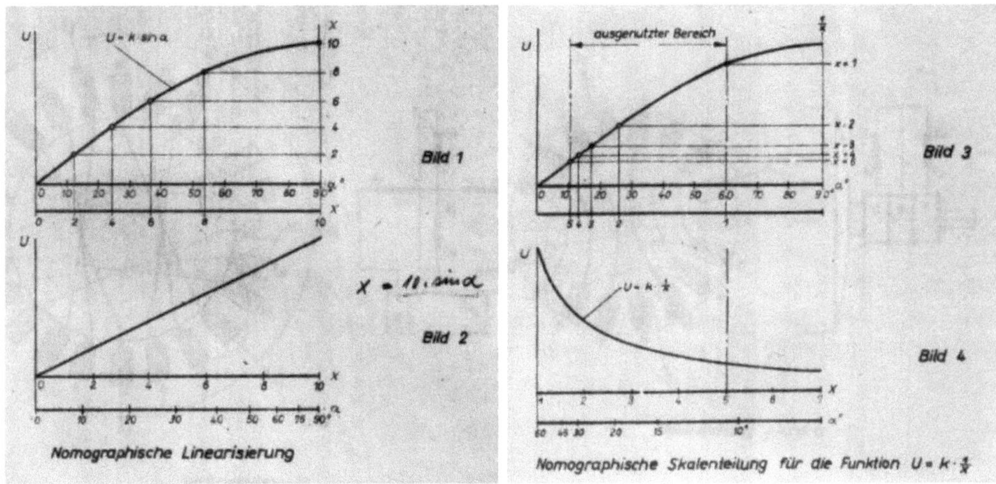

Abbildung 4.28: Nomographische Linearisierung und Skalenteilung

Die nomographische Linearisierung wurde häufig dort angewandt, wo ein möglichst großer Bereich des Drehtransformators für eine lineare Abhängigkeit ausgenutzt werden musste. Dabei wurde die Skala für den einzustellenden Winkelwert mit einer der Sinusfunktion entsprechend verzerrten Teilung versehen, die, wie in Abbildung 4.28 (links) dargestellt, durch Projektion der Schnittpunkte gleicher Abszissenabschnitte mit der Sinuskurve ermittelt wurde.

Durch entsprechende Skalenteilungen lassen sich neben linearen auch algebraische oder transzendente Funktionen wie die Kehrwertfunktion (siehe Abbildung 4.28 rechts) oder der Logarithmus mit Drehtransformatoren spannungsmäßig nachbilden. Wenn der Drehtransformator nicht von Hand an einer Skala eingestellt werden kann, sondern die Einstellung getriebemäßig vorgenommen werden muss, lässt sich die erforderliche Verzerrung nicht direkt erreichen. Dann kann zwischen den winkelproportionalen Eingangswert und den Antrieb des Drehtransformators eine Kurvenscheibe mit dem entsprechenden Funktionsverlauf geschaltet werden.

Für die elektrische Ausführung der Grundrechenarten wurden häufig als Drehteiler bezeichnete Potentiometer verwendet, die wie Drehtransformatoren ganz allgemein dazu dienten, einen mechanisch eingeführten Wert in eine elektrische Spannung umzuwandeln. Hier wird nur der einfachste Fall eines unbelasteten Potentiometers behandelt, bei dem sich die abgegriffene Spannung U zur angelegten Spannung U_0 wie der abgegriffene Widerstand R zum Gesamtwiderstand R_0 verhält (siehe Abbildung 4.29). Bei linearem Widerstandsverlauf ist

$$\frac{R}{R_0} = \frac{a}{a_0}$$

und somit gilt die Beziehung

$$U = k \cdot a \; mit \; k := \frac{U_0}{a_0} = const..$$

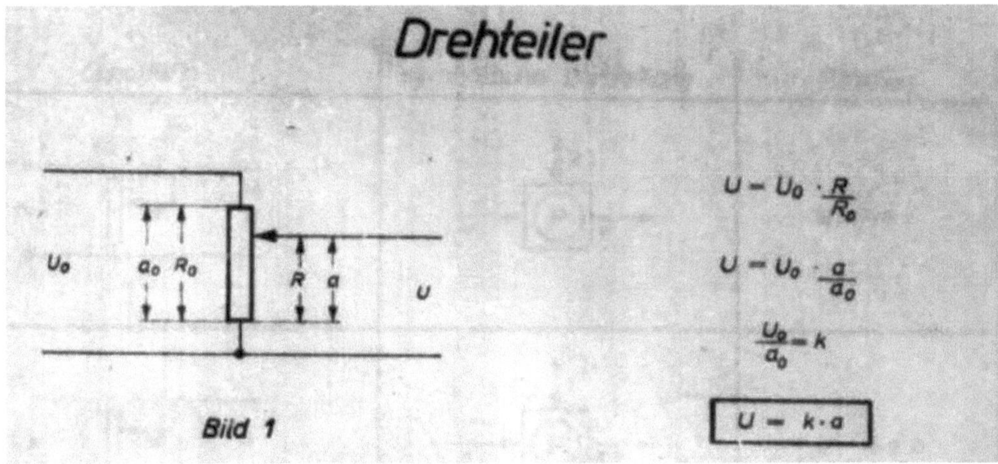

Abbildung 4.29: Drehteiler

Bei dem in Abbildung 4.29 dargestellten unbelasteten Potentiometer mit linearem Widerstandsverlauf wird der mechanisch eingedrehte Wert a in eine diesem Wert proportionale Spannung U umgewandelt. Sollte der Wert a hingegen mit einem Wert b multipliziert werden, wurde an den Drehteiler statt der konstanten Spannung U_0 eine dem Wert b proportionale Spannung angelegt und es galt analog:

$$U = k \cdot a \cdot b \; mit \; k := \frac{1}{a_0} = const..$$

Durch entsprechende Schaltungen und die Verwendung von Kurvenkörpern lassen sich mit Drehteilern funktionale Zusammenhänge der Form $U = k \cdot a$, $U = k \cdot a \cdot b$, $U = k \cdot (a + b)$, $U = k \cdot (a \cdot b - c)$ und $U = k \cdot f(x, \alpha)$ und damit auch die vom Torpedovorhaltrechner 71 to 275 zu lösenden Gleichungen 6.6 und 6.7 nachbilden.

4.3 Anwendungsbeispiele

Im ersten Teil dieses Abschnittes wird der Einsatz von Multiplikationsgetrieben, Geber- und Empfängersystemen und Folgesteuerungen anhand einer sogenannten Nachdreheinrichtung mit einstellbarem Übersetzungsverhältnis demonstriert. Derartige Anlagen wurden überall dort eingesetzt, wo es darum ging,

> „einzelne Organe oder eine Gruppe von Organen nacheinander oder auch mehrere Organe gleichzeitig auf verschiedene Werte einzustellen, die dem Gesetz $c \cdot \psi$ folgen, wobei c ein beliebiger Wert einer gegebenen Wertreihe und ψ kontinuierlich veränderlich ist[290]."

Nachdreheinrichtungen mit einstellbarem Übersetzungsverhältnis wurden auf U-Booten zur Bildung und Übertragung von positiven und negativen Bruchteilen und

[290] Helwig, Reichspatentamt Patentschrift Nr. 768089, Nachdreheinrichtung mit einstellbarem Übersetzungsverhältnis zwischen Vorlauf- und Nachlaufglied, Seite 5.

Vielfachen des Streuwinkels ψ beim Fächerschuss verwendet (siehe Tabelle 2 in Abschnitt 5.1). Es ist daher sicherlich kein Zufall, dass in der zitierten Patentschrift als Bezeichner für die kontinuierlich veränderliche Größe der üblicherweise für den Streuwinkel verwendete Buchstabe ψ gewählt wurde.

Im zweiten Beispiel wird gezeigt, wie aus den in diesem Kapitel beschriebenen Komponenten komplexe Rechengetriebe zur Lösung anspruchsvoller Probleme wie dem der Parallaxkorrektur aufgebaut werden konnten. Dazu werden im Vorgriff auf Kapitel 6 zunächst die Parallaxgetriebe der Torpedovorhaltrechner C/36 und C/37 (siehe Abschnitt 6.1) untersucht. Im Anschluss daran wird das verbesserte Getriebe des TVh-Re/S3 (siehe Abschnitt 6.3) analysiert.

4.3.1 Nachdreheinrichtungen mit einstellbarem Übersetzungsverhältnis

Grundsätzlich hätten Bruchteile und Vielfache des Streuwinkels ψ auch mit einfachen Geschwindigkeitswechselgetrieben mit einer entsprechenden Anzahl von Übersetzungsstufen ermittelt werden können. Derartige Übersetzungsgetriebe haben jedoch den konstruktionsbedingten Nachteil, dass sie lediglich eine Multiplikation der Geschwindigkeit bzw. des Wertes ψ mit dem eingestellten Übersetzungsverhältnis c vornehmen. Daher hätte bei jeder Änderung des Wertes von c die Ergebniswelle zunächst wieder in die Nullstellung gebracht werden müssen, bevor die Einstellung auf den neuen Wert des Drehwinkels $c \cdot \psi$ möglich gewesen wäre. Der durch die Rückstellung entstandene Zeitverlust wäre bei einem Fächerschuss zu hoch gewesen. Ganz abgesehen davon hätte es für die Rückstellung einer zusätzlichen und aufwendigen mechanischen Vorrichtung bedurft[291].

Das hier behandelte Ausführungsbeispiel einer Nachdreheinrichtung mit einstellbarem Übersetzungsverhältnis vermeidet das Problem der Rückstellung dadurch, dass jedem Wert von c eine aus Drehmeldern bestehende Speichereinrichtung zugeordnet ist, in der laufend der aktuelle Wert des Produktes als Stellung des Melders vorgehalten wird. Zwischen den Speichereinrichtungen und der Ergebniswelle ist eine Stellungsvergleichsvorrichtung installiert, die die Einstellung der Ergebniswelle auf das gewünschte Produkt $c \cdot \psi$ gestattet, ohne das die Welle zuvor in die Nullstellung gebracht werden muss.

Bei der betrachteten Nachdreheinrichtung (siehe Abbildung 4.30) soll der mittels Handrad (1) eingegebene und über die Kegelräder (3) auf die Welle (4) geleitete Drehwinkel ψ mit den vier Faktoren 0,5, 1,5, 2,0 und -2,0 multipliziert und das Ergebnis (wahlweise) auf die Welle (2) geführt werden[292]. Dazu sind die Wellen (5)-(8) über die Winkelgetriebe (9)-(12) mit den Übersetzungsverhältnissen 1:2, 2:3, 1:2 und 1:-2 mit der Welle (4) gekoppelt. Die Multiplikation mit der negativen Zahl -2,0 wird im Winkelgetriebe (12) durch die Umkehrung des Drehsinns der Welle (8) gegenüber den Wellen (5)-(7) erreicht.

[291] Siehe: Helwig, Reichspatentamt Patentschrift Nr. 768089, Nachdreheinrichtung, Seite 1.

[292] Für das Beispiel ist es unerheblich, ob die Eingabe von Hand oder auf andere Weise wie z. B. von einem Streuwinkelrechner aus erfolgt.

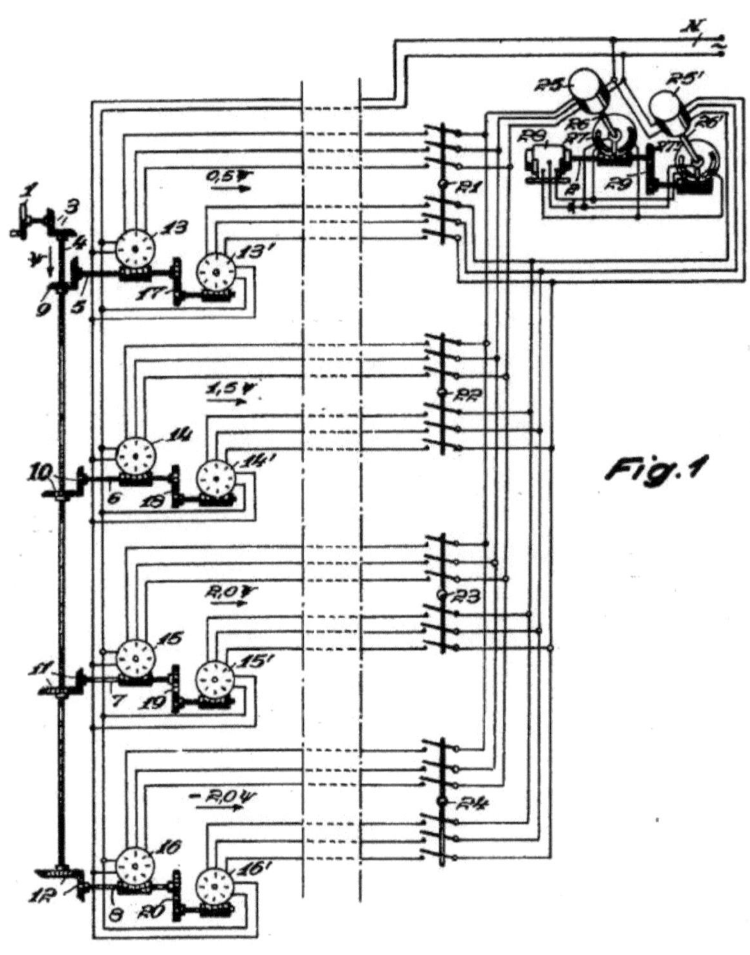

Abbildung 4.30: Ausführungsbeispiel einer Nachdreheinrichtung

Die Drehwerte der Wellen (5)-(8) werden mit Drehmeldern übertragen. Dabei wird zur Erhöhung der Genauigkeit ein System aus Grob- und Feingebern (13)-(16) bzw. (13′)-(16′) verwendet. Die Übersetzungsgetriebe (17)-(20) sorgen für ein geeignetes Übersetzungsverhältnis wie z. B. 1:10 oder 1:20 zwischen den Wellen (5)-(8) und den Feingebern (13′)-(16′).

Über die Schalter (21)-(24) kann jedes Drehmeldersystem mit dem Grob- und Feinempfänger (25) bzw. (25′) verbunden werden. Der Wert $c \cdot \psi$ wird über eine Nachlaufvorrichtung auf die Welle (2) übertragen. Dem Stellungsvergleich dienen zwei Nachlaufregelungen, deren Vorlaufglieder (26) und (26′) von den Grob- und Feinempfängern (25) und (25′) angetrieben werden. Die Nachlaufglieder (27) und (27′) stehen mit der vom Motor (29) angetriebenen Welle (2) im Eingriff. Zwischen der Grob- und der Feinkontaktvorrichtung (27) bzw. (27′) ist das gleiche Übersetzungsverhältnis wie bei den Getrieben (17)-(20) geschaltet. Über die von den Folgegliedern (27) und (27′) getragenen Kontakte einerseits und die von den Vorlaufgliedern (26) und (26′) bewegten Kontaktarme andererseits wird der Nachlaufmotor so lange im Rechts- oder Linkslauf gesteuert, bis die Welle (2) genau die Winkelstellung erreicht hat, die der des ausgewählten Drehmeldersystems entspricht[293].

[293] Siehe: Helwig, Reichspatentamt Patentschrift Nr. 768089, Nachdreheinrichtung, Seite 2 f.

4.3.2 Parallaxgetriebe

Die Parallaxkorrektur mithilfe von Tabellen war insbesondere unter Gefechtsbedingungen extrem schwierig:

> „The parallax corrections, it is true, were tabulated, but the use of these tables was much too troublesome in actual firing. The result was that the torpedo officer only got a rough idea from the range table and, for the rest, had to operate more or less intuitively. In these circumstances errors were of course inevitable[294]."

Eine maschinelle Lösung des Parallaxproblems schien daher wünschenswert. Da entsprechende Zahnradgetriebe viel zu groß ausgefallen wären, musste die Lösung - wie in Abbildung 4.31 (rechts) am Beispiel des Parallaxgetriebes des Torpedovorhaltrechners C/37 dargestellt - mit Kurvenkörpern realisiert werden[295].

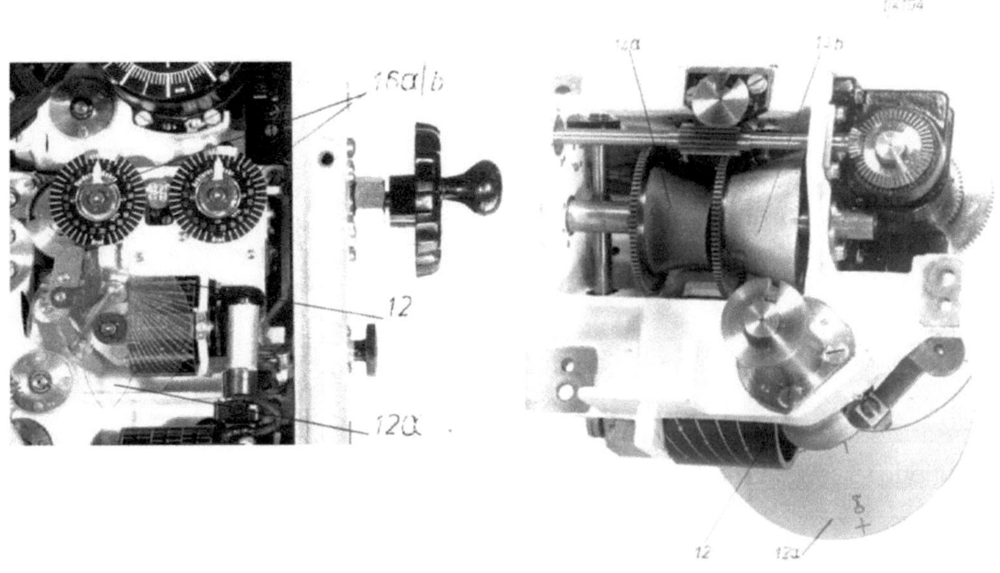

Abbildung 4.31: Vorder- und Rückansicht des Parallaxgetriebes des T-Vorhalt-Rechners C/37 (Kopie aus dem BA-MA)

Bei den Torpedovorhaltrechnern C/36 und C/37 konnte im Gegensatz zum TVh-Re/S3 noch nicht zwischen der Parallaxkorrektur für die vorderen und die achteren Torpedorohre umgeschaltet werden. Im Parallaxgetriebe (11) (siehe Abbildung 4.32) waren vielmehr zwei ähnliche Rechengetriebe für die Ermittlung des Parallaxwinkels für die Bug- bzw. Hecktorpedorohre vorhanden. Da die Ermittlung in beiden Fällen jedoch völlig analog erfolgte, wird sie anschließend nur für die vorderen Rohre erläutert.

[294] TNA, Krellenberg, Entwicklung der Torpedo-Feuerleit-Anlagen, Seite 17.

[295] Siehe ebd., Seite 17-18.

In den Torpedovorhaltrechnern C/36, C/37 und S3 wurde zur Berechnung des Parallaxwinkels δ die Formel 3.14 mechanisch nachgebildet, in der sowohl x als auch $\Delta\omega$ funktional vom Schusswinkel ρ abhängen:

$$\sin(\delta) = \frac{x}{e} \cdot \sin(\omega + \delta + \Delta\omega).$$

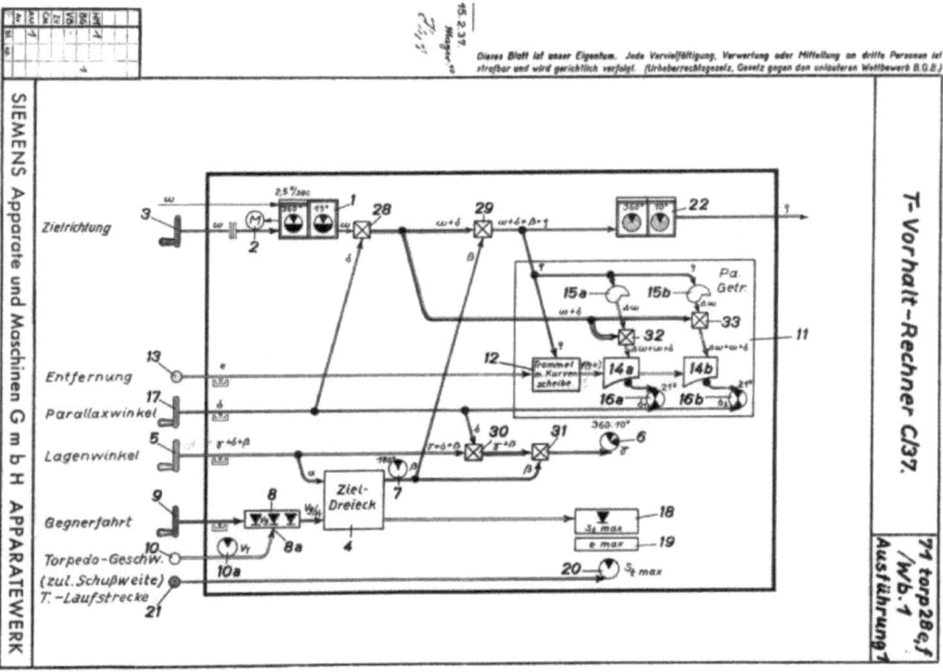

Abbildung 4.32: Wirkungsbild des T-Vorhalt-Rechners C/37 (Kopie aus dem BA-MA)

Das Verhältnis x/e musste bei den Modellen C/36 und C/37 durch Schnittpunktbildung von Hand ermittelt werden. Zu diesem Zweck war x in Abhängigkeit vom Schusswinkel ρ in Polarkoordinaten in je einer Kurve für die Bug- und Heck-Rohre auf der durchsichtigen Kurvenscheibe (12a) aufgetragen (siehe Abbildung 4.31 links sowie Abbildung 4.33). Die Kurvenscheibe wurde vom Getriebe des Vorhaltrechners so gedreht, dass der dem jeweiligen Schusswinkel entsprechende Wert der Größe x auf dem waagerechten Faden (12b) (d. h. dem horizontalen Strich auf der Kurvenscheibe in Abbildung 4.33) zu liegen kam. Auf der Kurventrommel (12) war das Verhältnis x/e in Kurven gleicher Entfernung e aufgetragen (siehe Abbildung 4.33). Der Bediener des Vorhaltrechners musste mittels Knopf (13) die Trommel (12) so drehen, dass die der Gegnerentfernung e entsprechende Kurve durch den zuvor bestimmten Schnittpunkt des festen Fadens (12b) mit der Kurve der Scheibe (12a) hindurchging. Dadurch wurde die Trommel (12) der Größe x/e entsprechend seitlich verschoben. Diese Verschiebung wurde an den Kurvenkörper (14a) weitergegeben, dessen Resultatwert den gesuchten Parallaxwinkel darstellte.

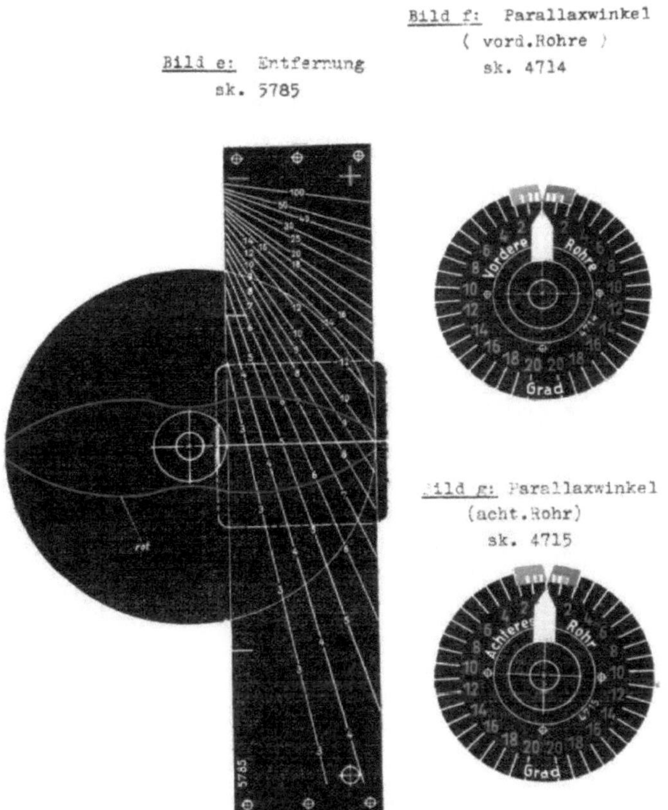

Abbildung 4.33: Kurvenscheibe und -trommel des T-Vorhalt-Rechners C/37 (Kopie aus dem BA-MA)

Damit am Kurvenkörper (14a) der korrekte Wert des Parallaxwinkels abgenommen werden konnte, musste dieser auch um die Winkelsumme $\omega+\delta+\Delta\omega$ gedreht werden. Dazu wurde der ebenfalls vom Schusswinkel ρ abhängige Hilfswinkel $\Delta\omega$ von der entsprechend berechneten Kurvenscheibe (15a) gebildet und im Differentialgetriebe (32) mit der Summe $\omega + \delta$ vereinigt. Der Resultatwert des entsprechend gedrehten Kurvenkörpers (14a) wurde dem Zeiger der Zeiger-Gegenzeigeranordnung (16a) zugeführt.

Zur Ermittlung des Parallaxwinkels musste der Bediener nun lediglich mit Handrad (17) den Gegenzeiger mit dem Zeiger und damit letztlich die beiden Seiten der Parallaxgleichung 3.14 in Deckung bringen. Beim Einzelschuss im Abdrehen konnte er dabei gleichzeitig eine Drehgeschwindigkeitsverbesserung vornehmen. Dazu musste er anstelle des Nullstriches einfach nur denjenigen Teilstrich der Teilung am Gegenzeiger in Deckung bringen, der dem Drehgeschwindigkeitswert entsprach (siehe die Bilder f und g in Abbildung 4.33).

Abgesehen von der redundanten Auslegung eines Getriebeteiles bestand der größte Nachteil des Parallaxgetriebes der Torpedovorhaltrechner C/36 und C/37 darin, dass es nicht vollautomatisch funktionierte. Vielmehr war zur Berechnung des Parallaxwinkels Bedienpersonal erforderlich, das Kurvenschnittpunkte ermitteln und Zeiger und Gegenzeiger des Getriebes in Deckung bringen musste.

Beim TVh-Re/S3 wurde der Parallaxwinkel im Unterschied zu den Modellen C/36 und C/37 bereits mithilfe einer Nachlaufsteuerung berechnet. Bei einem Ausfall der Steuerung konnte der Winkel jedoch auch von Hand nach der Zeiger-Gegenzeiger-Methode ermittelt werden. Abbildung 4.34 zeigt das Parallaxgetriebe des TVh-Re/S3 und Abbildung 4.35 eine schematische Darstellung.

Abbildung 4.34: Parallaxgetriebe des TVh-Re/S3 (Kopie aus dem BA-MA)

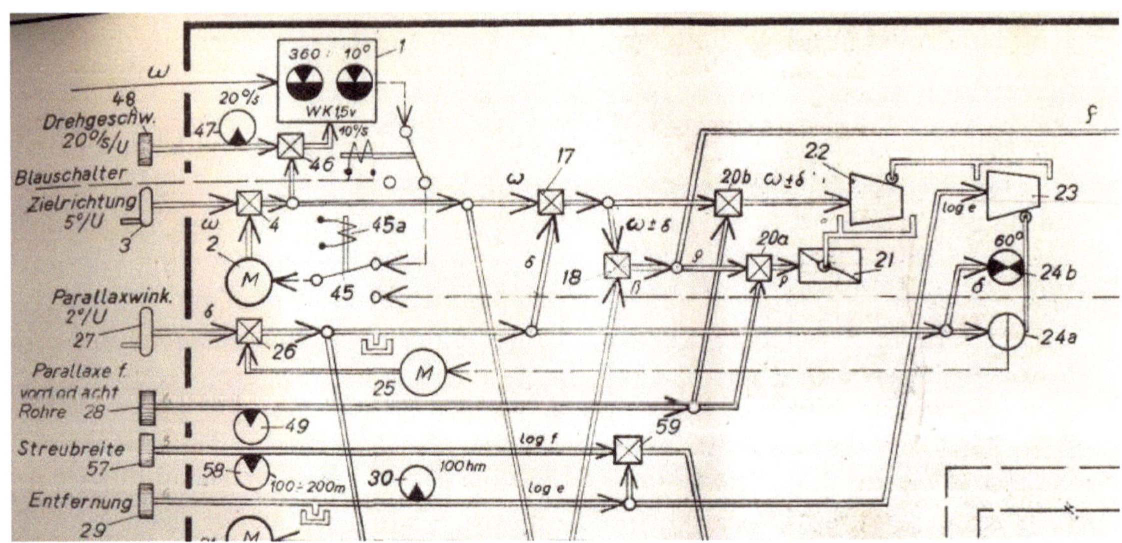

Abbildung 4.35: Wirkungsbild des Parallaxgetriebes

Das Getriebe bestand im Wesentlichen aus einem Kurvenzylinder (21), zwei Kurvenkörpern (22) und (23), einer mechanischen Zeiger- und Gegenzeiger-Anordnung (24b), einem Folgekontakt (24a), einem Motor (25), einem Handrad (27) für den Parallaxwinkel, einem Drehknopf (28) für die Parallaxumschaltung auf vordere oder achtere Rohre sowie einer dazugehörigen Anzeige (49).

Vor einem Angriff musste das Parallaxgetriebe mit dem Drehknopf (28) an der Anzeige (49) auf vordere Rohre oder achtere Rohre geschaltet werden. Dadurch wurden der Kurvenzylinder (21) und der Kurvenkörper (22) über die Differentialgetriebe (20a) und (20b) passend eingestellt.

Der Kurvenzylinder (21) wurde dem Schusswinkel ρ entsprechend gedreht und bildete dadurch einen Zwischenwert, um den der Kurvenkörper (22) verschoben wurde. Der Kurvenkörper (22) wurde zudem um den Zielwinkel $\omega + \delta$ gedreht und bildete den Resultatwert $x \cdot \sin(\omega + \delta + \Delta\omega)$. Um diesen Resultatwert wurde der Kurvenkörper (23) verschoben, der des Weiteren gemäß der mit dem Drehknopf (29) an der Anzeige (30) eingestellten Zielentfernung e gedreht wurde und als Ergebnis den gesuchten Parallaxwinkel δ lieferte.

Mit dem am Kurvenkörper (23) abgenommenen Wert des gesuchten Parallaxwinkels δ wurde einerseits der mechanische Folgekontakt (24a) und andererseits der Zeiger der Zeiger-Gegenzeiger-Anordnung (24b) eingestellt. Der Motor (25) des Folgekontaktes führte den Wert des Parallaxwinkels zunächst auf das Differentialgetriebe (26), wo ihm mittels Handrad (27) ein Korrekturwert überlagert werden konnte. Durch die Bewegung des Motors (25) gelangte der Wert des Parallaxwinkels vom Differentialgetriebe (26) weiter zum Differentialgetriebe (17) zur Bildung des Wertes $(\omega + \delta)$ und zum Differentialgetriebe (11) zur Bildung des Wertes $(\alpha - \delta)$ sowie zum Zwecke des Abgleichs zum Folgekontakt (24a) und zum mechanischen Gegenzeiger der Zeiger-Gegenzeiger-Anordnung (24b).

Es ließ sich bisher nicht feststellen, wie die vom Schusswinkel ρ abhängige Größe $\Delta\omega$ vom TVh-Re/S3 ermittelt wurde. Nach Abbildung 4.34 war der Kurvenkörper (21) sowohl mit einer von unten nach oben verlaufenden als auch mit einer wellenförmig umlaufenden Nut im oberen Bereich versehen. Er könnte daher möglicherweise die Aufgabe gehabt haben, den Kurvenkörper (22) entsprechend der Größe x zu verschieben und gleichzeitig entsprechend der Größe $\Delta\omega$ zu drehen, doch das ist nach derzeitigem Kenntnisstand Spekulation.

Das in Anlage 4 wiedergegebene „Räderbild" vermittelt einen weiteren, anschaulichen Eindruck von der Komplexität des Parallaxgetriebes des TVh-Re/S3. Räderbilder gleichen modernen Explosionszeichnungen und zeigen alle wesentlichen Bestandteile eines Getriebes in perspektivisch annähernd richtiger Anordnung.

Die Ausführungen über die Parallaxgetriebe der Torpedovorhaltrechner C/36 und C/37 beruhen auf einer vorläufigen Beschreibung und Bedienungsvorschrift für Torpedo-Feuerleit-Anlagen für U-Boote vom Typ VII B aus dem Jahre 1938 (BA-MA, RMD 6/563). Die Angaben über das Parallaxgetriebe des TVh-Re/S3 wurden der Beschreibung und Bedienungsvorschrift der Torpedo-Feuerleit-Anlage für U-Boote vom Typ VII C und VII D (BA-MA, RMD 6/566) entnommen.

5 Feuerleitanlagen auf deutschen U-Booten

In der im Jahre 1943 veröffentlichten Torpedo-Schießvorschrift für U-Boote wurde die Feuerleitanlage als das sicherste Mittel zur Berechnung des Schusswinkels bezeichnet. Ihre besonderen Vorzüge sah die Marine im Wegfall der Rechenarbeit und in der schnellen Anpassungsfähigkeit an sich ändernde Gefechtslagen[296].

Der Torpedovorhaltrechner war nur ein, wenn auch zentraler Bestandteil der U-Boot-Feuerleitanlage. Daher erscheint es sinnvoll, zuerst die weiteren Komponenten und die Aufgaben einer typischen U-Boot-Feuerleitanlage zu erläutern, bevor im nächsten Kapitel die Torpedovorhaltrechner der Firma Siemens im Detail analysiert werden. Aus diesem Grund wird in Abschnitt 5.1 zunächst die Feuerleitanlage des im Zweiten Weltkrieg meistproduzierten deutschen U-Boot-Typs VII beschrieben.

Für die anschließende Bewertung der (Rechen-)Technik werden ein Vergleich mit der Torpedo-Feuerleitanlage des Schweren Kreuzers PRINZ EUGEN[297], die alliierten Untersuchungsberichte über das gekaperte deutsche U-Boot U 570, ein nach Kriegsende in amerikanischem Auftrag verfasster deutscher Erfahrungsbericht sowie - in Abschnitt 5.2 - die Beschreibung einer digitalen U-Boot-Feuerleitanlage der Nachkriegszeit herangezogen.

Bei KRELLENBERG[298] findet sich ein Abriss der deutschen Entwicklungsarbeiten auf dem Gebiet der Marine-Feuerleitanlagen in der Zeit von 1920 bis 1935. Der Autor befasst sich hauptsächlich mit der Entwicklung der Anlagen für Überwassereinheiten, erwähnt daneben aber auch einige grundsätzliche Probleme, die die Konstrukteure von Geräten für U-Boote zu lösen hatten. So mussten bspw. exponierte Teile der Feuerleitanlage wie die U-Boot-Zieloptik im Unterschied zu den Geräten für Überwassereinheiten nicht nur seewasserbeständig, sondern für den Fall eines Alarmtauchens auch druckfest ausgeführt werden.

---

[296] Siehe: M. Dv. Nr. 416/3, Seite 5. Als weitere Vorzüge wurden die automatische Parallaxkorrektur, die Berücksichtigung der Gegnerlänge beim Fächerschuss, die Drehgeschwindigkeitsverbesserung sowie die Möglichkeit genannt, verbundene Fächer auf verschiedene Ziele gleichen Kurses schießen zu können (siehe ebd., Seite 24 und Seite 36). Einen Nachteil bei der Verwendung einer Feuerleitanlage sah die Marine darin, dass Rechenwerte durch Störungen oder das Bedienpersonal verfälscht werden können. Zur Vermeidung von Fehlern war daher bei der Bedienung der Feuerleitanlage eine in der Torpedo-Schießvorschrift definierte Feuerleitsprache einzuhalten, die vorschrieb, dass alle Befehle, die zu Fehleinstellungen führen können, durch Quittungen zu bestätigen sind (siehe ebd., Seite 5).

[297] Der Schwere Kreuzer PRINZ EUGEN wurde am 01.08.1940 in Dienst gestellt und nach dem Krieg von den Amerikanern für Atombombentests verwendet. Die PRINZ EUGEN sank am 22.12.1946 unweit der Marschall-Inseln.

[298] Siehe: TNA, ADM 213/706, Underwater Weapons Department: history of the development of torpedo fire control systems and sighting instruments from 1920-1935. Bei dem Dokument handelt es sich um die englische Übersetzung eines Aufsatzes mit dem Titel „Die Entwicklung der Torpedo-Feuerleit-Anlagen und Zielgeräte nach dem Krieg (bis etwa zum Jahre 1935)", der vor dem Zweiten Weltkrieg von einem ehemaligen Mitarbeiter der TVA namens KRELLENBERG verfasst wurde, dessen genaue biografische Daten sich nicht ermitteln ließen. Der in der Originalfassung nicht mehr auffindbare Aufsatz ist vor allem aufgrund fehlender Illustrationen nur schwer lesbar.

5.1 Die Feuerleitanlage der U-Boote vom Typ VII C

Buchheim beschrieb in seinem Roman „Das Boot" die Aufgabe und Funktionsweise der Feuerleitanlage der U-Boote vom Typ VII C wie folgt[299]:

> „Um den richtigen Vorhaltwinkel für die Torpedos braucht sich der I WO [Erste Wachoffizier, d. Vf.] nicht zu kümmern. Den findet die Torpedorechenanlage. Die Rechenanlage hat direkte Verbindung mit dem Kreiselkompaß und der Zielsäule und ist außerdem direkt auf die Torpedos geschaltet, deren Schwenkmechanismus sie jetzt laufend beeinflußt: Jede Kursänderung des Bootes wird automatisch als Kurskorrektur auf die Torpedos übertragen. Der I WO braucht nur noch das Ziel im Fadenkreuz des Glases auf dem UZO [U-Boot-Zieloptik, d. Vf.] zu haben."

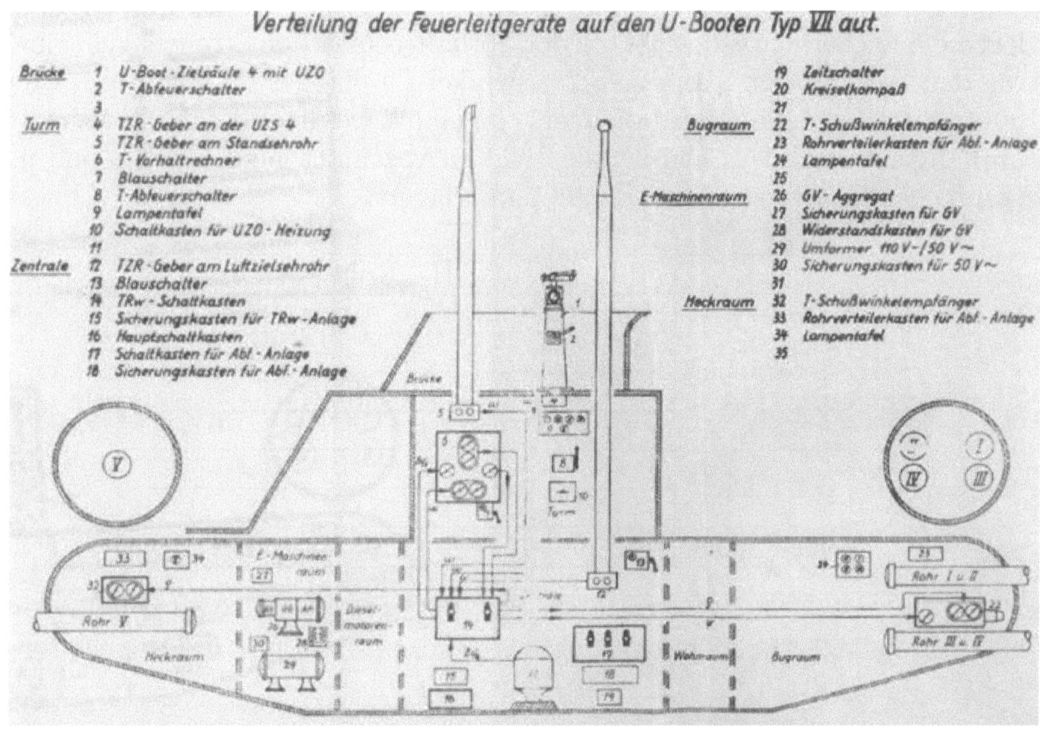

Abbildung 5.1: Feuerleitanlage der U-Boote vom Typ VII

Etwas präziser formuliert diente die Feuerleitanlage der Ermittlung des Zielwinkels ω und seiner Übermittlung an den Torpedovorhaltrechner, der Bestimmung des Vorhaltwinkels β und des parallaktisch korrigierten Schusswinkels ρ, der Übermittlung des Schusswinkels an die Torpedorohre und - beim Fächerschuss - der Bestimmung des Streuwinkels ψ und seiner Übermittlung an den Torpedo-Schusswinkel-Empfänger sowie der wahlweisen Abfeuerung der Torpedorohre[300].

[299] Buchheim, Das Boot, Seite 338.

[300] Siehe: BA-MA, RMD 6/566, Seite 7.

Auf U-Booten mit LUT-Anlage diente die Feuerleitanlage insbesondere der Ermittlung des Schneidungswinkels α und der Vorlaufstrecke s_t[301].

Die Komponenten der Feuerleitanlage und der Verlauf der Werte in der Anlage sind in Abbildung 5.1 dargestellt. Der Zielwinkel ω konnte mit der U-Boot-Zielsäule (1) oder einem der beiden Sehrohre ermittelt werden. Von der gewählten Zieloptik wurde der Winkel über den am Torpedo-Richtungsweiser-Geber (14) ausgewählten Torpedo-Zielrichtungs-Geber (4, 5 oder 12) an den im Turm befindlichen Vorhaltrechner (6) weitergeleitet.

Der Vorhaltrechner ermittelte den Parallaxwinkel δ und den Vorhaltwinkel β und bildete aus δ, β und ω den Schusswinkel ρ. Anschließend übermittelte er den Schusswinkel je nach der am Torpedo-Richtungsweiser-Geber (14) vorgenommenen Einstellung an den Torpedo-Schusswinkel-Empfänger (22) oder (32) im Bug- bzw. Heck-Torpedoraum. Im Bugraum konnte der Schusswinkel automatisch oder von Hand, im Heckraum nur von Hand in das Getriebe des Torpedo-Schusswinkel-Empfängers eingeführt werden.

Bei einem Fächerschuss berechnete der Vorhaltrechner den Streuwinkel ψ und übertrug den Wert an den Torpedo-Schusswinkel-Empfänger im Bugraum, wo er von Hand in das Getriebe des Empfängers eingeführt werden musste. Im Schusswinkel-Empfänger wurde der Schusswinkel wie in Abschnitt 4.3.1 beschrieben mit den entsprechenden Werten aus Tabelle 2 überlagert.

Fächer	Rohr I	Rohr II	Rohr III	Rohr IV
2er-Fächer	0,5·ψ		-0,5·ψ	
	0,5·ψ			-0,5·ψ
		0,5·ψ	-0,5·ψ	
		0,5·ψ		-0,5·ψ
3er-Fächer	ψ		0	-ψ
	ψ	0		-ψ
4er-Fächer	1,5·ψ	0,5·ψ	-0,5·ψ	-1,5·ψ

Tabelle 2: Die Überlagerung des Schusswinkels beim Fächerschuss

Der vom Kreiselkompass (20) an den Vorhaltrechner übertragene Eigenkurs φ_e diente der laufenden Aktualisierung des Lagenwinkels (siehe Abschnitt 3.1.2) und wurde bei der Berechnung des Schusswinkels für den Fächerschuss zur Korrektur der durch Eigenkursänderungen verursachten Zielwinkeländerungen verwendet.

Durch sogenannte Blauschalter im Turm (7) und in der Zentrale (13) konnte der Steuermotor des automatischen Empfängers, der den Zielwinkel in das Getriebe des Vorhaltrechners einführte, ein- und ausgeschaltet werden. Die entsprechenden Befehle lauteten „Folgen!" bzw. „Nicht folgen!" (auch: „Blau!"). Der Name des Blauschalters rührte daher, dass die Schalterstellung „Nicht folgen!" am Vorhaltrechner und den Schusswinkel-Empfängern durch Blaulampen angezeigt wurde.

[301] Siehe: BA-MA, RMD 6/573, Seite 5.

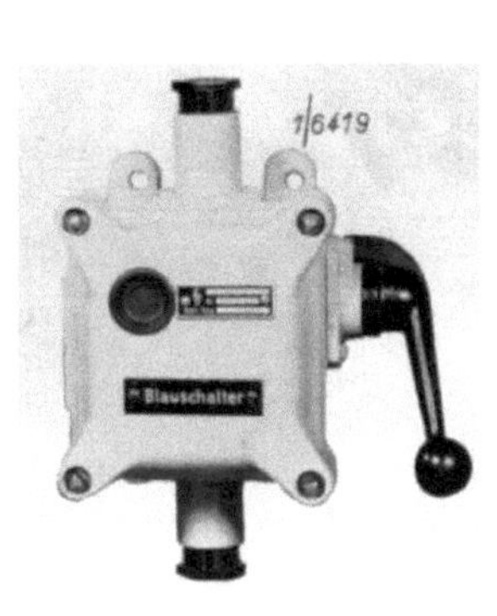

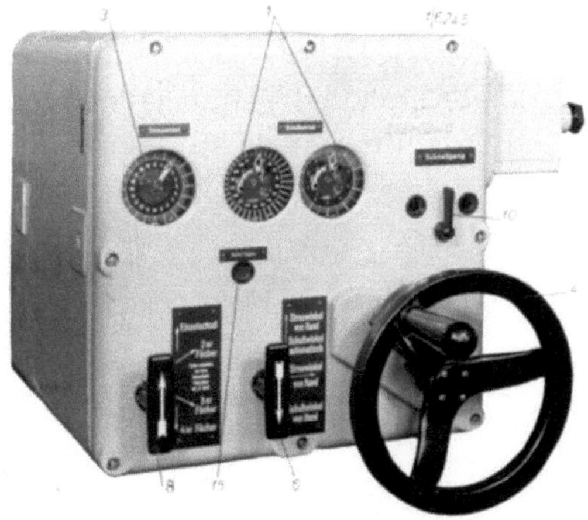

Abbildung 5.2: Blauschalter und Torpedo-Schusswinkel-Empfänger (Kopien aus dem BA-MA)

Zu Beginn eines Angriffs und vor einen Rundblick mit dem Sehrohr wurde „Blau!" befohlen und damit die Übertragung des Zielwinkels an den Vorhaltrechner unterbrochen. Nach Auffassen des Zieles oder Beenden des Rundblicks wurde (wieder) „Folgen!" befohlen. Behielt der Beobachter den Gegner danach im Fadenkreuz der Zieloptik, so übermittelte der Vorhaltrechner (bei unverändertem Gegnerkurs) laufend den aktuellen Schusswinkel an den zugeschalteten Schusswinkel-Empfänger. Bei Aufleuchten der Schusswinkel-Deckungslampe, die die Übereinstimmung von übertragenem und empfangenem Schusswinkel anzeigte, konnte geschossen werden. Abfeuerschalter befanden sich sowohl auf der Brücke als auch im Turm. Bevor der letzte Torpedo eines Fächers oder der letzte Torpedo von mehreren Einzelschüssen abgefeuert wurde, musste am Torpedovorhaltrechner „Nicht folgen!" ein- und „Lage laufend" (siehe Abschnitt 3.1.2) ausgeschaltet werden, damit die Schusswerte für die Torpedoschussmeldung notiert werden konnten[302].

Die Feuerleitanlage wurde bei jedem Angriff eingeschaltet. Sollte ohne Feuerleitanlage im Durchwandern geschossen werden (siehe Abschnitt 2.3), konnte der Torpedovorhaltrechner daher noch zur Berechnung des am Sehrohrgradkranz einzustellenden Vorhaltwinkels verwendet werden. Da alle wichtigen Werte auch von Hand nach dem Zeiger-Gegenzeigerprinzip in die Rechengetriebe eingeführt bzw. an die entsprechenden Empfänger übertragen werden konnten, war es bei einem Ausfall der Elektrik möglich, den TVh-Re/S3 als mechanischen Rechner für die Ermittlung des Vorhaltwinkels, des Schusswinkels, des Streuwinkels und der Parallaxkorrektur zu verwenden.

Die obigen Ausführungen folgen eng der „Beschreibung und Bedienungsvorschrift der Torpedo-Feuerleit-Anlage für U-Boote Typ VII C und VII D"[303] und damit einer der wenigen erhaltenen Quellen zu diesem Thema.

---

302 Siehe M. Dv. Nr. 416/3, Torpedo-Schießvorschrift für U-Boote, Seite 25 sowie Anlage 5.

303 Siehe: BA-MA, RMD 6/566.

Die von der SAM hergestellte Torpedo-Feuerleitanlage des Schweren Kreuzers Prinz Eugen war Blattmann zufolge im Zweiten Weltkrieg die modernste deutsche Anlage ihrer Art[304]. Im Folgenden werden die in rechentechnischer Hinsicht relevanten Unterschiede zu den Feuerleitanlagen auf U-Booten beschrieben, um letztere technikgeschichtlich besser einordnen zu können.

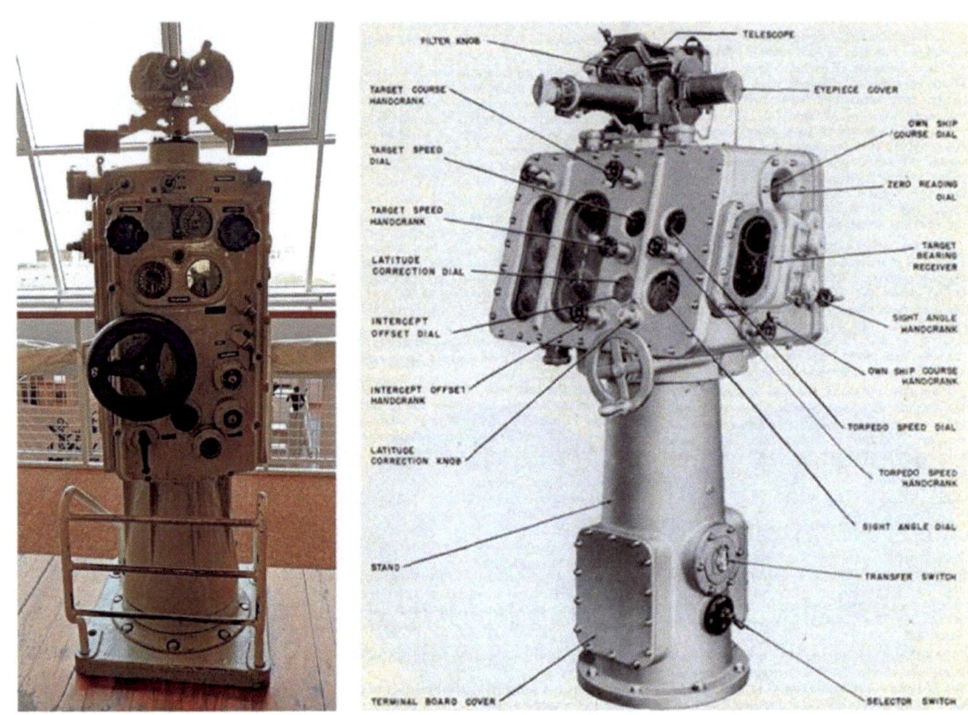

Abbildung 5.3: Torpedozielapparat der Prinz Eugen im Deutschen Schiffahrtsmuseum (links), amerikanischer Torpedo Director Mk 27 Mod 5 (rechts)

Zur Ermittlung des Zielwinkels ω für die Torpedorohrsätze an Steuerbord und Backbord gab es auf der Prinz Eugen mehrere Torpedozielgeber in unterschiedlicher Ausführung. Einfachere Zielgeber (siehe Abbildung 5.3 - die Ähnlichkeit mit dem amerikanischen Gerät ist augenfällig) befanden sich direkt bei den Rohrsätzen. Im Torpedo-Leitstand über Deck waren zwei auch als TZA-Geber bezeichnete, komplexere Torpedozielapparate installiert, deren Zieloptik im Unterschied zu den Anlagen auf U-Booten mit mathematisch-technischen Mitteln dem Ziel nachgeführt wurde, um die Zielverfolgung zu erleichtern. Blattmann berichtet, dass die Optik der TZA-Geber nach der Zielaufnahme durch Einsteuerung des sogenannten Kippwinkels der Höhe und durch Einstellen der Zielauswanderung an einem Reibscheibengetriebe der Seite nach stabilisiert wurde[305].

Da die TZA-Geber wie der TVh-Re/S3 über ein Zieldreiecksgetriebe zur Ermittlung des Vorhaltwinkels β verfügten, konnten sie den Schusswinkel $\rho = \omega + \beta$ bilden und somit als einfache Vorhaltrechner zum direkten Richten der Torpedorohrsätze

[304] Die Beschreibung der Torpedo-Feuerleitanlage der Prinz-Eugen folgt Blattmann, SAM, Seite 90-94.

[305] Siehe Blattmann, SAM, Seite 90.

verwendet werden, wenn die Gefechtssituation besondere Eile gebot oder eine Störung in der eigentlichen Rechenstelle unter Deck vorlag.

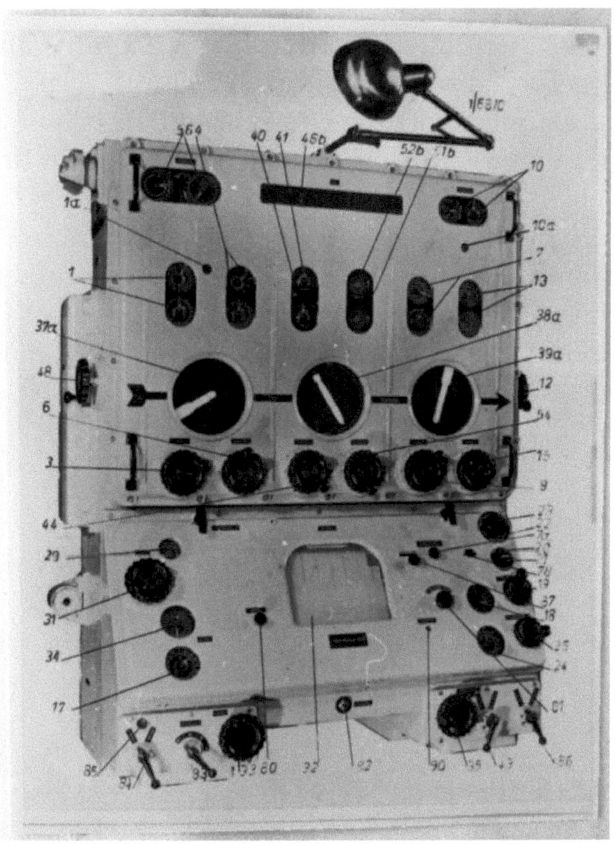

Abbildung 5.4: Torpedo-Schusswertrechner der PRINZ EUGEN

In der Rechenstelle unter Deck befanden sich u. a. der Torpedo-Schusswertrechner, der Torpedo-Gefechtskoppler, der Torpedo-Wandler und der Streuwinkelrechner[306]. Der Torpedo-Schusswertrechner (siehe Abbildung 5.4) diente in erster Linie der Ermittlung des parallaktisch korrigierten, kimmbezogenen[307] Schusswinkels ρ und der maximalen Reichentfernung e_{max}. Im Unterschied zu den Torpedovorhaltrechnern auf U-Booten wurden die für das Gefechtsbild wichtigen Kurs- und Geschwindigkeitsvektoren für das eigene Schiff, den Torpedo und den Gegner auf drei Vektorscheiben - bezogen auf die Zielrichtung - grafisch angezeigt, so dass Änderungen der Gefechtslage rechtzeitig erkannt werden konnten. Auf der Vektorscheibe für den Gegner wurden zusätzlich der Seiten- und Entfernungsunterschied dargestellt[308].

---

306 Der Streuwinkelrechner diente der Berechnung des Streuwinkels ψ für den Fächerschuss (vgl. Abschnitt 3.2.1) und ähnelte dem Streuwinkelgetriebe der in Abschnitt 6.3.1 beschriebenen Rechenanlagen für U-Boote, weshalb er hier nicht näher behandelt wird.

307 Als Kimm wird in der Seefahrt die Grenzlinie zwischen Wasser und Himmel bezeichnet.

308 Der Seitenunterschied SU_g und der Entfernungsunterschied EU_g bezeichnen die für taktische Überlegungen und Berechnungen wichtigen Änderungsgeschwindigkeiten der rechtwinklig zur bzw. entlang der Zielrichtung verlaufenden Position des Gegners.

Die Bestimmung der Zielentfernung war auf der Prinz Eugen deutlich aufwendiger als auf U-Booten, wo die Entfernung lediglich geschätzt wurde. In einem Entfernungsmittler (abgk.: e-Mittler) wurde der Durchschnitt e_m der von bis zu vier Entfernungsmessgeräten gelieferten Zielentfernungen gebildet und damit die Differenz $e_{max} - e_m$ berechnet, die darüber Auskunft gab, ob sich der Gegner in Reichweite der Torpedos befand (vgl. Abschnitt 3.1.5). Der e-Mittler schrieb den Wert e_m auf ein mit konstanter Geschwindigkeit laufendes Papierband (siehe Abbildung 5.4 unten). Mit einem sogenannten EU-Mittler wurde daraufhin durch Anlegen einer Tangente an die geschriebene Weg-Zeit-Kurve der relative Entfernungsunterschied, d. h. die Änderungsgeschwindigkeit der Entfernung vom eigenen Schiff zum Ziel, bestimmt (vgl. Abschnitt 4.1.6). Mithilfe des relativen Entfernungsunterschiedes konnte die Zielentfernung selbst dann weiter berechnet werden, wenn die Entfernungsmessungen - aus welchen Gründen auch immer - für kurze Zeit unterbrochen wurden.

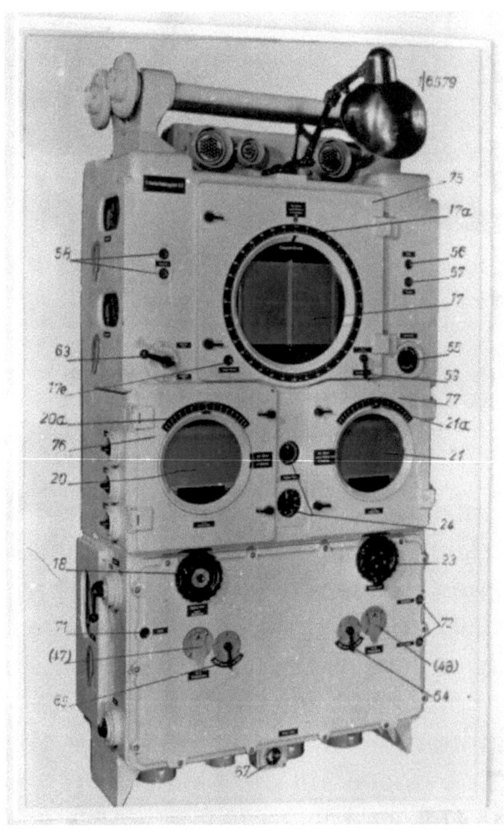

Abbildung 5.5: Torpedo-Gefechtskoppler der Prinz Eugen

Der Torpedo-Gefechtskoppler (siehe Abbildung 5.5) war ein komplexes Rechengerät, in dem zahlreiche der in Abschnitt 4.1 beschriebenen Rechengetriebe zum Einsatz kamen und dessen Aufgabe darin bestand, die zur Lösung des Torpedoschussproblems benötigten Werte für den Lagenwinkel und die Gegnerfahrt aus den laufend aktualisierten Werten für die gemittelte Zielentfernung und den Zielrichtungswinkel zu berechnen.

Dazu ermittelte der Torpedo-Gefechtskoppler in einem Sinus-Kosinus-Getriebe zunächst die Nord-Süd- und Ost-West-Komponenten $S_{rel}NS$ bzw. $S_{rel}OW$ des vom Gegner relativ zum eigenen Schiff zurückgelegten Weges. Um aus diesen Werten die absoluten Komponenten S_gNS bzw. S_gOW zu erhalten, mussten sie um die Wegkomponenten S_eNS bzw. S_eOW des eigenen Schiffes bereinigt werden. Letztere wurden ermittelt, indem die in einem zweiten Sinus-Kosinus-Getriebe aus der eigenen Geschwindigkeit und dem eigenen Kurs gebildeten Nord-Süd- und Ost-West-Geschwindigkeitskomponenten des eigenen Schiffes in jeweils einem Reibradgetriebe mit der Zeit multipliziert wurden. Die beiden absoluten Wegkomponenten S_gNS bzw. S_gOW wurden an zwei Weg-Zeit-Schreiber (siehe Abbildung 5.5 mitte) geleitet. Aus den beiden aufgezeichneten Weg-Zeit-Kurven wurde durch grafische Differentiation (siehe Abschnitt 4.1.6) die Fahrtgeschwindigkeit des Gegners in Nord-Süd- bzw. in Ost-West-Richtung ermittelt. Die Tangenten an die beiden Kurven wurden über Handräder für die Gegnerfahrt und den Gegnerkurs eingestellt, deren Werte in einem Sinus-Kosinus-Getriebe entsprechend umgerechnet wurden. Wenn in beiden Schreibern die Tangente an die Weg-Zeit-Kurve anlag, entsprachen die über die Handräder eingegebenen Werte der gesuchten Gegnerfahrt und dem gesuchten Gegnerkurs. Ein dritter Schreiber (siehe Abbildung 5.5 oben) zeichnete den aus den Wegkomponenten S_gNS bzw. S_gOW resultierenden Gegnerweg auf stillstehendem Papier auf. Aus der Winkelstellung des Gegnerweges konnte der Gegnerkurs und daraus der gesuchte Lagenwinkel ermittelt werden. Die Gegnerfahrt und der Lagenwinkel wurden über Drehmelder an den Torpedo-Schusswertrechner weitergeleitet.

Die Aufgabe des Torpedo-Wandlers bestand einerseits darin, den schiffsrecht ermittelten Zielwinkel in einen kimmrechten Zielwinkel zu transformieren. Dies war erforderlich, da das Torpedoschussproblem rechnerisch nicht in der Bettungsebene der Zieloptik, sondern der des Meeresspiegels gelöst werden musste. Da jedoch die Torpedo-Ausstoßrohre in der Ebene des Schiffsdecks gerichtet wurden, musste der Torpedo-Wandler andererseits den kimmgerecht ermittelten Schusswinkel in einen schiffsrechten Schusswinkel transformieren. Darüber hinaus berechnete der Torpedo-Wandler den Kippwinkel[309] zur Stabilisierung der Optik des TZA-Gebers.

Es bleibt festzuhalten, dass die Feuerleitanlagen auf den großen Überwassereinheiten bedeutend umfangreicher und komplexer als die Torpedo-Feuerleitanlagen der U-Boote waren. Zum einen war das Torpedoschussproblem aufgrund der größeren Gefechtsentfernungen und der zu kompensierenden Schwankungen des Schiffes rechentechnisch aufwendiger und erforderte zu seiner Lösung u. a. Getriebe zur Mittelung von Entfernungen und zur Transformation von Winkeln. Zum anderen gestatteten die Platzverhältnisse auf größeren Schiffen den Einbau zusätzlicher Instrumente wie z. B. der Vektorscheiben zur Anzeige der Gefechtslage. Da die PRINZ EUGEN im Zweiten Weltkrieg allerdings keinen einzigen scharfen Torpedo abgefeuert hat[310], muss eine abschließende Beurteilung der damals modernsten deutschen Torpedo-Feuerleitanlage ausbleiben.

---

309 Als Kippwinkel wurde der senkrecht zum Schiffsdeck gemessene Winkel zwischen dem Schiffsdeck und der Zielrichtung bezeichnet.

310 Siehe SCHMALENBACH, PRINZ EUGEN, Seite 77.

Neben dem Vergleich mit der Torpedo-Feuerleitanlage der PRINZ EUGEN liefern auch die alliierten Untersuchungsberichte über das gekaperte deutsche U-Boot U 570 interessante Anhaltspunkte für die technikgeschichtliche Bewertung der deutschen U-Boot-Feuerleitanlagen. Das Boot vom Typ VII C wurde am 27. August 1941 südlich von Island nach einem vorhergehenden Luftangriff von der Royal Navy geentert und anschließend von Briten und Amerikanern intensiv untersucht. Bereits am 19. September desselben Jahres wurde U 570 von der Royal Navy in Dienst gestellt und erhielt wegen der zahlreichen im Rahmen der Untersuchung angefertigten Diagramme den Namen HMS GRAPH. Da die Besatzung von U 570 vor dem Eintreffen des Enterkommandos das Geheimmaterial über Bord warf und die Anzeigen des Torpedovorhaltrechners zerstörte, wurde die Untersuchung der Feuerleitanlage erheblich erschwert. So blieb den Amerikanern die Verbindung zwischen dem Vorhaltrechner und dem Kreiselkompass verborgen und sie nahmen irrtümlich an, dass auch die Geschwindigkeit des U-Bootes in den Vorhaltrechner eingegeben werden müsse[311]. In ihrem Untersuchungsbericht hoben sie explizit die geringen Ausmaße des Torpedovorhaltrechners und der in der Feuerleitanlage verwendeten Motoren hervor[312]. Das Gesamturteil fiel jedoch negativ aus:

> „The torpedo data computer installed in this submarine materially adds to the offensive characteristics of the ship. In general it is considered to be markedly superior to the British 'Fruit Machine'[313], but definitely inferior to our torpedo data computer, into which all arguments for the complete solution of the torpedo fire control problem except angle on the bow and range are automatically introduced into the instrument[314]."

Da bei den Torpedovorhaltrechnern der US-Navy tatsächlich jedoch nicht nur zwei, sondern eine ganze Reihe von Werten zumindest initial von Hand eingegeben werden mussten[315], bezog sich die Kritik aller Wahrscheinlichkeit nach nicht auf die Tatsache, dass überhaupt Werte von Hand in den Torpedovorhaltrechner eingegeben werden mussten (was bspw. im Falle der Gegnerlänge weder beim deutschen noch beim amerikanischen Rechner anders möglich gewesen wäre), sondern auf die dem TVh-Re/S3 vermeintlich fehlende - da bei der Untersuchung allem Anschein nach übersehene - Fähigkeit, Werte per Nachlaufsteuerung („synchro follow-up") automatisch in das Rechengetriebe einzuführen.

---

[311] Siehe: Report on the German submarine of the U-570 Class captured by the British in August 1941, Seite 58.

[312] Siehe ebd., Seite 59 sowie Fußnote 268.

[313] Der von HUGH CLAUSEN (1888-1972) entwickelte britische Torpedovorhaltrechner wurde wegen seiner äußerlichen Ähnlichkeit mit einem Fruchtgummi-Automaten auch als Fruit Machine bezeichnet. Ein kurzer historischer Abriss über die Entwicklung der britischen U-Boot-Feuerleitanlagen findet sich in: LINDELL, The Development of Torpedo Fire Control Computers in the Royal Navy, in: 100 Years of the Trade: Royal Navy Submarines Past, Present and Future, Seite 47-51.

[314] Report on the German submarine of the U-570 Class captured by the British in August 1941, Seite 71.

[315] Siehe: Ordnance Pamphlet No. 1056, Torpedo Data Computer Mark 3 Mods. 5 to 12, Seite 265-266.

Die Briten wiesen in ihrem Untersuchungsbericht vor allem auf die beim TVh-Re/S3 fehlende visuelle Darstellung der Gefechtssituation hin:

> „It [der TVh-Re/S3, d. Vf.] is considerably more elaborate than the British Submarine Torpedo Director and has a large number of dials but it does not give a clear picture of the relative position of own and enemy ships as does the British instrument[316]."

Diese Kritik erscheint umso berechtigter, als beim Torpedo-Schusswertrechner der PRINZ EUGEN die relativen Positionen des eigenen Schiffes und des Gegners angezeigt wurden. Die deutschen U-Boot-Feuerleitanlagen waren jedoch im Unterschied zur Torpedo-Feuerleitanlage der PRINZ EUGEN oder den Anlagen der britischen U-Boote für Angriffe auf Geleitzüge aus kurzen Entfernungen konzipiert. Da die deutschen U-Boote darüber hinaus dank des Winkelschussverfahrens im Unterschied zu den Briten nicht mit dem ganzen Boot zielen mussten, sondern lediglich die Zieloptik auf den Gegner auszurichten hatten, wurde eine Anzeige der Gefechtssituation vermutlich nicht für notwendig erachtet. Bei dem Verzicht auf die bis in die dreißiger Jahre bei Torpedo-Zielapparaten übliche Darstellung des Torpedoschussdreiecks handelte es sich nachweislich um eine bewusste Designentscheidung, die die kompakte Konstruktion von Torpedovorhaltrechnern für U-Boote überhaupt erst ermöglichte:

> „Ein wesentlicher Entwicklungsschritt in Richtung auf erhöhte Genauigkeit und Wegfall der umständlichen Bedienung gelang etwa 1930 durch die in der Gelap durchgeführte Entwicklung des geschlossenen Zieldreiecks [...], das automatisch arbeitete und sehr raumsparend ausgebildet werden konnte. Damit war dessen sichtbare Anordnung nicht mehr notwendig, was besonders bei den später entwickelten Geräten für U-Boote von großer Bedeutung war[317]."

Im britischen Untersuchungsbericht wurde neben den taktischen Vorzügen des deutschen Winkelschussverfahrens[318] zutreffend erwähnt, dass die diversen Ortungsmittel nicht für Blindschüsse ohne Sehrohreinsatz verwendet wurden:

> „There is no indication that hydrophones or other detecting devices are used to give a 'line of sight' for firing blind[319]."

---

316 TNA, ADM 239/358, Report on ex-German submarine U570 (HMS Graph), Seite 19.

317 BLATTMANN, SAM, Seite 89. Siehe dazu auch TNA, KRELLENBERG, Entwicklung der Torpedo-Feuerleit-Anlagen, Seite 19: „As the training of the personnel improved, and, above all, with the growing understanding of the theory of ballistics, the importance of the director triangle as a 'conspicuous picture' gradually decreased, until it became nothing more than a mere means of observing the angle of deflection. The question whether the director triangle was necessary or could not [sic!, d. Vf.] therefore safely be answered in the negative, thus clearing the way for the construction of all sighting systems on entirely new lines."

318 TNA, ADM 239/358, Report on ex-German submarine U570 (HMS Graph), Seite 21.

319 Ebd., Seite 19.

Tatsächlich spielten akustische Unterwasserangriffe in den frühen Planungen der deutschen U-Boot-Strategen noch keine Rolle. Das ist hier insofern von Bedeutung, als die Rechenanlage für akustische Angriffe mit Standardtorpedos hätte erweitert werden müssen. Da die Schallgeschwindigkeit sehr viel kleiner als die Lichtgeschwindigkeit ist, muss bei der Lösung des Torpedoschussproblems auf Basis einer akustischen anstelle einer optischen Gegnerortung der Umstand berücksichtigt werden, dass sich der Gegner in der Zeit, in der der von ihm erzeugte Schall den Weg zum Ortungsgerät des U-Bootes zurücklegt, weiterbewegt. Darüber hinaus muss der Entfernungsunterschied zwischen der Schallquelle (d. h. den Schiffsschrauben) und dem Abkommpunkt (also der für gewöhnlich anvisierten Schiffsmitte) mathematisch kompensiert werden. Schließlich gilt es, die Parallaxe zwischen dem Sonar und dem Sehrohr als dem festen Bezugspunkt bei der Lösung des Torpedoschussproblems auszugleichen. Spätere Versionen des amerikanischen TDC waren dazu mit einem sogenannten Sound Bearing Converter ausgestattet[320]. Da die im Zweiten Weltkrieg eingesetzten Sonargeräte nicht sonderlich genau und hinsichtlich ihrer Reichweite äußerst beschränkt waren, hat sich der rechentechnische Aufwand für die Amerikaner nicht gelohnt. Wie NORMAN FRIEDMAN und der ehemalige amerikanische U-Boot-Kommandant WILLIAM P. GRUNER berichten, haben die Amerikaner die Leistungsfähigkeit des Sonars zunächst überschätzt und waren, was den praktischen Einsatz auf U-Booten anbelangt, wenig erfolgreich:

> „By 1938, it seemed that a submarine might attack on the basis of sonar alone and never have to expose her periscope. In wartime, that turned out to be far more difficult than expected[321]."

bzw.

> „Only 31 of the 4,873 attacks analyzed after the war could be described as 'sound' attacks, and none of these were successful[322]."

Als Korvettenkapitän ERICH HOLTORF (1901-1978) und Fregattenkapitän ALFRED BEHR im Jahre 1951 die deutschen Kriegserfahrungen auf dem Gebiet der U-Boot-Feuerleitanlagen für die Amerikaner zusammenfassten[323], beklagten sie zwar die Versäumnisse auf dem Gebiet der Sonartechnik, bescheinigten aber insbesondere den Anlagen der U-Boote vom Typ VII C und IX C eine hohe Praxistauglichkeit, da sie den Kommandanten sehr viel Freiheit beim Manövrieren ließen und es ihnen ermöglichten, sich vollständig auf den eigentlichen Angriff zu konzentrieren[324].

---

320 Siehe: CRAGON, The Fleet Submarine Torpedo Data Computer, Seite 83.

321 FRIEDMAN, U.S. Submarines through 1945, Seite 197.

322 GRUNER, WILLIAM P., U.S. PACIFIC SUBMARINES IN WORLD WAR II, Seite 10.

323 Siehe: HOLTORF, BEHR, German War-Time Experience with Development of Torpedo Fire-Control Systems on Submarines and Ideas on Further Development.

324 Siehe ebd., Seite 5 - 7. Die Flexibilität der Feuerleitanlagen rührte HOLTORF und BEHR zufolge vor allem daher, dass der Lagenwinkel automatisch aktualisiert und der Schusswinkel bei den bereits in den Ausstoßrohren befindlichen Torpedos nachgeführt werden konnte.

Das Fazit von HOLTORF und Behr deckt sich mit dem in der Einleitung zu dieser Arbeit zitierten Urteil des U-Boot-Kommandanten HEINZ SCHÄFFER über die Bewährung der U-Boot-Rechenanlagen in den Geleitzugschlachten:

> „It required a certain amount of practice to handle the fully automatic fire control system skillfully. When one had mastered it properly, he could 'play' this installation excellently. The large successes in convoy battles achieved during 1939/42 were all due to this system[325]."

Bei Kriegsbeginn waren die Feuerleitanlagen bereits so ausgereift, dass sie abgesehen von kleinen Verbesserungen während des Krieges nicht mehr verändert wurden. Als im Jahre 1943 die ersten passiv-akustischen Torpedos an die Boote ausgegeben wurden, für die sich die Vorhaltberechnung erheblich von der für die Standardtorpedos unterschied, wurden Tabellen angefertigt, nach denen die bei Verwendung eines Standardtorpedos in den Vorhaltrechner einzugebenden Werte für die Torpedogeschwindigkeit, die Gegnerfahrt und den Lagenwinkel zu verändern waren, so dass sich für den akustischen Torpedo der richtige Vorhalt ergab[326]. Erst nach der Einführung des LUT wurden die Feuerleitanlagen - zunächst in geringem Umfang - erweitert. Der für den LUT-Schuss benötigte Schneidungswinkel konnte ebenso wie die einzustellende Vorlaufstrecke am Torpedovorhaltrechner abgelesen werden[327], die weiteren Steuerparameter mussten hingegen speziellen LUT-Schusstafeln (siehe Abbildung 5.6 links) entnommen und an einer eigens konstruierten LUT-Einstelltafel (siehe Abbildung 5.6 rechts) in die Feuerleitanlage eingegeben werden. Die Lösung mithilfe von Schusstafeln erwies sich jedoch als unbefriedigend, da sie die U-Boote zwang, vor dem Schuss bestimmte Angriffspositionen einzunehmen. Darüber hinaus erforderte sie von den Kommandanten zu viel Rechenarbeit und detaillierte Kenntnisse über das LUT-Schießverfahren:

> „The captain of the sub had to make too many computations (requiring a certain extent of mathematical knowledge, not had by everyone) and he had to master the inherent functioning of the LUT-shot, including the relative firing pattern[328]."

Um die neuen U-Boote vom Typ XXI nicht auf bestimmte Angriffspositionen festzulegen, sollten sie mit einer vollautomatischen Feuerleitanlage ausgestattet werden. Dieser Plan konnte wegen Produktionsschwierigkeiten für die ersten einhundert Boote nicht realisiert werden, die daher mit einem konventionellen TVh-Re/S3 ausgerüstet wurden[329].

---

325 HOLTORF, BEHR, German War-Time Experience, Seite 6.

326 Siehe ebd., Seite 6.

327 Damit der Schneidungswinkel am TVh-Re/S3 abgelesen werden konnte, war die Skala für den Vorhaltwinkel durch eine Schneidungswinkelskala ersetzt worden. Die Vorlaufstrecke für den LUT war in der Regel gleich der Schussweite, die beim TVh-Re/S3 an der Laufstreckentrommel neben der Schussentfernung abgelesen werden konnte. Siehe: BA-MA, RMD 6/490, Seite 4.

328 HOLTORF, BEHR, German War-Time Experience, Seite 8.

329 Siehe ebd., Seite 9.

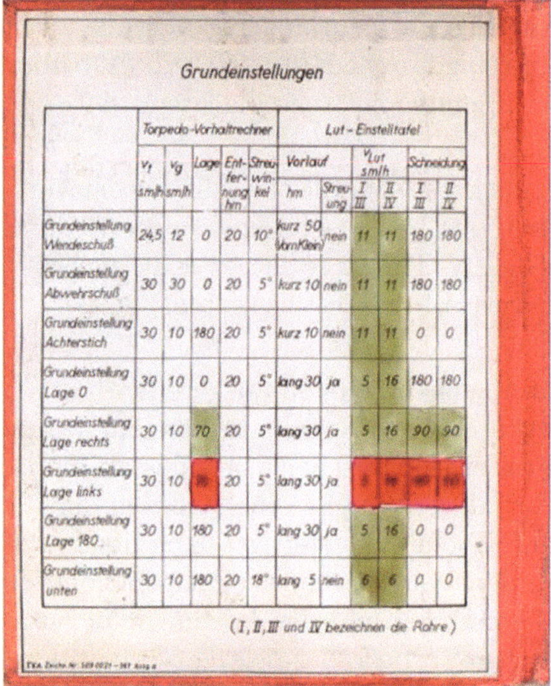

Grundeinstellungen

	Torpedo-Vorhaltrechner					Lut-Einstelltafel					
	v_t sm/h	v_g sm/h	Lage	Entfernung hm	Streuwinkel	Vorlauf hm	Vorlauf Streuung	v_{Lut} sm/h I III	v_{Lut} sm/h II IV	Schneidung I III	Schneidung II IV
Grundeinstellung Wendeschuß	24,5	12	0	20	10°	kurz 50 (vom Klein)	nein	11	11	180	180
Grundeinstellung Abwehrschuß	30	30	0	20	5°	kurz 10	nein	11	11	180	180
Grundeinstellung Achterstich	30	10	180	20	5°	kurz 10	nein	11	11	0	0
Grundeinstellung Lage 0	30	10	0	20	5°	lang 30	ja	5	16	180	180
Grundeinstellung Lage rechts	30	10	70	20	5°	lang 30	ja	5	16	90	90
Grundeinstellung Lage links	30	10	[illegible]	20	5°	lang 30	ja	[illegible]	[illegible]	[illegible]	[illegible]
Grundeinstellung Lage 180	30	10	180	20	5°	lang 30	ja	5	16	0	0
Grundeinstellung unten	30	10	180	20	18°	lang 5	nein	6	6	0	0

(I, II, III und IV bezeichnen die Rohre)

Abbildung 5.6: Auszug aus einer LUT-Schusstafel (links, Urheber unbekannt), LUT-Einstelltafel von U 995 (rechts)

Neben technischen Neuerungen führten auch theoretische Forschungen[330] zu einer Vereinfachung des LUT-Schießverfahrens und befreiten die Kommandanten von der Rechenarbeit. Wurde der LUT anfänglich gezielt gegen einzelne Schiffe eingesetzt, ergaben umfangreiche Untersuchungen später, dass es sehr viel erfolgversprechender ist, LUT-Fächer nach bestimmten, vorgegebenen Mustern in die Fläche zu schießen, die von dem Geleitzug durchfahren wird. Dieses Verfahren setzte weniger Kenntnisse über das LUT-Schießverfahren voraus und war grundsätzlich ohne Einsatz des Sehrohres möglich, sofern der Kurs und die Geschwindigkeit des Geleitzuges auf andere Weise hinreichend genau festgestellt werden konnten. Die theoretischen Erkenntnisse führten schließlich zu der Angriffstaktik der U-Boote vom Typ XXI für den Ortungs-Tiefenschuss mit dem LUT[331]. Die insgesamt 118 in Dienst gestellten U-Boote vom Typ XXI wurden jedoch erst in den letzten Kriegstagen eingesetzt und gelangten, wie bereits erwähnt, nicht mehr zum Angriff auf Schiffe der Alliierten.

---

[330] Die theoretischen Forschungen auf dem Gebiet der Torpedos verdienen auch aus mathematikhistorischer Sicht eine eigene, weiterführende Untersuchung. Wie bereits erwähnt, wurden auf deutscher Seite im Zusammenhang mit Akustiktorpedos Verfolgungsprobleme betrachtet und Hundekurven untersucht. Siehe hierzu auch die Dokumente 79 - 86 im Bestand TNA, ADM 292, Reports and German Torpedo Documents. Translations of German torpedo documents. Kinematic problems of acoustic torpedo. Zu Erfahrungen mit dem FAT und dem LUT siehe insbesondere: TNA, ADM 292/188 Report on uses of Fat and Lut torpedoes: tactical possibilities and research for further development.

[331] Siehe Holtorf, Behr, German War-Time Experience, Seite 8. Es war beabsichtigt, beim sehrohrlosen Tiefenschuss neben dem LUT auch akustische Torpedos einzusetzen.

RÖSSLER berichtet[332], dass die neue Angriffstaktik Mitte Januar 1945 im Raum Bornholm im Rahmen einer Geleitzugübung getestet wurde, an der u. a. 13 Schiffe und 3 mit dem neuen Nibelung-Gerät[333] ausgestattete U-Boote vom Typ XXI teilnahmen. Bei der Übung wurde festgestellt, dass sich mit dem Gruppenhorchgerät[334] (GHG) und dem Nibelung-Gerät unter günstigen Bedingungen die für den Torpedoschuss benötigten Schussunterlagen ermitteln ließen und ein Ortungs-Tiefenschuss bis zu einer Tiefe von 40 m möglich war[335]. RÖSSLER zitiert - leider ohne Quellenangabe - den Leiter der Übung, Korvettenkapitän RUDOLF FRANZIUS (1911-1965), demzufolge eine automatische Übermittlung der Entfernung und des Zielwinkels vom Nibelung-Gerät an den Vorhaltrechner geplant war, so dass in der Betriebsart „Lage laufend" hätte geschossen werden können. FRANZIUS wies in seinem Bericht vom 5. Juli 1945 darauf hin, dass es mit der zur Zeit des Krieges bestehenden Befehlsübermittlung vom Nibelung-Gerät zum Torpedovorhaltrechner bei den Booten vom Typ XXI aussichtsreicher war, mit festem Seitenwinkel im Durchwandern zu schießen[336].

Der Vorzug des Ortungs-Tiefenschusses mit programmgesteuerten und akustischen Torpedos hätte gegenüber dem amerikanischen Blindschuss-Verfahren mit Standardtorpedos darin bestanden, dass auch Schüsse mit ungenauen Schussunterlagen möglich gewesen wären[337], so dass die Notwendigkeit der Erweiterung des Vorhaltrechners um einen Sound Bearing Converter nicht bestanden hätte.

HOLTORF und BEHR sahen in ihrem Bericht zutreffend voraus, dass sich die Aufgaben zukünftiger U-Boot-Feuerleitanlagen wie der im folgenden Abschnitt beschriebenen digitalen Torpedo-Feuerleitanlage M8 auch auf die U-Boot-Jagd erstrecken würden[338]. Es kann einerseits ausgeschlossen werden, dass sämtliche Funktionen dieser Anlage mit den elektromechanischen Komponenten des Zweiten Weltkrieges hätten realisiert werden können. Andererseits sollte es noch Jahrzehnte dauern, bis digitale U-Boot-Feuerleitanlagen die hohen Anforderungen der Marinen in puncto Ausfallsicherheit und Schockfestigkeit erfüllen konnten. Nicht zuletzt deshalb setzten Amerikaner und Briten auf ihren U-Booten bis 1976 bzw. mindestens 1979 Torpedovorhaltrechner nach elektromechanischen Prinzip ein[339].

---

[332] RÖSSLER, Die Sonaranlagen der deutschen Unterseeboote, Seite 115.

[333] Das Nibelung-Gerät war ein aktives und passives akustisches Ortungsgerät, mit dem der Zielwinkel und die Entfernung sowie die Geschwindigkeit des Gegners ermittelt werden konnten. Für ausführliche Informationen über das Nibelung-Gerät und das Gruppenhorchgerät siehe: RÖSSLER, Die Sonaranlagen der deutschen Unterseeboote.

[334] Das Gruppenhorchgerät diente der Richtungsbestimmung und war das wichtigste passive Unterwasserortungsgerät der deutschen U-Boote. Es wurde ab 1935 auf allen deutschen U-Booten eingebaut. Der Name des Gerätes rührte daher, dass es aus zwei Gruppen von Mikrofonen bestand, die beiderseitig des U-Boot-Bugs angeordnet waren.

[335] Siehe: RÖSSLER, Die Sonaranlagen der deutschen Unterseeboote, Seite 115.

[336] Siehe ebd., Seite 116. Leider geht aus dem Zitat nicht klar hervor, ob es im Krieg eine automatische Übertragung vom Nibelung-Gerät zum Vorhaltrechner gab.

[337] Vgl. HOLTORF, BEHR, German War-Time Experience, Seite 9.

[338] Siehe ebd., Seite 16-17.

[339] Siehe LINDELL, The Development of Torpedo Fire Control Computers in the Royal Navy, a. a. O., Seite 51.

5.2 Die digitale Torpedo-Feuerleitanlage M8

Während bei den konventionellen und programmgesteuerten deutschen Torpedos des Zweiten Weltkrieges nach dem Abschuss keine Kurskorrekturen mehr möglich waren und daher Kurs- oder Fahrtänderungen des Gegners fast zwangsläufig zu einem Fehlschuss führen mussten, konnten frühe Akustik-Torpedos wie der Typ *Zaunkönig* vom Gegner durch Störsysteme von ihrem Kurs abgelenkt werden. Ausgereiftere Akustik-Torpedos oder drahtgelenkte Torpedos wie der Typ *Lerche* kamen nur in geringen Stückzahlen oder gar nicht mehr zum Einsatz. Nach dem Krieg wurde die Idee des drahtgelenkten Torpedos jedoch wieder aufgegriffen.

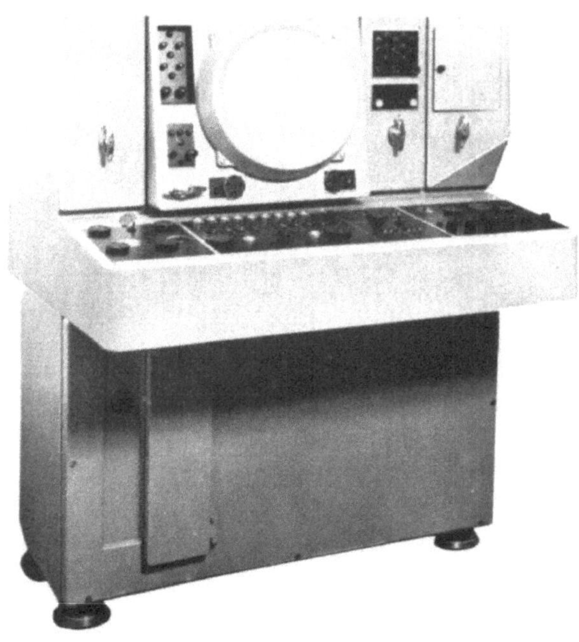

Abbildung 5.7: Ein Prototyp der digitalen Torpedo-Feuerleitanlage M8/6 (Kopie aus dem BA-MA)

Anfang der sechziger Jahre entwickelte die Firma N.V. Hollandse Signaalapparaten[340] (H.S.A) digitale Torpedo-Feuerleit- und Fernlenkanlagen zur Bekämpfung von Überwasserschiffen und U-Booten mit drahtgelenkten Seezieltorpedos bzw. programmierten oder drahtgelenkten U-Jagd-Torpedos[341]. Abbildung 5.7 zeigt einen Prototypen der Torpedo-Feuerleitanlage M8/6.

[340] Die Firma N.V. Hollandse Signaalapparaten ging aus der Anfang der zwanziger Jahre in Hengelo gegründeten und mit Siemens & Halske liierten Firma N.V. Hazemeyers Fabriek van Signaal-Apparaten hervor. Siemens hoffte, über eine Firma in den Niederlanden unter Umgehung des Versailler Vertrages die im Krieg gemachten Erfahrungen auf dem Gebiet der Feuerleittechnik kommerziell verwerten zu können. Siehe: BLATTMANN, SAM, Seite 6.

[341] Die Anlagen waren für die Verwendung des programmierten U-Jagd-Torpedos Mark 37 Mod. 0, des drahtgelenkten U-Jagd-Torpedos vom Typ *Seeschlange* und der drahtgelenkten Seezieltorpedos *Seal* und *Nixe* geeignet. Die Länge des Lenkdrahtes betrug beim *Seal* erstaunliche 20 km!

Die Torpedo-Feuerleitanlagen der Firma N.V. Hollandse Signaalapparaten konnten zur Lösung des Torpedoschussproblems wahlweise die Ortungsdaten des Angriffs-Sonars, des Weit-Sonars, des Gruppenhorchgerätes, der passiven Entfernungsmessanlage DUUX-2, des Sehrohres, der Radaranlage, eines Begleitschiffes oder des drahtgelenkten Torpedos verarbeiten.

Das Herzstück der Feuerleitanlage war das Torpedo-Kommandogerät. Es bestand im Wesentlichen aus einem Sichtgerät, einer Bedienungstafel und einem Digitalrechner[342]. Auf dem Sichtgerät konnten u. a. die Eigenkurslinie, die GHG- und Sehrohrpeilung, die geortete und die errechnete Zielposition, die errechnete Torpedoposition und die Torpedoreichweite sowie der errechnete Treffpunkt des Torpedos mit dem Ziel angezeigt werden. Die Bedienungstafel diente zur Eingabe der Zieldaten, zur Wahl des Torpedotyps, zum Einstellen der Torpedoparameter, zur Auswahl des Torpedorohres und zum Steuern von Lenktorpedos.

Der Digitalrechner bestand aus einer Eingabeeinheit, einem Speicher, einem Rechenwerk, einem Steuerwerk und einer Ausgabeeinheit. Dabei gab es einige Besonderheiten: In der Eingabeeinheit wurden die von den Ortungsgeräten gelieferten Daten mithilfe von Analog-Digital-Wandlern in digitale Werte umgewandelt. Der Speicher war im Unterschied zur klassischen Von-Neumann-Architektur in einen Programmspeicher, einen Konstantenspeicher und einen Variablenspeicher unterteilt. Durch die Trennung von Daten und Programmcode sollte vermutlich sowohl eine höhere Performance als auch eine größere Betriebssicherheit erreicht werden[343]. In der Ausgabeeinheit wurden die vom Rechner ermittelten Werte mithilfe von Digital-Analogwandlern in analoge Signale für die GA-Einstellwinkel für die Torpedos und die Einstellwerte (Peilung und Entfernung) für das Angriffs-Sonar und das Weit-Sonar umgewandelt.

Eine nur für Techniker zugängige Kontrolltafel diente der Untersuchung von Störungen im Rechner. Zu Wartungszwecken konnte das vom Rechner ausgeführte Programm zu einem beliebigen Zeitpunkt unterbrochen werden, um die im Rechner enthaltenen Informationen mittels Glühlampen in binärer Form auf der Kontrolltafel anzuzeigen.

Die Herstellerfirma hielt es Anfang der sechziger Jahre noch für besonders erwähnenswert, dass der Digitalrechner bei allen Berechnungen „das Binärsystem benutzt, wodurch einfache Schaltungen möglich sind”[344], ein Hinweis, der aus heutiger Sicht beinahe schon kurios anmutet.

---

[342] Ein Zielsuch- und Kommandogerät der Bremer Atlas-Werke diente zur Auswertung und Anzeige der vom Lenktorpedo gemessenen Werte sowie zur Handsteuerung des Lenktorpedos. Für die Übermittlung der Signale vom und zum Torpedo wurde ein Nachrichten-Übertragungssystem von A.E.G. verwendet. Diese Komponenten sind in rechentechnischer Hinsicht von untergeordnetem Interesse und werden daher hier nicht weiter betrachtet.

[343] Bei dieser nach dem im Jahre 1944 entworfenen Rechner „Harvard Mark I” auch als Harvard-Architektur bezeichneten Bauweise kann durch die Trennung von Daten und Programmcode das versehentliche Überschreiben von Speicherbereichen leichter verhindert werden. Da es möglich ist, Befehle und Daten gleichzeitig zu laden bzw. zu schreiben, können Harvard-Rechner zudem schneller als Von-Neumann-Rechner sein.

[344] BA-MA, BV5/6556, Seite 10.

Der Digitalrechner war für mehrere zum Teil höchst unterschiedliche Aufgaben programmiert. Er ermittelte aus den automatisch übertragenen Werten für den Eigenkurs und die Eigenfahrt laufend die aktuelle Position des U-Bootes. Bei der Durchführung eines Angriffes wurde er mit einer derjenigen Ortungsquellen verbunden, die das Ziel gefunden hatten. Je nach Ortungsquelle und -verfahren berechnete er dann bspw. nach der Methode der kleinsten Quadrate aus einer Reihe von Messwerten den Gegnerkurs und die Gegnerfahrt und koppelte mithilfe dieser Werte die Zielposition.

Daneben ermittelte der Rechner alle vom Torpedo vor und nach dem Abschuss benötigten Werte sowie den voraussichtlichen Treffpunkt des Torpedos mit dem Ziel. Im Unterschied zu den Torpedovorhaltrechnern des Zweiten Weltkrieges war er dabei sogar in der Lage, den vom Sinus des Breitengrades abhängigen Einfluss der Erdrotation auf den Kreisel des Geradlaufapparates zu kompensieren.

Nach dem Abschuss eines Lenktorpedos ermittelte der Rechner die Position des Torpedos und die Kurskorrekturen zunächst aus den von den Ortungsmitteln gelieferten Zieldaten und leitete sie an den Torpedo weiter. Sobald der Torpedo das Ziel erfasst hatte, bestimmte der Rechner die Position und die Kurskorrekturen anhand der vom Torpedo gelieferten Werte.

Ferner konnte der Rechner die zur Einstellung für das Angriffs- und das Weit-Sonar benötigten Werte für die Gegnerpeilung und die Gegnerentfernung und darüber hinaus die Tiefe des vom Angriffs-Sonars erfassten Zieles sowie den Verlauf der Schallstrahlen der Sonargeräte berechnen. Der Schallstrahlverlauf wurde auf einem eigenen kleinen Bildschirm visualisiert, so dass der Kommandant stets einen Überblick über die taktischen Einsatzmöglichkeiten des Sonars hatte[345].

Der Rechner besaß mehrere Kontrolllampen, die aufleuchteten, wenn Validierungsrechnungen auf einen Fehler hindeuteten oder das Feuerleitproblem keine Lösung besaß, weil eine der Begrenzungen für die Gegnerfahrt, die Torpedolaufzeit, die Gegnerstrecke oder die Reichentfernung überschritten worden waren. Er führte darüber hinaus sämtliche für die Darstellung des Gefechtsbildes am Bildschirm notwendigen Berechnungen aus. Da alle errechneten Werte neben den eingestellten Parametern und den von den Ortungsmitteln gelieferten Informationen gleichzeitig am Bildschirm dargestellt wurden, hatte die Besatzung innerhalb der Reichweite der Sensoren jederzeit eine Übersicht über die taktische Lage.

---

[345] Auf dem Anzeigeschirm für den Schallstrahlverlauf wurde die Ablenkung des Schallstrahls unter dem Einfluss der Wassertemperatur und der Tiefe (des Drucks) synthetisch dargestellt. Die Besatzung musste dazu Druck- und Temperaturmessungen mit einem Bathythermographen durchführen und anschließend die Werte für bis zu fünf Wasserschichten in die Rechenanlage eingeben. Aus dem vom Rechner ermittelten Schallstrahlverlauf konnte die günstigste Tiefe des U-Bootes für die maximale Reichweite einer eigenen Sonar-Messung oder für den Eigenschutz gegen eine Erfassung durch den Gegner ermittelt werden. Vor einem möglichen Einsatz des Sonars gab die Anzeige Auskunft über den Strahlenverlauf vom eigenen U-Boot aus. Bei einem tatsächlichen Einsatz des Angriffssonars diente der Anzeigeschirm der Tiefenbestimmung aus den vom Sonar gelieferten Werten für den Tiefenwinkel und die Zielentfernung. Die ermittelte Tiefe wurde anschließend an den Torpedo übertragen.

Abbildung 5.8: Die Torpedo-Feuerleitanlage von U 9 (Foto: Klaus Ottes)

Festzuhalten bleibt, dass die in diesem Abschnitt behandelten Digitalrechner der Firma N.V. Hollandse Signaalapparaten - Abbildung 5.8 zeigt den Rechner von U 9[346] - das Torpedoschussproblem umfassender als die im nächsten Kapitel untersuchten elektromechanischen Rechner aus der Zeit des Zweiten Weltkrieges lösten.

Als besondere Vorzüge der digitalen Feuerleitanlage M8 gegenüber den elektromechanischen Anlagen nannte die Herstellerfirma - sicher mit einiger Berechtigung - den geringeren elektrischen Leistungsbedarf, die weitgehende Verwendung gleicher Bauteile, die Austauschbarkeit ganzer Baugruppen, die einfachere Wartung und Instandsetzung, das geringe Gewicht, die geringe Wärmeentwicklung und die große Anpassungsfähigkeit[347]. Ob die ebenfalls als Vorzug aufgeführte „große Betriebssicherheit"[348] tatsächlich gegeben war, ließ sich mangels unabhängiger Erfahrungsberichte nicht verifizieren.

Ausführliche Informationen über die Torpedo-Feuerleitanlagen der Firma H.S.A. finden sich in den Quellen BA-MA BV5/6539 und BV5/6556, denen auch die obigen Angaben entnommen wurden.

---

[346] U 9 war ein U-Boot der Klasse 205. Es wurde am 11.04.1967 in Dienst und am 03.06.1993 außer Dienst gestellt und dient heute als Museumsboot im Technik Museum Speyer.

[347] Siehe: BA-MA, BV5/6556, Seite 3.

[348] Ebd.

6 Die Torpedovorhaltrechner der SAM

Die folgenden Angaben zur Geschichte der Feuerleittechnik im Hause Siemens wurden Albert Blattmanns bereits mehrfach zitierter Chronik „Zur Entwicklung der SAM 1894-1945" entnommen. Blattmann trat im Jahre 1926 eine Stellung als Jungingenieur bei Siemens an und stieg in den Folgejahren zum Chefkonstrukteur und Leiter des Konstruktionsbüros für Marine-Waffenleitgeräte auf. Seine Darstellung kann daher als kompetent und verlässlich gelten, zumal er neben eigenen Erinnerungen die Aufzeichnungen weiterer, an der Entwicklung der Feuerleittechnik beteiligter Ingenieure einbezogen hat.

Die Geschichte der marinetechnischen Entwicklung und Fertigung bei Siemens begann mit dem Firmengründer Werner von Siemens (1816-1892), der im Jahre 1848 eine elektrisch zündbare Minensperre zur Verteidigung des Kieler Hafens gegen die Dänen entwarf. Erste Entwicklungsarbeiten für Lenktorpedos und die selbsttätige elektrische Steuerung von Torpedobooten fielen in die Jahre 1870-1874.

Abbildung 6.1: Torpedovorhaltrechner für U-Boote (1917)

Noch vor dem Ersten Weltkrieg lieferte Siemens der Kaiserlichen Marine Feuerleitgeräte und Anlagen zur Signalübertragung. Während des Krieges wurden umfangreiche Arbeiten auf dem Gebiet der Torpedobefehls- und Abfeueranlagen für U-Boote durchgeführt. Abbildung 6.1 zeigt einen aus dem Jahre 1917 datierten Entwurf für einen Vorhaltrechner, der auf der mechanischen Nachbildung des Torpedoschussdreiecks basierte und bereits die Verwendung von zwei Reibradgetrieben vorsah. Ob der Entwurf realisiert wurde, ließ sich bisher nicht ermitteln.

Nach dem Ersten Weltkrieg wurde im Versailler Vertrag eine permanente Kontrolle der deutschen Rüstungsindustrie durch die Alliierten festgelegt. Die Firma Siemens fürchtete daraufhin die Gefahr der Industriespionage und wollte die Produktion von militärischen Geräten zunächst ganz einstellen. Da jedoch die Reichsmarine als Nachfolgerin der Kaiserlichen Marine auf Lieferungen von Siemens angewiesen war, entschloss sich die Geschäftsleitung im Jahre 1920 zur Gründung einer eigenen Firma für Marine-Geräte, der „Gesellschaft für elektrische Apparate" (Gelap). Um der Alliierten Kontrollkommission zu entgehen, verlagerte Siemens einen Teil der Entwicklung und Produktion von Feuerleitgeräten für kurze Zeit in die Niederlande (siehe auch Fußnote 340). Im Jahre 1933 ging die Gelap in der neu gegründeten Firma Siemens Apparate und Maschinen GmbH auf. Die SAM entwickelte und fertigte bis zu ihrer Liquidation im Jahre 1945 in erster Linie Geräte für die Marine, das Heer und die Luftwaffe. Für die Marine wurden neben Geräten zum Übermitteln von Informationen hauptsächlich Anlagen entwickelt, die

> „auf Schiffen [...] das Richten von Geschützen und Torpedorohren auf das Ziel erleichterten bzw. bei hoher Fahrt und schwerem Seegang ermöglichten"[349].

Die rechentechnischen Herausforderungen bestanden dabei vor allem in der Konstruktion von Getrieben zur Vorhaltermittlung sowie zur Parallax- und Krängungskorrektur.

Mitte der zwanziger Jahre begann Siemens mit der Neuentwicklung von Torpedo-Feuerleitanlagen. Da Deutschland der Bau von U-Booten nach dem Versailler Vertrag verboten war, beschränkte sich die Firma zunächst auf die Fertigung von Anlagen für Kreuzer und Torpedoschnellboote. Die dabei gemachten Erfahrungen flossen in die Entwicklungsarbeiten für U-Boot-Feuerleitanlagen ein, die nach dem deutsch-britischen Flottenabkommen vom 18. Juni 1935 aufgenommen wurden, das, wie bereits erwähnt der inzwischen in Kriegsmarine umbenannten Reichsmarine den Wiederaufbau der U-Boot-Flotte gestattete.

Die Entwicklungsgeschichte der Torpedovorhaltrechner von Siemens lässt sich anhand der erhaltenen Quellen nicht mehr vollständig rekonstruieren. In einem von der SAM nach dem Krieg für die Alliierten angefertigten Verzeichnis stammt der früheste Hinweis auf einen Torpedovorhaltrechner für U-Boote vom 30. Oktober 1935[350]. Unklar ist jedoch, ob dieses Datum den Beginn oder das Ende der Entwicklungsarbeiten im Jahre 1935 markiert. Das Wirkungsbild des auf den Booten U 27 – U 36 installierten Torpedovorhaltrechners 71 torp. 28c (siehe Abbildung 6.4) ist auf den 21. Januar 1936 datiert und damit nach derzeit bekannter Archivlage die älteste Quelle über einen Torpedovorhaltrechner der SAM. Das in Abbildung 4.32 dargestellte Wirkungsbild der Torpedovorhaltrechner 71 torp. 28e und 71 torp. 28f der Boote U 45 – U 55 ist mit dem Datum des 15. Januar 1937 versehen. Die Torpedovorhaltrechner wurden nach ihrem jeweiligen Konstruktionsjahr auch mit „C/36" bzw. „C/37" bezeichnet.

---

[349] Blattmann, SAM, Seite 3.

[350] Siehe: SAA, 35-42 LK 221, Evers, Verzeichnis der Entwicklungsarbeiten der SAM 1925-1939, Seite 5.

In den Jahren 1936 und 1937 wurde der Torpedovorhaltrechner für U-Boote „neu durchkonstruiert, verbessert, verkleinert"[351]. Die Entwicklung des Torpedovorhaltrechners 71 torp. 28 endete am 30. März 1937[352]. Der für das Jahr 1937 von EVERS vorgenommene Vermerk „T-Vorhalt-Rechner (U-Boote, to. 75, Neuentwürfe)"[353] markiert den Beginn der Entwicklungsarbeiten am TVh-Re/S3. Im Jahre 1939 wurden ein Artillerie-Torpedo-Rechner, ein Koordinatenwandler und ein Zielgerät für den U-Boot-Typ XI entworfen[354] aber vermutlich nicht einmal als Prototyp realisiert, da die Aufträge für den U-Boot-Typ XI storniert wurden.

Jahr	Anzahl	mtl. Durchschnitt
1940	30	2,5
1941	170	14,2
1942	280	23,3
1943	340	28,3
1944	350	29,2

Tabelle 3: Übersicht der von der SAM gelieferten U-Boot-Feuerleitanlagen

Während in den Jahren 1938-1939 nach einem - vermutlich von EVERS - im Jahre 1946 unterzeichneten Brief an die Kontrollkommission der Amerikaner nur einzelne Versuchsgeräte gebaut und installiert wurden[355], fällt in die Jahre 1939-1940 die „Durcharbeit der U-Boot-Feuerleitanlagen für große Stückzahlen"[356]. Nach einer von EVERS aus dem Gedächtnis erstellten Übersicht (siehe Tabelle 3) lieferte die SAM der Kriegsmarine in den Jahren 1940-1944 insgesamt 1170 U-Boot-Feuerleitanlagen[357]. Während in den Jahren 1942 und 1943 lediglich Verbesserungen des Torpedovorhaltrechners vorgenommen wurden, wurde in den Jahren 1943 und 1944 in Konkurrenz zu den Firmen Zeiss und Steinheil ein auf einer vereinfachten geometrischen Lösung basierender, neuartiger Torpedovorhaltrechner für die Massenfertigung entwickelt, der 30-40% billiger als die bisherigen Geräte werden sollte. Der Rechner, bei dem es sich sehr wahrscheinlich um den in Abschnitt 6.5.1 beschriebenen Torpedovorhaltewinkelrechner 71 to 275 handelt, sollte mithilfe von Drehmeldern und Potentiometern realisiert werden und rein elektrisch arbeiten. EVERS zufolge wurde jedoch nur ein Versuchsmuster hergestellt[358].

---

351 EVERS, SAA, 35-42 LK 221, Verzeichnis der Entwicklungsarbeiten der SAM 1925-1939, Seite 39.

352 Ebd., Blatt 5.

353 Ebd. Blatt 6.

354 Ebd., Blatt 7.

355 SAA, Li/182, EVERS, MAX (?), Brief an (?) MEYER (USA Kommission) vom 11.02.1946, Lieferungen von U Boots Feuerleit-Anlagen betreffend.

356 SAA, 35-42 LK 221, EVERS, Verzeichnis der Entwicklungsarbeiten der SAM 1925-1939, Seite 32.

357 Ebd., Seite 19.

358 Ebd., Seite 25-27.

6.1 Die Torpedovorhaltrechner C/36 und C/37 (71 to. 28)

Die in den Jahren 1936 und 1937 entwickelten Versionen C/36 und C/37 (siehe Abbildung 6.2 und 6.3) des Torpedovorhaltrechners 71 to. 28 waren direkte Vorläufer des TVh-Re/S3. Die Rechner wurden auf den Booten U 27 - U 36 bzw. U 45 - U 55[359] installiert und unterschieden sich in technischer Hinsicht nur geringfügig, so dass sie hier gemeinsam abgehandelt werden.

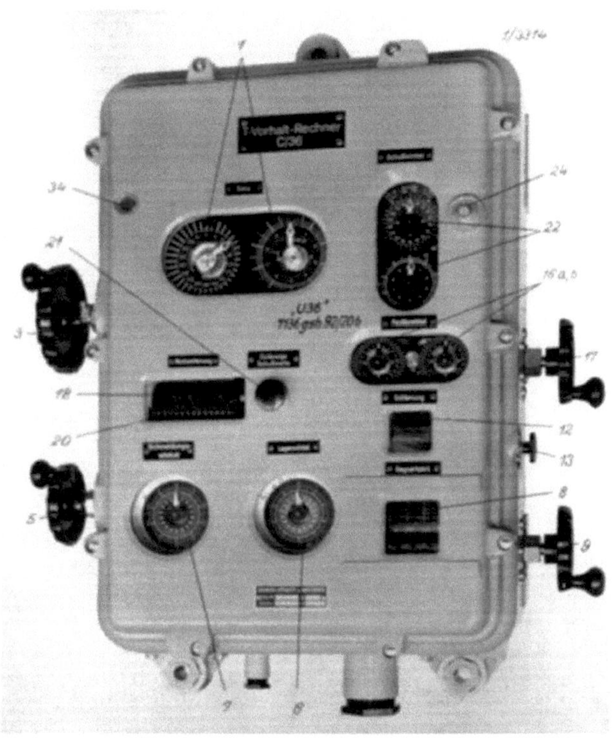

Abbildung 6.2: Der T-Vorhalt-Rechner C/36 (Kopie aus dem BA-MA)

Die Torpedovorhaltrechner C/36 und C/37 dienten wie der TVh-Re/S3 in erster Linie dazu, den Vorhaltwinkel β und den Parallaxwinkel δ zu ermitteln und daraus den Schusswinkel ρ zu bilden und an die Schusswinkelempfänger zu übertragen. Allen drei Rechnern lag dieselbe mathematische Beschreibung des Torpedoschussproblems zugrunde.

---

359 Bei MALLMANN-SHOWELL findet sich - leider ohne Quellenangabe - die folgende Anekdote über den in Kapitel 2 zitierten U-Bootfahrer REINHARD „TEDDY" SUHREN: „It was common for men to take a souvenir when being drafted from one ship to another. Teddy Suhren (First Watch Officer) didn't mess about in this respect and took U48's torpedo calculator together with a list of ships he had sunk." (Siehe: MALLMANN-SHOWELL, German Navy Handbook 1939-1945, Seite 182.) Das klingt nicht sehr wahrscheinlich. MALLMANN-SHOWELLS Abbildung zeigt jedenfalls keinen Torpedovorhaltrechner, sondern - wie ein Vergleich mit dem Bild 101II-MW-4222-01A aus dem Bundesarchiv bestätigt - ein Funkgerät. Die Aufnahme aus dem Funkraum von U 124 ist auf den Monat März des Jahres 1941 datiert und online zugänglich unter http://www.bild.bundesarchiv.de (10.08.2013).

Die Rechner C/36 und C/37 basierten wie der TVh-Re/S3 auf der mechanischen Nachbildung des Torpedoschussdreiecks. Der größte Unterschied zwischen den Modellen C/36 und C/37 einerseits und dem TVh-Re/S3 andererseits bestand darin, dass bei ersteren der Torpedo-Streuwinkel-Rechner noch nicht integriert, sondern als eigenständiges Gerät ausgeführt war[360]. In rechentechnischer Hinsicht unterschieden sich die beiden Modelle vom TVh-Re/S3 neben der fehlenden Betriebsart „Lage laufend" vor allem dadurch, dass das Parallaxgetriebe noch nicht automatisch funktionierte, sondern das aktive Eingreifen eines Bedieners erforderte (siehe Abschnitt 4.3.2).

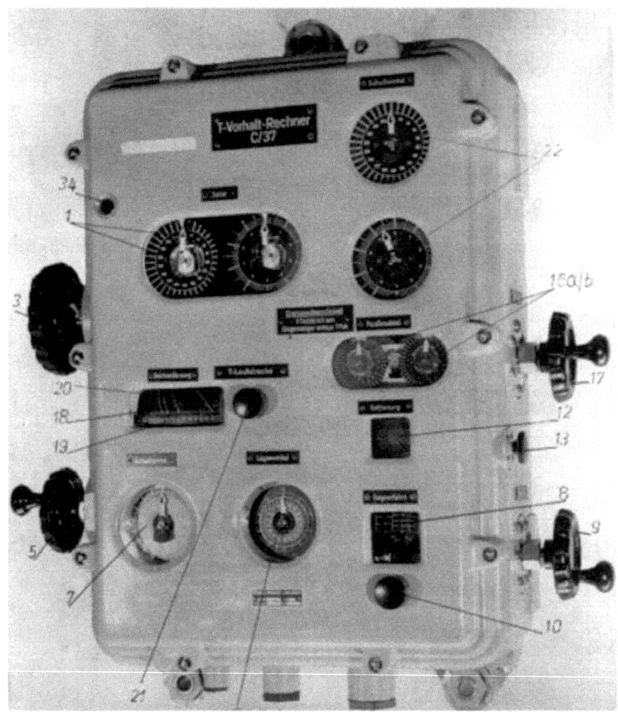

Abbildung 6.3: Der T-Vorhalt-Rechner C/37 (Kopie aus dem BA-MA)

Das Modell C/37 wies gegenüber seinem Vorgänger einige kleinere Verbesserungen auf. Die Grob- und Feinanzeige für den Schusswinkel (22) wurden - vermutlich aus Gründen der besseren Übersicht - getrennt (vgl. die Abbildungen 6.2 und 6.3 jeweils rechts oben). Das Modell C/37 verfügte ferner über einen Drehknopf (10) zur Auswahl der Geschwindigkeitsskala auf der Gegnerfahrttrommel (8), beim Modell C/36 musste die Skala noch mittels einer verschiebbaren Blende ausgewählt werden (vgl. die Abbildung 6.2 und 6.3 jeweils rechts unten)[361].

[360] Der Torpedo-Streuwinkel-Rechner wurde nicht von der SAM hergestellt, sondern von der TVA geliefert. Siehe: BA-MA, RMD 6/564, Tafel 1 und Tafel 4.

[361] Wie in Abschnitt 4.1.5 erläutert wurde, musste bei den Torpedovorhaltrechnern der SAM aus getriebetechnischen Gründen die Gegnergeschwindigkeit v_g nach einem veränderlichen Maßstab eingegeben werden, der die jeweilige Torpedogeschwindigkeit v_t berücksichtigte. Zu diesem Zweck konnte auf der Gegnerfahrttrommel für jede der drei möglichen Torpedogeschwindigkeiten eine entsprechende Skala ausgewählt werden.

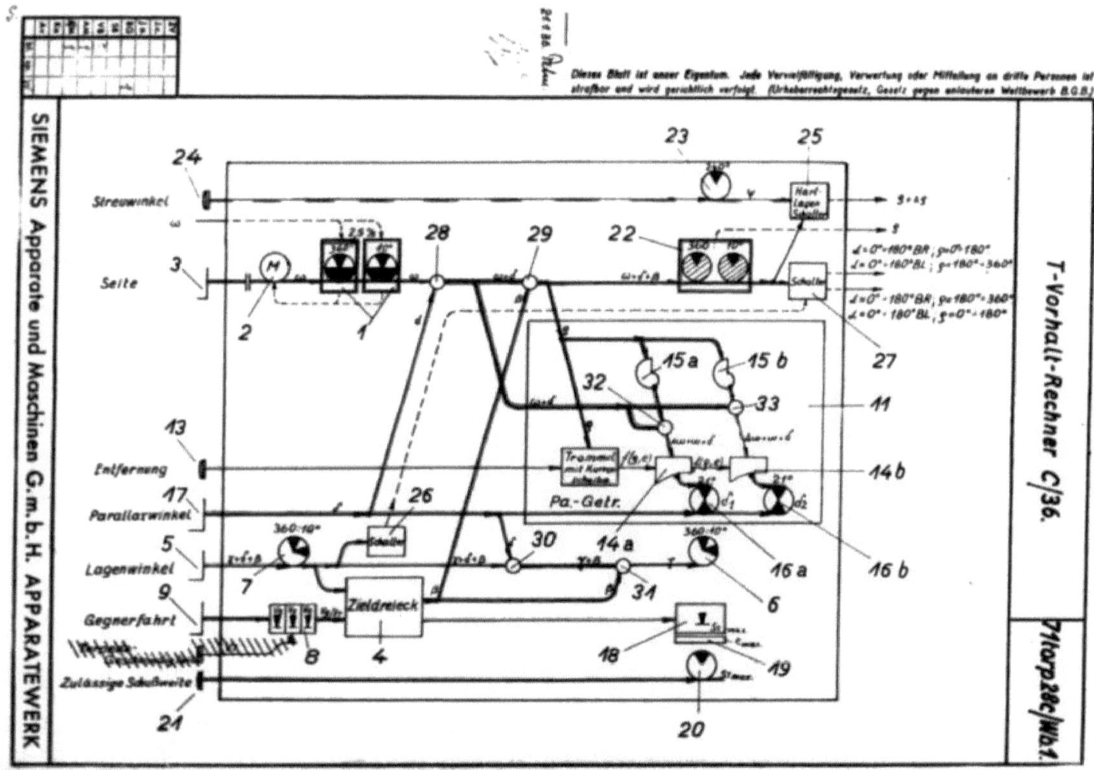

Abbildung 6.4: Wirkungsbild des T-Vorhalt-Rechners C/36 (Kopie aus dem BA-MA)

Die Funktionsweise der T-Vorhalt-Rechner C/36 und C/37 wird im Folgenden anhand von Abbildung 6.4 beschrieben[362].

Der Zielwinkel ω wurde vom automatischen Empfänger (1) von der jeweilig ausgewählten Zieloptik aufgenommen und vom Steuermotor (2) des Empfängers - oder alternativ mithilfe des Handrades (3) - in das Getriebe des Vorhaltrechners eingeführt. Der Parallaxwinkel δ wurde bei den Modellen C/36 und C/37 wie in Abschnitt 4.3.2 beschrieben ermittelt. Im Differentialgetriebe (28) erfolgte die Parallaxkorrektur des Zielwinkels durch Bildung der Summe $\omega + \delta$.

Im Differentialgetriebe (29) wurde durch Addition des Vorhaltwinkels schließlich der Schusswinkel $\rho = \omega + \delta + \beta$ berechnet. Der Vorhaltwinkel β wurde im Dreiecksrechengetriebe (4) auf die in Abschnitt 4.1.5 beschriebene Weise aus dem Quotienten $^{v_g}/_{v_t}$ und dem mittels Handrad (5) nach Maßgabe des Schneidungswinkels $\alpha = 180°\text{-} (\gamma + \delta + \beta)$ eingeführten Lagenwinkel γ ermittelt.

Mit den T-Vorhalt-Rechnern C/36 und C/37 konnte ferner festgestellt werden, ob die geschätzte Zielentfernung e kleiner als die Reichentfernung e_{max} war und damit ein Torpedoschuss überhaupt infrage kam oder ob - und falls ja, wie weit - das Boot noch an den Gegner herangeführt werden musste (siehe Abschnitt 3.1.5).

---

[362] Das Wirkungsbild des Modells C/37 ist in Abbildung 4.32 wiedergegeben.

Die Reichentfernung wurde bei den Torpedovorhaltrechnern C/36 und C/37 wie beim TVh-Re/S3 mithilfe der in Abschnitt 3.1.5 hergeleiteten Formel 3.6

$$e_{max} = \frac{e_r}{k} \cdot s_{tmax}$$

ermittelt.

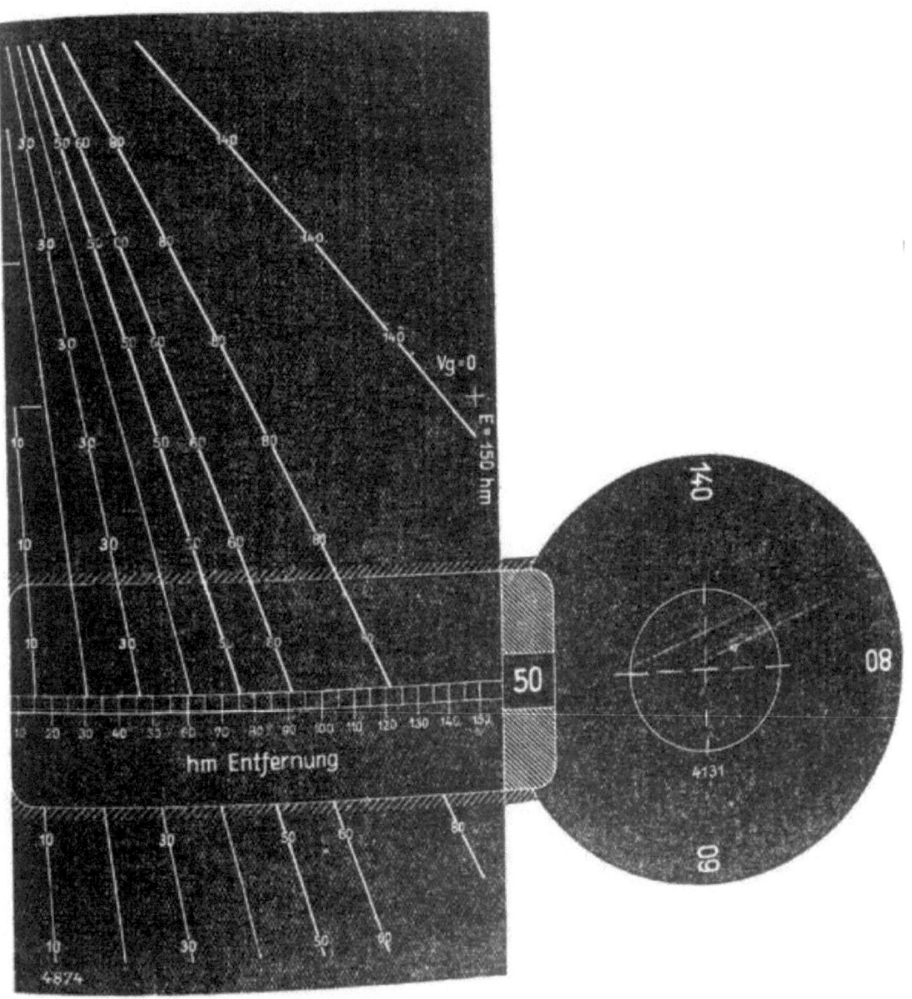

Abbildung 6.5: Skalen für die Reichentfernung (Kopie aus dem BA-MA)

Der Rechner drehte die Reichentfernungstrommel (18) - siehe Abbildung 6.4 - um den Wert e_r, der vom Dreiecksrechengetriebe (4) geliefert wurde (siehe dazu auch Abschnitt 4.1.5). Die Trommel war mit Kurven gleicher s_{tmax}-Werte bedruckt (siehe Abbildung 6.5). Der Schnittpunkt der jeweils gültigen s_{tmax}-Kurve mit dem horizontalen Lineal (19), d. h. der horizontalen Skala in Abbildung 6.5, entsprach der gesuchten Reichentfernung. Die jeweils gültige maximale Torpedo-Laufstrecke s_{tmax} konnte mittels Knopf (21) an einer Merkscheibe (20) - siehe auch Abbildung 6.5 rechts - eingestellt werden.

6.2 Der TVh-Re/S2 (71 to. 48)

Der Torpedovorhaltrechner TVh-Re/S2 (71 to. 48) diente neben der Ermittlung des parallaktisch korrigierten Schusswinkels der Feststellung der Frage, ob ein Torpedoschuss hinsichtlich der Reichweite möglich ist. Der Rechner wurde wahrscheinlich nur auf Überwassereinheiten eingesetzt.

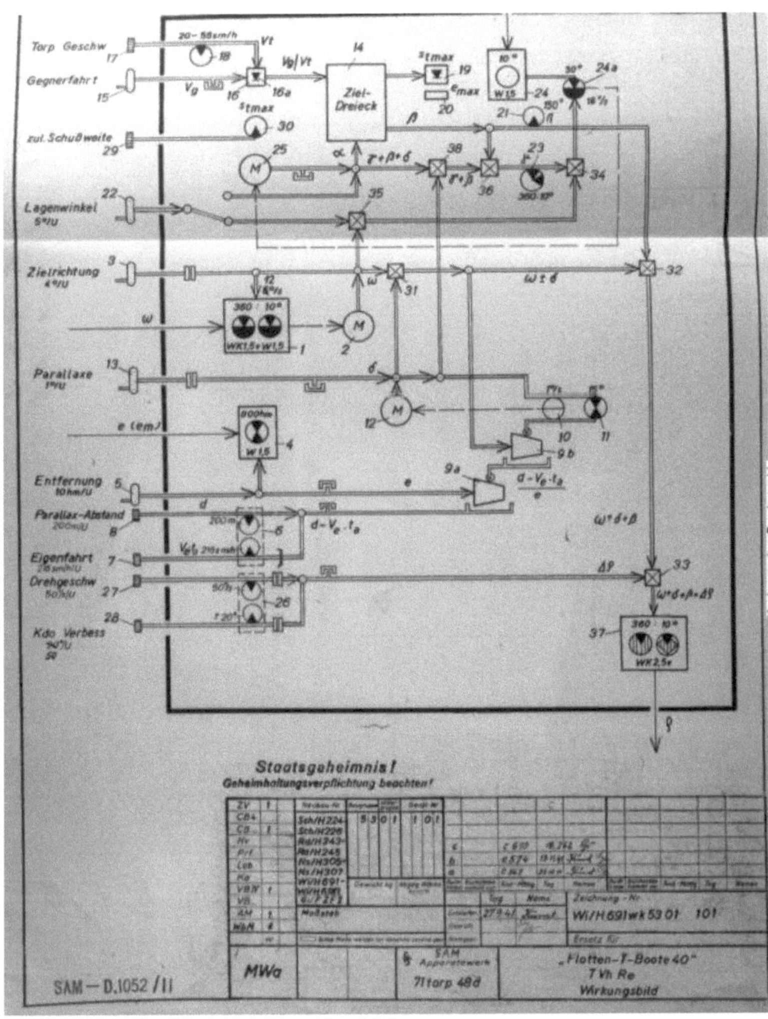

Abbildung 6.6: Wirkungsbild des TVh-Re/S2 (Kopie aus dem BA-MA)

Der TVh-Re/S2 ähnelte in rechentechnischer Hinsicht den Torpedovorhaltrechnern C/36, C/37 und TVh-Re/S3. Um Wiederholungen zu vermeiden, wird daher an dieser Stelle auf eine ausführliche Beschreibung verzichtet.

Aus dem Wirkungsbild in Abbildung 6.6 geht hervor, dass der Rechner im Unterschied zu den Modellen C/36 und C/37 den Lagenwinkel wie der TVh-Re/S3 laufend aus den Änderungen der Gegnerpeilung und des Eigenkurses ermitteln konnte (zur Betriebsart „Lage laufend" siehe Abschnitt 3.1.2)[363].

[363] Hinweis: Am oberen Bildrand fehlt über dem Empfänger für den Eigenkurs (Bezugsziffer 24) der Bezeichner φ_e .

David Miller erwähnt ohne Quellenangabe ein Vorgängermodell des TVh-Re/S3 mit der Bezeichnung T.Vh.Re.S.2[364]. Aufgrund der spärlichen Quellenlage lässt sich nicht entscheiden, ob es sich bei dem in diesem Abschnitt untersuchten Rechner um ein Vorgängermodell des TVh-Re/S3 oder um ein Parallelprodukt handelte. Es haben sich lediglich die Wirkungsbilder des Rechners für die großen Torpedoflottenboote 40, die Torpedoboote TA 7 und TA 8 und die beiden Kreuzer KH 1 und KH 2[365] erhalten, die allesamt nicht fertiggestellt wurden. Es ließen sich keinerlei Hinweise darauf finden, dass der TVh-Re/S2 auf U-Booten eingesetzt worden ist.

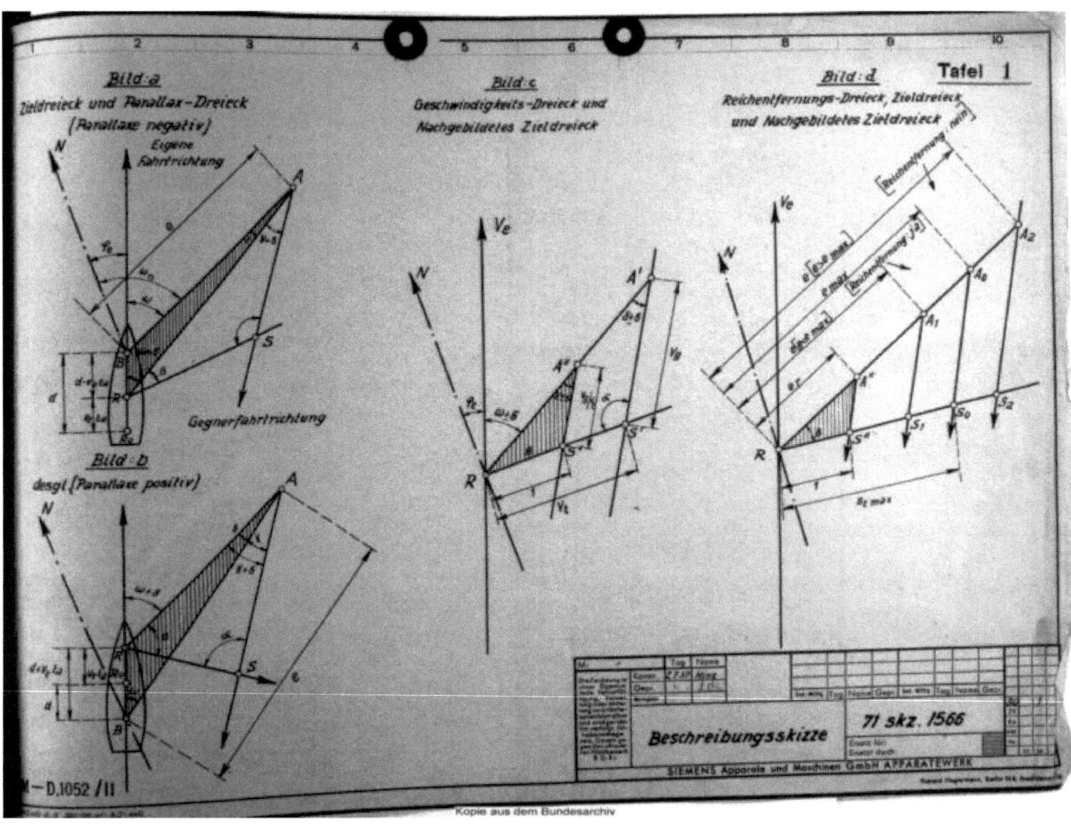

Abbildung 6.7: Gefechtsgeometrie des TVh-Re/S2 (Kopie aus dem BA-MA)

Für den ausschließlichen Einsatz auf - im Vergleich zu U-Booten deutlich schnelleren - Überwassereinheiten spricht die Tatsache, dass das Parallaxgetriebe des TVh-Re/S2 die Parallaxkorrektur nach Formel 3.11 berechnete und damit im Unterschied zum Parallaxgetriebe des TVh-Re/S3 die Eigenfahrt berücksichtigte (siehe Abbildung 6.7 Bild a und b). Ein weiterer Hinweis für die ausschließliche Verwendung des TVh-Re/S2 auf Überwassereinheiten ist die einfachere Gefechtsbildgeometrie (vgl. Abbildung 3.28 bzw. 3.29 einerseits und Abbildung 6.7 Bild c andererseits). Eine Korrektur der Winkelschussparallaxe wäre bei Torpedobooten und Kreuzern nicht notwendig gewesen, da sie mit dem ganzen Boot zielen bzw. die Torpedorohrsätze entsprechend ausrichten konnten.

[364] Miller, U-Boats, Seite 96.

[365] Siehe: BA-MA, RMD 6/822, Tafel 2, Tafel 8 und Tafel 9.

6.3 Der TVh-Re/S3 (71 to. 75)

Der TVh-Re/S3 (siehe Abbildung 6.8 sowie Anlage 3 für eine Übersicht der Bezugsziffern) war der meistverbreitete Torpedovorhaltrechner auf deutschen U-Booten des Zweiten Weltkrieges. Die wichtigsten Aufgaben des Rechners bestanden in der Ermittlung des Vorhaltwinkels β und des Parallaxwinkels δ zur Berechnung des Schusswinkels ρ sowie in der Übertragung des Schusswinkels an den Torpedo-Schusswinkel-Empfänger im Bug- bzw. Heck-Torpedoraum. Der TVh-Re/S3 löste dazu iterativ die voneinander abhängigen Gleichungen 2.1, 3.14 und 6.1.

Abbildung 6.8: Der TVh-Re/S3 (Kopie aus dem BA-MA)

Der TVh-Re/S3 diente ferner der Berechnung der Reichentfernung e_{max} nach Formel 3.6 und der Ermittlung des Streuwinkels ψ nach Formel 3.7 sowie seiner Übertragung an den Torpedo-Schusswinkel-Empfänger im Bug-Torpedoraum.

Auf Booten mit LUT-Anlage wurde der Rechner darüber hinaus zur Ermittlung der Vorlaufstrecke s_t und des Schneidungswinkels α verwendet.

Der Aufbau und die Funktionsweise des TVh-Re/S3 werden in Abschnitt 6.3.1 untersucht[366]. In Abschnitt 6.3.2 werden die Bedienung und Wartung des Torpedovorhaltrechners behandelt.

---

[366] Der Abschnitt 6.3.1 folgt eng der Beschreibung und Bedienungsvorschrift der Torpedo-Feuerleit-Anlage der U-Boote des Typ VII C und VII D (BA-MA, RMD 6/566).

6.3.1 Aufbau und Funktionsweise

Die Ermittlung des Schusswinkels ρ

Der Schusswinkel ρ wurde im TVh-Re/S3 mithilfe der folgenden Formel berechnet, die unmittelbar aus dem Gefechtsbild 3.28 abgelesen werden kann:

$$\rho = \omega + \delta + \beta. \tag{6.1}$$

Dazu wurde der Zielwinkel ω vom automatischen Empfänger (1) aufgenommen und von dessen Steuermotor (2) in das Rechengetriebe eingeführt (siehe Abbildung 6.9). Mit dem Handrad (3) konnte der Motorbewegung im Differentialgetriebe (4) eine Drehung überlagert und damit der Motor unterstützt oder der Zielwinkel korrigiert oder bei einem Ausfall der Elektrik von Hand eingegeben werden.

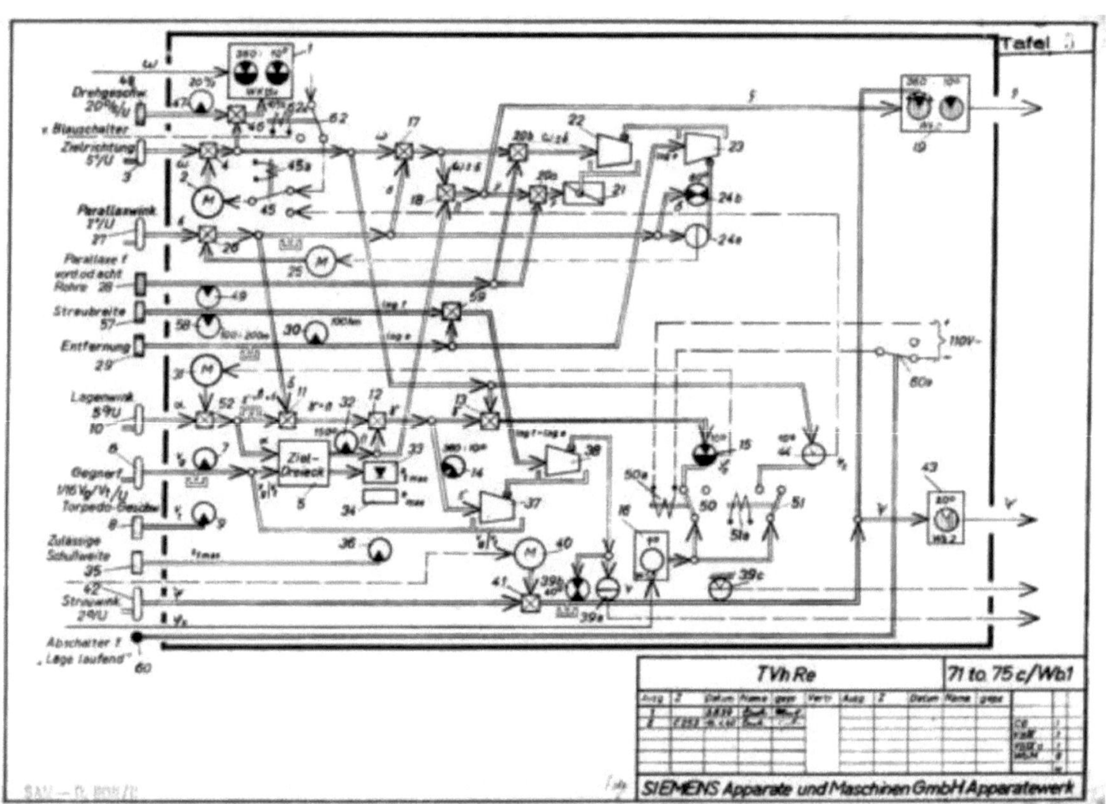

Abbildung 6.9: Wirkungsbild des TVh-Re/S3 (Kopie aus dem BA-MA)

Beim Schießen im Drehen erfuhr der aufgenommene Zielwinkel während des Befehlsverzugs von 0,4 Sekunden noch eine Änderung, die beim TVh-Re/S3 durch die Eingabe einer Drehgeschwindigkeitsverbesserung kompensiert werden konnte, die im Differentialgetriebe (46) zum Zielwinkel ω addiert wurde. Dadurch wurde die Änderung zusammen mit dem Zielwinkel parallaktisch korrigiert und floss in die anschließende Berechnung des Parallax- und Schusswinkels mit ein.

In Abschnitt 4.3.2 wurde erläutert, wie das Parallaxgetriebe des TVh-Re/S3 den zur Berechnung des Schusswinkels ρ benötigten Parallaxwinkel δ ermittelte. Im Differentialgetriebe (17) wurde die Summe $\omega + \delta$ gebildet und von dort zum Kurvenkörper (22) des Parallaxgetriebes sowie zur Berechnung des Schusswinkels $\rho = \omega + \delta + \beta$ zum Differentialgetriebe (18) weitergeleitet.

Der dem Differentialgetriebe (18) ebenfalls zugeführte Vorhaltwinkel β wurde mit dem in Abschnitt 4.1.5 untersuchten Zieldreiecksgetriebe (5) aus der Gegnerfahrt v_g, der Torpedogeschwindigkeit v_t, dem Parallaxwinkel δ und dem Schneidungswinkel α ermittelt. Die Gegnerfahrt musste aus getriebetechnischen Gründen im Maßstab der Torpedogeschwindigkeit v_t eingegeben werden (siehe Abschnitt 4.1.5). Dazu wurde zunächst die gewünschte Torpedogeschwindigkeit mit dem Drehknopf (8) an der Anzeige (9) ausgewählt. Dadurch wurde an der Anzeige (7) eine der gewählten Torpedogeschwindigkeit entsprechende Skala angezeigt, an der anschließend mit dem Handrad (6) die Gegnerfahrt eingestellt werden konnte.

Der Schneidungswinkel α war dem Bediener des Torpedovorhaltrechners im Unterschied zum Lagenwinkel γ unbekannt. Daher wurde der Schneidungswinkel unter Ausnutzung der Beziehung $\alpha = 180°$ - $(\gamma + \delta + \beta)$ mit dem Handrad (10) nach Maßgabe der Lagenwinkel-Anzeige in das Zieldreiecksgetriebe eingeführt. Der Wert des Schneidungswinkel α musste dazu so lange mit dem Handrad verändert werden, bis die mithilfe der Differentialgetriebe (11) und (12) berechnete und auf der Skala (14) angezeigte Differenz 180° - $(\alpha + \delta + \beta)$ dem Wert des Lagenwinkels γ entsprach.

Aus offensichtlichen Gründen wäre es zu aufwendig gewesen, den Lagenwinkel ständig manuell zu aktualisieren. Nach Formel 3.3 entspricht jedoch die Änderung des Lagenwinkels bei unveränderlichem Gegnerkurs den Änderungen des Zielwinkels und des Eigenkurses. Wie in Abschnitt 3.1.2 ausgeführt wurde, bildete dieser Sachverhalt die Grundlage dafür, dass beim TVh-Re/S3 ein initial von Hand eingestellter Lagenwinkel laufend aktualisiert werden konnte, indem ihm die Änderungen des Zielwinkels und des Eigenkurses überlagert wurden. Im Torpedovorhaltrechner wurde dazu im Differentialgetriebe (13) die Summe $\gamma + \omega$ gebildet und auf den Herzfolgekontakt (15) geführt. In der mit der Taste (60) über die Kupplung (50) eingeschalteten Betriebsart „Lage laufend" wurde dem Herzfolgekontakt außerdem der Eigenkurs φ_e zugeführt. Der Herzfolgekontakt ermittelte durch den Vergleich der Größen $\gamma + \omega$ und φ_e die laufende Änderung des Lagenwinkels und überlagerte sie mithilfe des Motors (31) und des Differentialgetriebes (52) dem von Hand eingestellten Schneidungswinkel $\alpha = 180°$ - $(\gamma + \delta + \beta)$.

Der vom Zieldreiecksgetriebe (5) ermittelte Vorhaltwinkel β wurde an der Skala (32) angezeigt. Der im Differentialgetriebe (18) gebildete Schusswinkel $\rho = \omega + \delta + \beta$ wurde schließlich vom Geber (19) elektrisch an den zugeschalteten Schusswinkel-Empfänger weitergeleitet.

Bei einigen Ausführungen des TVh-Re/S3 zeigte eine Deckungslampe (64) die Übereinstimmung des vom Torpedo-Schusswinkel-Empfänger empfangenen mit dem vom Vorhaltrechner übertragenen Schusswinkel an; bei Übereinstimmung konnte geschossen werden.

Die Berechnung des Streuwinkels ψ

Die Ermittlung des Streuwinkels im TVh-Re/S3 ist ein Beispiel dafür, wie mithilfe von Kurvenkörpern auch kompliziertere Ausdrücke berechnet werden konnten. Der Streuwinkel ψ wurde nach der in Abschnitt 3.2.1 hergeleiteten Formel 3.7 ermittelt, die hier noch einmal zitiert sei:

$$\psi = \frac{f}{e} \cdot \sin(\gamma) \cdot \left(1 + \sqrt{\frac{1 - \sin^2(\gamma)}{\frac{1}{(\frac{v_g}{v_t})^2} - \sin^2(\gamma)}} \right).$$

Der Kurvenkörper (37) bildete die vom Lagenwinkel γ und dem Quotienten $\frac{v_g}{v_t}$ abhängigen Teile der obigen Formel und wurde dazu dem Wert γ entsprechend gedreht und der Größe $\frac{v_g}{v_t}$ entsprechend verschoben.

Im Differentialgetriebe (59) wurde aus der mittels Drehknopf (29) gemäß Skala (30) eingegebenen, logarithmierten Entfernung e und der mittels Drehknopf (57) nach Anzeige (58) eingegebenen, logarithmierten Streubreite f der Quotient $\log\left(\frac{f}{e}\right) = \log(f) - \log(e)$ gebildet.

Der Kurvenkörper (38) wurde um den Resultatwert des Kurvenkörpers (37) verschoben und entsprechend der Differenz $\log(f) - \log(e)$ gedreht und lieferte den gesuchten Streuwinkel ψ.

Der Streuwinkel wurde einerseits auf den Zeiger der mechanischen Zeiger- und Gegenzeiger-Anordnung (39b) und andererseits auf den Folgekontakt (39a) geführt. Die Aufgabe des Folgekontaktes (39a) bestand beim Fächerschuss darin, den Streuwinkel über das Differentialgetriebe (41) an den Streuwinkelgeber (43) zu übertragen. Über das Differentialgetriebe (41) bestand auch die Möglichkeit, den Streuwinkel nach der Zeiger- und Gegenzeiger-Anordnung (39b) mittels Handrad (42) einzustellen und an den Streuwinkelgeber (43) weiterzuleiten.

Bei einem Einzelschuss wurde der Motor (40) auf einen sogenannten Nullkontakt (39c) geschaltet und dadurch der Streuwinkel auf Null gestellt.

Beim ersten Schuss eines Fächers wurde durch das Relais (45a) der Zielwinkelempfänger (1) vom Motor (2) abgeschaltet. Des Weiteren wurde durch die Kupplung (51) der Kursempfänger (16) mit dem Folgekontakt (44) verbunden und auf den Motor (2) geschaltet. Dadurch wurden die durch das Drehen des Bootes bedingten Zielwinkeländerungen laufend als Kursänderungen in das Zielwinkelgetriebe eingebracht.

Der Schusswinkelgeber (19) des TVh-Re/S3 zeigte beim Fächerschuss die Gültigkeit bzw. Ungültigkeit einer Lösung mittels einer sogenannten Hartlagen-Anzeige (siehe Abbildung 6.10) an. Der Schusswinkel ρ konnte gegenüber der weißen Dreiecksmarkierung der inneren Zeigerscheibe an der gerätefesten, groben Skala des Schusswinkelgebers abgelesen werden, er beträgt in Abbildung 6.10 160°.

Links und rechts vom waagerechten Strich der Schusswinkelskala wurden drei Streuwinkelblenden um die Werte $\pm 0,5\psi$, $\pm\psi$ und $\pm 1,5\psi$ verstellt und gaben dabei ein rotes Feld frei. Ein Fächer durfte nur dann gelöst werden, wenn sich die Hartlagen-Marke innerhalb des von der jeweilige Blende freigegebenen roten Feldes befand. In Abbildung 6.10 liegt die Hartlagen-Marke bei 250° und außerhalb der roten Felder, es hätte also nicht geschossen werden dürfen.

Abbildung 6.10: Schusswinkelgeber und Hartlagen-Anzeige von U 995

Die Bestimmung der Reichentfernung e_{max}

In Abschnitt 3.1.5 wurde erwähnt, dass die Länge der Hilfsstrecke e_r (siehe Abbildung 3.19) im TVh-Re/S3 am Zieldreiecksgetriebe (5) abgenommen werden konnte. Entsprechend ihrer Länge wurde die Trommel (33) gedreht, auf der Kurven gleicher Reichweite s_{tmax} aufgezeichnet waren (siehe Abbildung 6.11). Der Teilstrich der Entfernungsteilung (34), der die jeweilig gültige s_{tmax}-Kurve schnitt, entsprach der gesuchten Reichentfernung e_{max}. Die jeweilig gültige Reichweite s_{tmax} konnte mit dem Knopf (35) an der Merkscheibe (36) eingestellt werden.

Abbildung 6.11: Schussweitentrommel und Entfernungsteilung von U 995

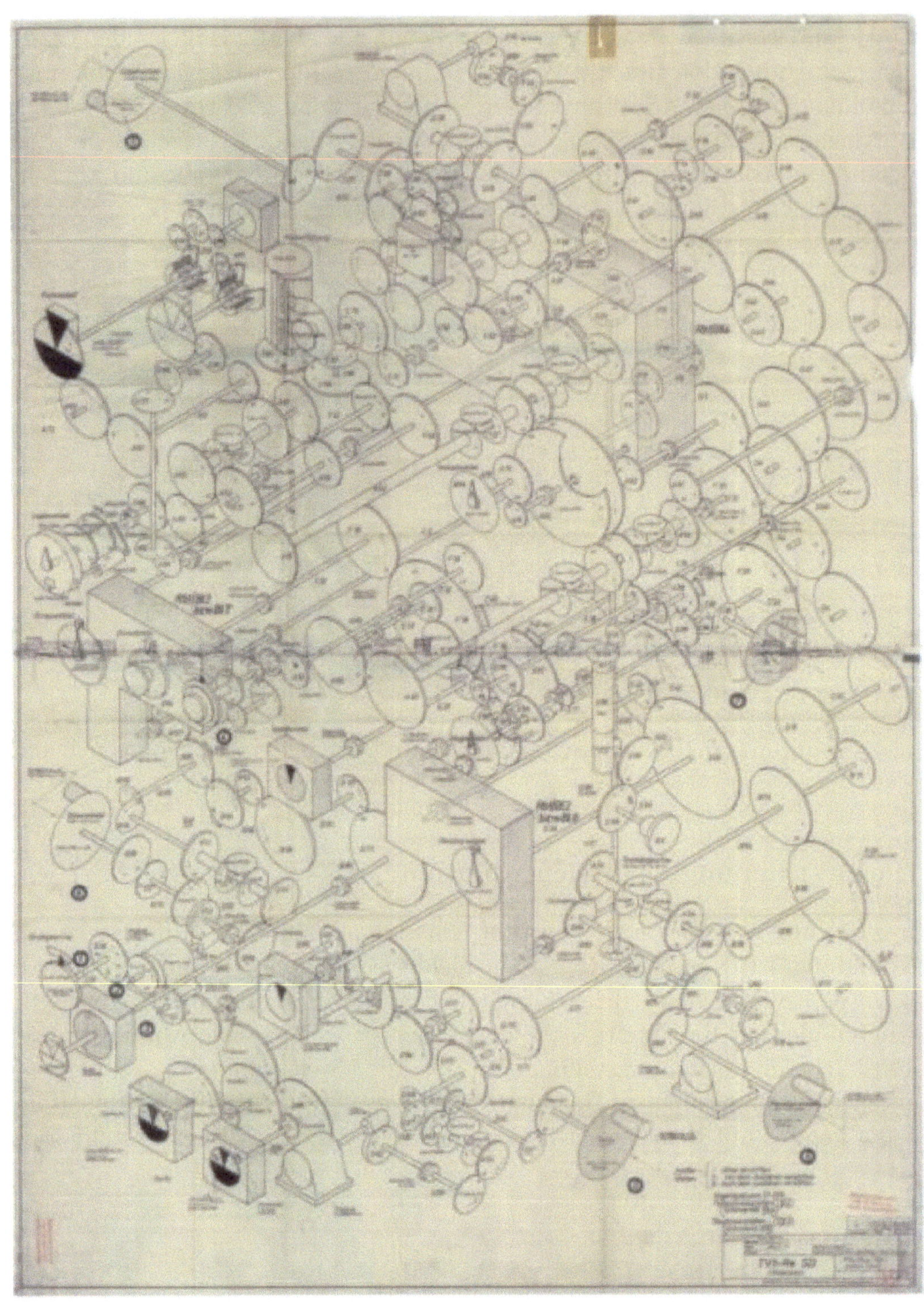

Abbildung 6.12: Ein Räderbild des TVh-Re/S3

Abbildung 6.12 zeigt eines von mehreren Räderbildern des TVh-Re/S3. Das Bild hat im Original DIN A0 Format und veranschaulicht noch einmal eindrucksvoll die Komplexität des Torpedovorhaltrechners. Daneben gab es detaillierte Räderbilder für das Parallaxgetriebe (siehe Anlage 4), das Streuwinkelgetriebe, das Kurbelgetriebe und die Hartlagenanzeige[367].

[367] Siehe BA-MA, RMD 6/568, Tafel 15, 16 und 17.

6.3.2 Bedienung und Wartung

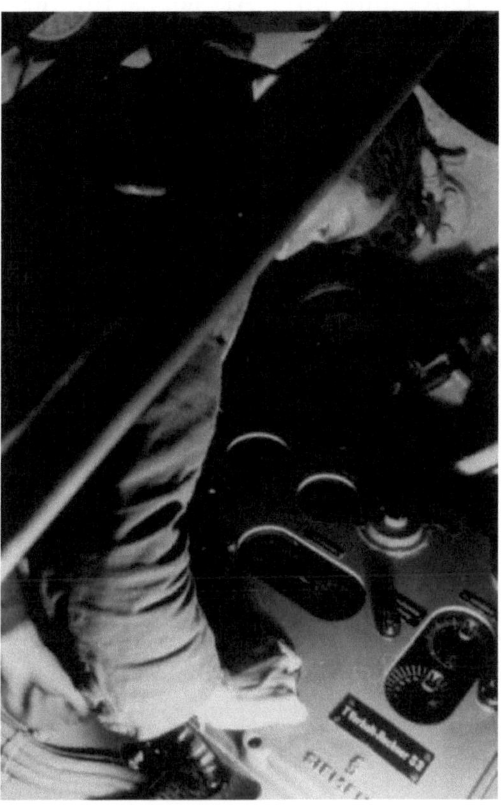

Abbildung 6.13: Oberbootsmann HEINZ WEBENDÖRFER bei der Bedienung des TVh-Re/S3 von U 564 (Quelle: LAWRENCE PATERSON)

Die Bedienungsanleitung des TVh-Re/S3 war relativ kurz[368]. Bei einem Torpedoangriff mussten zunächst sämtliche Schalter des Rechners eingeschaltet werden. Danach wurde die Torpedoreichweite s_{tmax} an der Merkscheibe (36) eingestellt. Anschließend wurde der Lagenwinkel γ von Hand nach Skala (14) eingegeben. Dabei musste der Abschalter für die Betriebsart „Lage laufend" (60) gedrückt werden. Als nächstes wurde die Gegnerlänge für die Streuwinkelberechnung an der Skala (58) eingestellt. Die Torpedogeschwindigkeit wurde nach Anzeige (9) und die Gegnerfahrt gemäß Anzeige (7) eingegeben. Mit dem Drehknopf (28) wurde die Parallaxkorrektur für die vorderen oder die achteren Rohre eingeschaltet.

Bei einem Angriff wurde die Gegnerentfernung an der Skala (30) eingestellt. Während des gesamten Angriffs musste ferner darauf geachtet werden, dass die Zeiger und Gegenzeiger an den Anzeigen für den Zielwinkel, den Parallaxwinkel (in der Betriebsart „Lage laufend") und den Streuwinkel in Deckung blieben. Gegebenenfalls musste der Bediener den entsprechenden Motor mit dem Handrad unterstützen, wobei im Falle der manuellen Eingabe des Lagenwinkels immer die Taste (60) gedrückt werden musste. Bei Aufleuchten der Endlagenlampe (64) musste der Lagenwinkel neu eingestellt werden. Nach dem Angriff waren sämtliche Schalter des TVh-Re/S3 wieder auszuschalten.

[368] Siehe: BA-MA, RMD 6/566, Seite 58-59.

Der ehemalige U-Boot-Kommandant Heinz Schäffer schildert die Bedienung des Torpedovorhaltrechners beim morgendlichen Angriff auf einen britischen Tanker. Als detaillierteste Beschreibung ihrer Art sei sie an dieser Stelle ausführlich zitiert:

> „Kommandant an Erster Offizier: 'Punkt fünf schießen wir. Letzte Möglichkeit. Es wird schnell hell werden. Auf viertausendfünfhundert Meter drücken Sie ab. Dreierfächer!'
>
> Es fehlen fünfzehn Minuten. Die Besatzung ist auf Gefechtsstation. Ein jeder ist beschäftigt. Zwei Mann bedienen die Rechenanlage; einer im Turm, der andere in der Zentrale. [...]
>
> Torpedooffizier an Rechenanlage: 'Rohr eins bis fünf klar zum Überwasserschuß!' - die Rohre werden bewässert und die Mündungsklappen aufgedreht. [...] Auf jeden Fall werden sämtliche Rohre vorbereitet. Vielleicht braucht man sie alle. Durch das Sprachrohr kommt vom Bugraum die Rückmeldung: 'Rohr eins bis vier klar zum Überwasserschuß!' Aus dem Heckraum: 'Rohr fünf klar zum Überwasserschuß!' - Torpedooffizier: 'Dreierfächer aus Rohr eins, drei und vier mit Vorhaltrechner, Schaltung Überwasserzielsäule, Abfeuerung Brücke!' - Es gibt verschiedene Abfeuerungsmöglichkeiten, nämlich Bug- oder Heckraum, Zentrale, Turm und Brücke. - Der Befehl geht in die Zentrale. Die Schalter werden eingelegt. Matt weiß schimmernde Kontrolllampen im Turm zeigen dem Unteroffizier an der Rechenmaschine die richtige Ausführung der Befehle. Er meldet es dem Torpedooffizier, dieser dem Kommandanten.
>
> Noch laufen wir parallel zum Gegner, sind etwas vorlicher als querab. Das Glas auf dem UZO ist eingerichtet. Das Fadenkreuz genau in der Mitte. Torpedooffizier an Rechenanlage: 'Gegnerlage links neunzig, Gegnerfahrt sechzehneinhalb Meilen, Abstand siebentausend Meter, Torpedogeschwindigkeit dreißig, Tiefe sieben!'[369] [...]
>
> Sind die Zahlen eingestellt, zeigt die Rechenmaschine unmittelbar sämtliche interessierenden Werte, wie Schuß- und Vorhaltwinkel. [...]
>
> Torpedooffizier an Rechenanlage: 'Lage laufend!'
>
> Der Schalter wird eingelegt. Die Rechenmaschine bekommt Verbindung mit dem Kreiselkompaß und der Zielsäule. Es summt, zwei rote Lampen leuchten auf. Noch ist die Rechnung nicht beendet und die angezeigten Werte sind nicht die endgültigen. Es dauert nur wenige Sekunden. Die Lampen gehen aus. Der Unteroffizier meldet das errechnete Ergebnis an den Torpedooffizier. Von nun ab sind Kursänderungen unseres Bootes von geringerer Wichtigkeit. Das Ziel muß nur im Fadenkreuz der Zielsäule gehalten werden, damit die Anlage mit den in Frage kommenden Bedingungen arbeitet.
>
> Torpedooffizier an Rechenanlage: 'Folgen.'

[369] Diese Stelle ist missverständlich: Die Lauftiefe der Torpedos konnte nicht am Torpedovorhaltrechner eingegeben werden, sie wurde an den Torpedos eingestellt.

Eine andere Lampe leuchtet auf. Die Rechenanlage wird zusätzlich auf die Rohre geschaltet. Die sich ständig ändernden Schußunterlagen werden automatisch den Torpedos übermittelt, ausgewertet und in den Schwenkmechanismus eingestellt. Nunmehr kann in jedem Augenblick bei beliebigem Kurs geschossen werden, sofern nicht der Winkel von neunzig Grad überschritten ist. Die 'Aale' werden ihr Ziel suchen. Bei Erreichen des feindlichen Objektes soll ihr Abstand, wenn nicht ausdrücklich anders vorgesehen, eine Schiffslänge betragen.

[...]

Der Torpedounteroffizier an der Rechenanlage meldet alle sich ändernden Werte dem Torpedooffizier. Der Kommandant hört sie mit.

Kommandant an Torpedooffizier: 'Bei viertausendfünfhundert Meter schießen. Halten Sie das Fadenkreuz auf den vorderen Mast!' Gleich ist es soweit.

Kommandant an Torpedooffizier: 'Drehgeschwindigkeit Rot drei.' Das ist die Drehgeschwindigkeit des Bootes bei der höchsten Ruderlage nach backbord. Neue Torpedos und Berücksichtigung des Drehmoments durch die Rechenanlage ermöglichen das Abdrehen des Bootes noch vor dem Abfeuern der Torpedos. Dadurch wird Zeit gespart und man kann auf geringere Distanzen schießen.

Torpedooffizier an Unteroffizier: 'Rot drei! Klar zum Überwasserschuß!'

Kommandant an Rudergänger: 'Hart backbord!'

Unteroffizier an Bugraum: 'Klar zum Überwasserschuß!'

Rückmeldung: 'Rohr eins, drei und vier klar zum Überwasserschuß!'

Kommandant an Torpedooffizier: 'Schußerlaubnis!'

Torpedooffizier: 'Fertig!'

Unteroffizier: 'Deckung - Deckung - Deckung!'

Während des Drehens des Bootes rechnet die Anlage so schnell, daß in jedem Moment die entsprechenden Werte bereit sind und die Einstellungen des Torpedos unverzüglich korrigiert werden. Der Unteroffizier an der Rechenanlage meldet es mit den Worten 'Deckung'. Wenn das Boot aus dem Bereich der Schußmöglichkeit käme, würde ihm auf einer besonderen Scheibe 'Hartlage' aufleuchten. Durch eine entsprechende Meldung müsste er darauf aufmerksam machen. Die Torpedos könnten nicht treffen.

Der Torpedooffizier steht am UZO. Das Fadenkreuz ist auf den vorderen Mast gerichtet. 'LOS'! Er drückt auf den vorderen Abfeuerknopf neben der Zielsäule. 'LOS!' wiederholt der Unteroffizier. Durch die Mikrofonanlage hört es der Torpedomaat im Bugraum. Er hat seine Hände auf zwei Abfeuerschaltern zweier Torpedorohre und ein Bein auf dem dritten. Sollte die Automatik versagen, so würde er direkt abdrücken. Sie versagt zwar nie, aber sicher ist sicher[370] ."

[370] Schäffer, U 997, Seite 80.

Einige Ausführungen über die Wartung der Torpedovorhaltrechner von Siemens sollen diesen Abschnitt über den TVh-Re/S3 beschließen. Da die Rechner auf U-Booten und Überwassereinheiten permanent hoher Feuchtigkeit und Staub ausgesetzt waren, war eine intensive Wartung die Grundvoraussetzung für ihr dauerhaftes Funktionieren. Die erforderlichen Wartungsaufgaben wurden in speziellen Wartungs-, Justier- und Prüfvorschriften beschrieben[371]. Die Vorschriften sind in technikgeschichtlicher Hinsicht vor allem deshalb interessant, weil sie einige Hinweise auf Anfälligkeiten der elektromechanischen Rechner liefern. Die folgenden Beispiele mögen das illustrieren.

Die großen Temperaturschwankungen in den U-Booten führten zur Bildung von Schwitzwasser im Inneren der Rechner, das sich durch beschlagene Skalenfenster bemerkbar machte. Um Kurzschlüsse und Rostbildung zu verhindern, mussten die Geräte daher regelmäßig gelüftet werden. In bestimmten Abständen waren darüber hinaus alle blanken Metallteile einzufetten und bewegliche Teile wie Zahnräder zu schmieren. Die zu verwendenden Schmiermaterialien waren auf den Räderbildern der Geräte angegeben.

Alle Kontakte und die Schleifringe der automatischen Empfänger mussten im Abstand von drei Monaten mit speziellen Kontaktfeilen und Polierpapier gesäubert werden. In gleichen Abstand waren die Kommutatoren[372] der Elektromotoren zu reinigen. Dabei mussten neue Kohlebürsten durch Schleifen an die Rundungen der Kommutatoren angepasst werden.

Die Justierung des Torpedovorhaltrechners war besonders aufwendig, da zahlreiche Zeiger und Gegenzeiger sowie Zahnräder im Inneren des Rechners in Übereinstimmung gebracht werden mussten. Abbildung 6.14 zeigt ein Prüfblatt für den TVh-Re/S3, wie es an Bord der U-Boote vom Typ VII zu Justierungszwecken mitgeführt wurde.

Für jede Feuerleitanlage gab es neben der Wartungsvorschrift ein eigenes Begleitbuch, in das die an Bord vorgenommenen Wartungsarbeiten sowie die mit Bordmitteln nicht zu behebenden Störungen eingetragen werden mussten. Die Wartungsarbeiten und Störungen wurden in einer Stammkarte für die gesamte Anlage und in einer entsprechenden Gerätekarte für das jeweils betroffene Gerät vermerkt. Während der Werftliegezeit mussten alle von der Instandsetzungswerft oder der Herstellerfirma an der Feuerleitanlage oder an einzelnen Geräten vorgenommenen Arbeiten ebenfalls in das Begleitbuch bzw. die Gerätekarten eingetragen werden. Abbildung 6.15 zeigt die Gerätekarte für den TVh-Re/S3 von U 485.

---

371 Siehe: BA-MA, RMD 6/562, Torpedo-Feuerleit-Anlage für U-Boote Typ VII B (U 45-U 55), Vorläufige Wartungs-, Justier- und Prüfvorschrift. Für den TVh-Re/S3 gab es eine Wartungsvorschrift mit der Firmenbezeichnung SAM-D.858, die dem Verfasser leider nur in Auszügen vorliegt.

372 Ein Kommutator (auch: Pol- oder Stromwender) hat die Aufgabe, in der Ankerspule (d. h. dem Rotor) eines Elektromotors kurzzeitig den Stromkreis zu unterbrechen und die Stromrichtung umzukehren, da ansonsten die Ankerspule im Magnetfeld des Stators höchstens eine halbe Drehung vollführen würde.

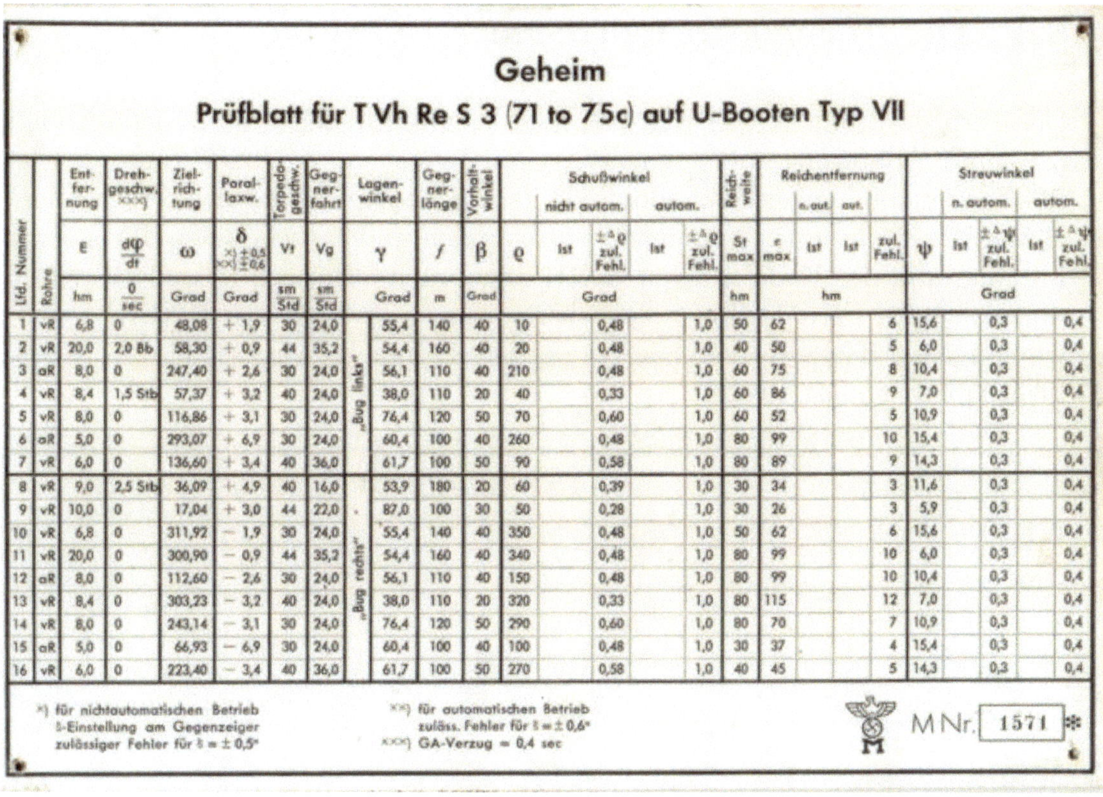

Geheim

Prüfblatt für T Vh Re S 3 (71 to 75c) auf U-Booten Typ VII

Lfd. Nummer	Rohre	Entfernung E (hm)	Drehgeschw.[xxx] $\frac{d\varphi}{dt}$ ($\frac{0}{sec}$)	Zielrichtung ω (Grad)	Parallaxw. δ [x] ±0,5 [xx] ±0,6 (Grad)	Torpedogeschw. Vt (sm/Std)	Gegnerfahrt Vg (sm/Std)		Lagenwinkel γ (Grad)	Gegnerlänge ℓ (m)	Vorhaltwinkel β (Grad)	Schußwinkel ϱ (Grad)	Schußwinkel nicht autom. Ist	Schußwinkel nicht autom. ±Δϱ zul. Fehl.	Schußwinkel autom. Ist	Schußwinkel autom. ±Δϱ zul. Fehl.	Reichweite St max (hm)	Reichentfernung ε max (hm)	Reichentfernung n. aut. Ist	Reichentfernung aut. Ist	Reichentfernung zul. Fehl.	Streuwinkel ψ (Grad)	Streuwinkel n. autom. Ist	Streuwinkel n. autom. ±Δψ zul. Fehl.	Streuwinkel autom. Ist	Streuwinkel autom. ±Δψ zul. Fehl.
1	vR	6,8	0	48,08	+ 1,9	30	24,0	„Bug links"	55,4	140	40	10		0,48		1,0	50	62			6	15,6		0,3		0,4
2	vR	20,0	2,0 Bb	58,30	+ 0,9	44	35,2	„Bug links"	54,4	160	40	20		0,48		1,0	40	50			5	6,0		0,3		0,4
3	aR	8,0	0	247,40	+ 2,6	30	24,0	„Bug links"	56,1	110	40	210		0,48		1,0	60	75			8	10,4		0,3		0,4
4	vR	8,4	1,5 Stb	57,37	+ 3,2	40	24,0	„Bug links"	38,0	110	20	40		0,33		1,0	60	86			9	7,0		0,3		0,4
5	vR	8,0	0	116,86	+ 3,1	30	24,0	„Bug links"	76,4	120	50	70		0,60		1,0	60	52			5	10,9		0,3		0,4
6	aR	5,0	0	293,07	+ 6,9	30	24,0	„Bug links"	60,4	100	40	260		0,48		1,0	80	99			10	15,4		0,3		0,4
7	vR	6,0	0	136,60	+ 3,4	40	36,0	„Bug links"	61,7	100	50	90		0,58		1,0	80	89			9	14,3		0,3		0,4
8	vR	9,0	2,5 Stb	36,09	+ 4,9	40	16,0	„Bug rechts"	53,9	180	20	60		0,39		1,0	30	34			3	11,6		0,3		0,4
9	vR	10,0	0	17,04	+ 3,0	44	22,0	„Bug rechts"	87,0	100	30	50		0,28		1,0	30	26			3	5,9		0,3		0,4
10	vR	6,8	0	311,92	− 1,9	30	24,0	„Bug rechts"	55,4	140	40	350		0,48		1,0	50	62			6	15,6		0,3		0,4
11	vR	20,0	0	300,90	− 0,9	44	35,2	„Bug rechts"	54,4	160	40	340		0,48		1,0	80	99			10	6,0		0,3		0,4
12	aR	8,0	0	112,60	− 2,6	30	24,0	„Bug rechts"	56,1	110	40	150		0,48		1,0	80	99			10	10,4		0,3		0,4
13	vR	8,4	0	303,23	− 3,2	40	24,0	„Bug rechts"	38,0	110	20	320		0,33		1,0	80	115			12	7,0		0,3		0,4
14	vR	8,0	0	243,14	− 3,1	30	24,0	„Bug rechts"	76,4	120	50	290		0,60		1,0	80	70			7	10,9		0,3		0,4
15	aR	5,0	0	66,93	− 6,9	30	24,0	„Bug rechts"	60,4	100	40	100		0,48		1,0	30	37			4	15,4		0,3		0,4
16	vR	6,0	0	223,40	− 3,4	40	36,0	„Bug rechts"	61,7	100	50	270		0,58		1,0	40	45			5	14,3		0,3		0,4

[x]) für nichtautomatischen Betrieb δ-Einstellung am Gegenzeiger zulässiger Fehler für δ = ± 0,5°

[xx]) für automatischen Betrieb zuläss. Fehler für δ = ± 0,6°

[xxx]) GA-Verzug = 0,4 sec

M Nr. 1571

Abbildung 6.14: Prüfblatt für den TVh-Re/S3 auf U-Booten vom Typ VII (Urheber unbekannt)

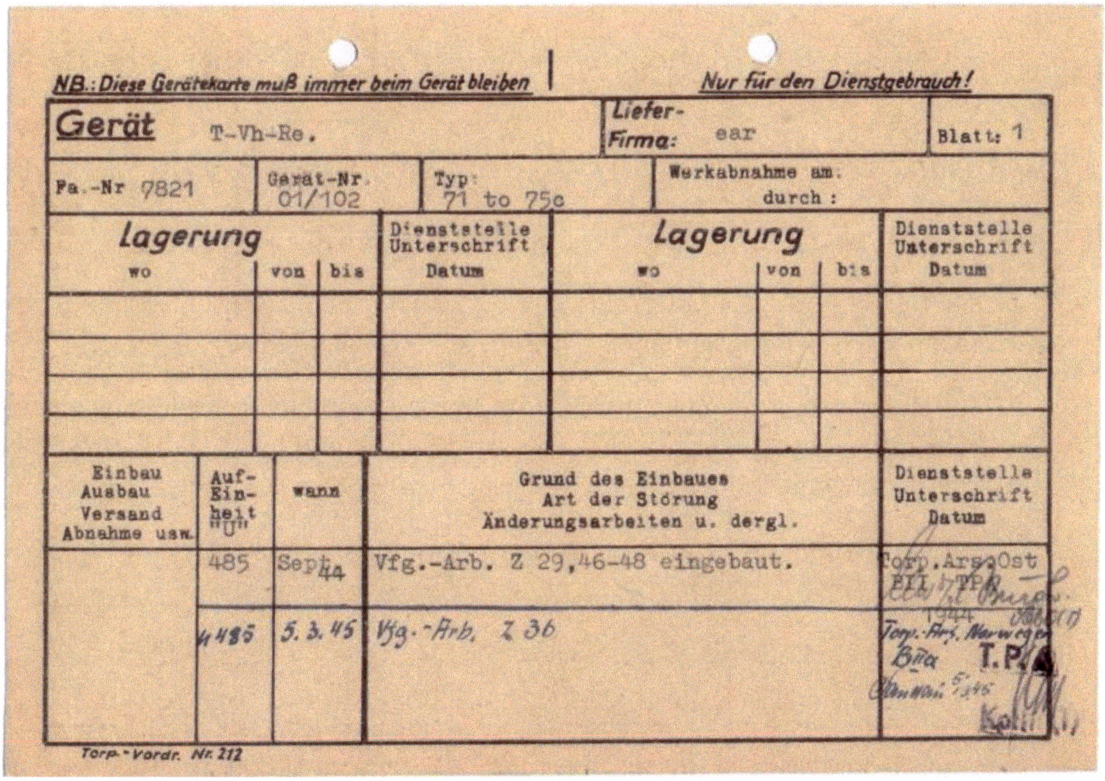

NB.: Diese Gerätekarte muß immer beim Gerät bleiben | *Nur für den Dienstgebrauch!*

Gerät T-Vh-Re.		Liefer-Firma: ear	Blatt: 1
Fa.-Nr 7821	Gerät-Nr. 01/102	Typ: 71 to 75c	Werkabnahme am: durch:

Lagerung wo	von	bis	Dienststelle Unterschrift Datum	Lagerung wo	von	bis	Dienststelle Unterschrift Datum

Einbau Ausbau Versand Abnahme usw.	Auf-Einheit "U"	wann	Grund des Einbaues Art der Störung Änderungsarbeiten u. dergl.	Dienststelle Unterschrift Datum
	485	Sep 44	Vfg.-Arb. Z 29,46-48 eingebaut.	Torp.ArsOst BII TPA 1944
	U 485	5.3.45	Vfg.-Arb. Z 36	Torp.-Ars. Norwegen Büa T.P. Ottmann 5.3.45

Torp.-Vordr. Nr. 212

Abbildung 6.15: Gerätekarte für den TVh-Re/S3

6.4 Der Torpedovorhaltrechner RGM 3e

Der Torpedovorhaltrechner RGM 3e und das GA-Einstellgerät 2 (siehe Abbildung 6.16 und Abbildung 6.17) wurden gegen Kriegsende speziell für den Einsatz des Lageunabhängigen Torpedos LUT (siehe Kapitel 2) entwickelt. Rechner und Einstellgerät waren fest miteinander verbunden und zwischen den Torpedorohren im Bugraum des U-Boot-Typs XXIII angebracht. Bei KÖHL und RÖSSLER [373] findet sich ein Foto des Torpedovorhaltrechners an Bord von U HAI[374]. Ob und wie lange der TVh-Re RGM 3e bei der Bundesmarine verwendet wurde, konnte bisher nicht geklärt werden.

T-Vorhaltrechner RGM 3e
Maßstab ca. 1:6

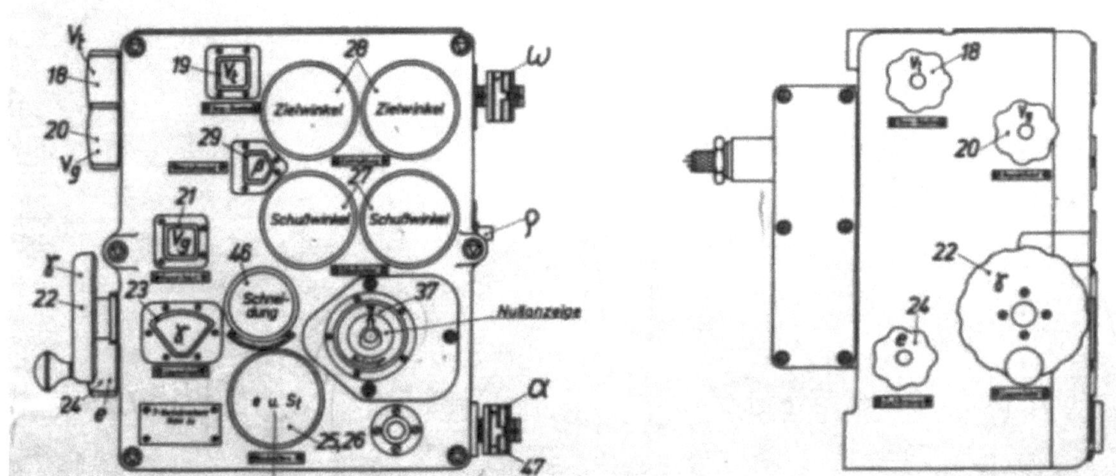

Abbildung 6.16: Der Torpedovorhaltrechner RGM 3e (Kopie aus dem BA-MA)

Der TVh-Re RGM 3e und das GA-Einstellgerät 2 dienten je nach verwendetem Schießverfahren

1. der Berechnung des parallaktisch korrigierten Schuss- und Schneidungswinkels ρ bzw. α bei gegebenem Zielwinkel ω („Rw-Schuss"),
2. der Berechnung des Zielwinkels ω für einen gegebenen oder fest eingestellten Schusswinkel ρ („Zielwinkel automatisch - Schusswinkel Hand" bzw. „Feste Schussrichtung") oder
3. der Ermittlung und Einstellung aller notwendigen Werte für den LUT-Schuss („mit LUT").

373 KÖHL, RÖSSLER, Uboottyp XXIII, Seite 60.

374 U HAI war ein U-Boot vom Typ XXIII. Es wurde am 02.03.1945 als U 2365 von der Kriegsmarine in Dienst gestellt und am 08.05.1945 von der Besatzung versenkt. Das Boot wurde im Jahre 1956 gehoben und ab August 1957 als Schul-U-Boot bei der Bundesmarine eingesetzt. U HAI versank am 14.09.1966 in einem Sturm. Von der 20-köpfigen Besatzung konnte nur ein Mann gerettet werden.

GA-Einstellgerät 2
Maßstab ca. 1:6

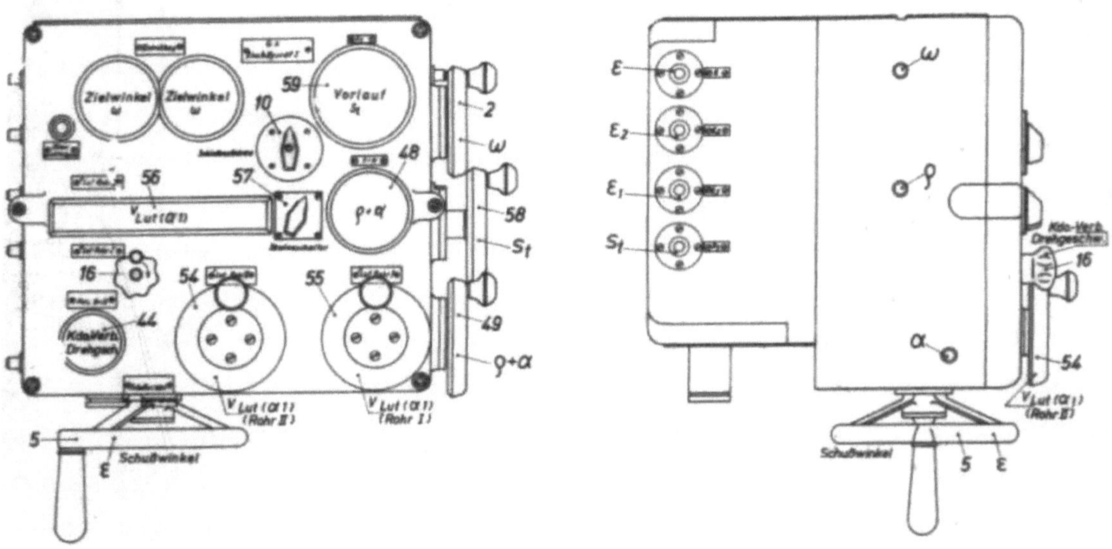

Abbildung 6.17: Das GA-Einstellgerät 2 (Kopie aus dem BA-MA)

Die Berechnung des Schusswinkels ρ und des Zielwinkels ω beruhte beim TVh-Re RGM 3e auf der folgenden Gleichung, die unmittelbar aus dem Gefechtsbild in Abbildung 3.28 abgelesen werden kann:

$$\rho - \omega = \beta + \delta \tag{6.2}$$

$$\iff (\rho - \omega) - (\beta + \delta) = 0.$$

Im TVh-Re RGM 3e wurden die linke und rechte Seite der Gleichung 6.2 mechanisch nachgebildet. Je nach Schießverfahren wurde ρ bei gegebenem ω oder ω bei gegebenem ρ so lange automatisch oder von Hand variiert, bis ein Zeiger die Übereinstimmung der beiden Gleichungsseiten und damit die Lösung des Torpedoschussproblems anzeigte. Die Funktionsweise des TVh-Re RGM 3e wird nachfolgend anhand von Abbildung 6.18 beschrieben.

Für die Lösung der Gleichung 6.2 mussten der Parallaxwinkel δ und der Vorhaltwinkel β ermittelt werden. Die theoretischen Grundlagen der Parallaxkorrektur wurden bereits in Abschnitt 3.2.2 behandelt. Der Parallaxwinkel δ wurde im Unterschied zum TVh-Re/S3 nach Formel 3.20 als Funktion der Größen $(\omega + \Delta\omega)$ und $^e/_x$ aufgefasst. Aus technischen Gründen wurde statt der Zwischengröße x der Logarithmus von x für die Berechnungen verwendet. Der Wert $\log(x)$ wurde mithilfe des Kurvenzylinders (35) ermittelt, der dazu gemäß dem Schusswinkel ρ gedreht wurde. Die Größe $\Delta\omega$ wurde mit der Kurvenscheibe (36) bestimmt, die dazu ebenfalls dem Schusswinkel entsprechend eingestellt wurde.

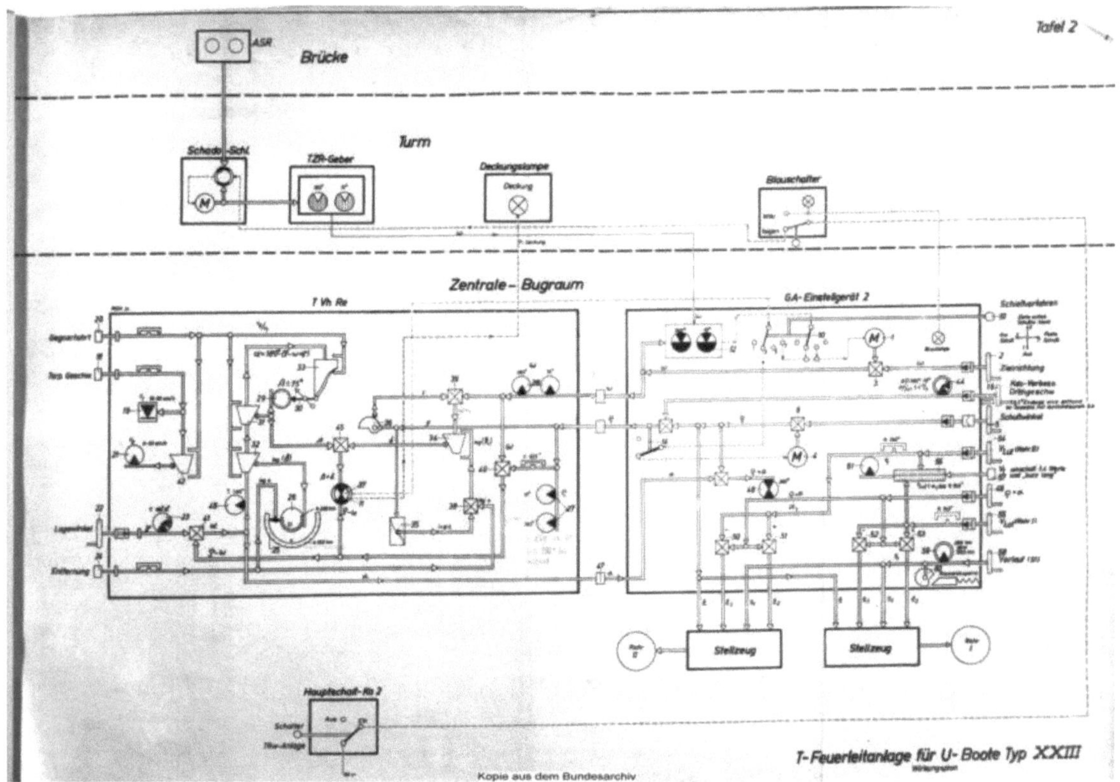

Abbildung 6.18: Die T-Feuerleitanlage für U-Boote vom Typ XXIII (Kopie aus dem BA-MA)

Der Parallaxwinkel wurde schließlich vom Kurvenkörper (34) gebildet, der dazu nach der mithilfe des Differentials (39) ermittelten Summe $\omega + \Delta\omega$ gedreht und gemäß der Größe $\log\left({}^{e}/_{x}\right)$ verschoben wurde. Der Wert $\log\left({}^{e}/_{x}\right)$ wurde als Differenz $\log(e) - \log(x)$ mithilfe des Differentials (38) berechnet.

Der Vorhaltwinkel β wurde nach Formel (2.2) als Funktion des Schneidungswinkels α und des Quotienten ${}^{v_g}/_{v_t}$ aufgefasst und mit dem Kurvenkörper (31) ermittelt[375]. Für den Schneidungswinkel gilt nach Abbildung 3.28 die Beziehung $\alpha = 180°\text{-}(\rho - \omega + \gamma)$. Er wurde mithilfe der Differentiale (40) und (41) gebildet. Der Quotient ${}^{v_g}/_{v_t}$ wurde mit dem v_g-Handrad (20) eingestellt. Da die Gegnergeschwindigkeit nicht direkt eingegeben wurde, aber dennoch angezeigt werden sollte, musste sie zunächst ermittelt werden. Das war die Aufgabe des Kurvenkörpers (42), der zu diesem Zweck den Größen v_t und ${}^{v_g}/_{v_t}$ entsprechend verschoben bzw. gedreht wurde.

Der vom Kurvenkörper (31) abgenommene Vorhaltwinkel β wurde im Differential (45) zu dem vom Kurvenkörper (34) abgenommenen Parallaxwinkel δ addiert. Damit war die rechte Seite der Gleichung (6.2) nachgebildet.

[375] Der Vorhaltwinkel wurde nur bis zu einem Maximalwert von 60° berechnet. Ein Überschreiten des Maximalwertes wurde nicht mechanisch unterbunden, sondern dadurch angezeigt, dass der ansonsten feststehende Zeiger (30) an der Skala (29) verschwand. Der Zeiger wurde vom Kurvenkörper (33) bewegt, der dazu nach Maßgabe des Schneidungswinkels α gedreht und dem Wert ${}^{v_g}/_{v_t}$ entsprechend verschoben wurde.

Beim Rw-Schuss (siehe Seite 192, Ziffer 1) wurde der Zielwinkel ω automatisch oder von Hand in das GA-Einstellgerät 2 eingedreht. Bei Bedarf ließ sich die Zielrichtungsnachsteuerung wie beim TVh-Re/S3 durch einen Blauschalter unterbrechen. Der Zielwinkel wurde vom GA-Einstellgerät an den Torpedovorhaltrechner übertragen und dort mit dem jeweils eingestellten Schusswinkel ρ die Differenz $(\rho - \omega)$ gebildet. Die Aufgabe des Kontaktwerks (11) bestand nun darin, den Schusswinkel ρ über den Motor (4) nachzusteuern und die Differenz $(\rho - \omega) - (\beta + \delta)$ zu Null zu machen und damit die Gleichung 6.2 zu lösen. Das Kontaktwerk (11) steuerte des Weiteren eine Deckungslampe im Turm, die aufleuchtete, wenn der richtige Schusswinkel eingestellt war und geschossen werden konnte.

Bei Bedarf konnte dem Schusswinkel von Hand eine Drehgeschwindigkeitsberichtigung oder eine sogenannte Kommandoverbesserung, d. h. eine Korrektur, überlagert werden.

Die Schießverfahren „Zielwinkel automatisch - Schusswinkel Hand", „Feste Schussrichtung" und „mit LUT" bieten in rechentechnischer Hinsicht keine Neuerung und werden aus diesem Grund hier nicht noch einmal näher besprochen.

Zum Abschluss des Abschnittes über den TVh-Re RGM 3e sei die Ermittlung der Reichentfernung und der Vorlaufstrecke s_t für den LUT erläutert. Wird in Abbildung 3.28 näherungsweise $R'A = e$ gesetzt, so ist nach dem Kosinussatz mit einer für die damaligen praktischen Zwecke ausreichenden Genauigkeit

$$(R'A)^2 = e^2 = s_t^2 + s_g^2 - 2 \cdot s_t \cdot s_g \cdot \cos(\alpha)$$

oder aber

$$\frac{e}{s_t} = \sqrt{1 + \left(\frac{v_g}{v_t}\right)^2 - 2 \cdot \frac{v_g}{v_t} \cdot \cos(\alpha)}. \tag{6.3}$$

Das Verhältnis der Entfernung e zur Vorlaufstrecke s_t konnte mit anderen Worten als Funktion des Lagenwinkels α und des Quotienten aus Gegner- und Torpedogeschwindigkeit v_g/v_t aufgefasst und daher mithilfe eines entsprechenden Kurvenkörpers bestimmt werden. Beim RGM 3e wurde der Quotient e/s_t vom Kurvenkörper (32) ermittelt. Um den Wert des Quotienten wurde die Skalenscheibe (26) gedreht, die so innerhalb einer Entfernungsskala (25) angeordnet war, dass an der gegenseitigen Stellung der beiden Skalen die Reichentfernung und die Laufstrecke abgelesen werden konnten.

Nähere Angaben zur Bedienung des TVh-Re RGM 3e sowie zur Einstellung der LUT-Werte mit dem GA-Einstellgerät 2 finden sich in der Beschreibung und Bedienungsvorschrift der Torpedo-Feuerleitanlage der U-Boote vom Typ XXIII[376], der auch die Angaben in diesem Abschnitt entnommen wurden.

[376] Siehe: BA-MA, RMD 6/574, Torpedo-Feuerleit-Anlage U-Boote Typ XXIII, Beschreibung und Bedienungsvorschrift mit Zeichnungen.

6.5 Weiterentwicklungen

Bei den Weiterentwicklungen kann zwischen Verbesserungen an den bestehenden Feuerleitanlagen einerseits und gänzlich neuen Ansätzen andererseits unterschieden werden. In die erste Kategorie fällt bspw. die Optimierung des Parallaxgetriebes. Zur zweiten Kategorie zählen verbesserte Fertigungsmethoden oder Versuche mit überwiegend elektrischen oder gar fotoelektrischen Rechengeräten.

Albert Blattmann berichtet[377], dass mit steigenden Stückzahlen die für die Fertigung der U-Boot-Feuerleitanlagen erforderlichen Arbeitsstunden von der SAM kaum noch aufgebracht werden konnten und dass es insbesondere an hochqualifizierten Mechanikern fehlte. Auf Initiative der Marine sollte daher eine Kommission im Jahre 1943/44 untersuchen, inwieweit der Arbeitsaufwand durch eine Erhöhung der Fertigungstoleranzen bei den Rechengeräten reduziert werden kann, ohne die Trefferwahrscheinlichkeit zu gefährden. Das Untersuchungsergebnis bestätigte laut Blattmann ein altes, empirisch gewonnenes Fehlerfortpflanzungsgesetz erfahrener Konstrukteure, demzufolge eine größere Anzahl voneinander bzgl. des Vorzeichens unabhängiger Fehler zu einem kleinen Mittelwert des Gesamtfehlers führt, weil sich die einzelnen Fehler in der Regel gegenseitig aufheben - und wonach alle noch so sorgsamen Bemühungen um eine hohe Gesamtgenauigkeit durch einen einzigen, gegenüber den anderen extrem großen Fehler zunichte gemacht werden. Die Untersuchung ergab nämlich

> „daß bei einer Schußentfernung von 2000 m die Fehler in der Waffenleitanlage gegenüber einem angenommenen Verschätzungsfehler in der Bestimmung der Gegnergeschwindigkeit von ± 0,75 Seemeilen/Stunde kaum in Erscheinung treten. Die Trefferwahrscheinlichkeit hätte infolge des angenommenen Verschätzungsfehlers allein 52% betragen, wenn also gar keine Fehler in der Anlage und im Torpedo vorhanden gewesen wären. Die der Untersuchung zugrunde gelegten mittleren Fehler der Anlage und des Torpedos hätten lediglich bewirkt, daß sich die Treffwahrscheinlichkeit nur um 3 %, also auf 49 % verringert[378]."

Das Untersuchungsergebnis legitimierte eine Erhöhung der Fertigungstoleranzen und damit auch den Einsatz von weniger qualifizierten Arbeitskräften. Es zeigte Blattmann zufolge aber auch,

> „wie notwendig eine genaue Ermittlung der Gegner-Geschwindigkeit und des Lagenwinkels ist und wie berechtigt es war, auf den Überwasserschiffen diese Werte in einem eigenen Torpedo-Gefechtskoppler mit umständlich erscheinenden Rechnungsverfahren so genau wie nur möglich zu errechnen[379]."

---

[377] Siehe: Blattmann, SAM, Seite 97-98.

[378] Ebd., Seite 97.

[379] Ebd., Seite 98.

Die Initiative zur Verringerung des Fertigungsaufwandes für Feuerleitanlagen ging nicht allein von der Marine aus. Der steigende Bedarf an Torpedovorhaltrechnern für U-Boote und der kriegsbedingte Mangel an Facharbeitern führten bei Siemens zu Überlegungen, die Torpedovorhaltrechner in Serie zu fertigen[380]. Im Herbst 1943 erteilte die Marine der SAM auf wiederholte Nachfrage den Auftrag für die Neuentwicklung eines Torpedovorhaltrechners, bei dem es sich möglicherweise um den im nächsten Abschnitt untersuchten Prototypen handelte. Die unmittelbar begonnenen Entwicklungsarbeiten berücksichtigten die beim Bau von über eintausend Torpedovorhaltrechnern gesammelten Erkenntnisse und die jahrzehntelangen Erfahrungen von Siemens in der Massenproduktion. Der Neuentwurf erfolgte mit Blick auf die wirtschaftlichen Aspekte einer späteren Großserien-Fertigung und unter Beachtung der Ressourcenknappheit und des Facharbeitermangels. Zu Verkürzung der Fertigungszeiten und zur Materialersparnis wurden verschiedene Maßnahmen in Erwägung gezogen, von denen hier nur einige wichtige beispielhaft erwähnt werden[381]:

Modularisierung des Rechengetriebes zwecks erleichterter Montage und Beschaffung von Ersatzteilen,

ausschließliche Verwendung von Kurvenkörpern anstelle von Rechengetrieben, da Kurvenkörper mit automatischen Kopierfräsern besonders schnell, präzise und günstig hergestellt werden konnten (die Fertigung eines Kurvenkörpers dauerte bei einer Genauigkeit von +/- 30 μm je nach Größe ein bis zwei Stunden),

Verbindung der einzelnen Getriebegruppen des Torpedovorhaltrechners durch elastische Kupplungen[382] (die Getriebegruppen hätten dadurch nicht mehr exakt ausgerichtet werden müssen, so dass die Montage des Rechners von ungelernten Arbeitern hätte vorgenommen werden können. Unterschiede bei der Montage der einzelnen Rechner hätten einfacher ausgeglichen werden können und eventuelle spätere Verschiebungen der Getriebegruppen aufgrund einer Verformung des Gehäuses hätten nicht geschadet),

Vereinfachung und Vereinheitlichung aller Bauelemente, Herstellung möglichst aus preiswerten Materialien wie Stahlblech oder -draht,

Vereinfachung der Fertigungstechnik (Zahnräder sollten bspw. aus Stahlblech gestanzt und Winkelgetriebe im Druckgussverfahren hergestellt werden).

Zu einer Serienfertigung des Neuentwurfs kam es nicht mehr. Ob die geplanten Maßnahmen Auswirkungen auf die Fertigung des TVh-Re/S3 hatten, konnte bisher nicht ermittelt werden.

---

380 Dorner, Notes on design of a torpedo director angle computer, Berlin, 17.2.1944.

381 Ebd., Seite 1-3.

382 Die Beschreibung einer von der SAM entwickelten Kreuzgelenkkupplung zur Übertragung gleichförmiger Drehwinkelgeschwindigkeiten zwischen zwei in festen Lagern liegenden Wellen findet sich in: Heinemann, Reichspatentamt Patentschrift Nr. 613239, Kreuzgelenkkupplung.

6.5.1 Der elektrische Torpedovorhaltewinkelrechner 71 to 275

Technische Beschreibung

Die elektromechanischen Feuerleitrechner des Zweiten Weltkrieges waren im Unterschied zu heutigen Rechnern noch nicht programmierbar, sondern wurden speziell für die jeweils mit ihnen zu lösenden Aufgaben entworfen und gefertigt. Da alle notwendigen mathematischen Operationen getriebetechnisch umgesetzt werden mussten, erleichterte eine möglichst einfache mathematische Formulierung des zu lösenden Problems den Entwurf und die Fertigung eines Rechners wesentlich. Das wird am Beispiel des Torpedovorhaltrechners 71 to 275 besonders deutlich, der jedoch über den Prototypstatus nicht mehr hinauskam. Der von HANS HOFFMANN entwickelte und am 1. Oktober 1944 patentierte Rechner basierte auf einer äußert eleganten mathematischen Formulierung des Torpedo-Schussproblems (siehe Abbildung 6.19). Im Unterschied zu früheren Ansätzen konnte HOFFMANN bei der Berechnung des Schusswinkels ρ und der Schussweite s_t auf das Lösen mehrerer miteinander gekoppelter Gleichungen verzichten:

> „Es wurde überraschenderweise gefunden, daß die Aufgabe auch in wesentlich einfacherer Weise einer exakten Lösung fähig ist, und zwar mit Hilfe von nur zwei Gleichungen. Die neue Lösung liefert, ohne daß wie bisher erst Zwischengrößen - wie Parallaxwinkel und Lage des fiktiven Abkommpunktes - errechnet werden müßten, unmittelbar die allein interessierenden Größen, nämlich die Schußrichtung und die Torpedolaufstrecke[383]."

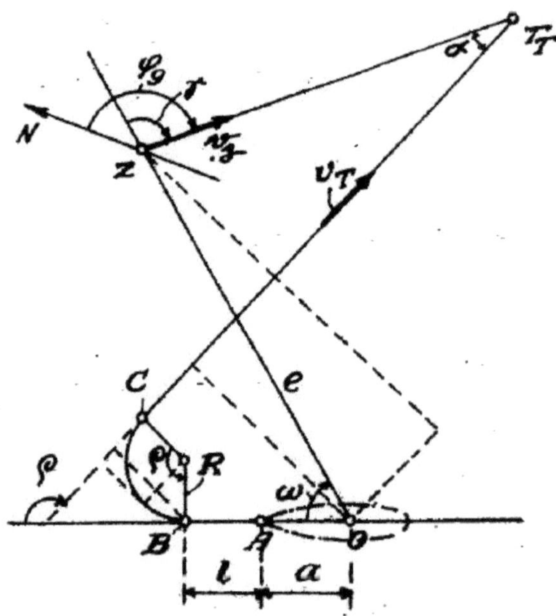

Abbildung 6.19: Projektion eines Gefechtsfalles von HOFFMANN

[383] HOFFMANN, Deutsches Patentamt, Patentschrift Nr. 935417, Torpedovorhaltrechner, Seite 1.

HOFFMANN ging davon aus, dass der Torpedo den als Schussweite s_t bezeichneten Weg AT_r mit der konstanten Geschwindigkeit v_t in derselben Zeit T zurücklegt, in der der Gegner mit der ebenfalls konstanten Geschwindigkeit v_g die Strecke

$$s_g := \overline{ZT_r} = v_g \cdot T = \frac{v_g}{v_t} \cdot s_t$$

durchläuft. Im Folgenden bezeichne R den Radius und ρ den Winkel des Einsteuerkreisbogens (der gleich dem Schusswinkel ist) sowie l die geradlinige Torpedovorlaufstrecke. Dann gilt für die Strecke $\overline{CT_r}$ nach Abbildung 6.19

$$\overline{CT_r} = s_t - R\rho - l.$$

HOFFMANNS mathematischer Kunstgriff bestand darin, die Strecken $\overline{ZT_r}$ und $\overline{OC}$ auf die Linie $\overline{CT_r}$ und senkrecht dazu zu projizieren. Auf diese Weise erhielt er die beiden Gleichungen

$$s_t - R \cdot \rho - l = \lambda \cdot s_t \cdot \cos(\alpha) + e_g \cdot \cos(\rho - \omega) - (a + l) \cdot \cos(\rho) - R \cdot \sin(\rho) \quad (6.4)$$

und

$$0 = \lambda \cdot s_t \cdot \sin(\alpha) - e_g \cdot \sin(\rho - \omega) + (a + l) \cdot \sin(\rho) + R \cdot (1 - \cos(\rho)). \quad (6.5)$$

Darin steht α für den Schneidungswinkel, e_g für die Gegnerentfernung, ω für den Zielwinkel und a für den Abstand von der Zieloptik zum Torpedoabkommpunkt; zur Abkürzung wurde ferner $\lambda := \frac{v_g}{v_t}$ gesetzt. Mit

$$S(R, \rho) := R \cdot (\rho - \sin(\rho)) - (a + l) \cdot \cos(\rho) + l \quad (6.6)$$

und

$$S'(R, \rho) := R \cdot (1 - \cos(\rho)) + (a + l) \cdot \sin(\rho) \quad (6.7)$$

können die Gleichungen 6.4 und 6.5 abkürzend wie folgt geschrieben werden:

$$s_t \cdot (1 - \lambda \cdot \cos(\alpha)) = e_g \cdot \cos(\rho - \omega) + S(R, \rho) \quad (6.8)$$

bzw.

$$s_t \cdot \lambda \cdot \sin(\alpha) = e_g \cdot \sin(\rho - \omega) - S'(R, \rho). \quad (6.9)$$

Beim Entwurf des elektromechanischen Prototypen wurden die Gleichungen 6.8 und 6.9 aus getriebetechnischen Gründen in der Form

$$s_t - e^{(\ln(s_t)+\ln(\lambda))} \cdot \cos(\alpha) = e_g \cdot \cos(\rho - \omega) + S(R, \rho) \tag{6.10}$$

und

$$e^{(\ln(s_t)+\ln(\lambda))} \cdot \sin(\alpha) = e_g \cdot \sin(\rho - \omega) - S'(R, \rho) \tag{6.11}$$

verwendet.

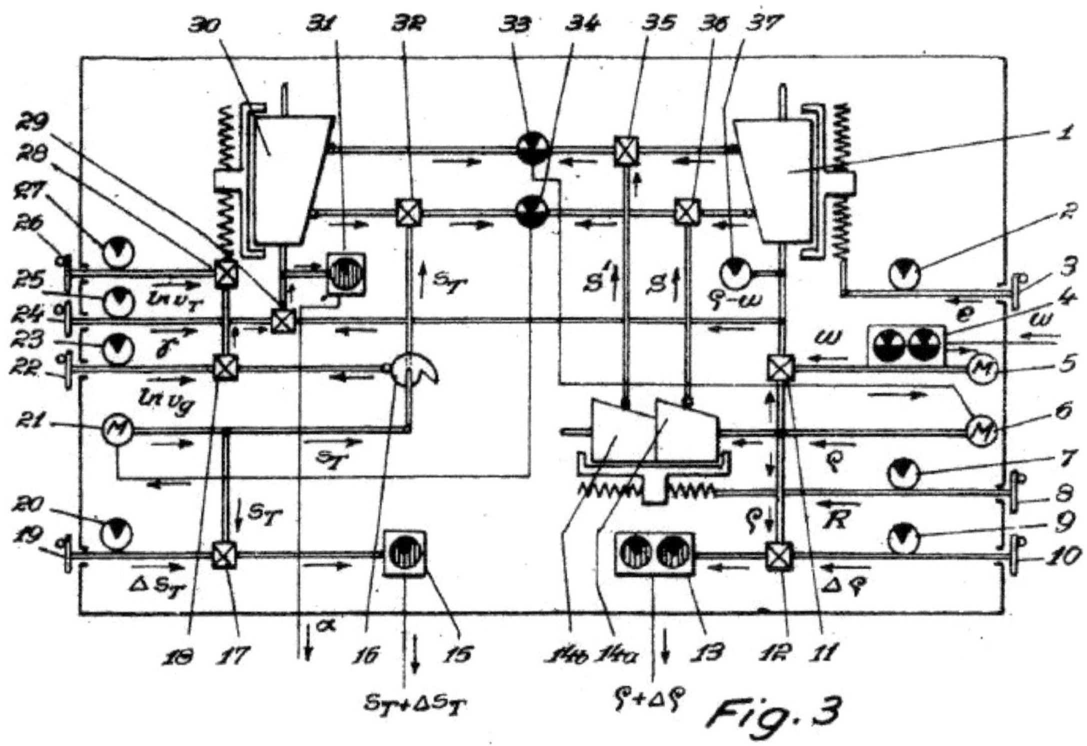

Abbildung 6.20: Ausführungsbeispiel für den TVh-Re 71 to 275

Abbildung 6.20 zeigt das Wirkungsbild eines Ausführungsbeispiels, bei dem die Gleichungen 6.10 und 6.11 auf konventionelle Weise mit rein elektromechanischen Mitteln implementiert wurden und das für die Berechnung des Schusswinkels ρ und der Schussweite s_t im Wesentlichen mit zwei Steuerungen und zwei Sinus-Kosinus-Kurvenkörpern sowie zwei Kurvenkörpern zur Nachbildung der Funktionen $S(R, \rho)$ und $S'(R, \rho)$ auskam, die den Einfluss des Einsteuerbogens beim Winkelschuss berücksichtigen.

Da der Kosinus ein um 90° phasenverschobener Sinus ist, konnten bei dem Ausführungsbeispiel in Abbildung 6.20 die beiden Komponenten der Zielentfernung, $e_g \cdot \cos(\rho - \omega)$ und $e_g \cdot \sin(\rho - \omega)$, mit einem einzigen Kurvenkörper (1) nachgebildet werden (siehe auch Abschnitt 4.1.8).

Dieser Kurvenkörper wurde um den Winkel $(\rho - \omega)$ gedreht und um eine der Gegnerentfernung e_g entsprechende Strecke verschoben. Daraufhin konnten die Werte $e_g \cdot \cos(\rho - \omega)$ und $e_g \cdot \sin(\rho - \omega)$ von zwei um 90° versetzten Stößeln abgenommen und zur Überlagerung mit den Werten der Funktionen S bzw. S' an die Differentiale (35) und (36) weitergeleitet werden. Der Seitenwinkel ω wurde wie beim TVh-Re/S3 laufend von der Zieloptik an den Rechner übermittelt, wo er vom Steuermotor (5) automatisch nachgebildet und an das Differential (11) übertragen wurde. Die Funktionen $S(R, \rho)$ und $S'(R, \rho)$ wurden mit dem Doppelkurvenkörper (14a, 14b) nachgebildet. Der Doppelkurvenkörper wurde dazu in Richtung seiner Drehachse dem Radius R des Einsteuerkreisbogens entsprechend verschoben, der mittels Handrad (8) an der Skala (7) eingestellt wurde. Der Steuermotor (6) hatte die Aufgabe, den Doppelkurvenkörper um den zunächst unbekannten Schusswinkel ρ zu drehen. Die beiden Funktionswerte wurden ständig an die Differentiale (35) und (36) weitergeleitet und dort mit den Komponenten der Gegnerentfernung vereinigt. Damit waren die rechten Seiten der Gleichungen 6.10 und 6.11 nachgebildet.

Für die Realisierung der linken Seiten der Gleichungen war u. a. der Ausdruck

$$\ln(\lambda \cdot s_t) = \ln(\lambda) + \ln(s_t) = \ln(v_g) - \ln(v_t) + \ln(s_t) \tag{6.12}$$

zu bilden. Die Werte $\ln(v_g)$ und $\ln(v_t)$ wurden mittels der Handräder (22) und (23) und der logarithmisch geteilten Skalen (23) und (27) in den Rechner eingeführt; der Wert $\ln(s_t)$ wurde von der Kurvenscheibe (16) abgenommen. Die drei Werte wurden durch die Differentiale (18) und (28) zum Ausdruck 6.12 zusammengeführt.

Für den Schneidungswinkel α gilt nach Abbildung 6.20 die Beziehung

$$\alpha = \gamma + \omega - \rho. \tag{6.13}$$

Zur Berechnung des Schneidungswinkels wurde der Lagenwinkel γ mittels Differential (29) mit der vom Differential (11) gelieferten Differenz $\omega - \rho$ vereinigt. Spätere Exemplare des Rechners sollten offenbar so realisiert werden, dass der (zeitlich veränderliche) Lagenwinkel nicht direkt eingegeben werden musste, sondern - wie beim TVh-Re/S3 - gemäß der Beziehung

$$\gamma = \varphi_g - \varphi_e - \omega \tag{6.14}$$

aus dem einmalig einzugebenden und für die Zeit des Angriffs als konstant und geradlinig vorausgesetzten Gegnerkurs φ_g und den laufend vom Kreiselkompass bzw. der Zieloptik gelieferten Größen φ_e bzw. ω berechnet wurde (vgl. dazu die Ausführungen über die Betriebsart „Lage laufend" in Abschnitt 3.1.2)[384].

384 Siehe: HOFFMANN, Deutsches Patentamt, Patentschrift Nr. 935417, Torpedovorhaltrechner, Seite 3.

Der Kurvenkörper (30) wurde um den Schneidungswinkel α gedreht und entsprechend der Größe $\ln(\lambda \cdot s_t) = \ln(\lambda) + \ln(s_t)$ verschoben und bildete die Ausdrücke

$$e^{(\ln(s_t)+\ln(\lambda))} \cdot \cos(\alpha) = s_t \cdot \lambda \cdot \cos(\alpha) \tag{6.15}$$

und

$$e^{(\ln(s_t)+\ln(\lambda))} \cdot \sin(\alpha) = s_t \cdot \lambda \cdot \sin(\alpha)\,. \tag{6.16}$$

Mit dem Wert des Ausdrucks 6.15 und der Schussweite s_t wurde im Differential (32) der Ausdruck $s_t(1 - \lambda \cdot \cos(\alpha))$ und damit die linke Seite der Gleichung 6.8 gebildet und an das Kontaktwerk (34) geleitet. Die linke Seite der Gleichung 6.9 ist gleich dem Wert des Ausdrucks 6.16, der unmittelbar dem Kontaktwerk (33) zugeführt wurde. Die Kontaktwerke (33) und (34) hatten die Aufgabe, die beiden Seiten der Gleichung 6.6 bzw. 6.7 durch Vergleichen und entsprechendes Nachregeln des Schusswinkels ρ und der Schussweite s_t über die Motoren (6) bzw. (21) in Übereinstimmung zu bringen. Dem Schusswinkel ρ bzw. der Schussweite s_t konnten zu Korrekturzwecken per Handrad sogenannte Kommandoverbesserungen $\Delta\rho$ bzw. Δs_t überlagert werden, bevor sie an den Schusswinkelempfänger bzw. das Torpedoeinstellgerät übertragen wurden.

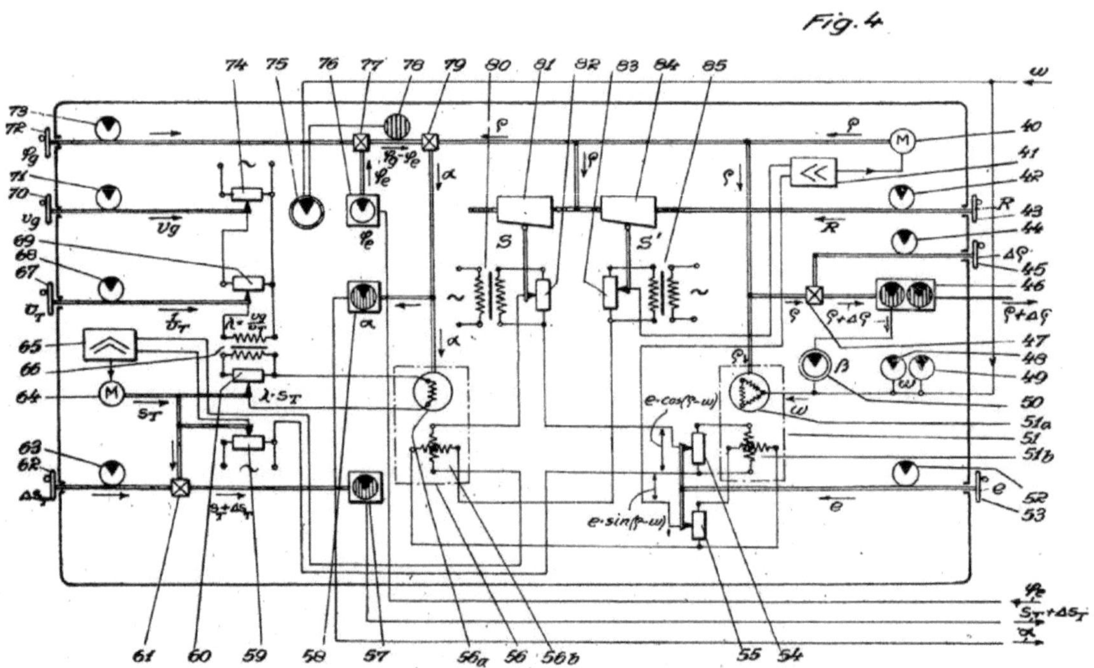

Abbildung 6.21: Überwiegend mit elektrischen Mitteln aufgebautes Ausführungsbeispiel für den Vorhaltrechner von HOFFMANN

In technikgeschichtlicher Hinsicht ist das in Abbildung 6.21 dargestellte Ausführungsbeispiel besonders interessant, da es im Wesentlichen aus rein elektrischen Mitteln wie Drehmeldern und Potentiometern aufgebaut ist.

Das Ausführungsbeispiel in Abbildung 6.21 bildete und verglich gemäß Gleichung 6.8 und 6.9 die Größen $s_t \cdot \lambda \cdot \cos(\alpha)$ und $s_t - e_g \cdot \cos(\rho - \omega) + S(R, \rho)$ bzw. $s_t \cdot \lambda \cdot \sin(\alpha)$ und $e_g \cdot \sin(\rho - \omega) - S'(R, \rho)$ und führte die Differenzen den Motoren (40) und (64) als Steuergrößen zu. Die Motoren hatten die Aufgabe, die Diffferenzen zu Null zu machen und damit die beiden Gleichungen zu lösen.

Zu diesem Zweck erzeugte der Drehtransformator (51) aus den Größen ω und ρ in seinen beiden um 90° gegeneinander versetzten Ständerwicklungen zu $\cos(\rho - \omega)$ bzw. $\sin(\rho - \omega)$ proportionale Spannungen, die den Potentiometern (54) und (55) zugeleitet wurden. Beide Potentiometer wurden mittels Handrad (53) nach Skala (52) gemäß der Gegnerentfernung e_g eingestellt und lieferten die Ausgangsgrößen $e_g \cdot \cos(\rho - \omega)$ und $e_g \cdot \sin(\rho - \omega)$.

Die Funktionen $S(R, \rho)$ und $S'(R, \rho)$ wurden von den beiden Kurvenkörpern (81) und (84) gebildet, die per Handrad (43) gemäß dem Radius R des Einsteuerkreisbogens längs verschoben und vom Motor (40) entsprechend der Größe ρ gedreht wurden. Die Stößel der Kurvenkörper stellten die Größen S und S' durch (mechanische) Hubbewegungen dar, die in elektrische Spannungen umgewandelt werden mussten. Dazu dienten die von den Transformatoren (80) bzw. (85) mit konstanter Spannung gespeisten Potentiometer (82) und (83), die entsprechend der Hubbewegungen der Stößel eingestellt wurden und daher zu S und S' proportionale Spannungen lieferten. Die Spannungen S und S' wurden durch eine Reihenschaltung zu den Größen $e_g \cdot \cos(\rho - \omega)$ und $e_g \cdot \sin(\rho - \omega)$ addiert.

Durch das Potentiometer (59) wurde ferner die vom Motor (64) mechanisch geführte Größe s_t in eine elektrische Spannung umgewandelt und der bereits elektrisch gebildeten Größe $e_g \cdot \cos(\rho - \omega) + S(R, \rho)$ überlagert. Dadurch waren die Ausdrücke $s_t - e_g \cdot \cos(\rho - \omega) + S(R, \rho)$ und $e_g \cdot \sin(\rho - \omega) - S'(R, \rho)$ elektrisch nachgebildet.

Für die Berechnung der Ausdrücke $s_t \cdot \lambda \cdot \cos(\alpha)$ und $s_t \cdot \lambda \cdot \sin(\alpha)$ wurde zunächst der Quotient $\lambda := \frac{v_g}{v_t}$ mit den Potentiometern (74) und (69) elektrisch gebildet. Dazu wurde das Potentiometer (74) mit dem Handrad (70) nach Skala (71) gemäß der Gegnergeschwindigkeit v_g und das Potentiometer (69) mittels Handrad (67) nach der reziprok geteilten Skala (68) entsprechend der Größe $\frac{1}{v_t}$ eingestellt. Die Größe λ wurde anschließend dem Potentiometer (60) zugeleitet und dort mit der vom Motor (64) geführten Größe s_t multipliziert. Die Wicklung des Rotors (56a) des Drehtransformators (56) wurde vom Potentiometer (60) mit der Spannung $s_t \cdot \lambda$ erregt und über das Differential (79) mechanisch entsprechend der Größe α gedreht. Daraufhin wurden in den beiden um 90° gegeneinander versetzten Wicklungen des Ständers (56b) die Spannungen $s_t \cdot \lambda \cdot \cos(\alpha)$ und $s_t \cdot \lambda \cdot \sin(\alpha)$ induziert, so dass nunmehr alle zur Lösung benötigten Gleichungsseiten in elektrischer Form vorlagen - der Schneidungswinkel α wurde nach Formel 6.13 und Formel 6.14 durch Subtraktion der Größe ρ von der Kurswinkeldifferenz $\varphi_g - \varphi_e$ gebildet.

Hoffmann zufolge zeigen die beiden - zuvor in enger Anlehnung an die Patentschrift Nr. 935417 beschriebenen - Ausführungsbeispiele für den elektrischen Torpedovorhaltewinkelrechner 71 to 275,

„daß verschiedene Möglichkeiten für den getriebemäßigen Aufbau des Rechners bestehen, daß der Rechner aber infolge des zugrunde gelegten einfachen Gleichungspaares äußerst einfach wird, und daß somit das Wesen der Erfindung in der Auffindung der Gleichungen und in der Erkenntnis besteht, daß mit Hilfe dieser Gleichungen sich ein einfacher Rechner aufbauen läßt[385]."

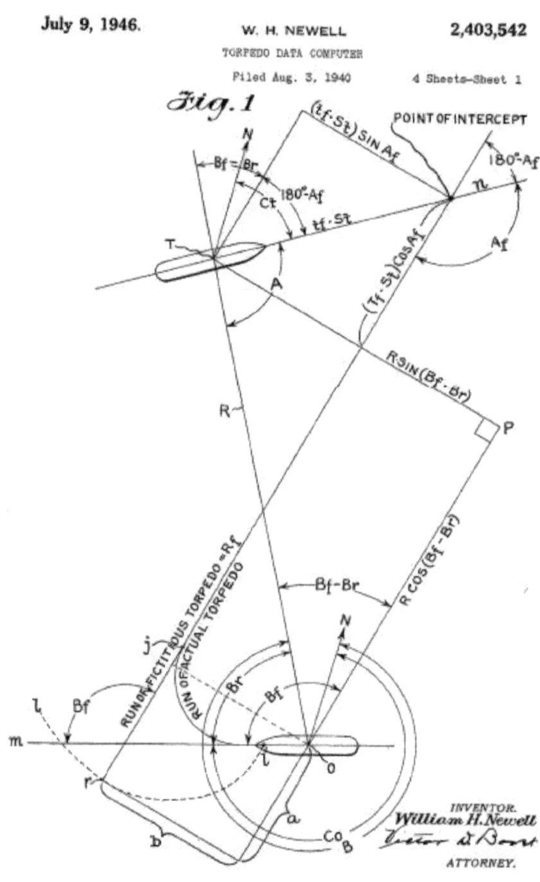

Abbildung 6.22: Projektion eines Gefechtsfalles von NEWELL (vgl. Abbildung 6.19)

Als das Deutsche Patentamt im Jahre 1955 rückwirkend zum 01. Oktober 1944 das Patent für den Torpedovorhaltrechner 71 to 275 erteilte, war in Deutschland vermutlich nicht bekannt, dass der Amerikaner WILLIAM H. NEWELL bereits im Jahre 1940 einen konventionellen, d. h. mit rein elektromechanischen Mitteln arbeitenden Rechner entwickelt hatte, der ebenfalls auf dem von HOFFMANN gefundenen mathematischen Ansatz und damit den Gleichungen 6.4 und 6.5 beruhte (siehe Abbildung 6.22 und Anlage 6)[386]. HOFFMANN kommt somit nach derzeitiger Erkenntnislage nur das Verdienst zu, als erster einen Rechner konstruiert zu haben, der die Gleichungen überwiegend mit elektrischen Mitteln implementierte.

[385] HOFFMANN, Deutsches Patentamt, Patentschrift Nr. 935417, Torpedovorhaltrechner, Seite 4.

[386] Siehe: NEWELL, United States Office Patentschrift Nr. 2403542, Torpedo Data Computer.

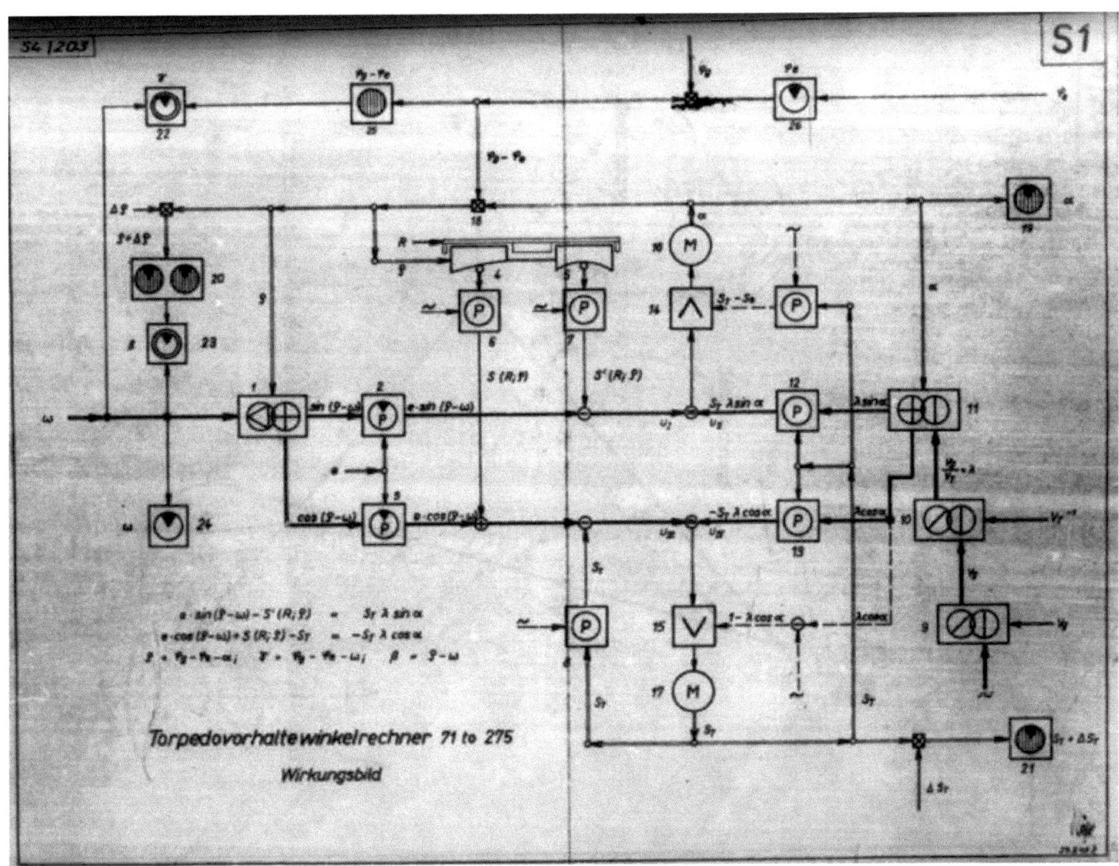

Abbildung 6.23: Wirkungsbild des Torpedovorhaltewinkelrechners 71 to 275

Konvergenzuntersuchung

Im Unterschied zum TVh-Re/S3, dessen primäre Aufgabe in der Lösung der drei miteinander gekoppelten Gleichungen 2.1, 3.14 und 6.1 bestand, hat sich im Fall des TVh-Re 71 to 275 eine umfangreiche Untersuchung darüber erhalten, unter welchen Voraussetzungen der Rechner die beiden voneinander abhängigen, impliziten Gleichungen 6.8 und 6.9 iterativ lösen konnte[387]. Diese Untersuchung ist neben der in Abschnitt 6.5 erwähnten Berechnung der Trefferwahrscheinlichkeit ein weiteres Indiz dafür, dass die Torpedovorhaltrechner der SAM keineswegs auf der Basis von Trial and Error, sondern auf der Grundlage umfangreicher mathematisch-physikalischer Untersuchungen entwickelt wurden[388].

Zur Vereinfachung der Untersuchung des Ausführungsbeispiels aus Abbildung 6.23 wurde der durch die beiden Funktionen $S\,(R,\rho)$ und $S'\,(R,\rho)$ repräsentierte Einsteuerkreisbogen des Torpedos in den Gleichungen 6.8 und 6.9 zunächst vernachlässigt:

[387] Siehe: AV, RÖHR, Der elektrische Torpedovorhaltewinkelrechner 71 to 275, Seite 38-44.

[388] Für den Torpedovorhaltrechner 71 to 275 sollte ferner eine präzise Fehlerbestimmung vorgenommen werden, zu der es aber aus Zeitmangel nicht mehr gekommen ist. Geplant war, die Fehlerbestimmung „durch umfangreiche Messungen unter Berücksichtigung aller vorkommenden Gefechtsfälle nach dem GAUSSSCHEN Fehlerverteilungsgesetz" durchzuführen. Siehe: AV, RÖHR, Der elektrische Torpedovorhaltewinkelrechner 71 to 275, Seite 52.

$$s_t \cdot (1 - \lambda \cdot \cos(\alpha)) = e_g \cdot \cos(\rho - \omega) \tag{6.17}$$

bzw.

$$s_t \cdot \lambda \cdot \sin(\alpha) = e_g \cdot \sin(\rho - \omega) \,. \tag{6.18}$$

Die Gegnerentfernung e_g und der Zielwinkel ω wurden als konstant angenommen; der Schneidungswinkel α, der Schusswinkel ρ und die Schussweite s_t waren variabel. Im Rahmen der Konvergenzuntersuchung wurden zunächst die Schwingungsgleichungen für die α- und die s_t-Steuerung des Rechners ermittelt[389]. Die Wertetripel $(\alpha_0, \rho_0, s_{t_0})$ und $(\alpha_1, \rho_1, s_{t_1})$ bezeichnen zwei Zustände des Rechners, für die die Gleichungen 6.17 und 6.18 erfüllt bzw. nicht erfüllt sind:

$$s_{t_0} \cdot (1 - \lambda \cdot \cos(\alpha_0)) - e_g \cdot \cos(\rho_0 - \omega) = 0 \tag{6.19}$$

und

$$s_{t_0} \cdot \lambda \cdot \sin(\alpha_0) - e_g \cdot \sin(\rho_0 - \omega) = 0 \tag{6.20}$$

bzw.

$$s_{t_1} \cdot (1 - \lambda \cdot \cos(\alpha_1)) - e_g \cdot \cos(\rho_1 - \omega) = D_{s_t} \tag{6.21}$$

und

$$s_{t_1} \cdot \lambda \cdot \sin(\alpha_1) - e_g \cdot \sin(\rho_1 - \omega) = D_\alpha. \tag{6.22}$$

Darin steht D_{s_t} bzw. D_α für die im verstimmten Zustand des Rechners an der s_t- bzw. α-Steuerung entstandene Differenz. Mit

$$s_{t_1} = s_{t_0} + \Delta s_t, \tag{6.23}$$

$$\rho_1 = \rho_0 + \Delta\rho, \tag{6.24}$$

$$\alpha_1 = \alpha_0 + \Delta\alpha \tag{6.25}$$

389 Die Untersuchung wurde für das Ausführungsbeispiel aus Abbildung 6.23 durchgeführt, bei dem die Gleichungen im Gegensatz zu den in der Patentschrift Nr. 935417 beschriebenen Ausführungsbeispielen durch die Variation des Lagenwinkels α (anstelle des Schusswinkels ρ) und der Schussweite s_t gelöst wurden.

und

$$\Delta\alpha = -\Delta\rho \quad (wg.\, 6.13) \tag{6.26}$$

lässt sich Gleichung 6.21 in der Form

$$(s_{t_0} + \Delta s_t)\,(1 - \lambda \cdot \cos(\alpha_0 - \Delta\rho)) - e_g \cdot \cos(\rho_0 - \omega + \Delta\rho) = D_{s_t} \tag{6.27}$$

schreiben. Ausmultiplizieren liefert unter Berücksichtigung des Additionstheorems für den Kosinus und der Annahme, dass $\Delta\rho$ und Δs_t kleine Werte sind, deren Produkte vernachlässigt werden dürfen[390]:

$$\Delta s_t \cdot (1 - \lambda \cdot \cos(\alpha_0)) = D_{s_t}. \tag{6.28}$$

Analog ergibt sich aus Formel 6.22 die Beziehung

$$\Delta\alpha \cdot s_{t_0} + \Delta s_t \cdot \lambda \cdot \sin(\alpha_0) = D_\alpha. \tag{6.29}$$

Für die an den Motoren auftretenden Steuerspannungen U_{s_t} und U_α galt mit entsprechenden Konstanten k_{s_t} und k_α

$$U_{s_t} = k_{s_t} \cdot D_{s_t} \tag{6.30}$$

und

$$U_\alpha = k_\alpha \cdot D_\alpha. \tag{6.31}$$

Bis zu einem gewissen Grade war ferner die Drehzahl der verwendeten Steuermotoren und damit die Motorgeschwindigkeit proportional zu der angelegten Steuerspannung:

$$U_{s_t} = -c_{s_t} \cdot \dot{\Delta s_t} \tag{6.32}$$

und

$$U_\alpha = -c_\alpha \cdot \dot{\Delta\alpha}. \tag{6.33}$$

390 Des Weiteren wurde die Tatsache ausgenutzt, dass für kleine Werte von $\Delta\rho$ die Näherungen $\cos(\Delta\rho) \approx 1$ und $\sin(\Delta\rho) \approx \Delta\rho$ gelten.

Damit konnten die Gleichungen 6.28 und 6.29 in der Form

$$\Delta s_t \cdot (1 - \lambda \cdot \cos(\alpha_0)) = -\frac{c_{s_t}}{k_{s_t}} \cdot \dot{\Delta s_t} \tag{6.34}$$

und

$$\Delta\alpha \cdot s_{t_0} + \Delta s_t \cdot \lambda \cdot \sin(\alpha_0) = -\frac{c_\alpha}{k_\alpha} \cdot \dot{\Delta\alpha} \tag{6.35}$$

oder mit den Konstanten $c_1 := \frac{c_{s_t}}{k_{s_t}}$ und $c_2 := \frac{c_\alpha}{k_\alpha}$ in der Gestalt

$$c_1 \cdot \dot{\Delta s_t} + (1 - \lambda \cdot \cos(\alpha_0)) \cdot \Delta s_t = 0 \tag{6.36}$$

und

$$c_2 \cdot \dot{\Delta\alpha} + \Delta s_t \cdot \lambda \cdot \sin(\alpha_0) + \Delta\alpha \cdot s_{t_0} = 0 \tag{6.37}$$

geschrieben werden. Nach Gleichung 6.37 ist

$$\Delta s_t = -\frac{c_2}{\lambda \cdot \sin(\alpha_0)} \cdot \dot{\Delta\alpha} - \frac{\Delta\alpha \cdot s_{t_0}}{\lambda \cdot \sin(\alpha_0)} \tag{6.38}$$

und differenziert

$$\dot{\Delta s_t} = -\frac{c_2}{\lambda \cdot \sin(\alpha_0)} \cdot \ddot{\Delta\alpha} - \frac{\dot{\Delta\alpha} \cdot s_{t_0}}{\lambda \cdot \sin(\alpha_0)}. \tag{6.39}$$

Wird der obige Ausdruck für $\dot{\Delta s_t}$ in Gleichung 6.36 eingesetzt, ergibt sich

$$\Delta s_t = \frac{c_1 \cdot c_2 \cdot \ddot{\Delta\alpha}}{\lambda \cdot \sin(\alpha_0) \cdot (1 - \lambda \cdot \cos(\alpha_0))} + \frac{c_1 \cdot s_{t_0} \cdot \dot{\Delta\alpha}}{\lambda \cdot \sin(\alpha_0) \cdot (1 - \lambda \cdot \cos(\alpha_0))}. \tag{6.40}$$

Damit lässt sich die Gleichung 6.37 wie folgt schreiben:

$$c_2 \cdot \dot{\Delta\alpha} + \frac{c_1 \cdot c_2}{1 - \lambda \cdot \cos(\alpha_0)} \cdot \ddot{\Delta\alpha} + \frac{c_1 \cdot s_{t_0}}{1 - \lambda \cdot \cos(\alpha_0)} \cdot \dot{\Delta\alpha} + s_{t_0} \cdot \Delta\alpha = 0. \tag{6.41}$$

Nach einigen Umformungen ergibt sich daraus die Gleichung

$$\ddot{\Delta\alpha} + c_2 \cdot \dot{\Delta\alpha} \cdot \left(\frac{1 - \lambda \cdot \cos(\alpha_0)}{c_1} + \frac{s_{t_0}}{c_2 \cdot} \right) + \Delta\alpha \cdot \frac{s_{t_0}(1 - \lambda \cdot \cos(\alpha_0))}{c_1 \cdot c_2} = 0. \tag{6.42}$$

Mit Gleichung 6.36 und

$$a := \frac{1 - \lambda \cdot \cos(\alpha_0)}{c_1} \tag{6.43}$$

sowie

$$b := \frac{s_{t_0}}{c_2} \tag{6.44}$$

lauten die endgültigen Schwingungsgleichungen für die s_t- und die α-Steuerung

$$\dot{\Delta s_t} + a \cdot \Delta s_t = 0 \tag{6.45}$$

und

$$\ddot{\Delta \alpha} + (a + b) \cdot \dot{\Delta \alpha} + a \cdot b \cdot \Delta \alpha = 0. \tag{6.46}$$

Die Lösung der homogenen linearen Differentialgleichung 1. Ordnung 6.45 lautet

$$\Delta s_t = e^{-a \cdot (t + c_1)} = C \cdot e^{-a \cdot t}\, mit\, C := e^{-a \cdot c_1}. \tag{6.47}$$

Die allgemeine Lösung der homogenen linearen Differentialgleichung zweiter Ordnung mit konstanten Koeffizienten 6.46 wird durch

$$\Delta \alpha = C_1 \cdot e^{-a \cdot t} + C_2 \cdot e^{\;\; b \cdot t} \tag{6.48}$$

mit $C_1,\ C_2 \in \mathbb{R}$ gegeben.

Die Gleichungen 6.47 und 6.48 besagen, dass Abweichungen von der stationären Nulllage des Rechners exponential abklingen, solange die Koeffizienten a und b positiv sind. Die Steuerungen arbeiten nach Gleichung 6.43 und Gleichung 6.44 also nur dann stabil, wenn die Bedingungen

$$1 - \lambda \cdot \cos(\alpha_0) > 0 \tag{6.49}$$

und

$$s_{t_0} > 0 \tag{6.50}$$

erfüllt sind.

Die Bedingung 6.50 war natürlich stets erfüllt. Sie erweiterte sich unter Berücksichtigung des Einsteuerkreisbogens zur Bedingungsgleichung

$$s_{t_0} - R \cdot \rho_0 - a > 0,$$

wonach der Gegner nicht auf dem Einsteuerkreisbogen getroffen werden durfte. Die Erfüllung dieser Forderung ergab sich aus der Praxis[391].

Wie eine theoretische Untersuchung der Schussmöglichkeiten für die Fälle $\lambda = 0,5$, $\lambda = 1$ und $\lambda = 1,5$ zeigte, stellten die Bedingungen 6.49 und 6.50 keine Einschränkung dar, da der nicht benutzbare Bereich ohnehin taktisch wertlos war[392]. Bei der Untersuchung wurde der Einfachheit halber ohne Beschränkung der Allgemeinheit angenommen, dass der Eigenkurs φ_e und der Seitenwinkel ω gleich Null sind. In dem Fall stimmen der Gegnerkurs φ_g und der Lagenwinkel γ nach Gleichung 6.14 überein.

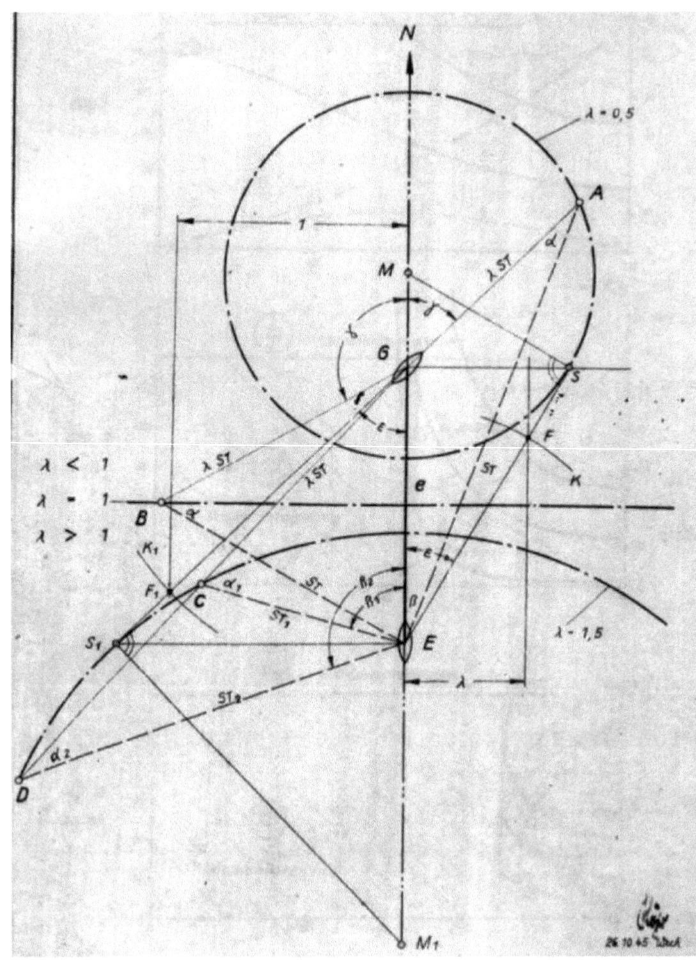

Abbildung 6.24: Untersuchung der Schussmöglichkeiten des Torpedovorhaltewinkelrechners 71 to 275

391 Siehe: AV, Röhr, Der elektrische Torpedovorhaltewinkelrechner 71 to 275, Seite 44.

392 Ebd., Seite 49-52.

Der geometrische Ort aller Treffpunkte wird durch das Verhältnis $\lambda := \frac{v_g}{v_t}$ bestimmt und damit für die Fälle $\lambda = 0,5$ und $\lambda = 1,5$ durch die Apollonischen Kreise[393] und für den Fall $\lambda = 1$ durch eine Gerade dargestellt, die die Strecke $\overline{EG}$ zwischen dem Boot und dem Gegner senkrecht halbiert (siehe Abbildung 6.24).

Im Fall $\lambda = 0,5$ war der Schusswinkel unbegrenzt, da der Ausdruck $1 - \lambda \cdot \cos(\alpha)$ für $\alpha \in [-180°, 180°]$ immer größer als Null ist. Die Schussmöglichkeit wurde nur durch die Schussweite begrenzt, die durch den Schussweitenbereich des Rechners von 12 km gegeben war. Mithilfe des Kosinussatzes ergibt sich aus dem Dreieck ΔEAG in Abbildung 6.24 für die Schussweite die Gleichung

$$s_{t_{1,2}} = \frac{e}{1 - \lambda^2} \cdot \left(\lambda \cdot \cos(\gamma) \pm \sqrt{1 - \lambda^2 \cdot \sin^2(\gamma)} \right). \tag{6.51}$$

Dabei kommt für $\lambda < 1$ nur das +-Zeichen unter der Wurzel infrage, da ansonsten entgegen der Voraussetzung $\lambda \cdot \cos(\gamma) > \sqrt{1 - \lambda^2 \cdot \sin^2(\gamma)}$ oder aber $\lambda^2 > 1$ sein müsste. Mit den Bezeichnungen aus Abbildung 6.24 gilt nach der Vorhaltformel 2.1

$$\beta = \arcsin(\lambda \cdot \sin(180° - \gamma)). \tag{6.52}$$

Des Weiteren ist $\alpha + \beta = \gamma$ oder aber

$$\alpha = \gamma - \beta. \tag{6.53}$$

In Abbildung 6.24 ist neben den Kurven für den Schneidungswinkel α und den Vorhaltwinkel β der Verlauf der Schussweite s_t in Abhängigkeit des Gegnerkurses $\varphi_g = \gamma$ für $e = 50$ hm und $e = 100$ hm dargestellt. Der Abbildung ist zu entnehmen, dass für $e = 100$ hm die Schussweitenbegrenzung für $\gamma = 90°$ überschritten wird.

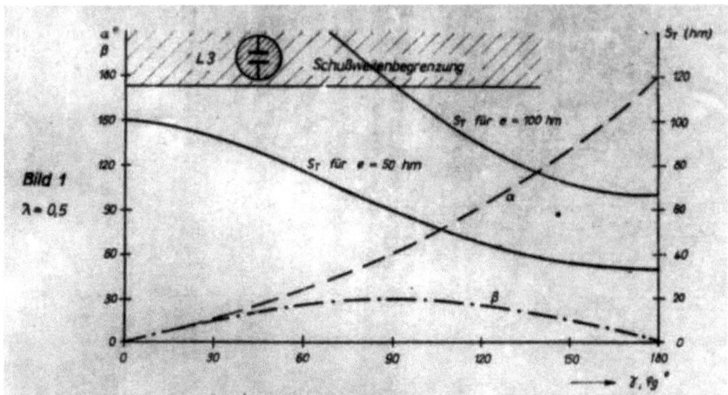

Abbildung 6.25: Schussweiten- und Schusswinkelbegrenzung für $\lambda = 0,5$

[393] Als *apollonischer Kreis* oder *Kreis des Apollonius* wird die Menge aller Punkte bezeichnet, für die das Verhältnis der Entfernungen zu zwei gegebenen Punkten - in diesem Falle also dem Standort des U-Bootes und dem des Gegners - einen vorgegebenen Wert hat. Dieser Wert ist im vorliegenden Fall gleich λ, d. h. gleich dem Verhältnis der Gegnergeschwindigkeit zur Torpedogeschwindigkeit.

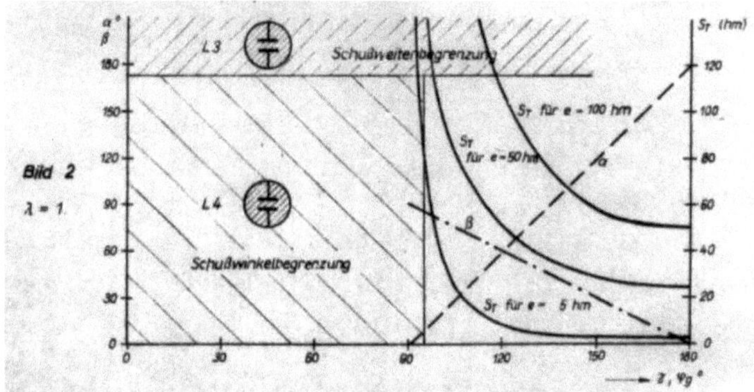

Abbildung 6.26: Schussweiten- und Schusswinkelbegrenzung für $\lambda = 1$

Nach Abbildung 6.26 erfolgt im Fall $\lambda = 1$ neben der Schussweitenbegrenzung eine Schusswinkelbegrenzung bei $\gamma = 95°$, da bei $\gamma = 90°$ mit α auch $1 - \cos(\alpha)$ gleich Null ist. Das Erreichen einer Begrenzung wurde vom Rechner durch Kontrolllampen angezeigt.

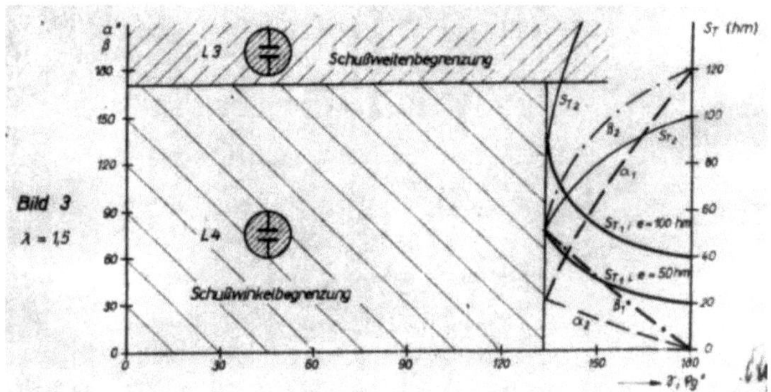

Abbildung 6.27: Schussweiten- und Schusswinkelbegrenzung für $\lambda = 1,5$

Im Fall $\lambda > 1$ existieren zwei Lösungen des Torpedoschussproblems, die durch die Dreiecke ΔECG und ΔEDG in Abbildung 6.24 dargestellt werden. Wegen $s_t > 0$ und

$$s_t = -\frac{e}{\lambda^2 - 1} \cdot \left(\lambda \cdot \cos(\gamma) \pm \sqrt{1 - \lambda^2 \cdot \sin^2(\gamma)}\right) \tag{6.54}$$

erfolgt eine Begrenzung des Schusswinkels durch $90° < \gamma < 270°$. Mit $\gamma = \gamma' - 180°$ lassen sie die beiden gültigen Lösungen für die Schussweite wie folgt berechnen:

$$s_{t_{1,2}} = \frac{e}{\lambda^2 - 1} \cdot \left(\lambda \cdot \cos(\gamma') + \sqrt{1 - \lambda^2 \cdot \sin^2(\gamma')}\right). \tag{6.55}$$

Für $\lambda > 1$ zeigt Abbildung 6.27 bereits eine starke Beschränkung der Schussmöglichkeiten, die mit zunehmendem λ immer größer wird. Eine Konstruktion der entsprechenden Schussdreiecke zeigte aber, dass diese entweder praktisch nicht möglich oder von sehr eingeschränktem taktischen Wert waren.

6.5.2 Fotoelektrische Rechengeräte

Blattmann berichtet von Versuchen der SAM, die prinzipiellen Nachteile elektromechanischer Analogrechner - wie mechanische Abnutzung, begrenzte Belastbarkeit oder die Verschiedenartigkeit der verwendeten Rechengetriebe - durch neuartige Geräte und Rechenverfahren zu überwinden. Die Versuchsergebnisse zeigten jedoch, dass die Rechengenauigkeit der elektromechanischen Geräte mit den damals verfügbaren, rein elektrischen Mitteln nicht erreicht werden konnte[394].

In den dreißiger Jahren setzte die SAM große Hoffnungen in die Entwicklung fotoelektrischer Rechengeräte (auch: Fotorechner oder Strahlungsrechner). Die Entwicklung wurde auch durch eine konkrete mathematische Aufgabenstellung aus dem Bereich der Schiffsartillerie motiviert. Einige Entfernungsmessgeräte lieferten konstruktionsbedingt nur den reziproken Wert der Entfernung, so dass die gesuchte Entfernung anschließend mit einem weiteren Gerät berechnet werden musste. Diese Aufgabe war aufgrund des großen Wertebereichs von 1000 m bis 40000 m und des sehr steilen bzw. flachen Verlaufs der Kehrwertfunktion mit der verlangten Genauigkeit von +/- 1/1000 auf rein mechanischem Wege nur schwer zu realisieren. Die SAM entwickelte daher zu ihrer Lösung einen Fotorechner[395].

Das Prinzip der Fotorechner zur Berechnung von Funktionswerten bestand darin, die Intensitäten von mindestens zwei im Wechseltakt abgeblendeten Lichtstrahlen zu vergleichen. Dabei wurde ein Strahl durch Verstellen einer sogenannten Rechenplatte in der Weise abgeblendet, dass die durchgelassene Lichtmenge dem Wert der zu berechnenden Funktion für das gewünschte Argument entsprach. Der Fotorechner hob die resultierende Änderung des Intensitätsverhältnisses beider Lichtstrahlen durch Nachstellen einer Kompensationsplatte im zweiten Strahlengang auf. Das Maß der Nachstellung diente als Maß für den Funktionswert.

Da für die Berechnung unterschiedlicher Funktionen im Wesentlichen die Rechen- und Kompensationsplatten auszutauschen waren, sah Evers die Bedeutung des fotoelektrischen Rechenverfahrens in der Möglichkeit,

> „ein serienmäßig herstellbares Einheitsgerät schaffen zu können, das von der geforderten Rechenaufgabe in weitem Maße unabhängig ist[396]."

Es wurde sogar ein Mustergerät gebaut und bei der Marine erprobt. Das Ergebnis fiel jedoch negativ aus und die Marine versagte der Einführung fotoelektrischer Rechner ihre Zustimmung. Daraufhin wurden bei der SAM die Entwicklungsarbeiten eingestellt[397]. Obwohl Fotorechner letztlich keinen Einfluss auf die Entwicklung der analogen Rechengeräte für die Kriegsmarine hatten, sollen sie aus technikgeschichtlichen Gründen im Folgenden etwas eingehender behandelt werden.

394 Siehe: Blattmann, SAM, Seite 115-116.

395 TNA, ADM 213/1127, Siemen's [sic!, d. Vf.] optical computor, Seite 2.

396 SAA, 35-42 LK 221, Evers, Verzeichnis der Entwicklungsarbeiten der SAM 1925-1939, nicht paginiert.

397 Blattmann, SAM, Seite 116.

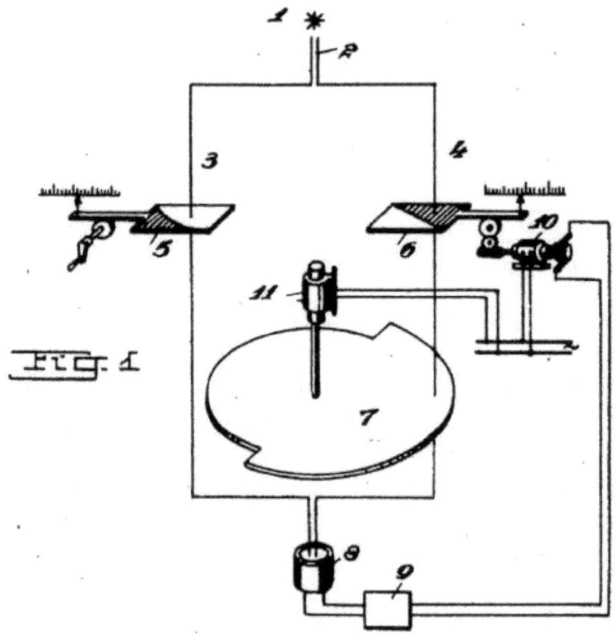

Abbildung 6.28: Schematische Darstellung eines Zweistrahlrechners

Abbildung 6.28 zeigt die schematische Darstellung eines sogenannten Zweistrahlrechners mit selbsttätiger Nachstellung der Kompensationsplatte[398]. Der aus einer Strahlungsquelle (1) kommende Lichtstrahl (2) wurde durch eine geeignete, in der Abbildung nicht dargestellte Optik gebündelt und in zwei Strahlenbündel (3) und (4) gleicher Intensität aufgeteilt, die auch als Rechenstrahl (links) und Kompensationsstrahl (rechts) bezeichnet wurden.

In den Strahlengang des Rechenstrahls wurde eine Platte (5) veränderlicher Lichtdurchlässigkeit gebracht. Die Platte konnte nach dem Argument der zu berechnenden Funktion eingestellt werden und war dergestalt, dass die resultierende Lichtstärke dem jeweiligen Funktionswert entsprach[399]. Die Intensität des Kompensationsstrahls konnte durch die ebenfalls verstellbare Platte (6) beeinflusst werden. Im Beispiel der Abbildung 6.28 war die Platte der Einfachheit halber so beschaffen, dass die Strahlendurchlässigkeit linear vom Verstellweg abhing.

War die Stärke des Kompensationsstrahls gleich der des Rechenstrahls, so war der Einstellbetrag der Platte (6) ein Maß für den Funktionswert, der dem an der Platte (5) eingestellten Argument entsprach.

Die selbsttätige Nachstellung der Kompensationsplatte wurde mithilfe einer Fotozelle realisiert. Wenn die Strahlungsimpulse, die im Takt der durch den Motor (11) in Drehung versetzten Blende (7) auf die Fotozelle (8) einwirkten, unterschiedlich

[398] Die selbsttätige Nachstellung ist im Gegensatz zum Intensitätsabgleich der Lichtstrahlen kein wesentliches Merkmal des fotoelektrischen Rechenprinzips, da sie prinzipiell genauso gut von Hand erfolgen kann.

[399] Als Platte hätte z. B. ein Blendenschieber dienen können, bei dem zu einem Verstellwert x eine Blendenöffnung gehört, deren Lichtdurchlässigkeit dem Funktionswert f(x) entspricht. Alternativ hätte eine Rasterplatte oder ein Graukeil zur Intensitätsschwächung verwendet werden können.

stark waren, lieferte die Fotozelle einen pulsierenden Gleichstrom[400]. Aus diesem Gleichstrom wurde in hier nicht näher zu erläuternder Weise ein Wechselstrom generiert. Je nach Vorzeichen des Intensitätsunterschiedes der beiden Strahlengänge (3) und (4) änderte sich die Phasenlage der erzeugten Wechselspannung um 180°. Dieser Phasenumsprung wurde zur Richtungssteuerung des Einstellmotors (10) genutzt, der die Kompensationsplatte (6) so lange nachstellte, bis die Intensität der beiden Strahlungsimpulse gleich war. In dem Fall generierte die Fotozelle eine Gleichspannung und der Nachstellmotor (10) blieb in Ruhe.

Da die Intensität der Strahlung nur dem Absolutbetrag des jeweils eingestellten Funktionswertes entsprach, konnten mit dem oben beschriebenen Zweistrahlrechner keine Funktionen berechnet werden, die sowohl positive als auch negative Werte annehmen. In der zitierten Patentschrift wird jedoch auch ein Fotorechner beschrieben, der unabhängig vom Funktionswert das Ergebnis immer mit dem richtigen Vorzeichen liefert.

Ein kurzer Blick auf die rechentechnischen Möglichkeiten der Fotorechner soll diesen Abschnitt beenden. Es verdient Erwähnung, dass mit Fotorechnern auch tatsächlich gerechnet und nicht nur nachgesteuert werden kann. Durch geeignete Kombination mehrerer Platten können mit Fotorechnern Funktionen sogar multipliziert, dividiert, addiert und subtrahiert werden[401]:

Um das einzusehen, bezeichne $f_1\left(x_{R_1}\right)$ bzw. $f_2\left(x_{R_2}\right)$ die Intensitätsfunktion einer Rechenplatte R_1 bzw. R_2 und $f_K\left(x_K\right)$ die Intensitätsfunktion der Kompensationsplatte K. Werden die Rechenplatten R_1 und R_2 im Rechenstrahl hintereinander angeordnet, d. h. in Serie geschaltet, beträgt die resultierende Intensität des Rechenstrahls

$$f_1\left(x_{R_1}\right)\cdot f_2\left(x_{R_2}\right).$$

Sobald die Kompensationsplatte K nachgeregelt ist, beträgt die Intensität des Kompensationsstrahls daher

$$f_K\left(x_K\right)=f_1\left(x_{R_1}\right)\cdot f_2\left(x_{R_2}\right).$$

Somit ergibt sich für x_k der Wert

$$x_K=f_K^{-1}\left(f_1\left(x_{R_1}\right)\cdot f_2\left(x_{R_2}\right)\right).$$

---

400 Als pulsierender Gleichstrom wird ein Gleichstrom bezeichnet, dessen Amplitude nicht konstant, sondern lediglich von gleichbleibender Polung ist.

401 Siehe: TNA, ADM 213/1127, Siemen's [sic!, d. Vf.] optical computor, Seite 21-22.

Durch Hintereinanderschalten der Platten R_2 und K lässt sich der Quotient

$$x_K = f_K^{-1}\left(\frac{f_1\left(x_{R_1}\right)}{f_2\left(x_{R_2}\right)}\right)$$

berechnen. Durch Aufteilen des Rechen- bzw. des Kompensationsstrahls und Parallelschalten der Platten R_1 und R_2 bzw. R_2 und K lassen sich ferner die Summe

$$x_K = f_K^{-1}\left(f_1\left(x_{R_1}\right) + f_2\left(x_{R_2}\right)\right)$$

bzw. die Differenz

$$x_K = f_K^{-1}\left(f_1\left(x_{R_1}\right) - f_2\left(x_{R_2}\right)\right)$$

bilden. Die obigen Beziehungen gelten bei Verwendung des eingangs beschriebenen Zweistrahlrechners nur für Funktionen, die entweder positive oder negative Werte annehmen. Der Fotorechner kann aber - wie bereits erwähnt - prinzipiell so erweitert werden, dass er unabhängig vom Vorzeichen der Funktionswerte stets korrekte Ergebnisse liefert.

Wird der Fotorechner so aufgebaut, dass sich die Funktionsplatte gemäß zweier Veränderlicher x_{R_1} und x_{R_2} in zwei Richtungen bewegen lässt, können auch Funktionen der Form

$$x_K = f\left(x_{R_1} \cdot x_{R_2}\right)$$

berechnet werden.

Die SAM hielt den Einsatz von Fotorechnern auch bei der automatischen Überwachung, Steuerung und Regelung von Prozessen für zweckmäßig[402] - und war damit für die damalige Zeit sehr fortschrittlich. Noch im Jahre 1972 wurde ein fotoelektrischer Funktionsgeber zum Patent angemeldet, der nach einem ähnlichen Prinzip wie der Fotorechner der SAM arbeitete[403].

Weiterführende Informationen über das fotoelektrische Rechenprinzip und die Entwicklungsarbeiten der SAM auf diesem Gebiet finden sich in den Arbeiten von HEINRICH GROSSHANS und AUGUST KOLLER[404].

---

[402] TNA, ADM 213/1127, Siemen's [sic!, d. Vf.] optical computor, Seite 23.

[403] Siehe: PIETZSCH, Offenlegungsschrift 2206065, Vorrichtung zum Abtasten der Abbildung einer Funktion.

[404] Die Patente von GROSSHANS und KOLLER sind online zugänglich unter: https://depatisnet.dpma.de/DepatisNet/depatisnet?action=einsteiger (10.08.2013).

7 Schlussbetrachtung

In der vorliegenden Arbeit wurde die Analogrechentechnik auf deutschen U-Booten des Zweiten Weltkrieges erstmalig umfassend erforscht und ihre große Bedeutung für die Seekriegsführung des NS-Staates transparent gemacht. Die untersuchten Analogrechner wurden ausgehend von einer objektzentrierten technischen Analyse nach ihrem Funktionsprinzip und dem Zweck ihrer Verwendung klassifiziert.

Mechano-optische Rechenhilfsmittel wie der Treffpunktrechner oder der T-Rechenschieber 2 beruhten i. Allg. auf der maßstabsgerechten Nachbildung des zu berechnenden Objektes oder den Logarithmengesetzen und wurden vor allem zur Ermittlung der Größen am Torpedoschussdreieck und zur Lösung von taktischen Aufgaben sowie zu Navigationszwecken eingesetzt.

Elektromechanische Rechner wie der TVh-Re/S3 wurden zur Ermittlung der beim Torpedoschuss einzustellenden Steuergrößen verwendet. Ein charakteristisches Merkmal dieser Rechner war, dass Gleichungen mithilfe von geschlossenen Regelkreisen gelöst wurden. Dazu wurden die beiden Seiten einer gegebenen Gleichung mechanisch nachgebildet und die jeweiligen Werte miteinander verglichen. Die Differenz wurde einem Motor als Stellgröße mit dem Ziel zugeführt, die beiden Seiten der Gleichung durch Nachregeln der gesuchten Variablen in Übereinstimmung zu bringen. Die Nachregelung der Variablen war prinzipiell und bei einigen Rechnern realiter auch von Hand möglich. So besaß der TVh-Re/S3 die aus heutiger Sicht bemerkenswerte Eigenschaft, dass er bei einem Ausfall der Elektrik manuell betrieben und als mechanischer Schusswinkelrechner verwendet werden konnte.

Die vorwiegend von der Firma Dennert & Pape gefertigten mechano-optischen Analogrechner wurden in sinnvoller Ergänzung zu den elektromechanischen Geräten eingesetzt, um Eingabeparameter wie den Lagenwinkel und die Gegnerfahrt zu ermitteln oder den Angriffskurs zu berechnen. Sie wurden darüber hinaus als Ersatzrechner für die elektromechanischen Torpedovorhaltrechner sowie zu deren Kontrolle verwendet. Obwohl elektromechanische Rechner Ende der dreißiger Jahre technisch ausgereift waren, wurde die große Bedeutung der „einfacheren“ Schießverfahren mit mechano-optischen Analogrechnern für den Fall eines Versagens der Feuerleitanlage in der Torpedo-Schießvorschrift aus dem Jahre 1938 explizit hervorgehoben[405]. Überraschend ist die Erkenntnis, dass mechano-optische Rechenhilfsmittel bis zum heutigen Tag im „Ausbildungszentrum Uboote” in Eckernförde verwendet werden und bei der US-Navy in der jüngeren Vergangenheit für Spezialzwecke sogar neu entwickelt wurden. Damit kann diese Untersuchung als ein weiterer Beleg für eine der Kernthesen von David A. Mindell gelten:

> „Analog and digital [computing, d. Vf.] arose together, as distinct but related approaches to representing the world in machines. [...] The transition to digital computers was neither instant, obvious, nor complete[406].”

[405] Siehe: M. Dv. Nr. 304, Torpedo-Schießvorschrift, Heft 2, Schießverfahren, 1938, Seite 6.

[406] Mindell, Between Human and Machine, Seite 10.

Mindell kritisiert, dass die Geschichtsschreibung die Analogrechentechnik oft nur als minderwertigen Vorläufer der digitalen Revolution eingestuft hat[407]. Diese Arbeit bestätigt, dass eine solche Einstufung unzutreffend ist, da etwa bei der Marine Analogrechner in einigen Fällen nicht nur eine Alternative zum digitalen Rechnen, sondern zweifelsfrei die bessere Wahl darstellten und -stellen. Zwei große Vorzüge der auf einen ganz bestimmten Zweck zugeschnittenen mechano-optischen Analogrechner liegen für das Militär nämlich darin, dass der Anwender den Lösungsweg nicht zu kennen braucht und dennoch schnell zu einer fehlerfreien Lösung gelangt. Es ist unmittelbar einsichtig, dass sich der Vorhaltwinkel mit dem in Abschnitt 3.5 behandelten Rechenschieber ARISTO 80120 schneller als mit einem (programmierbaren) Taschenrechner ermitteln lässt, da die zeitaufwendige Eingabe der Werte entfällt. Der Anthropologe und Kognitionswissenschaftler Edwin Hutchins bemerkte in diesem Zusammenhang treffend:

> „Das Nomogramm und der Rechenschieber transformieren die Aufgabe von einer Berechnung - herauszufinden, was durch was zu dividieren ist - zu einer simplen Manipulation externer Geräte[408]."

Mechano-optische Rechenhilfsmittel reduzieren darüber hinaus die Gefahr, dass der Anwender Fehler macht. Dieser Vorzug ist laut Hutchins systemimmanent:

> „Ein großer Teil dessen, was gemacht werden muss, kann von der Struktur der Artefakte selbst abgeleitet werden. Sie schränken die Organisation der Handlung desjenigen, der die Aufgabe erledigt, ein, indem sie die Möglichkeit zu bestimmten inkorrekten Verhältnissen zwischen den Ausdrücken in der Berechnung vollständig beseitigen[409]."

Wo es - wie beim Militär - auf schnelle, einfache und sichere Bedienbarkeit ankommt, können in speziellen Fällen mechano-optische Analogrechner aus den zuvor genannten Gründen besser geeignet sein als digitale Lösungen. Wie die Beispiele der Rechenschieber ARISTO 80120 und ARISTO 90200 sowie des Spears Wheels aus Kapitel 3.5 zeigen, gibt es bei der Deutschen Marine und der US-Navy auch heute noch Bereiche, in denen Analogrechner nach mechano-optischem Funktionsprinzip den Vorzug vor Digitalrechnern erhalten.

Auf der objektiven Analyseebene ist zu den mechano-optischen Rechnern abschließend anzumerken, dass ihre Rechengenauigkeit für die praktischen Erfordernisse ausreichend war. So konnten wichtige Eingabeparameter wie der Lagenwinkel und die Gegnerfahrt ohnehin nur geschätzt werden und waren daher mit einer gewissen Ungenauigkeit behaftet. Aus diesem Grund war eine höhere Präzision der Rechenhilfsmittel nicht erforderlich. Festzuhalten bleibt allerdings, dass das subjektiv-zeitgenössische Urteil über die Handhabbarkeit und den praktischen Nutzen mechano-optischer Rechner keineswegs einhellig ausfiel.

---

[407] Mindell, Between Human and Machine, Seite 162.

[408] Hutchins, Die Technik der Teamnavigation: Ethnografe einer verteilten Kognition, in: Technografie: Zur Mikrosoziologie der Technik, Seite 77.

[409] Ebd., Seite 78.

Weitgehend einig waren sich die Zeitgenossen hingegen über die militärhistorische Bedeutung des von der Siemens Apparate und Maschinen GmbH hergestellten elektromechanischen Torpedovorhaltrechners TVh-Re/S3. Doch wie verhält es sich objektiv gesehen mit der bereits in der Einleitung zitierten Einschätzung des ehemaligen U-Boot-Kommandanten HEINZ SCHÄFFER, der zufolge die deutsche U-Boot-Rechenanlage ein wesentlicher Faktor für den Verlauf der Geleitzugschlachten auf dem Atlantik gewesen sei? SCHÄFFER sah in der U-Boot-Rechenanlage einen Hauptgrund für die „großen Erfolge" in den Geleitzugschlachten, weil sie das Schießen auf verschiedene Ziele innerhalb weniger Sekunden ermöglichte. Auch wenn dies zutreffend ist, muss SCHÄFFERS Auffassung angesichts der Tatsache relativiert werden, dass der weitaus größte Teil der Geleitzüge sein Ziel unbehelligt erreicht hat:

> „Entgegen allen Mythen fiel nur ein kleiner Prozentsatz der alliierten Handelsschiffe tatsächlich den U-Booten zum Opfer. Neunundneunzig Prozent der Schiffe in den Transatlantik-Konvois erreichten ihren Bestimmungshafen[410]."

Der Weltkriegsteilnehmer und ehemalige U-Bootfahrer HEINZ TROMPELT gelangte in seinem im Jahre 2006 erschienenen Buch „Eine andere Sicht" zu einer skeptischeren Beurteilung des Torpedovorhaltrechners als SCHÄFFER[411]:

> „Die Trefferquoten in beiden Weltkriegen waren etwa gleich, weil die Ermittlung der Schussunterlagen (Gegnerfahrt und Gegnerlage) gleich geblieben waren [sic!, d. Vf.]. Dass im Zweiten Weltkrieg diese Daten elektro-mechanisch verarbeitet und in den Torpedo als Zielrichtung eingegeben wurden, im Gegensatz zum Ersten Weltkrieg wo sie mittels einer Tafel errechnet und per Hand eingegeben wurden, hat demnach die Treffsicherheit nicht beeinflusst!"

TROMPELT lässt jedoch die unterschiedlichen Gegebenheiten in den beiden Weltkriegen außer Acht. Einerseits haben im Zweiten Weltkrieg während der sogenannten Torpedokrise (siehe Fußnote 2) zahlreiche Torpedoversager die Trefferwahrscheinlichkeit ungünstig beeinflusst. Andererseits steigerte sich die Leistungsfähigkeit der im Vergleich zum Ersten Weltkrieg weitaus wirksameren U-Boot-Abwehr mit jedem Kriegsjahr und es ist anzunehmen, aber nicht belegbar, dass sie sich in den vielen Fehlschüssen der letzten Kriegsmonate auch statistisch niedergeschlagen hat. Den Besatzungen der U-Boote blieb wegen der verbesserten Abwehr weniger Zeit für den Torpedoschuss, so dass es zu Einstellfehlern an der Feuerleitanlage und am Torpedo und damit zu Fehlschüssen kam[412].

---

410 BLAIR, Der U-Boot-Krieg 1939-1942, Seite 31.

411 TROMPELT, Eine andere Sicht, Seite 166.

412 Bei Schüssen aus großer Entfernung hatten die Besatzungen mehr Zeit und Ruhe für die Ermittlung der Schussunterlagen und die Eingabe der Werte, so dass Einstellfehler seltener auftraten und die Trefferwahrscheinlichkeit entgegen den theoretischen Erwartungen mit steigender Entfernung sogar leicht zu- statt abnahm. Siehe: BA-MA, BV 5/6544, Seite 5-7.

Unstrittig ist, dass der Torpedovorhaltrechner gegenüber den im Ersten Weltkrieg verwendeten Schusstafeln eine große Erleichterung für die Besatzungen der U-Boote bedeutete, da er sie von den „formalen Rechenoperationen unter Gefechtsbelastung“[413] und der Bürde der ständig zu erteilenden Kommandos zur Schusswinkeländerung befreite, indem er nach der Zielaufnahme laufend den aktuellen Schusswinkel an die Torpedos übermittelte[414]. Inwieweit der Rechner dazu beigetragen hat, dass im Zweiten Weltkrieg trotz der erschwerten Bedingungen dieselbe Trefferquote wie im Ersten Weltkrieg erreicht werden konnte, lässt sich auf Basis der vorhandenen Quellen nicht klären. In Bezug auf die eingangs gestellte, zentrale Frage nach dem Einfluss der Analogrechentechnik auf den Verlauf des U-Boot-Krieges ist festzuhalten, dass sie eine notwendige Voraussetzung für die deutsche Seekriegsführung darstellte, deren Auswirkung sich allerdings heute aufgrund der Quellenlage nicht mehr quantitativ bestimmen lässt[415]. Fest steht aber, dass es ohne die Firmen SAM, Dennert & Pape und Zeiss und deren in Jahrzehnten erworbenen fertigungstechnischen Erfahrungen in Deutschland im Jahre 1939 keine Analogrechner für U-Boote gegeben hätte und die U-Boote ohne Analogrechner den Anforderungen einer Geleitzugschlacht im Zweiten Weltkrieg nicht im Mindesten hätten gerecht werden können.

Fest steht jedoch auch, dass SCHÄFFER die militärische Bedeutung des Torpedovorhaltrechners überschätzt hat, da der Ausgang der Schlacht im Atlantik weniger von den Waffensystemen und Rechenanlagen als vielmehr von der Funkaufklärung und -führung bestimmt wurde[416]. Der Verlauf einer Geleitzugoperation hing vor allem davon ab, ob es dem fühlungshaltenden Boot gelang, über einen längeren Zeitraum Meldungen abzusetzen, nach denen die Vormarschgeschwindigkeit und der Generalkurs des Konvois bestimmt werden konnten[417]. Bei der Beurteilung der von den Marineexperten HOLTORF und BEHR geteilten[418] Fehleinschätzung SCHÄFFERS ist allerdings zu berücksichtigen, dass eine detaillierte Analyse der Schlacht im Atlantik erst nach dem Ablauf der dreißigjährigen Sperrfrist für die Akten des Zweiten Weltkrieges in Großbritannien möglich wurde[419]. Leider wurde die Fehleinschätzung von einigen Autoren unkritisch übernommen, die damit zur Legendenbildung beigetragen haben[420].

---

[413] WALLE, Deutsche U-Boot-Entwicklung von 1922 bis 1943. Die Perfektionierung der Weltkriegstechnologie, in: Technikmuseum U-Boot Wilhelm Bauer, Kleine Geschichte und Technik der deutschen U-Boote, Seite 25.

[414] Siehe: TROMPELT, Eine andere Sicht, Seite 154.

[415] Wie Abbildung 8.10 in Anlage 7 zeigt, war es bei einigen Faktoren wie z. B. dem Wetter oder der Einführung des akustisch gesteuerten Eigenlenktorpedos TV (auch G7 es, Deckname *Zaunkönig*) bzw. der Einführung des Schnorchels, der den U-Booten das Wiederaufladen ihrer Batterien bei Unterwasserfahrt ermöglichte und den Alliierten dadurch die Radarortung erschwerte, durchaus möglich, die Auswirkung auf den Kriegsverlauf - gemessen als Anteil an den Versenkungszahlen - quantitativ zu beziffern.

[416] Vgl. HESS, Die Eroberung der Ozeane, Seite 8-10

[417] Siehe: ROHWER, Geleitzugschlachten, Seite 28.

[418] HOLTORF, BEHR, German War-Time Experience, Seite 6.

[419] ROHWER, Geleitzugschlachten, Seite 9.

[420] Siehe z.B.: WETZEL, U995, Seite 39.

Die eingangs ebenfalls aufgeworfene, umgekehrte Frage nach dem Einfluss des Krieges auf die Analogrechentechnik für die deutschen U-Boote lässt sich einfacher und eindeutiger beantworten. In der vorliegenden Arbeit wurde gezeigt, dass die Kriegsmarine und insbesondere die SAM während des gesamten Krieges laufend an einer Perfektionierung der (rechen-)technischen Lösung des Torpedoschussproblems gearbeitet und dabei sowohl auf neue militärische Herausforderungen des Gegners wie die Einführung des Geleitzugsystems als auch auf (kriegs-)wirtschaftliche Sachzwänge wie die zunehmende Ressourcenknappheit reagiert haben.

Als die SAM im Jahre 1935 die Arbeit an der Entwicklung von Torpedovorhaltrechnern für U-Boote aufnahm, war die erforderliche Rechentechnik bereits vorhanden. Mit anderen Worten bieten die U-Boot-Rechner in *rechentechnischer* Hinsicht nichts Neues[421]. Die Herausforderung bestand vor allem darin, die Torpedovorhaltrechner für den Einsatz auf U-Booten hinreichend zu verkleinern und die Lösung des Torpedoschussproblems mit der damals verfügbaren Technik so weit wie möglich zu automatisieren. Ziel war es, den Anwender weitestgehend zu unterstützen - aber keinesfalls zu ersetzen. So musste er bei der Berechnung der Reichentfernung eingreifen, die diversen Zeiger-Gegenzeiger-Systeme kontrollieren, ggf. Werte von Hand übertragen und im Bedarfsfall sogar den Rechenschluss manuell herbeiführen. In dieser Arbeit wurde jedoch nachgewiesen, dass Siemens beständig an einer weiteren Automatisierung gearbeitet hat. So konnte der TVh-Re/S3 im Unterschied zu den Vorgängermodellen C/36 und C/37 den Parallaxwinkel automatisch ermitteln und darüber hinaus in der Betriebsart „Lage laufend" den Schusswinkel kontinuierlich berechnen. Doch während sich die Entwicklungsgeschichte der US-amerikanischen Feuerleittechnik bei MINDELL wie eine Geschichte der stetig zunehmenden Automatisierung und damit gleichbedeutend einer weitgehenden Eliminierung des Risikofaktors „Mensch" liest, verlief die Entwicklung in Deutschland, wo die Marine gegen Kriegsende zunehmend auf Kleinkampfmittel setzte, in anderen Bahnen[422]. Hier zeichneten sich laut RAHN „erste Ansätze ab, die desolate Lage der materiellen Rüstung durch den Faktor 'Mensch' zu relativieren, indem einsatzbereite Soldaten bei bestimmten Waffen als 'zielsuchendes Lenksystem' fungierten"[423]. Bei den Kleinkampfmitteln standen RAHN zufolge Aufwand und Nutzen dann in keinem vertretbaren Verhältnis mehr. Die hohe Verlustrate zeigt überdies, „daß die Marineführung zu brutalen und rücksichtlosen Einsatzformen übergegangen war, um noch Erfolge zu erzwingen"[424].

---

[421] So ist es auch nicht weiter überraschend, dass die U-Boot-Rechner die ihnen zugedachten Aufgaben zuverlässig erfüllt haben und sich nur wenige Berichte über Ausfälle eines Torpedovorhaltrechners finden. BLAIR berichtet von einem nicht richtig kalibrierten Torpedovorhaltrechner, der sich bei einer späteren Untersuchung als Ursache für zehn zunächst unerklärliche Fehlschüsse von U 154 beim Angriff auf einen Tanker erwies. Siehe: BLAIR, Der U-Boot-Krieg 1939-1942, Bd. 1: Die Jäger 1939-1942, Seite 729.

[422] Eine vollautomatische und umfassende Lösung des Torpedoschussproblems wurde erst in den sechziger Jahren mit digitalen Anlagen möglich. Digitalrechner konnten aber die hohen Anforderungen der Marinen an die Ausfallsicherheit zunächst nicht erfüllen, so dass Torpedovorhaltrechner nach elektromechanischen Prinzip u. a. auf den U-Booten der Royal Navy bis mindestens Ende der siebziger Jahre im Einsatz waren.

[423] RAHN, Die deutsche Seekriegsführung 1943 bis 1945, in: Das Deutsche Reich und der Zweite Weltkrieg, Band 10/1, Seite 87.

[424] Siehe ebd., Seite 203.

Ein großer fertigungstechnischer Nachteil der elektromechanischen Feuerleitrechner bestand angesichts der Ressourcenknappheit darin, dass sich die mechanischen Rechengetriebe je nach der zur implementierenden mathematischen Funktion stark unterschieden. Wie dargestellt, mangelte es bei der SAM während des Krieges nicht an Versuchen, diese und andere prinzipielle Schwächen der elektromechanischen Analogrechner durch Neuentwicklungen zu überwinden. Vorwiegend aus elektrischen Komponenten aufgebaute Rechner oder fotoelektrische Computer scheiterten jedoch an den damaligen technologischen Möglichkeiten, den schwierigen Einsatzbedingungen oder der von der Kriegsmarine geforderten Genauigkeit und gelangten nicht über das Versuchsstadium hinaus. So fanden sich bei den Untersuchungen im Rahmen dieser Arbeit zwar einige in technikhistorischer Hinsicht interessante Ansätze wie die erwähnten fotoelektrischen Rechner, aber keinerlei Hinweise auf die vor allem in der populären Publizistik oft und gern erwähnten „Wunderwaffen". Wunderwaffen wären - wenn es sie denn gegeben hätte - der British Naval Gunnery Mission Unit nicht verborgen geblieben, die nach Kriegsende von der Royal Navy in Minden/Westf. mit dem Ziel eingerichtet wurde, die neuesten deutschen Entwicklungen auf dem Gebiet der Feuerleittechnik für das britische Militär und die britische Industrie auszuwerten[425].

Karl-Heinz Ludwig hat darauf hingewiesen, dass die vor Kriegsende angestellten „phantastischen Reflexionen" über neue technische Möglichkeiten einen unhistorischen Charakter tragen, weil jede Technik in einen gesellschaftlichen Entstehungs- und Anwendungsprozess eingebunden ist, der sie auch zeitlich terminiert[426]. In Bezug auf den vorliegenden Untersuchungsgegenstand heißt das nichts anderes, als dass auch modernere und bessere Feuerleitanlagen am Ausgang des Krieges nichts mehr geändert hätten, da der Krieg für das Deutsche Reich militärisch allein schon deshalb nicht mehr zu gewinnen war, weil die wirtschaftliche Basis fehlte. Nach Ludwig belegt die Geschichte des deutschen U-Bootbaus - und zu ergänzen wäre hier: sowie die Entwicklungsgeschichte der deutschen Feuerleittechnik für U-Boote - in den letzten Jahren des Zweiten Weltkrieges die völlige Aussichtslosigkeit, in einzelnen technischen Bereichen durch einen Sprung in eine höhere technische Qualität kriegsentscheidende Wirkungen zu erzielen[427]:

> „Die Zeit arbeitete auf allen Gebieten für die Alliierten, die ein weit größeres Ingenieur- und Facharbeiterpotential beschäftigten, jede neue Technik auf breiter Basis erproben und den militärischen Umgang mit ihr einüben konnten. Im Ergebnis erhielten deutscherseits auf keinem Gebiet der Rüstung, weder bei den Panzern noch bei den Flugzeugen, Raketen oder U-Booten, gleichwertige oder überlegene Kampfmittel einen geschichtlichen Stellenwert, der die technische Gesamtüberlegenheit der Kriegsgegner auch nur entfernt hätte ausgleichen können[428]."

[425] Siehe: TNA, CAB 80/101/57, War Cabinet and Cabinet: Chiefs of Staff Committee: Memoranda. British Naval Gunnery Mission Unit at Minden, Seite 1.

[426] Siehe: Ludwig, Karl-Heinz, Technik und Ingenieure im Dritten Reich, Seite 451.

[427] Siehe ebd., Seite 462.

[428] Ebd., Seite 463.

Im Rahmen der vorliegenden Arbeit galt es neben der Frage nach der militärischen Bedeutung auch die Frage nach dem rechentechnischen Stellenwert des Torpedovorhaltrechners zu beantworten. Die Untersuchung hat gezeigt, dass der Rechner zwar dem damaligen Stand der Technik entsprach und darüber hinaus eine feinmechanische und fertigungstechnische Meisterleistung darstellte, jedoch in puncto Aufbau und Funktionsumfang nicht so komplex und umfangreich wie die von KUHLENKAMP behandelten Kommandogeräte der Flugabwehr oder der in Kapitel 5 behandelte Feuerleitrechner der PRINZ EUGEN war. Er brauchte es auch nicht zu sein, da das Torpedoschussproblem auf U-Booten rechentechnisch gesehen vergleichsweise einfach war. Die Hauptaufgabe des Rechners bestand lediglich darin, in Abhängigkeit sich laufend ändernder Eingabeparameter kontinuierlich die Lösung eines Systems trigonometrischer Gleichungen zu generieren. Um dieses relativ einfache Problem mit elektromechanischen Mitteln lösen zu können, wurden bei der Entwicklung mitunter sogar mathematische Modelle erstellt, für die immerhin auf Differentialgleichungen zurückgegriffen werden musste[429]. Dieses Missverhältnis von mathematischem Aufwand und Nutzen war typisch für die im Zweiten Weltkrieg verwendeten, nicht-programmierbaren Feuerleitrechner.

Eine rechentechnische Besonderheit des Torpedovorhaltrechners bestand darin, dass das der Gefechtssituation zugrundliegende Torpedoschussdreieck mit einem eigens entwickelten Dreiecksrechengetriebe nach*modelliert* wurde. Analogrechner werden in der Literatur häufig dadurch von Digitalrechnern unterschieden, dass sie Zahlen durch physikalische Größen repräsentieren, die sich - wie beim Torpedovorhaltrechner - kontinuierlich ändern und prinzipiell unendlich viele Werte annehmen können, wohingegen Digitalrechner auf der Basis (endlich vieler) diskreter Ziffernfolgen arbeiten. CHARLES CARE hebt in seinem Buch „Technology for the Modelling - Electrical Analogies, Engineering Practice, and the Development of Analogue Computing" auf einen weiteren Unterschied ab und stellt der hauptsächlich *rechnerischen* Verwendung der Digitalrechner den vorwiegend *modellierenden* Einsatz der Analogrechner gegenüber. CARE zufolge ist die Analogrechentechnik in historischer Sicht nicht allein als Rechentechnologie, sondern vor allem als ein Verfahren zur Modellierung zu verstehen. Im Fall des Torpedovorhaltrechners wurde der modellierende Ansatz ganz bewusst gewählt, da seine getriebetechnischen Vorzüge bei rein mechanischen Rechnern oder bei Rechnern, die wie der Torpedovorhaltrechner nach einem Ausfall der Elektrik noch rein mechanisch betrieben werden können sollten, damals wohlbekannt waren:

> „Für rein mechanische Lösungen, bei denen [...] aus bestimmten Gründen auf die Verwendung von elektrischen Einrichtungen vollkommen verzichtet werden muß, [...] [haben sich, d. Vf.] geometrische Modellgetriebe, in denen die wirklichen Verhältnisse geometrisch nachgebildet werden und Getriebeketten, in denen die einzelnen Rechenaufgaben durch fast ausschließliche Anwendung der Hebelgesetze auf die Berechnungen gelöst werden, als gut erwiesen[430]."

[429] Siehe die Untersuchung des Konvergenzverhaltens des Torpedovorhaltrechners 71 to 275 in Abschnitt 6.5.1.

[430] KUHLENKAMP, Flak-Kommandogeräte, Seite 71.

Der in der Einleitung zitierte U-Boot-Kommandant SCHÄFFER hatte vermutet, dass die deutsche Rechenanlage im Zweiten Weltkrieg einzigartig gewesen sei. Das ist unzutreffend, da u. a. die USA, Großbritannien und Japan über Torpedovorhaltrechner für U-Boote verfügten. Ein umfassender und seriöser Vergleich der Rechner ist aufgrund der Quellenlage nicht möglich und wäre wegen der Verschiedenartigkeit der Voraussetzungen und Geräte[431] sowie der unterschiedlichen Anforderungen[432] auch nur bedingt sinnvoll. Der Verfasser hat durch punktuelle Vergleiche indessen nachgewiesen, dass bei der mathematischen Formulierung des Torpedoschussproblems und der Fertigung der deutschen Vorhaltrechner dieselben theoretischen Ansätze und ähnliche technische Bestandteile wie bei den Rechnern der anderen Nationen verwendet wurden. So nutzten Deutsche wie Amerikaner und Japaner das Konzept des ideellen Abschusspunktes zur rechnerischen Behandlung des Winkelschusses und verwendeten Kurvenkörper zur Modellierung von mathematischen Funktionen, um nur zwei wichtige Beispiele zu nennen. Dass sich die U-Boot-Rechner der kriegsführenden Nationen in rechentechnischer Hinsicht ähnelten, ist keine unerwartete Erkenntnis. Schließlich wurde für die U-Boot-Rechner dieselbe Technik wie für die Feuerleitrechner der Schiffsartillerie verwendet, die in den wichtigsten Marinen zu Beginn des Krieges einen vergleichbaren Stand aufwiesen[433].

Es stellt sich zwangsläufig die Frage nach den technikgeschichtlichen Auswirkungen der umfangreichen Entwicklungsarbeiten der SAM. Sie beschränken sich nach derzeitiger Erkenntnislage auf den Bau der großen elektronischen Integrieranlagen der fünfziger Jahre. Fünfzehn Jahre nach Ende des Zweiten Weltkrieges wertete der ehemalige Leiter der „Unterkommission Feuerleitgeräte" der SAM, FRIEDRICH DORNER, die in den Jahren von 1925 bis 1945 bei der Gelap und der SAM für die Marine entwickelten Bauelemente und Rechengetriebe im Auftrag des Zentralkonstruktionsbüros von Siemens & Halske aus, um die Erfindungen auch in anderen Bereichen nutzbar zu machen[434]. Die Firma Schoppe & Faeser aus Minden[435] war jedoch das einzige Unternehmen, das

---

[431] Häufig verfügten nicht einmal die U-Boote eines Typs über identische Feuerleitanlagen, da die Anlagen laufend weiterentwickelt wurden. HARVEY G. CRAGON bemerkt in seinem Buch über den amerikanischen Torpedo Data Computer:

> „the submarine fleet was in a constant state of change. Old boats were having their equipment upgraded and new boats were joining the fleet with even newer equipment. Thus, no two boats probably had exactly the same equipment at any one time."

Aus diesem Grund beschränkt sich CRAGON auf die Beschreibung einer repräsentativen Feuerleitanlage. Siehe: CRAGON, The Fleet Submarine Torpedo Data Computer, Seite 20.

[432] Der RGM 3e (siehe Abschnitt 6.4) hatte zwar einen geringeren Funktionsumfang als der TVh-Re/S3 oder der Torpedo Data Computer der US-Navy, stellte aber in Verbindung mit dem Lageunabhängigen Torpedo das „intelligentere" Waffensystem dar, so dass eine vergleichende Bewertung der Rechner inadäquat erscheint.

[433] Siehe: FRIEDMAN, Naval Firepower, Seite 11.

[434] BLATTMANN, SAM, Seite 45.

[435] Die im Jahre 1948 gegründete Firma Schoppe & Faeser hatte ihren Firmensitz nicht zufällig in Minden. Die beiden Firmengründer, HERMANN SCHOPPE (1916-?) und HUGO FAESER, gehörten zu den deutschen Ingenieuren, die von der British Naval Gunnery Mission Unit nach dem Krieg in Minden zusammengezogen worden waren.

„nach 1945 die Getriebe- und Steuerungstechnik der SAM, Askania und Zeiß weiter entwickelte und für moderne Rechen- und Regelungsaufgaben einsetzte[436]."

Blattmann vertritt die Ansicht, dass die technisch hoch entwickelten Integrieranlagen der Firma Schoppe & Faeser ohne die Erfahrungen der SAM vermutlich nicht entstanden wären[437]. Von Schoppe & Faeser stammte auch die am Institut für angewandte Mathematik der Universität Hamburg zur Behandlung gewöhnlicher Differentialgleichungen verwendete Integrieranlage *Integromat*[438]. Die Anlage wurde nicht nur von den Mathematikern, sondern auch vom Institut für Schiffbau der Universität Hamburg zur Berechnung der Transversalschwingungen von Schiffen verwendet[439].

Einige Bemerkungen über die Menschen hinter der hier behandelten Rechentechnik - die Ingenieure der SAM - sollen diese Arbeit beschließen. Ihre Nachkriegsschicksale weisen in einigen Fällen Parallelen zu dem des U-Boot-Konstrukteurs Hellmuth Walter (1900-1980) auf. Der vor allem durch den von ihm entwickelten außenluftunabhängigen U-Boot-Antrieb bekannt gewordene Ingenieur konnte sich nach dem Zweiten Weltkrieg mit seinen U-Boot-Konstruktionen wirtschaftlich nicht durchsetzen und wandelte daraufhin seinen Rüstungsbetrieb in das noch heute erfolgreich am Markt wirtschaftende WALTERWERK KIEL um, das Automaten für die Produktion von Eiswaffeln fertigt[440]. Aus zahlreichen Patentschriften geht hervor, dass einige der während des Krieges mit der Entwicklung von Feuerleitanlagen beschäftigten Ingenieure der SAM in der Nachkriegszeit Haushaltsgeräte für Siemens konstruierten. Robert Helwig, einer der Erfinder der in Abschnitt 4.3.1 untersuchten Nachdreheinrichtung, entwickelte nach dem Krieg Staubsauger, Wäscheschleudern und Waschmaschinen. Der spätere Chronist der SAM, Eugen Blattmann, konstruierte in den dreißiger Jahren u. a. Multiplikationseinrichtungen für artilleristische Zwecke und entwarf zwanzig Jahre danach Warmwasserbereiter und Brotröster. Johannes Trojahn, der in den vierziger Jahren ein Vektorgetriebe für Feuerleitgeräte erfunden hatte, entwickelte später Kaffee- und Küchenmaschinen sowie Entsafter. Hans Hoffmann, der Erfinder des Torpedovorhaltewinkelrechners 71 to 275, stieg nach dem Krieg zum Leiter des mathematischen Instituts der Siemens-Schuckert Werke in Erlangen auf und zeichnete dort in den fünfziger Jahren für die Aufstellung einer der letzten großen Integrieranlagen verantwortlich[441].

---

436 Blattmann, Seite 134.

437 Vgl. ebd., Seite 135.

438 Siehe: Eggers, Über die Integrieranlage „Integromat" des Instituts für angewandte Mathematik der Universität Hamburg, Schriftenreihe Schiffbau, Technische Universität Hamburg-Harburg (Hrsg.), Bd. 3, 1954.

439 Siehe Meyer, Wetterling, Bericht über die Berechnung eines Schiffes mit der Hamburger Integrieranlage Integromat Hamburg, Schriftenreihe Schiffbau, Technische Universität Hamburg-Harburg (Hrsg.), Bd. 18, 1955.

440 Siehe: Strecker, Vom Walter-U-Boot zum Waffelautomaten - Die Geschichte eines großen deutschen Ingenieurs und der erfolgreichen Konversion seiner Rüstungsfirma, Seite 7-8.

441 Siehe: Petzold, Rechnende Maschinen, Seite 83.

Rudolf Oetker, der seine Ingenieurslaufbahn im Jahre 1927 bei der Siemens-Tochter Gelap begonnen hatte und später bei der SAM vor allem Geräte für die Marine entwickelte, arbeitete ab den zwanziger Jahren auch in dem damals noch jungen Bereich der Regelungstechnik, die zu dem Zeitpunkt nicht als eigenständiges Gebiet, sondern als Anhängsel des jeweiligen Anwendungsgebietes betrachtet wurde. Oetker wirkte neben seiner Tätigkeit in der Industrie während des Krieges und danach in verschiedenen nationalen und internationalen Fachausschüssen mit, um die gemeinsamen Grundlagen der Regelungstechnik herauszuarbeiten. Er verstarb am 5. August 1991 im Alter von 88 Jahren[442].

Nach Auskunft der Siemens Corporate Archives wurden die bei der SAM beschäftigten Ingenieure Joachim Tröger (1902-?), Albert Joswig (1907-?), Paul Simmel (1904-?) und (?) Kempa bei Siemens im November des Jahres 1946 „als in die UdSSR deportiert" geführt[443]. Sie waren im Rahmen der „Aktion Ossawakim" mitsamt ihren Familien in die Sowjetunion verschleppt worden. Tröger und Joswig kehrten Anfang der fünfziger Jahre nach Deutschland und zu Siemens zurück. Joswig übernahm am 01. August 1969 die Planung für den neuen Standort der Datenverarbeitung in München-Perlach.

Es lässt sich nur darüber spekulieren, ob die ehemaligen Mitarbeiter der SAM nach dem Krieg Küchengeräte mit derselben ingenieurmäßigen Leidenschaft entworfen haben, mit der sie im Krieg die State-of-the-Art-Feuerleitanlagen für U-Boote entwickelten. Zwar ist über das Verhältnis der einzelnen Ingenieure zum Nationalsozialismus nichts bekannt, doch muss mit den Worten Helmut Maiers festgehalten werden, dass ihre Arbeit ein „elementarer Bestandteil des NS-Terror- und Vernichtungsapparates"[444] war, ohne die ein U-Boot-Krieg schlicht und einfach nicht hätte geführt werden können.

Heute zeugen neben den erhalten gebliebenen Torpedovorhaltrechnern vor allem die weit über tausend Patente von den Forschungs- und Entwicklungsarbeiten der SAM und der Gelap. Ihre Analyse brächte vermutlich keinen Aufschluss über das Beziehungsgeflecht zwischen der SAM und Institutionen wie der Kriegsmarine, der politischen Führung oder der Wissenschaft und bliebe daher - zumindest für den Fachhistoriker - unbefriedigend. Genauere wissenschaftssoziologische Untersuchungen sind jedoch bei derzeit bekannter Quellenlage nicht möglich. Deshalb wäre eine systematische Untersuchung und Auswertung aller Patentschriften dennoch ein lohnenswertes Unterfangen der technikgeschichtlichen Forschung und ganz im Sinne des Technikhistorikers Alex Roland, der in diesem Zusammenhang einen Begriff aus der Künstlichen Intelligenz verwendet und in Bezug auf die Technikgeschichte die Metapher einer sowohl regel- als auch wissensbasierten Datenbank verwendet. Danach kann auch *adding to the knowledge base*, also Anhäufen von Faktenwissen, letztlich zum Erkenntnisgewinn beitragen[445].

---

442 Siehe: Oppelt, o. T. (Mitteilung zum Tode Rudolf Oetkers, d. Vf.), in: at - Automatisierungstechnik, Band 40, Heft 1, 1992, Seite 41.

443 AV, Wittendorfer, Email an den Verfasser vom 07.02.2013.

444 Siehe: Maier, Helmut, Forschung als Waffe, Seite 1120.

445 Siehe: Roland, What hath Kranzberg wrought? Or, does the history of technology matter?, Seite 709-712.

8 Anlagen

Anlage 1:

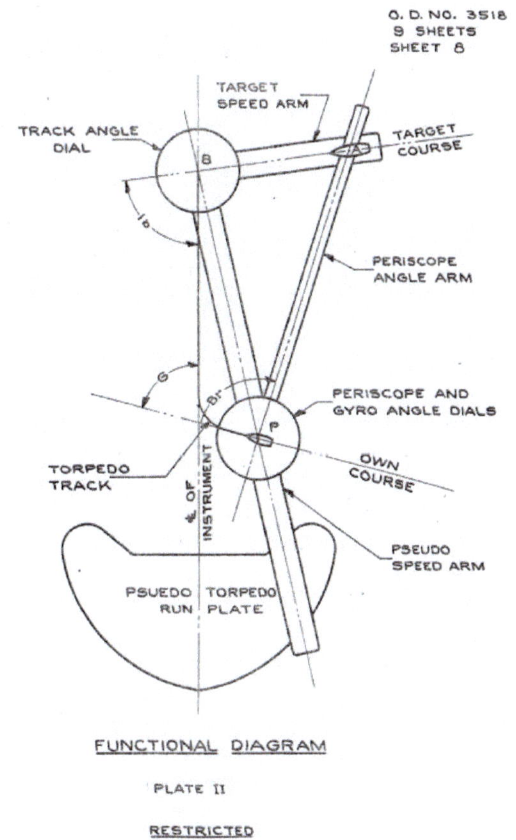

Abbildung 8.1: Banjo - Funktionsskizze

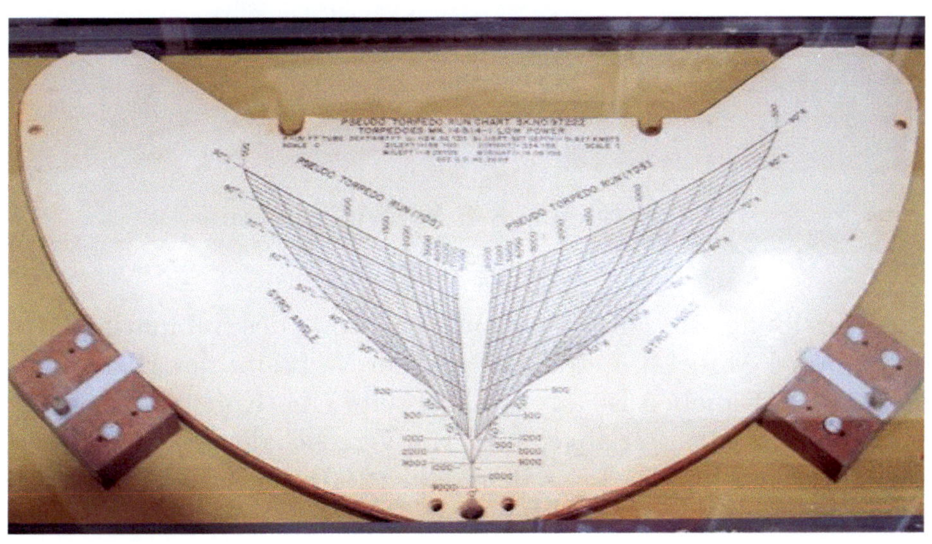

Abbildung 8.2: Banjo - Pseudo Torpedo Run Chart

Anlage 2:

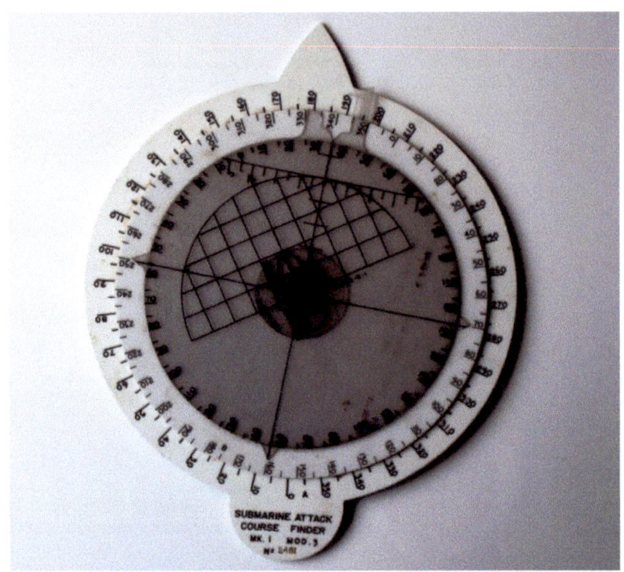

Abbildung 8.3: IS-WAS (Vorderseite)

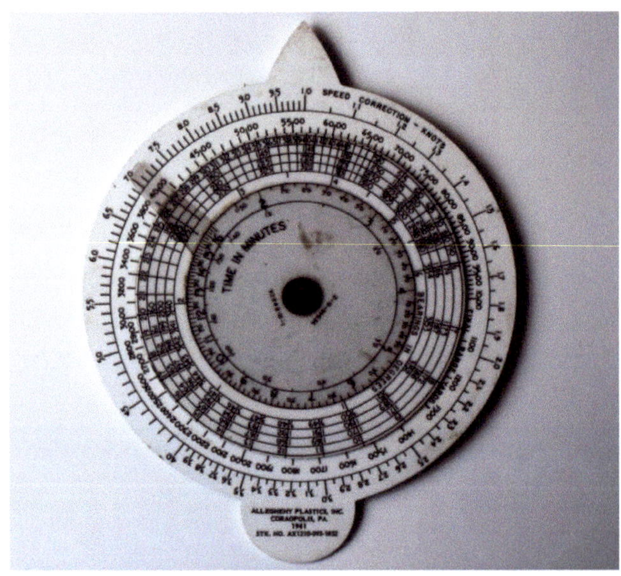

Abbildung 8.4: IS-WAS Rückseite

Eine Beschreibung und eine Bedienungsanleitung des Submarine Attack Course Finders Mark I Model 3 finden sich auf der Webseite der Historic Naval Ships Association[446]. Daneben ist auf der Webseite eine Konstruktionszeichnung des IS-WAS aus dem Jahr 1921 abgebildet. Ein Vergleich der Zeichnung mit den obigen Abbildungen eines IS-WAS aus dem Jahre 1961 zeigt, dass die Angriffsscheibe über vier Jahrzehnte nahezu unverändert produziert wurde.

[446] Siehe: http://www.hnsa.org/doc/attackfinder/index.htm (10.08.2013).

Anlage 3:

In dieser Anlage sind die wichtigsten Bezugsziffern des TVh-Re/S3 zusammengestellt (siehe Abbildung 6.9 und Abbildung 8.5)[447].

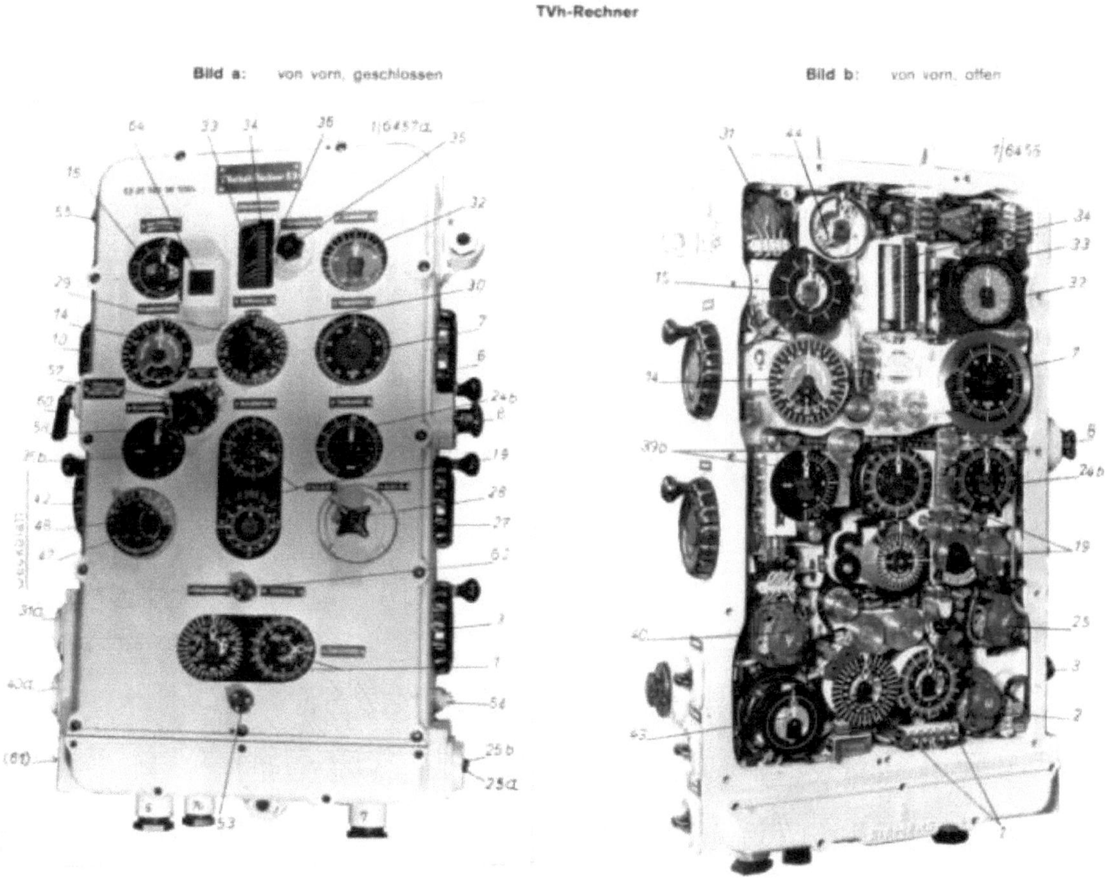

Abbildung 8.5: Bezugsziffern des TVh-Re/S3 (Kopie aus dem BA-MA)

1. Zweiteiliger automatischer Empfänger für den Zielwinkel ω,
2. Motor zur Einführung des von Empfänger (1) aufgenommenen Zielwinkels ω in den Rechner - nebst Schalter (2a),
3. Handrad zur manuellen Eingabe oder Korrektur des Zielwinkels ω,
4. Differentialgetriebe für den Zielwinkel ω (zur Überlagerung von Motorbewegung und manueller Eingabe),
5. Zieldreieck-Getriebe zur Ermittlung des Vorhaltwinkels β,
6. Handrad für die Eingabe der Gegnerfahrt v_g,
7. Anzeige für die Gegnerfahrt v_g,

[447] Siehe: BA-MA, RMD 6/569, Seite 61-63.

8. Drehknopf für die Torpedogeschwindigkeit v_t,
9. Merkscheibe für die Torpedogeschwindigkeit v_t,
10. Handrad für den Lagenwinkel γ, d. h. für die manuelle Einstellung des Schneidungswinkels α nach Maßgabe der Lagenwinkelskala (14),
11. Differentialgetriebe zur Bildung der Differenz $(\alpha - \delta)$,
12. Differentialgetriebe zur Bildung des Ausdrucks $(\gamma + \beta - \rho)$,
13. Differentialgetriebe zur Bildung der Summe (γ + *Zielwinkeländerungen*),
14. Anzeige für den Lagenwinkel,
15. mechanischer Folgekontakt für die Betriebsart „Lage laufend",
16. Kurswinkelempfänger zur Aufnahme des Eigenkurses φ_e,
17. Differentialgetriebe zur Bildung der Summe $(\omega + \delta)$,
18. Differentialgetriebe zur Bildung der Summe $(\omega + \delta + \beta)$,
19. zweiteiliger Schusswinkelgeber nebst Skalen für die Übertragung und Anzeige des Schusswinkels ρ,
20. zwei Differentialgetriebe (20a, 20b) für die Umschaltung des Parallaxgetriebes auf vordere oder achtere Rohre,
21. Kurvenzylinder für die Berechnung des Parallaxwinkels δ,
22. Kurvenkörper für die Berechnung des Parallaxwinkels δ,
23. Kurvenkörper für die Berechnung des Parallaxwinkels δ,
24. Folgekontakt (24a) für den Parallaxwinkel δ, Zeiger-Gegenzeiger-Anordnung (24b) für den Parallaxwinkel δ,
25. Motor für das Parallaxgetriebe nebst Schalter (25a),
26. Differentialgetriebe zur Überlagerung des Parallaxwinkels δ mit einem Korrekturwert,
27. Handrad zur manuellen Eingabe des Parallaxwinkels δ,
28. Drehknopf für die Umschaltung des Parallaxgetriebes auf vordere oder achtere Rohre,
29. Knopf zum Einstellen der Gegnerentfernung e,
30. Anzeige für die Gegnerentfernung e ,
31. Motor für die Betriebsart „Lage laufend" nebst Schalter (31a),
32. Anzeige für den Vorhaltwinkel β,

33. Schussweitentrommel zur Ermittlung der Reichentfernung e_{max},
34. Reichentfernungs-Teilung,
35. Knopf zum Einstellen der Reichweite s_{tmax},
36. Merkscheibe für die Reichweite s_{tmax},
37. Kurvenkörper für die Berechnung des Streuwinkels ψ,
38. Kurvenkörper für die Berechnung des Streuwinkels ψ,
39. Folgekontakt (39a), mechanische Zeiger-Gegenzeiger-Anordnung (39b) und Nullkontakt (39c) für den Streuwinkel ψ,
40. Motor für das Streuwinkelgetriebe (wahlweise auf den Folgekontakt (39a) oder den Nullkontakt (39c) schaltbar) nebst zugehörigem Schalter (40a),
41. Differentialgetriebe zur Überlagerung des Streuwinkels ψ mit einem manuellen Korrekturwert,
42. Handrad für die Eingabe des Streuwinkels ψ,
43. einteiliger Geber für die Übertragung des Streuwinkels ψ,
44. mechanischer Folgekontakt zur laufenden Berücksichtigung der durch das Drehen des Bootes bedingten Zielwinkeländerung als Kursänderung beim Fächerschuss,
45. Umschalter „Zielwinkel-Kurswinkel" nebst Wicklung (45a),
46. Differentialgetriebe für die Drehgeschwindigkeit (auch: Drehgeschwindigkeitsverbesserung),
47. Anzeige für die Drehgeschwindigkeit,
48. Drehknopf für die Einstellung der Drehgeschwindigkeit,
49. eine Anzeige für die Parallax-Umschaltung („vord. oder acht. Rohre"),
50. Kupplung für den Kurs in der Betriebsart „Lage laufend" nebst Wicklung (50a),
51. Kupplung für den Kurs (Folgekontakt 44) nebst Wicklung (51a),
52. Differentialgetriebe für den Lagenwinkel bzw. Schneidungswinkel zur Überlagerung von Motorbewegung und manueller Eingabe,
53. Blaulampe,
54. Lüftungsschraube,
55. Lüftungsschraube,
56. Verdunkler (Dimmer) für die Skalenbeleuchtungslampen,

57. Drehknopf zum Einstellen der Gegnerlänge,
58. Anzeige für die Gegnerlänge,
59. Differentialgetriebe zur Bildung der Differenz $\log(f) - \log(e)$,
60. Taste für den Abschalter der Betriebsart „Lage laufend" mit dem Vermerk „Drücken bei Handeinstellung" (Schild auf der Vorderseite des Gehäuses) sowie ein Schalter/Abschalter (60a) für die Betriebsart „Lage laufend",
61. Schalter für die Magnetkupplung für den Lagenwinkel,
62. Schusswinkel-Deckungslampe (die Deckungslampe ist in Abbildung 6.9 nicht eingezeichnet, dort bezeichnet die Ziffer 62 noch einen Schalter),
63. Schalter für die Betriebsarten „Folgen!" - „Nicht folgen!",
64. Endlagenlampe für den Lagenwinkel.

Anlage 4:

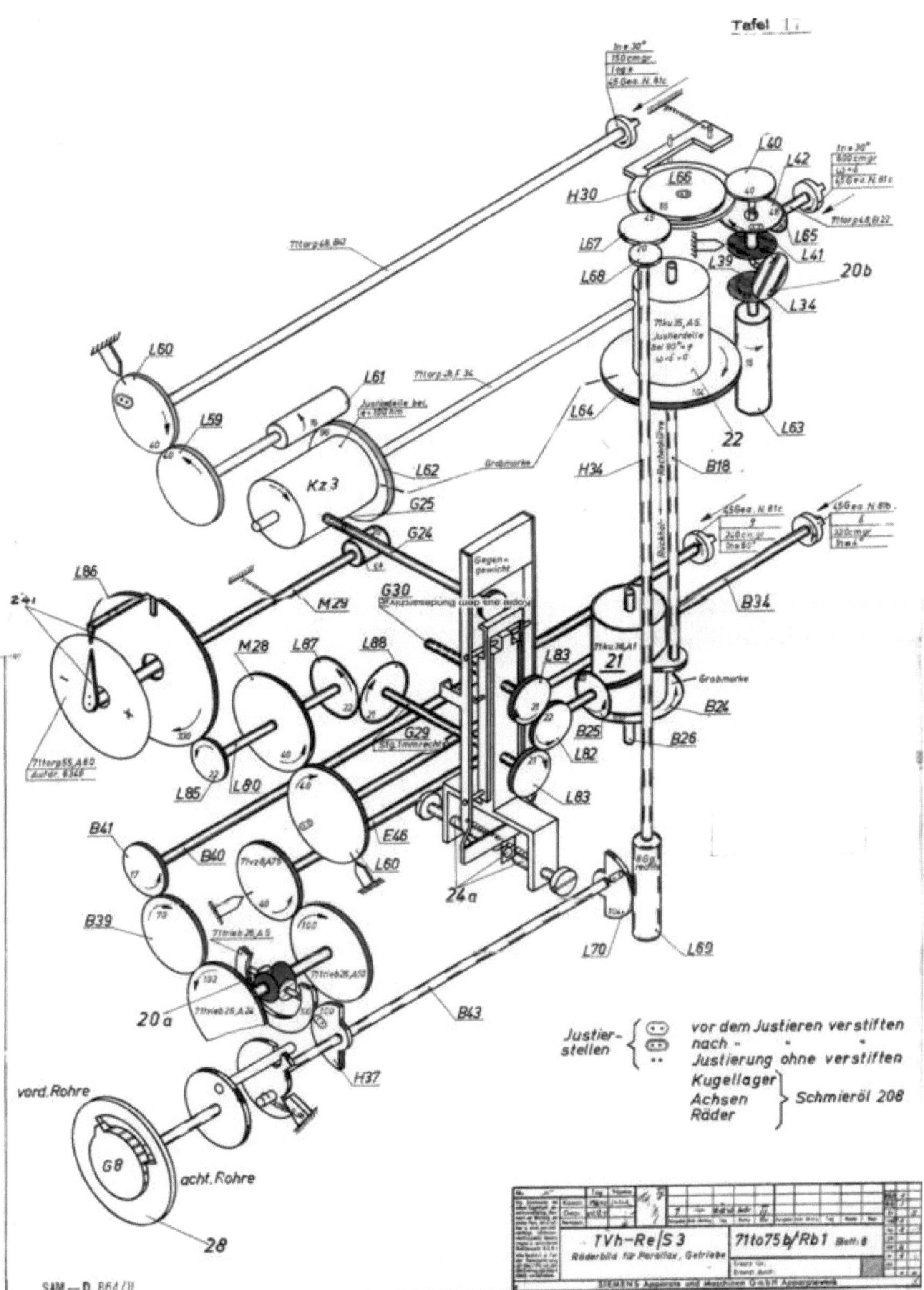

Abbildung 8.6: Räderbild des Parallaxgetriebes des TVh-Re/S3 (Kopie aus dem BA-MA)

Anlage 5:

Während des Krieges musste für jeden an der Front abgegebenen Torpedoschuss eine umfangreiche Torpedo-Schussmeldung erstellt werden (siehe Abbildung 8.7 und Abbildung 8.8). Diese Meldungen ermöglichten eine Rekonstruktion aller mit dem Schuss zusammenhängenden Umstände und sollten der statistischen Absicherung der im Verlauf des Krieges immer umfangreicher gewordenen theoretischen Arbeiten über die Trefferwahrscheinlichkeit der diversen Torpedos und Torpedoschussverfahren dienen.

Die Torpedo-Schussmeldungen wurden zum Zwecke der Auswertung nummerisch verschlüsselt und auf Hollerithkarten übertragen. Zu einer größeren Auswertung kam es während des Krieges aus Personalmangel allerdings nicht mehr. Die eigentlichen Torpedo-Schussmeldungen wurden gegen Kriegsende größtenteils vernichtet. Die Hollerithkartei wurde jedoch in Plön von den Briten gefunden und zur Neuerstellung der Verschlüsselungsunterlagen nach Eckernförde gebracht. Nach Abschluss der Arbeiten wurde sie den Briten zurückgegeben, ihr weiterer Verbleib konnte nicht ermittelt werden.

Insgesamt wurden in der Kartei 1033 von Schnell-Booten und 6577 von U-Booten abgegebene Torpedoschüsse erfasst, wobei Fächerschüsse als ein Schuss gezählt wurden. Die Kartei ist unvollständig, da verlorengegangene Boote über die Schüsse der letzten Feindfahrt keine Meldung mehr abgeben konnten und die Daten der letzten Kriegsmonate fehlen. Die 6577 von U-Booten abgegebenen Torpedoschüsse zerfallen in 657 Fang- und 5920 Angriffsschüsse. Von den Angriffsschüssen waren 80,3 % Einzelschüsse, 9,5 % Zweier-, 5,8 % Dreier- und 4,4 % Viererfächer. Die statistische Auswertung bestätigte die bereits während des Zweiten Weltkrieges aufgrund theoretischer Untersuchungen gewonnene Erkenntnis, dass die Trefferwahrscheinlichkeit bei Schüssen gegen Einzelfahrer kaum und bei Schüssen gegen Geleitzüge gar nicht von der Gegnerlage, der Gegnerentfernung und der Gegnerfahrt abhängig war. Ferner war die Trefferquote bei Fächern nicht höher als für Einzelschüsse, da Fächer überwiegend in schwierigen Fällen eingesetzt und auch bei mehreren Treffern nur einfach gezählt wurden.

Ziel	v_t	v_g	Lage	Schussentfernung
Einzelfahrer	30 sm/h	7,5 sm/h	79°	11,9 hm
Geleitzug	30 sm/h	7,6 sm/h	84°	18,9 hm

Tabelle 4: Der „Einheitsschuss” gegen Einzelfahrer und Geleitzüge

In der Statistik „Schußauswertung der im zweiten Weltkrieg von Schnell und U-Booten geschossenen Torpedoschüsse”[448], der die obigen Angaben entnommen sind, wurden ferner jeweils 3006 Schüsse gegen Einzelfahrer und 1213 Schüsse gegen Geleitzüge zu einem statistischen „Einheitsschuss” der deutschen U-Boote des Zweiten Weltkrieges verdichtet, der in Tabelle 4 wiedergegeben ist.

[448] Siehe BA-MA, BV 5/6544, Schussauswertung der im Zweiten Weltkrieg von Schnell- und U-Booten geschossenen Torpedoschüsse, Seite 1-12.

Anl. 51 zu 2. U-Flottille B.-Nr. G.Kdos. 440 v. 18. Okt. 1940

Block-Nr. 1178

Schußmeldung

Seite: ... 2

für Überwasserstreitkräfte und U-Boote

U 100 (Schießendes Fahrzeug)

Geheim!

(Dienstgrad, Name und Dienststellung des Schützen)

Datum: 22.9.40 Ort: □ AL 6570 Uhrzeit des Schusses: ...

Wassertiefe: 2300 Wetter: ... Sicht: ... Wind: ...

Seegang: 2/3 Dünung: ...

Ziel: ... (Name) ... (Größe) (Länge) (Tiefgang)

Beladezustand u. Ladung ...

Erfolg: ... Treffer / ..1. Fehlschuß. Angriffsschuß ... Fangschuß (aufgestoppt liegendes Ziel) ...

Lfd. Nr.		Einzelschuß, Mehrfach- oder Fächerschuß	1	2	3	4
1		Zeittakt in sec und Streuwinkel in Graden	—			
2	Torpedo	Art, Nummer	3673			
3		V_t und eingestellte Laufstrecke	30			
4		Eingestellte Tiefe	3			
5	Pi	Nummer, Art der Aptierung	[illegible]			
6		Z-Einstellring	—			
7		S-Einstellring				
8	Rohr	Bezeichnung	[illegible]			
9		Ausstoßart	[illegible]			
10	Beim Schuß	Eigene Fahrt	[illegible]			
11		Eigener Kurs	160	[illegible]		
12		Schiffspeilung	345			
13		Schußwinkel	325			
14		Zielstelle, Ziel- und Rechengerät [illegible]				
15		Abkommpunkt	[illegible]			
16		Torpedokurs	[illegible]			
17		Eingestellte Schußunterlagen Vg. 10		v. 80	B. r. 20	
18		Tauchtiefe beim Schuß (nur bei U-Booten)	—			
19		Lastigkeit beim Schuß (bei Schiffen usw. Krängung beim Schuß)	—			
20		Entfernung beim Schuß u. beob. Laufzeit	—			
21		Torpedoniedergang und Lauf	—			
22		Schuß im Abdrehen ~~oder auf geraden Kurs~~				
23		Eingestellter Winkel nach Farbe und Graden	r. 35			

Abbildung 8.7: Torpedo-Schussmeldung - Seite 1 (Urheber unbekannt)

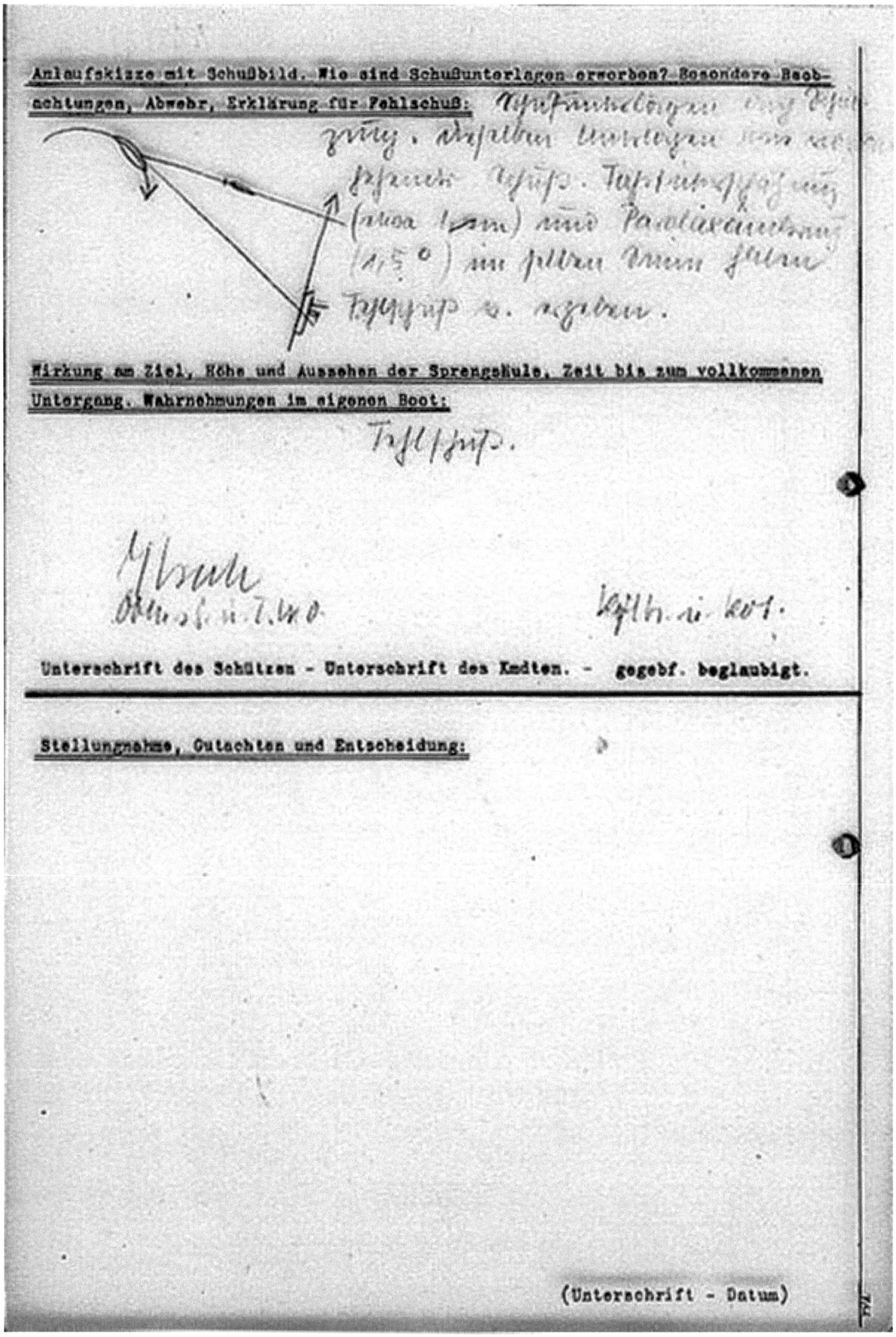

Anlaufskizze mit Schußbild. Wie sind Schußunterlagen erworben? Besondere Beobachtungen, Abwehr, Erklärung für Fehlschuß:

Wirkung am Ziel, Höhe und Aussehen der Sprengsäule. Zeit bis zum vollkommenen Untergang. Wahrnehmungen im eigenen Boot:

Unterschrift des Schützen - Unterschrift des Kmdten. - gegebf. beglaubigt.

Stellungnahme, Gutachten und Entscheidung:

(Unterschrift - Datum)

Abbildung 8.8: Torpedo-Schussmeldung - Seite 2 (Urheber unbekannt)

Anlage 6:

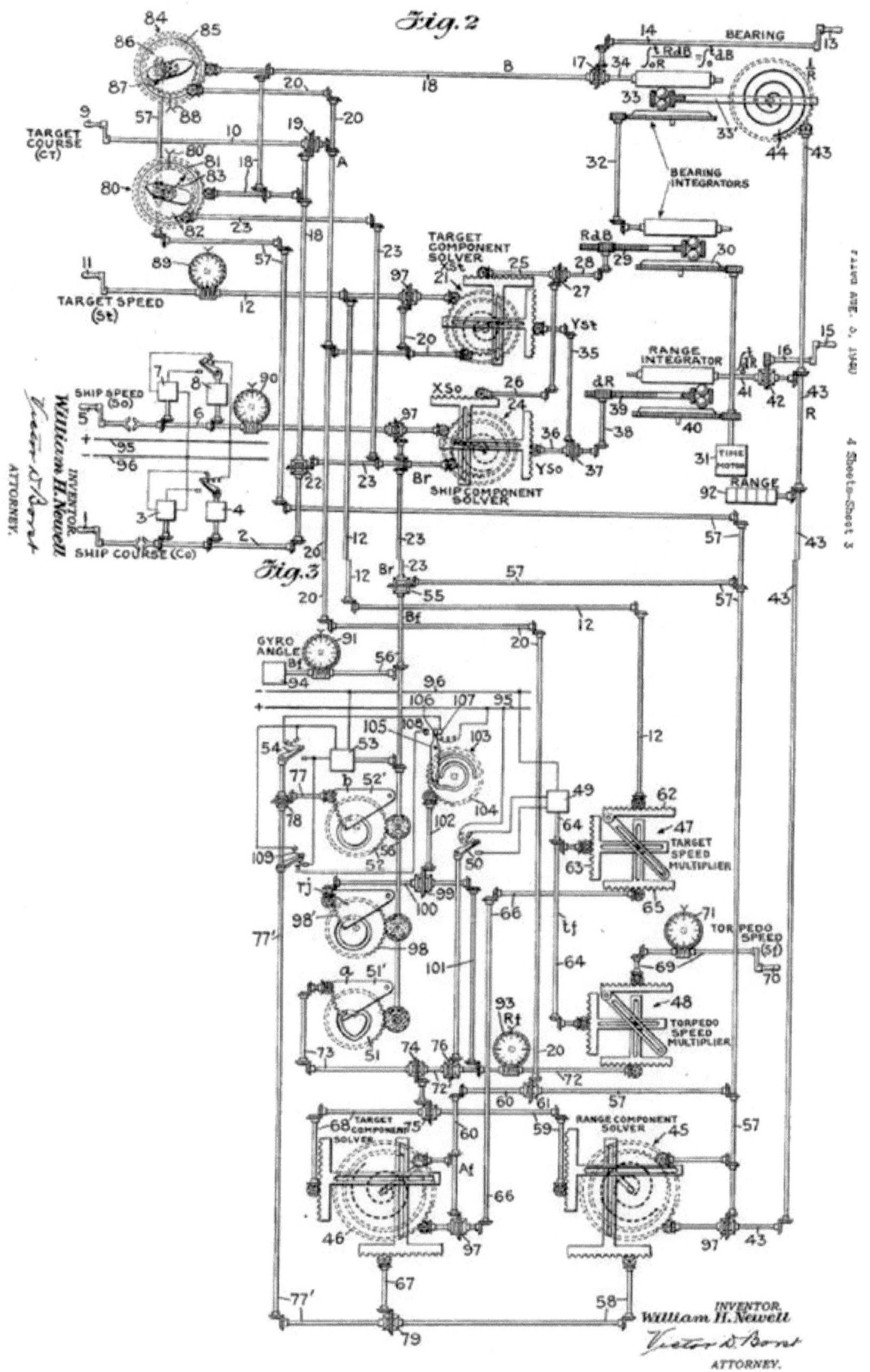

Abbildung 8.9: Torpedo Data Computer von WILLIAM NEWELL

Anlage 7:

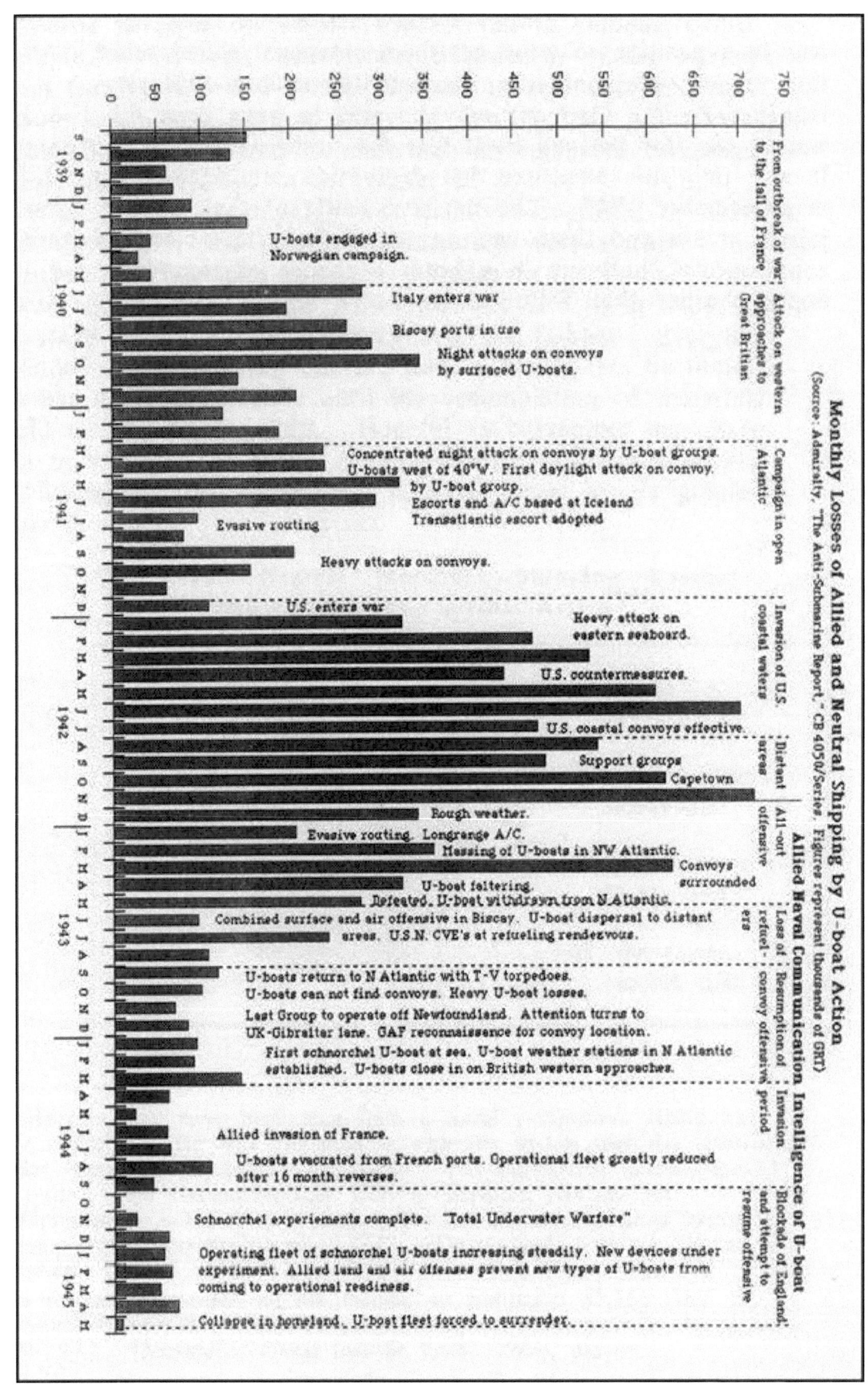

Abbildung 8.10: Monthly Losses of Allied and Neutral Shipping by U-boat Action

Abbildungsnachweis

Es wurde viel Zeit und Mühe aufgewendet, die Copyrightlage aller verwendeten Bilder zu klären, um jeweils eine Veröffentlichungserlaubnis einzuholen. Leider blieb dieses Unterfangen in einigen Fällen ohne Ergebnis, was in erster Linie auf das Alter der zugrundeliegenden Veröffentlichungen zurückzuführen ist. In Fällen, in denen der jeweilige Zusammenhang die Verwendung derartiger Bilder zur Verdeutlichung entsprechender Sachverhalte dennoch gerechtfertigt erscheinen ließ, wurden diese trotz ungeklärter Copyrightlage aus wissenschaftlichen Beweggründen in die vorliegende Arbeit aufgenommen.

Bilder ohne Quellenangabe stammen aus dem Archiv des Verfassers.

Abkürzungen und Symbole

Abkürzungsverzeichnis

ARG Astronomisches Rechengerät

AV Archiv des Verfassers

BA-MA Bundesarchiv - Abteilung Militärarchiv in Freiburg im Breisgau

D&P Dennert & Pape

FAT Federapparat-Torpedo (auch: Flächenabsuch-Torpedo)

GA Geradlaufapparat

Gelap Gesellschaft für Elektrische-Apparate

GHG Gruppenhorchgerät

H.S.A. Hollandse Signaalapparaten

HR, HRS Höhenrechenschieber

LUT Lageunabhängiger Torpedo

M. Dv. Marinedienstvorschrift

OSA Own Speed Across (Eigene Quergeschwindigkeit entlang der Visierlinie)

rw. rechtweisend

SAA Siemens Corporate Archives

SAM Siemens Apparate und Maschinen GmbH

T.S.V. Torpedo-Schießvorschrift

TDC Torpedo Data Computer

TGBZ Torpedo-Gefechtsbildzeichner

TMA Target Motion Analysis (Zielbewegungsanalyse)

TNA The National Archives of the UK

TSA Target Speed Across (Quergeschwindigkeit des Gegners entlang der Visierlinie)

TVA Torpedoversuchsanstalt

TVh-Re Torpedovorhaltrechner

TZA Torpedozielapparat

UZO U-Boot-Zieloptik

Symbole

α Schneidungswinkel: Winkel zwischen der Schussrichtung und der Gegnerfahrtrichtung.

α_1 LUT-Geschwindigkeit.

β Vorhaltwinkel: Winkel zwischen der Zielrichtung und der Schussrichtung.

δ Parallaxwinkel: Winkel zwischen der Zielrichtung vom Beobachtungspunkt und der Zielrichtung vom Abschusspunkt aus beim Winkelschuss.

$\epsilon_{1,2}$ Steuerinformationen für den LUT.

γ Lagenwinkel (auch Lagewinkel oder einfach nur Lage): Winkel zwischen der Zielrichtung und der Gegnerfahrtrichtung.

λ Verhältnis von Gegnerfahrt und Torpedogeschwindigkeit.

ω Zielwinkel (auch: Seitenwinkel oder einfach nur Seite): Winkel zwischen der Vorausrichtung des U-Bootes und der Richtung zum Ziel.

ϕ_e Eigenkurs: Kurs des (eigenen) U-Bootes.

ψ Streuwinkel beim Fächerschuss.

ρ Schusswinkel: Winkel zwischen der Vorausrichtung und der Schussrichtung.

d Parallaxabstand, - Abstand zwischen der Zieloptik und dem Abschusspunkt.

e Ziel- oder auch Gegnerentfernung.

e_{max} Reichentfernung: Die Entfernung in Zielrichtung für die eingestellte Torpedo-Laufstrecke s_{tmax}.

f Gegnerlänge.

l Länge der geraden Vorlaufstrecke beim Winkelschuss.

R Radius des Einsteuerkreisbogens beim Winkelschuss.

s_{tmax} Reichweite: Die eingestellte Laufstrecke des Torpedos.

v_e Eigenfahrt: Die Geschwindigkeit des eigenen U-Bootes.

v_g Gegnerfahrt: Die Geschwindigkeit des Gegners.

v_t Torpedogeschwindigkeit

Quellen- und Literaturverzeichnis

Bundesarchiv/Militärarchiv (BA-MA)

[1] BV 5/6539, *Projekt M8/6-156Du Torpedo-Feuerleitanlage für V.U.B. III*, N.V. Hollandse Signaalapparaten, Hengelo 1963

[2] BV 5/6544, Nowotny, (?), *Schussauswertung der im Zweiten Weltkrieg von Schnell- und U-Booten geschossenen Torpedoschüsse*, o. O., o. J.

[3] BV 5/6556, *Projekt M8/12-113Du Torpedo-Feuerleitanlage für Truppenversuche mit Lenktorpedos an Bord eines U-Bootes*, N.V. Hollandse Signaalapparaten, Hengelo 1964

[4] RMD, *Findbuch für die Bestände RMD 1-6 Amtsdrucksachen Reich Marine*, Band 1, Freiburg 1985

[5] RMD 4/304-II, M. Dv. Nr. 304, Zeichnungen zur M.Dv.Nr. 304, nicht vollständig, ohne Titel, o. V., o. J.

[6] RMD 4/819, M. Dv. Nr. 819, *Mechanische und elektrische Bauteile für T-Feuerleit-Anlagen und -Geräte*, Torpedoversuchsanstalt (Hrsg.), Eckernförde, Juli 1938

[7] RMD 4/874, M. Dv. Nr. 874, *Die Grundlagen der Rechengetriebe der Feuerleitung*, Inspektion der Marine-Artillerie (Hrsg.), Berlin 1938

[8] RMD 6/490, *Lut-Anlage (für Typ XXI) Beschreibung und Bedienungsvorschrift*, Torpedoversuchsanstalt (Hrsg.), Eckernförde, Dezember 1944

[9] RMD 6/511, *Lut-Schießanleitung für U-Boote Typ VII und IX (Bordausgabe)*, Torpedoversuchsanstalt (Hrsg.), Eckernförde, Januar 1945

[10] RMD 6/562, *Torpedo-Feuerleit-Anlage U-Boote Typ VII B („U45"-„U55") Vorläufige Wartungs-, Justier- und Prüfvorschrift*, SAM-D.672, Torpedo-Versuchs-Anstalt (Hrsg.), Eckernförde, August 1938

[11] RMD 6/563, *Torpedo-Feuerleit-Anlage U-Boote Typ VII B („U45"-„U55") Vorläufige Beschreibung und Bedienungsvorschrift*, SAM-D.503/I, Torpedo-Versuchs-Anstalt (Hrsg.), Eckernförde, Juni 1938

[12] RMD 6/564, *Torpedo-Feuerleit-Anlage für U-Boote Typ VII B („U45"-„U55"), Vorläufige Zeichnungen*, Torpedoversuchsanstalt (Hrsg.), Eckernförde, Juni 1938

[13] RMD 6/565, *Torpedo-Feuerleit-Anlage U-Boote Typ VII („U27"-„U36"), Vorläufige Zeichnungen*, Torpedo-Versuchs-Anstalt (Hrsg.), Eckernförde, Juni 1937

[14] RMD 6/566, *Torpedo-Feuerleit-Anlage U-Boote Typ VII C und VII D, Beschreibung und Bedienungsvorschrift*, Torpedoversuchsanstalt (Hrsg.), Eckernförde, August 1942

[15] RMD 6/568, *Torpedo-Feuerleit-Anlage U-Boote Typ VII C u. VII D (Anlage mit Standsehrohr)(G 637)*, Vorläufige Zeichnungen, Torpedoversuchsanstalt (Hrsg.), Eckernförde, Mai 1942

[16] RMD 6/569, *Torpedo-Feuerleit-Anlage U-Boote Typ IX C und IX D („W 1025") Anlage mit Standsehrohr, Vorläufige Beschreibung und Bedienungsvorschrift, SAM-D.964 StaSR/I*, Torpedoversuchsanstalt (Hrsg.), Eckernförde, September 1940

[17] RMD 6/570, *Torpedo-Feuerleit-Anlage U-Boote Typ IX C und IX D („W 1025") Anlage mit Standsehrohr, Vorläufige Beschreibung, Bedienungsanweisung und Zeichnungen, SAM-D.864/Bord*, Torpedoversuchsanstalt (Hrsg.), Eckernförde, 1941

[18] RMD 6/572, *Torpedo-Feuerleit-Anlage U-Boote Typ IX C und IX, Vorläufige Zeichnungen*, Torpedoversuchsanstalt (Hrsg.), Eckernförde, September 1940

[19] RMD 6/573, *Torpedo-Feuerleit-Anlage U-Boote Typ XXI, Beschreibung, Bedienungsanweisung und Zeichnungen*, Torpedoversuchsanstalt (Hrsg.), Eckernförde, Juli 1944

[20] RMD 6/574, *Torpedo-Feuerleit-Anlage U-Boote Typ XXIII, Beschreibung und Bedienungsvorschrift mit Zeichnungen*, Torpedoversuchsanstalt (Hrsg.), Eckernförde Mai 1944

[21] RMD 6/622, *Gebrauchsanweisung zum Astronomischen Rechengerät ARG 1*, Zeiss (Hrsg.), 9.6.1944

[22] RMD 6/822, *Torpedo-Vorhalt-Rechner S2 (T Vh Re S2)[71 torp 48 c,d,e] Zeichnungen und Lichtbilder,* (Firmenbezeichnung: SAM-D.1052/II), Torpedoversuchsanstalt (Hrsg.), Eckernförde, Juni 1942

[23] RMD 6/829, *Torpedo-Gefechtsbildzeichner 3 (TGBZ 3), Vorläufige Beschreibung, Montage- und Wartungsvorschrift*, Torpedoversuchsanstalt (Hrsg.), Eckernförde, April 1940

Firmenarchiv ARISTO-Werke Dennert & Pape, Hamburg im Deutschen Museum (DM FA D&P)

[1] FA 006/0027, *Vorkalkulation für einen T-Rechenschieber 2 a mit erweiterter Zungenteilung auf der Rückseite der Rechenschieber und mit Etui I*, 14.08.1942

[2] FA 006/0029, *Kalkulationsverzeichnis von Dennert & Pape*, 05.05.1941

[3] FA 006/0030, FRANZKE, A., *Brief an die Firma Dennert & Pape*, 12.04.1950

[4] FA 006/0031, *Angebot von Dennert & Pape für einen HR 2 mit elektrischer Kupplung an die Seewarte in Hamburg*, 05.11.1941

[5] FA 006/0031, *Angebot von Dennert & Pape für einen HR 2 mit mechanischer Kupplung an die Seewarte in Hamburg*, 15.11.1941

[6] FA 006/0037, *Firmeninterne Listen von Dennert & Pape für die im Rahmen eines geheimen Notprogramms zu fertigenden Rechner*, 12.02.1945 und 14.02.1945

[7] FA 006/0037, *Kalkulationsverzeichnis von Dennert & Pape*

[8] FA 006/0042, *Kriegsauftrag der TVA über 300 Zeichenplatten für das Koppelgerät 3 für die T-Feuerleitanlagen der U-Boote des Typs XXI an die Dennert & Pape*, 12. Januar 1944

[9] FA 006/0173, *Konstruktionszeichnungen von Dennert & Pape*

The National Archives of the UK (TNA)

[1] ADM 186/381, *Handbook of Torpedo Control*, Admiralty Gunnery Branch (Hrsg.), o. O. 1916

[2] ADM 213/706, KRELLENBERG, (?), *Die Entwicklung der Torpedo-Feuerleitanlagen und Zielgeräte nach dem Krieg (bis etwa zum Jahre 1935)*. Der Aufsatz ist nur noch in der englischen Übersetzung verfügbar: *Underwater Weapons Department: history of the development of torpedo fire control systems and sighting instruments from 1920-1935*, o. O. 1947

[3] ADM 213/1127, *Description and investigation of Siemen's [sic!, d. Vf.] optical computor*, o. O. 1948

[4] ADM 239/358, *Report on ex-German submarine U570 (HMS Graph)*, o. O. 1943

[5] ADM 292/80, *Reports and German Torpedo Documents. Translations of German torpedo documents. Kinematic problems of acoustic torpedo: general representation of „dog curves" (curves of pursuit) with and without „Schiel" angle*, o. O. 1945

[6] ADM 292/186, Dorner, Friedrich, *Notes, from the point of view of economical mass-production, on the design of a Torpedo Director Angle Computer*, Berlin 17.2.1944

[7] ADM 292/188, *Report on uses of Fat and Lut torpedoes: tactical possibilities and research for further development*, o. O. 1945

[8] CAB 80/101/57, *War Cabinet and Cabinet: Chiefs of Staff Committee, Memoranda. British Naval Gunnery Mission Unit at Minden. Memorandum by the First Sea Lord*, o. O. 10.06.1946

Siemens Corporate Archives (SAA)

[1] 35-77/Lc 117, Blattmann, Albert, *Zur Entwicklung der Siemens-Apparate und Maschinen GmbH (SAM) und ihrer Vorgeschichte 1894-1945*, München 1976, Internes Manuskript mit Bildband aus den im Siemens-Archiv vorhandenen Akten erarbeitet

[2] Li/182, Evers, Max (?), Brief an (?) Meyer (USA Kommission) vom 11.02.1946, Lieferungen von U-Boots-Feuerleit-Anlagen betreffend

[3] 35-42 LK 221, Evers, Max, *Wichtige Daten, Konstruktionen u. Versuche der SAM 1925-1939 (1944)*, Verzeichnis der Entwicklungsarbeiten der SAM 1925-1944

[4] Ls 694, *Torpedo-Zielapparat. Bestimmung der Vorhaltwinkel für artilleristische Zwecke.* Internes Papier, Siemens & Halske Akt.-Ges., Berlin-Siemensstadt 1917

[5] Lm 974, Oetker, Rudolf, *Die Grundlagen der Nachlaufregelungstechnik*, Berlin-Köpenick 15.04.1946

Archiv des Verfassers (AV)

[1] Angriffsscheibe 2 mit Kompaßscheibe, Beschreibung und Bedienungsvorschrift mit Zeichnungen, Torpedoversuchsanstalt (Hrsg.), Eckernförde Januar 1942

[2] Bedienungsanleitung für den Höhenrechenschieber von Dennert & Pape, o. O. o. J.

[3] Bredow, Horst, Deutsches UBoot- Museum, Brief an den Verfasser, 28.04.2009

[4] Bredow, Horst, Persönliches Gespräch mit dem Stifter und geschäftsführenden Vorstand des Deutschen U-Boot-Museums in Cuxhaven-Altenbruch, eigene Gesprächsnotizen, 17.09.2009

[5] Dennert & Pape, Aufstellung der Rechnungen für Lieferungen an Unterlieferanten für fertige Geräte für die Marine, Hamburg-Altona 19.06.1945

[6] Dennert & Pape, Brief an die Firma Luftfahrtbedarf A.-G. in Berlin, Auftrag Nr. SS 6185-0058/42/651 über Azimut- und Uebungsrechner A Ue R, Hamburg-Altona 27.02.1945

[7] Der Planungsringführer für Flugzeuggeräte, Auftragsanweisung an die Firma Dennert & Pape über 4000 Astronomische Rechengeräte (Abschrift), Auftragsnummer SS 6185-0058/42/ 651, Berlin 02.06.1943

[8] Handout „Einsatzgrundsätze und -verfahren OPZ-Dienst", Ausbildungszentrum UBoote, Eckernförde o. J.

[9] Kinter, Alexandra, Siemens Corporate Archives, AW: Bitte um Auskunft über Unterlagen zum Torpedovorhaltrechner der Firma Siemens Apparate und Maschinen GmbH, Email an den Verfasser, 23.01.2008

[10] Röhr, (?), Der elektrische Torpedovorhaltewinkelrechner 71 to 275, Berlin-Köpenick 15.10.1945

[11] SAM-D.809/II, Torpedo-Feuerleit-Anlage U-Boote Typ VII B aut., U 73 bis U 76, U 83 bis U 87, U 99 bis U 102, vorläufige Zeichnungen, Torpedoversuchsanstalt (Hrsg.), Eckernförde März 1940

[12] Schülerhandbuch „Einsatzgrundsätze und -verfahren - Grundlagen der Feuerleitung", Ausbildungszentrum UBoote, Eckernförde o. J.

[13] Treffpunktrechner, Beschreibung und Bedienungsvorschrift, o. O., o. J.

[14] Wittendorfer, Frank, Siemens Corporate Archives, Ihre Anfrage nach SAM-Ingenieuren vom 07.01.2013, Email an den Verfasser, 07.02.2013

[15] Wulff, (?) (24.01.1950), Brief des Oberfinanzpräsidenten Schleswig-Holsteins (Verwaltung für Reichs- u. Staatsvermögen) an die Firma Dennert & Pape, Aktenzeichen: 0 5300 XM - 0 33/332 d: Forderungsanmeldungen gegen die ehemalige Kriegsmarine aus der Zeit vor dem 8.5.45, Firma Dennert & Pape, Fabrik für Mathem. u. Geodätische Instrumente, Hamburg-Altona, Juliusstraße 10

Internetquellen

[1] http://de.m.wikipedia.org/wiki/Datei:Torpedozielsaeule_2_Prinz_Eugen-3.JPG

[2] http://www.commons.wikimedia.org/wiki/File:Olympic_WWI.jpg?uselang=de

[3] http://www.deutscher-marinebund.de/u995_geschichte.htm

[4] http://www.fpm.de/index.php?c=1&s=sternfinder

[5] http://www.fulvia-af-anholt.de/Leitfaden_jpg.pdf

[6] http://www.hnsa.org/doc/attackfinder/index.htm

[7] http://www.hnsa.org/doc/banjo/index.htm

[8] http://www.hnsa.org/doc/destroyer/ddfc

[9] http://www.hnsa.org/doc/firecontrol/

[10] http://www.hnsa.org/doc/op1140/index.htm

[11] http://www.hnsa.org/doc/subsinpacific.htm

[12] http://www.hnsa.org/doc/tdc

[13] http://www.maritime.org/taiwan/index.htm

[14] http://www.maritime.org/tech/tdc.htm

[15] http://www.mathsinstruments.me.uk/page72.html

[16] http://www.navy.mil/navydata/cno/n87/usw/issue_15/ekelund.html

[17] http://www.uboatarchive.net/U-570ONIReport.htm

[18] http://www.rechenschieber.org/PositionLineSlideRules.pdf

[19] http://www.taipeitimes.com/News/editorials/archives/2011/09/26/2003514192

[20] http://www.tate.org.uk/context-comment/articles/art-culture-and-camouflage

[21] http://www.uboatarchive.net/KTB100-2Torpedo.htm

[22] http://www.uboatarchive.net/U-570ONIReport.htm

[23] http://www.usscod.org/tdc.html

[24] http://www.u2359.com/Billeder/gallery/ItemsU534/Pages/67.html

[25] http://www.welt.de/geschichte/zweiter-weltkrieg/article117689276

[26] http://en.wikipedia.org/wiki/Torpedo_Data_Computer

[27] http://www.wlbstuttgart.de/seekrieg/chronik.htm

[28] http://www.yacht.de/schenk/quest/f178.html

Da das Internet ein flüchtiges Medium ist, wurde von allen Internetquellen am 10.08.2013, dem Tag des letzten Aufrufes, eine Sicherungskopie erstellt, damit die Quellen bei Bedarf nachweisbar sind.

Gedruckte Quellen und Literatur

[1] ALLEN, MARK W., *Midway Submerged : An Analysis of American and Japanese Submarine Operations at the Battle of Midway, June 1942*, Bloomington 2011

[2] BEHRENS, ROY, *Art, culture and camouflage*, 2005, http://www.tate.org.uk/context-comment/articles/art-culture-and-camouflage(10.08.2013)

[3] BLAIR, CLAY, *Der U-Boot-Krieg 1939-1942*, Bd. 1: *Die Jäger 1939-1942*, Bd. 2: *Die Gejagten 1942-1945*, München 1998

[4] BLATTMANN, ALBERT, *Zur Entwicklung der Siemens-Apparate und Maschinen GmbH (SAM) und ihrer Vorgeschichte 1894-1945*, München 1976, Internes Manuskript mit Bildband aus den im Siemens-Archiv vorhandenen Akten erarbeitet, SAA, 35-77/Lc 117

[5] BOORSTIN, DANIEL J., KELLEY, BROOKS MATHER, *A History of the United States*, Lexington 1981

[6] BRANFILL-COOK, ROGER, *Torpedo : The Complete History of the World's Most Revolutionary Naval Weapon*, Barnsley 2014

[7] BRENNECKE, JOCHEN, *Jäger - Gejagte : Deutsche U-Boote 1939-1945*, Berlin 2007

[8] BROMLEY, ALLAN G., *British Mechanical Gunnery Computers of World War II*, Technical Report 223, Basser Department of Computer Science, University of Sydney 1984

[9] BRUSTAT-NAVAL, FRITZ , SUHREN, TEDDY, *Nasses Eichenlaub : Todesschach unter Wasser : Als Kommandant und F.d.U. im U-Boot-Krieg*, Berlin 2005

[10] BUCHHEIM, LOTHAR-GÜNTHER, *Das Boot*, München 2005

[11] BUCHHEIM, LOTHAR-GÜNTHER, *Die Festung*, München 2005

[12] CARE, CHARLES, *Technology for the Modelling - Electrical Analogies, Engineering Practice, and the Development of Analogue Computing*, London 2010

[13] COMPTON-HALL, RICHARD, *The Underwater War 1939-1945*, Poole 1982

[14] CRAGON, HARVEY, G., *The Fleet Submarine Torpedo Data Computer*, Dallas 2007

[15] DÖNITZ, KARL, *Zehn Jahre und zwanzig Tage*, Bonn 2011

[16] Dorner, Friedrich , Hoppe, Walter, Siemens Apparate und Maschinen G.m.b.H. in Berlin: *Reichspatentamt Patentschrift Nr. 767986, Dreiecksrechengetriebe*, patentiert ab dem 19.12.1937, ausgegeben am 10.06.1955

[17] Eckert, Michael, *Sommerfeld und der „Wackeltisch", Zum Verhältnis von Wissenschaft und Technik um 1900*, in: Kultur & Technik (1996), Nr. 4

[18] Eggers, Klaus, *Über die Integrieranlage „Integromat" des Instituts für angewandte Mathematik der Universität Hamburg*, in: Schriftenreihe Schiffbau, Technische Universität Hamburg-Harburg (Hrsg.), Bd. 3, 1954

[19] *E-Leitfaden für T.M.I. und T.M.II-Anwärter*, Torpedoschule (Hrsg.), Glückstadt 1937

[20] Evers, Max , Mehlitz, Gustav, Siemens Apparate und Maschinen G.m.b.H. in Berlin: *Reichspatentamt Patentschrift Nr. 658871, Fernzeigeanlage zur Übermittlung von Befehlen, Signalen o. dgl.*, patentiert ab dem 02.10.1932, ausgegeben am 21.04.1938

[21] *Fire Control Fundamentals*, Bureau of Naval Personnel (Hrsg.), New York 1953, `www.hnsa.org/doc/firecontrol/(10.08.2013)`

[22] Friedman, Norman, *Naval Firepower : Battleship Guns and Gunnery in the Dreadnought Era*, Annapolis 2007

[23] Friedman, Norman, *U.S. Submarines Through 1945 : An Illustrated Design History*, Annapolis 1995

[24] Gercke, Hermann, *Die Torpedowaffe*, o. O. 1898

[25] Gray, Edwyn, *Die teuflische Waffe*, Oldenburg, Hamburg 1975

[26] Grosshans, Heinrich, Siemens Apparate und Maschinen G.m.b.H. in Liqu., Berlin-Siemensstadt: *Reichspatentamt Patentschrift Nr. 767517, Strahlungsrechner*, patentiert im Deutschen Reich ab dem 13.05.1937, ausgegeben am 15.09.1952

[27] Lindell, Terry D., *The Development of Torpedo Fire Control Computers in the Royal Navy*, in: 100 Years of the Trade: Royal Navy Submarines Past, Present and Future, Martin Edmonds (Hrsg.), Lancaster 2001

[28] Gruner, William P., *U.S. PACIFIC SUBMARINES IN WORLD WAR II*, o. O. o. J., `http://www.hnsa.org/doc/subsinpacific.htm(10.08.2013)`

[29] Hacker, Barton C., *Military Institutions, Weapons, and Social Change : Toward a New History of Military Technology*, in: Technology and Culture, Nr. 35, 1994

[30] Hagemeyer, Friedrich-Wilhelm, *Die Entstehung von Informationskonzepten in der Nachrichtentechnik - Eine Fallstudie zur Theoriebildung in der Technik in Industrie- und Kriegsforschung*, Dissertation, Berlin 1978

[31] HASHAGEN, ULF, HELLIGE, HANS DIETER (Hrsg.), *Rechnende Maschinen im Wandel : Mathematik, Technik, Gesellschaft, Festschrift für Hartmut Petzold zum 65. Geburtstag*, Deutsches Museum, München 2011

[32] HEINEMANN, RUDOLF, Siemens Apparate und Maschinen G.m.b.H. in Berlin-Marienfelde: *Reichspatentamt Patentschrift Nr. 613239, Kreuzgelenkkupplung*, patentiert ab dem 11.11.1931, ausgegeben am 16.05.1935

[33] HELLIGE, HANS DIETER, *Die Aktualität von Hartmut Petzolds Sozialgeschichte des Computing*, in: HASHAGEN, ULF, HELLIGE, HANS DIETER (Hrsg.), Rechnende Maschinen im Wandel : Mathematik, Technik, Gesellschaft, Festschrift für Hartmut Petzold zum 65. Geburtstag, Deutsches Museum, München 2011

[34] HELWIG, ROBERT, Siemens Apparate und Maschinen G.m.b.H., Berlin-Siemensstadt: *Reichspatentamt Patentschrift Nr. 768089, Nachdreheinrichtung mit einstellbarem Übersetzungsverhältnis zwischen Vorlauf- und Nachlaufglied*, patentiert ab dem 12.11.1938, ausgegeben am 23.06.1955

[35] HESS, SIGURD, *Die Eroberung der Ozeane - wissenschaftliche und technische Entwicklungen im elektronischen Zeitalter 1918 - 1945*, unveröffentlichtes Manuskript eines Vortrages auf der Konferenz „Das Maritime Europa“, 05.03.2009

[36] HOFFMANN HANS, Siemens Apparate und Maschinen G.m.b.H. in Berlin: *Reichspatentamt Patentschrift Nr. 705819, Einrichtung zur Bestimmung der Bahnelemente eines beweglichen Zieles*, patentiert ab dem 19.08.1934, ausgegeben am 10.05.1941

[37] HOFFMANN, HANS, Siemens-Schuckertwerke Aktiengesellschaft, Berlin und Erlangen: *Deutsches Patentamt, Patentschrift Nr. 935417, Torpedovorhaltrechner*, patentiert ab dem 01.10.1944, ausgegeben am 20.10.1955

[38] HOLTORF, ERICH , BEHR, ALFRED, *German War-Time Experience with Development of Torpedo Fire-Control Systems on Submarines and Ideas on Further Development*, The Commander U.S. Naval Forces Germany (ComNavForGer) (Hrsg.), APO 742, Serial No. 255-51, 22.05.1951

[39] HOPPE, WALTER, Siemens Apparate und Maschinen G.m.b.H. in Berlin, *Reichspatentamt Patentschrift Nr. 712085, Parallaxrechner*, patentiert ab dem 01.12.1937, ausgegeben am 11.10.1941

[40] HOSEMANN, R., *Verfolgungskurven*, in: WALTHER, ALWIN (Hrsg.), Applied Mathematics, Part I (FIAT Review of German Science 1939-1946), Wiesbaden 1948

[41] HUTCHINS, EDWIN, *Die Technik der Teamnavigation : Ethnografie einer verteilten Kognition*, in: Technografie: Zur Mikrosoziologie der Technik, RAMMERT, WERNER , SCHUBERT, CORNELIUS (Hrsg.), Frankfurt, New York 2006

[42] Illauer, Hans, Gesellschaft für Elektrische Apparate m.b.H. in Berlin-Marienfelde: *Reichspatentamt Patentschrift Nr. 519924, Multiplikationseinrichtung*, patentiert ab dem 14.07.1928, ausgegeben am 05.03.1931

[43] Kiesler Markey, Hedy , Antheil, George, *United States Patent Office Patentschrift Nr. 2292387, Secret Communication System*, eingereicht am 10.07.1941, ausgegeben am 11.08.1942

[44] Köhl, Fritz , Rössler Eberhard, *Uboottyp XXIII*, Bonn 2002

[45] Koldau, Linda M., *Mythos U-Boot*, Stuttgart 2010

[46] Korn, Granino A. , Korn, Theresa M., *Elektronische Analogierechenmaschinen*, Berlin 1960

[47] Krauss, Oliver, *Rüstung und Rüstungserprobung in der deutschen Marinegeschichte - Die Torpedoversuchsanstalt (TVA)*, Bonn 2010

[48] Kuhlenkamp, Alfred, *Die Getriebe in Feuerleitgeräten*, in: VDI-Zeitschrift Bd. 78 (1934) Nr. 41

[49] Kuhlenkamp, Alfred, *Flak-Kommandogeräte*, Berlin 1943

[50] Kühn, Klaus , Kleine, Karl (Hrsg.), *Dennert & Pape - ARISTO - 1872-1978 - Rechenschieber und mathematisch-geodätische Instrumente*, München, Wien, New York 2004

[51] *Kürschners Deutscher Gelehrten-Kalender 1950*, Berlin 1950

[52] LaVO, Carl, *Slade Cutter : Submarine Warrior*, Annapolis 2003

[53] *Lehrbuch der Navigation für die Kriegs- und Handelsmarine*, (2 Bde.), Herausgegeben auf Veranlassung des Oberkommandos der Kriegsmarine und des Reichsverkehrsministeriums, Bremen 1943

[54] *Leitfaden Astronomische Navigation*, `http://www.fulvia-af-anholt.de/Leitfaden_jpg.pdf(10.08.2013)`

[55] Lipsky, Florian , Lipsky, Stefan, *Deutsche U-Boote : hundert Jahre Technik und Entwicklung*, Hamburg, Berlin, Bonn 2006

[56] Littmann, Friederike, *Ausländische Zwangsarbeiter in der Hamburger Kriegswirtschaft 1939-1945*, München 2006

[57] Lohmeier, Dieter , Schell, Bernhardt, *Einstein, Anschütz und der Kieler Kreiselkompass*, Heide in Holstein 1992

[58] Ludwig, Karl-Heinz, *Technik und Ingenieure im Dritten Reich*, Düsseldorf 1974

[59] Mahn, Anne, *Vermessenes Altona. Die Firma Dennert & Pape ARISTO*, Altona 2011

[60] Maier, Helmut, *Forschung als Waffe - Rüstungsforschung in der Kaiser-Wilhelm-Gesellschaft und das Kaiser-Wilhelm-Institut für Metallforschung 1900-1945/48*, (2 Bde.), Göttingen 2007

[61] Mallmann-Showell, Jak P., *Die U-Boot-Waffe : Kommandanten und Besatzungen*, Stuttgart 2001

[62] Mallmann-Showell, Jak P., *The German Navy Handbook, 1939-1945*, Phoenix Mill 2003

[63] M. Dv. Nr. 304, *Torpedo-Schießvorschrift (T.S.V.)*, Heft 1, *Schießlehre*, Marineleitung (Hrsg.), Berlin 1930

[64] M. Dv. Nr. 304, *Torpedo-Schießvorschrift (T.S.V.)*, Heft 1, *Schießlehre*, Oberkommando der Kriegsmarine (Hrsg.), Berlin 1943

[65] M. Dv. Nr. 304, *Torpedo-Schießvorschrift (T.S.V.)*, Heft 2, *Ermittlung der Schußwerte*, Torpedoinspektion (Hrsg.), Kiel 1938

[66] M. Dv. Nr. 304, *Torpedo-Schießvorschrift (T.S.V.)*, Erprobungs-Entwurf, Heft 2, *Schießverfahren*, Torpedoinspektion (Hrsg.), Kiel 1938

[67] M. Dv. Nr. 304, *Torpedo-Schießvorschrift (T.S.V.)*, Heft 2, *Schießverfahren*, Oberkommando der Kriegsmarine (Hrsg.), Berlin 1943

[68] M. Dv. Nr. 304, *Torpedo-Schießvorschrift, Tabellenheft zur Torpedo-Schießvorschrift*, Oberkommando der Kriegsmarine (Hrsg.), Berlin 1943

[69] M. Dv. Nr. 416/3, *Torpedo-Schießvorschrift für U-Boote*, Heft 3, *Feuerleitung auf U-Booten*, Oberkommando der Kriegsmarine (Hrsg.), Berlin 1943

[70] M. Dv. Nr. 906, *Handbuch für U-Bootskommandanten*, Oberkommando der Kriegsmarine (Hrsg.), Berlin 1943

[71] Meyer zur Capellen, Walter, *Mathematische Instrumente*, Dritte, ergänzte Auflage, Leipzig 1949

[72] Merten, Karl-Friedrich, *Nach Kompaß : Die Erinnerungen des Kommandanten von U-68*, Berlin 2006

[73] Mestemacher, *Astronomische Navigation...nicht nur zum Ankommen*, Kreuzer Yacht Club Deutschland e.V. (Hrsg.), Hamburg 2011

[74] Meyer, Alfred , Wetterling, Wolfgang, *Bericht über die Berechnung eines Schiffes mit der Hamburger Integrieranlage Integromat Hamburg*, in: Schriftenreihe Schiffbau, Technische Universität Hamburg-Harburg (Hrsg.), Bd. 18, 1955

[75] Miller, David, *U-Boats : History, Development and Equipment, 1914-1945*, London 2000

[76] Mindell, David A., *Between Human and Machine : Feedback, Control, and Computing Before Cybernetics*, Baltimore 2002

[77] MÖSER, KURT, *Militärgeschichte und -technik im Technikmuseum*, in: Kritische Berichte 15, Heft 3/4, 1987

[78] NEWELL, WILLIAM H., *United States Office Patentschrift Nr. 2403542, Torpedo Data Computer*, eingereicht am 03.08.1940, patentiert am 09.07.1945, `http://www.hnsa.org/doc/tdc(10.08.2013)`

[79] OPPELT, WINFRIED, o. T. (Mitteilung zum Tode Rudolf Oetkers), in: at - Automatisierungstechnik, Band 40, Heft 1, 1992

[80] *Ordnance Pamphlet No. 1056, Torpedo Data Computer Mark 3 Mods. 5 to 12*, Navy Department, Bureau Of Ordnance (Hrsg.),Washington, D.C. Juni 1944, `http://www.hnsa.org/doc/tdc(10.08.2013)`

[81] *Ordnance Pamphlet No. 1140, Basic Fire Control Mechanisms, Department Of The Navy*, Bureau Of Ordnance (Hrsg.),Washington, D.C. September 1944, `http://www.hnsa.org/doc/op1140/index.htm(10.08.2013)`

[82] *Ordnance Pamphlet No. 1586, Torpedo Fire Control Equipment (Destroyer Type)*, Department Of The Navy, Bureau Of Ordnance (Hrsg.), Washington, D.C. Februar 1947, `http://www.hnsa.org./doc/destroyer/ddfc/(10.08.2013)`

[83] *Ordnance Pamphlet No. 3518, Torpedo Angle Solver Mark VIII Operating Instructions*, Bureau Of Ordnance (Hrsg.),Washington D.C. 1941, `http://www.hnsa.org/doc/banjo/index.htm(10.08.2013)`

[84] *Otto explodiert : Moderne Nato-Torpedos sind unzuverlässig. Weil viele ihr Ziel verfehlen, bevorzugen U-Boot-Kapitäne Vorkriegsmodelle*, in: Der Spiegel (1984), Nr. 12

[85] PATERSON, LAWRENCE, *An Bord Deutscher U-Boote 1939-1945*, Stuttgart 2010

[86] PETZOLD, HARTMUT, *Rechnende Maschinen : eine historische Untersuchung ihrer Herstellung und Anwendung vom Kaiserreich bis zur Bundesrepublik*, Düsseldorf 1985

[87] PIETZSCH, LUDWIG, *Offenlegungsschrift 2206065, Vorrichtung zum Abtasten der Abbildung einer Funktion*, Anmeldetag: 09.02.1972, Offenlegungstag: 06.09.1972

[88] POHLMANN, HENNING, *Die Navigationsrechenschieber MHR 1 und HR 2 für die Kriegsmarine*, in: KÜHN, KLEINE, Dennert & Pape - ARISTO - 1872-1978 - Rechenschieber und mathematisch-geodätische Instrumente

[89] RAHN, WERNER, *Der Seekrieg im Atlantik und Nordmeer*, in: Das Deutsche Reich und der Zweite Weltkrieg, Band 6: Der globale Krieg – Die Ausweitung zum Weltkrieg und der Wechsel der Initiative 1941 bis 1943, Stuttgart 1990

[90] RAHN, WERNER, *Die Bedeutung der Flotte für die deutsche Gesamtstrategie des Ersten Weltkrieges und der Handelskrieg mit U-Booten 1915-1918*, in: Kleine Geschichte und Technik der deutschen U-Boote, Hrsg. vom Technikmuseum U-Boot „Wilhelm Bauer" e.V., Bremerhaven 2007

[91] RAHN, WERNER, *Die deutsche Seekriegsführung 1943 bis 1945*, in: Das Deutsche Reich und der Zweite Weltkrieg, Band 10/1: Der Zusammenbruch des Deutschen Reiches 1945 und die Folgen des Zweiten Weltkrieges - Die militärische Niederwerfung der Wehrmacht, München 2008

[92] RAHN, WERNER, *Grundzüge des Deutschen U-Boot-Krieges 1939-1945*, in: Kleine Geschichte und Technik der deutschen U-Boote, Hrsg. vom Technikmuseum U-Boot „Wilhelm Bauer" e.V., Bremerhaven 2007

[93] RAHNFELD, MICHAEL, *Einstein als Torpedotechniker. Unveröffentlichte Briefe zu seiner Tätigkeit für die amerikanische Marine während des Zweiten Weltkrieges*, in: Technikgeschichte (2002), Nr. 2

[94] RATHKOLB, OLIVER, *Zwangsarbeit in der Industrie*, in: Das Deutsche Reich und der Zweite Weltkrieg, Band 9/2, Stuttgart 2005

[95] *Report on the German submarine of the U-570 Class captured by the British in August 1941*, United States Navy, 28.09.1941, `http://www.uboatarchive.net/U-570ONIReport.htm(10.08.2013)`

[96] *Reports of the U.S. Naval Technical Mission to Japan, 1945-1946, „Japanese Torpedo Fire Control"*, Naval Historical Center, Washington, D.C., microfilm reel #JM-200-F, report no. O-32

[97] ROHWER, JÜRGEN, *Der Einfluss der alliierten Funkaufklärung auf den Verlauf des Zweiten Weltkrieges*, in: Vierteljahrshefte für Zeitgeschichte, 07/1979

[98] ROHWER, JÜRGEN, *Die U-Boot-Erfolge der Achsenmächte : 1939-1945*, München 1968

[99] ROHWER, JÜRGEN, *Geleitzugschlachten im März 1943 : Führungsprobleme im Höhepunkt der Schlacht im Atlantik*, Ulm 1975

[100] ROHWER, JÜRGEN, HÜMMELCHEN, GERHARD, *Chronik des Seekrieges 1939 - 1945*, Oldenburg 1968

[101] ROHWER, JÜRGEN, JÄCKEL, EBERHARD (Hrsg.), *Die Funkaufklärung und ihre Rolle im 2. Weltkrieg*, Stuttgart 1979

[102] ROLAND, ALEX, *What hath Kranzberg wrought? Or, does the history of technology matter*, in: Technology and Culture, Nr. 38, 1997

[103] ROSCOE, THEODORE, *United States Submarine Operations in World War II*, Annapolis 1949

[104] ROSKILL, STEPHEN WENTWORTH, *Royal Navy : Britische Seekriegsgeschichte 1939 - 1945*, Oldenburg 1961

[105] RÖSSLER, EBERHARD, *Die Sonaranlagen der deutschen Unterseeboote*, Bonn 2006

[106] RÖSSLER, EBERHARD, *Die Torpedos der deutschen U-Boote*, Hamburg, Berlin, Bonn 2005

[107] RÖSSLER, EBERHARD, *Geschichte des deutschen U-Bootbaus*, Bd. 1: *Entwicklung, Bau und Eigenschaften der deutschen U-Boote von den Anfängen bis 1943*, Augsburg 1996; Bd. 2: *Entwicklung, Bau und Eigenschaften der deutschen U-Boote von 1943 bis heute*, Augsburg 1996

[108] SALEWSKI, MICHAEL, *Die deutsche Seekriegsleitung 1935-1945,* Bd 1: *1935-1941*, Frankfurt a.M. 1970; Bd2: *1942-1945*, München 1975; Bd3: *Denkschriften und Lagebetrachtungen 1938-1944*, Frankfurt a.M. 1973

[109] SALEWSKI, MICHAEL, *Von der Wirklichkeit des Krieges. Analysen und Kontroversen zu Buchheims »Boot«*, München 1976

[110] SCHÄFFER, HEINZ, *U 997 : 66 Tage unter Wasser*, Berlin 2008

[111] SCHIFFNER, MANFRED , DOHMEN, KARL-HEINZ , FRIEDRICH, RONALD, *Torpedobewaffnung*, Berlin 1987

[112] SCHMALENBACH, PAUL, *Die Geschichte der deutschen Schiffsartillerie*, Herford 1993

[113] SCHMALENBACH, PAUL, *Prinz Eugen*, Hamburg 1998

[114] SCHNAPPERELLE, BRUNO , KLÜGEL, ERWIN, Siemens Apparate und Maschinen G.m.b.H. in Berlin: *Reichspatentamt Patentschrift Nr. 687149, Schaltwerk für motorische Folgesteuerungen*, patentiert ab dem 18.02.1938, ausgegeben am 24.01.1940

[115] SCHRÖDER, JOACHIM, *Die U-Boote des Kaisers : die Geschichte des deutschen U-Boot-Krieges gegen Grossbritannien im Ersten Weltkrieg*, Bonn 2003

[116] SCHULZE-WEGENER, GUNTRAM, *Die deutsche Kriegsmarine-Rüstung 1942-1945*, Hamburg, Berlin, Bonn 1997

[117] SICHTERMANN, BARBARA , ROSE, INGO, *Frauen einfach genial : 18 Erfinderinnen, die unsere Welt verändert haben*, München 2010

[118] STARK, FLORIAN, *Wrack von U-580 in der Ostsee vor Litauen entdeckt*, 03.07.2013, `http://www.welt.de/geschichte/zweiter-weltkrieg/article117689276(10.08.2013)`

[119] STEGEMANN, BERND, *Der U-Boot-Krieg*, in: Das Deutsche Reich und der Zweite Weltkrieg, Band 2: Die Errichtung der Hegemonie auf dem Europäischen Kontinent, Stuttgart 1979

[120] STOCKINGER, GÜNTHER, *Post vom Genie*, in: Der Spiegel (2003), Nr. 33

[121] STRECKER, KARL GÜNTHER, *Vom Walter-U-Boot zum Waffelautomaten - Die Geschichte eines großen deutschen Ingenieurs und der erfolgreichen Konversion seiner Rüstungsfirma*, Berlin 2001

[122] SVOBODA, ANTONÍN, *Computing Mechanisms and Linkages*, New York, London 1948

[123] TROMPELT, HEINZ, *Eine andere Sicht*, Norderstedt 2006

[124] ULMANN, BERND, *Analogrechner : Wunderwerke der Technik - Grundlagen, Geschichte und Anwendung*, München 2010

[125] VAN RIET, RONALD W.M., *Position Line Slide Rules : Bygrave and Höhenrechenschieber*, 2008, http://www.rechenschieber.org/PositionLineSlideRules.pdf(10.08.2013)

[126] WALLE, HEINRICH, *Deutsche U-Boot-Entwicklung von 1922 bis 1943. Die Perfektionierung der Weltkriegstechnologie*, in: Technikmuseum U-Boot „Wilhelm Bauer" e.V. (Hrsg.), Kleine Geschichte und Technik der deutschen U-Boote, Bremerhaven 1990

[127] WALLE, HEINRICH, *Die Entwicklung des U-Bootes bis Ende des Ersten Weltkrieges*, in: Technikmuseum U-Boot „Wilhelm Bauer" e.V. (Hrsg.), Kleine Geschichte und Technik der deutschen U-Boote, Bremerhaven 1990

[128] WANG, JYH-PERNG, *Time to decommission old subs*, in: Taipei Times, 26.09.201, http://www.taipeitimes.com/News/editorials/archives/2011/09/26/2003514192(10.08.2013)

[129] WETZEL, ECKARD, *U 995 : Das U-Boot vor dem Marine-Ehrenmal in Laboe*, Stuttgart 2004

[130] WILLERS, ADOLF, *Mathematische Instrumente*, München und Berlin, 1943

[131] WINTERBOTHAM, FREDERICK WILLIAM, *The Ultra Secret*, London 1976

[132] WUNDERLICH, WALTER, *Über die Hundekurven mit konstantem Schielwinkel*, in: Monatshefte für Mathematik Bd. 61, 1957

[133] WUNDERLICH, WALTER, *Über fünf Aufgaben der Seetaktik*, Zeitschrift für mathematischen und naturwissenschaftlichen Unterricht, Bd. 72, Leipzig 1941

[134] ZÖLLNER, ALFONS, *Eigentlich dürfte von mir kein Trumm mehr da sein*, Norderstedt 2002

Index

Danksagung

Mein besonderer Dank gilt Frau Prof. Dr. Gudrun Wolfschmidt für die Annahme des Themas und die Betreuung der Arbeit.

Den folgenden Personen und Institutionen danke ich für ihre Unterstützung bei der Recherche in Archiven, der großzügigen Überlassung von Quellen und der bereitwilligen Beantwortung von Anfragen:

Herrn Kapitän zur See a.D. Rupert Bischoff (Verband Deutscher U-Bootfahrer e.V.), Herrn Prof. i.R. Dr.-Ing. Reinhard Braune und Herrn Dr.-Ing. Franz Otto Kopp (beide ehemals Institut für Getriebetechnik der Leibniz Universität Hannover), Herrn Horst Bredow (Deutsches U-Boot-Museum), Herrn Kurt Erdmann (Bundesarchiv - Militärarchiv, Freiburg i.Br.), Herrn Dr. Alejandro Gómez Guerrero, Herrn Fregattenkapitän Arndt Henatsch (Ausbildungszentrum Uboote, Eckernförde), Herrn Dr. Konteradmiral a.D. Sigurd Hess (Deutsche Gesellschaft für Schifffahrts- und Marinegeschichte), Herrn Peter Holland, Herrn Chris Ince (The U-Boat Story, Liverpool), Frau Dr. Anne Mahn (Altonaer Museum), Herrn Prof. Dr. Frank Mestemacher, Herrn Ronald van Riet, Herrn Fregattenkapitän Axel Schilling, Herrn Kapitän zur See Michael Setzer, Frau Marte Schwabe (Carl Zeiss AG), Frau Anja Thiele, Herrn Christian Burchard, Herrn Gerhard Eckert und Frau Irene Püttner (alle Deutsches Museum), Herrn Prof. Dr. Bernd Ulmann, Herrn Dr. Jann Markus Witt (Deutscher Marinebund e.V.), Herrn Dr. Wittendorfer, Frau Alexandra Kinter, Herrn Dr. Florian Kiuntke, Herrn Dr. Ulrich Kreutzer (alle Siemens Corporate Archives) sowie dem Marinemuseum auf der Insel Dänholm in Stralsund und dem U-Boot Museum in Burgstaaken auf Fehmarn.

Für die Beschaffung von Bildmaterial und die freundlich erteilte Publikationserlaubnis danke ich:

Herrn Holger Baschleben (Auto & Technik MUSEUM SINSHEIM e.V.), Herrn Hubert Böhme (Freiberger Präzisionsmechanik Holding GmbH), Herrn Eckhard Bremenfeld (VDI Verlag GmbH), der Firma Hermann Historica aus München, Herrn Horst Jung (Bernard & Graefe Verlag), Herrn Mike Konshak (International Slide Rule Museum), Frau Lore Oetling, Herrn Klaus Ottes, Herrn Lawrence Paterson, Herrn Mark Roesler, Herrn Steve Rosengard (Museum of Science and Industry, Chicago), Herrn Will Steeds (Elephant Book Co Ltd.), Herrn Uwe Völcker, Herrn Dr. Hans Walser (Mathematisches Institut der Universität Basel), Herrn Dr. Franz Wolf (ehemals Regionales Rechenzentrum Erlangen der Universität Erlangen-Nürnberg) und Frau Dr. Ursula Warnke (Deutsches Schiffahrtsmuseum).

Dr. Andreas Zywietz, Peter Bender, Petra Holtappel, Dr. Karsten Chmielewski und Tim Felix Kriesten gebührt Dank für das Korrekturlesen und für ihre Anregungen.

Meiner Lebensgefährtin Anja Czerwinski danke ich von ganzem Herzen für ihre Unterstützung in jeder Hinsicht.

Die Arbeit widme ich Gabriele Czerwinski (1945 – 2012).

Hamburg, im Juli 2015 Der Verfasser

Zusammenfassung

In der vorliegenden Arbeit wurde die Analogrechentechnik auf deutschen U-Booten des Zweiten Weltkrieges erstmalig umfassend erforscht und ihre große Bedeutung für die Seekriegsführung des NS-Staates transparent gemacht. Die untersuchten Analogrechner wurden ausgehend von einer objektzentrierten technischen Analyse nach ihrem Funktionsprinzip und dem Zweck ihrer Verwendung klassifiziert.

Mechano-optische Rechenhilfsmittel beruhten i. Allg. auf der Nachbildung des zu berechnenden Objektes oder den Logarithmengesetzen und wurden vor allem zur Ermittlung der Einstellparameter für den Torpedoschuss und zur Lösung von taktischen Aufgaben sowie zu Navigationszwecken eingesetzt. Der wichtigste Hersteller dieses Typs von Analogrechnern war die Hamburger Firma Dennert & Pape ARISTO, deren Instrumente für die U-Boote der Kriegsmarine bislang nicht systematisch erforscht wurden und daher einen besonders breiten Raum einnehmen. Im Rahmen der Untersuchung wurde überraschend gefunden, dass mechano-optische Rechenhilfsmittel bis heute auf U-Booten verwendet werden und in der jüngeren Vergangenheit für Spezialzwecke sogar neu entwickelt wurden. Damit wurde ein weiterer Beleg für eine der Kernthesen des Technikhistorikers David A. Mindell erbracht, wonach der Übergang von der analogen zur digitalen Rechentechnik keineswegs unmittelbar oder gar vollständig erfolgte.

Elektromechanische Rechner wie der von Siemens gefertigte Torpedovorhaltrechner TVh-Re/S3, dem Hauptforschungsgegenstand der vorliegenden Arbeit, dienten zur Bestimmung der beim Torpedoschuss einzustellenden Steuergrößen. Sie zeichneten sich in technischer Hinsicht dadurch aus, dass Gleichungen mithilfe von geschlossenen Regelkreisen gelöst wurden.

Neben den oben erwähnten Analogrechnern wurden zwei im Krieg nicht mehr verwendete Prototypen behandelt, die in der Literatur bislang keine Erwähnung gefunden haben und die auf einem ausgeklügelten mathematischen bzw. innovativen technischen Ansatz basieren.

Zusätzlich zur Entwicklungsgeschichte wurde die technik- und militärhistorische Bedeutung der Artefakte untersucht. Dabei hat sich herausgestellt, dass die militärische Relevanz des Torpedovorhaltrechners in der Erinnerungsliteratur zum Zweiten Weltkrieg stark überschätzt wurde, da der Ausgang des U-Boot-Krieges weniger von den Waffensystemen und Rechenanlagen als vielmehr von der Funkaufklärung und -führung bestimmt wurde. Desweiteren wurde untersucht, ob und wie weit sich der U-Boot-Krieg und die analoge Rechentechnik wechselseitig beeinflusst haben. Es wurde einerseits gezeigt, dass Analogrechner eine notwendige Voraussetzung für die deutsche Seekriegsführung darstellten, deren Auswirkung sich allerdings heute aufgrund der Quellenlage nicht mehr quantitativ bestimmen lässt. Andererseits wurde der Nachweis erbracht, dass die Kriegsmarine und die Hersteller von Analogrechnern während des gesamten Krieges laufend an einer Perfektionierung der (rechen-)technischen Lösung des Torpedoschussproblems gearbeitet und dabei sowohl auf neue militärische Herausforderungen des Gegners wie die Einführung des Geleitzugsystems als auch auf (kriegs-)wirtschaftliche Sachzwänge wie die zunehmende Ressourcenknappheit reagiert haben.

Lebenslauf

Thomas Müller

22.05.1965 geboren in Rahden/Westf.

1982–1983 Austauschschüler in den USA

1985 Abitur am Söderblom-Gymnasium in Espelkamp

1985–1987 Zivildienst

1987–1994 Studium der Mathematik mit Nebenfach Informatik an der Universität Hannover

1995– Berufstätigkeit als Softwareentwickler

2010–2014 Promotionsstudium an der Universität Hamburg im Fach Geschichte der Naturwissenschaften